普通高等院校环境科学与工程精品教材

湖泊生态学概论

HUPO SHENGTAIXUE GAILUN

（第二版）

邬红娟　李俊辉　华平　编著

华中科技大学出版社
http://www.hustp.com
中国·武汉

内 容 提 要

　　本书共分十章，前五章为湖泊生态学基础理论，主要介绍湖泊及其物理、化学与生态学特性，包括湖泊概论、湖泊物理环境、湖泊化学环境、湖泊生物群落、湖泊生态系统。后五章为湖泊生态学应用与实践，主要介绍目前最为关注的湖泊生态系统服务、湖泊污染防治技术和湖泊管理等理论、理念、技术和政策等，包括湖泊生态系统服务、湖泊污染、湖泊污染控制、湖泊生态修复技术和湖泊管理。

　　本书可供相关专业本科生、研究生或水资源保护和管理的技术与管理人员使用，也可供感兴趣的读者阅读。

图书在版编目(CIP)数据

湖泊生态学概论/邬红娟，李俊辉，华平编著. —2 版. —武汉：华中科技大学出版社，2020.11
ISBN 978-7-5680-6618-1

Ⅰ.①湖…　Ⅱ.①邬…　②李…　③华…　Ⅲ.①湖泊-生态学-概论　Ⅳ.①X321

中国版本图书馆 CIP 数据核字(2020)第 219013 号

湖泊生态学概论(第二版)　　　　　　　　　邬红娟　李俊辉　华平　编著
Hupo Shengtaixue Gailun(Di-er Ban)

策划编辑：王汉江
责任编辑：王汉江　刘艳花
封面设计：潘　群
责任校对：陈元玉
责任监印：徐　露
出版发行：华中科技大学出版社(中国·武汉)　　　电话：(027)81321913
　　　　　武汉市东湖新技术开发区华工科技园　　　邮编：430223
录　　排：武汉市洪山区佳年华文印部
印　　刷：湖北大合印务有限公司
开　　本：787mm×1092mm　1/16
印　　张：17
字　　数：446 千字
版　　次：2020 年 11 月第 2 版第 1 次印刷
定　　价：45.00 元

前言

　　湖泊是由地球运动在陆地上形成洼地积水比较宽广、换流缓慢的水体。它不仅是地理环境的重要组成部分，而且蕴藏着丰富的自然资源。湖泊生态系统在流域地理环境中与陆域和河流相互联系，关联错综复杂，是一个相对脆弱的生态系统，但却起着重要的作用，具有水量调蓄、气候调节、供水、纳污、航运、养殖、生物栖息和旅游文化等生态系统服务功能。湖泊生态学是一门古老的学科，但随着社会经济和科技的发展，这门学科交叉了湖沼学、水文学、水力学、生物学、数学、水化学等学科，并应用现代科学技术和方法，不仅研究湖泊等静水水域自然条件下生物群落结构和功能关系、演化规律，以及与理化和生物间的相互作用机制，水在湖泊生态系统诸多客体和现象之间的物质—能量—信息交换所起的作用，还探索湖泊生态系统对自然和人类活动的反馈机制，为湖泊生态系统保护、治理和管理提供基本理论和实践案例。

　　与其他生态学教材不同的是，本书在编写过程中考虑了多方面的人为因素对湖泊生态系统的干扰，除了介绍湖泊生态学的基本理论内容外，还增加了人类在运用生态学理论和原理的基础上对湖泊的保护、治理和管理机制、政策和法规方面的内容，使读者能够更全面地了解湖泊复合生态系统的特征。本书主要内容包括湖泊生态学的基本理论、湖泊污染及其防治和湖泊管理等。在第一版的基础上，本书除了补充和丰富原有章节内容外，还将湖泊生态系统服务单独介绍，补充和丰富了湖泊环境容量和纳污能力，增加了湖泊管理章节。全书共分十章，前五章为湖泊生态学基础理论，主要介绍湖泊及其物理、化学与生态学特性，包括湖泊概论、湖泊物理环境、湖泊化学环境、湖泊生物群落、湖泊生态系统等。后五章为湖泊生态学应用与实践，主要介绍目前最为关注的湖泊生态系统服务，湖泊污染防治，湖泊管理的理论、理念、技术和政策等，包括湖泊生态系统服务功能、湖泊污染防治技术、湖泊环境容量、湖泊生态修复技术和湖泊管理等。

　　本书由邬红娟总体安排和编写。本书第一版得到了张体强、李阳、张凯、谢婷婷等的帮助。本书第二版由田育青负责第五章的整理和第六章的编写，酒金柱负责第八章的补充和编写,戴静怡负责第九章的补充和整理,李俊辉、华平、熊晨昕和范淑君负责第十章的编写。在此一并表示感谢。

由于湖泊生态学涉及学科多、领域广、发展快,加之编者水平有限,书中可能存在疏漏和不足之处,敬请读者批评指正。

编者

2020.9

目录

第一章 湖泊概论

第一节 湖泊及其特征和分布

一、湖泊定义

湖泊指陆地上洼地积水形成的水域比较宽广、换流缓慢的水体,内陆盆地中缓慢流动或不流动的水体。

湖泊可以通过自然因素和人为因素形成。在地壳构造运动、冰川作用、河流冲淤等自然因素的作用下,地表形成许多凹地,积水成湖。露天采矿场凹地积水和拦河筑坝等人为因素形成的水库也属湖泊之列,称为人工湖。湖泊因其换流异常缓慢而不同于河流,又因与大洋不发生直接联系而不同于海。湖泊称呼不一,多用方言称谓。中国习惯用的陂、泽、池、海、泡、荡、淀、泊、错和诺尔(淖尔)等都是湖泊的别称。

湖泊是重要的国土资源,具有调节河川径流、发展灌溉、提供工业和饮用水源、繁衍水生生物、沟通航运、改善区域生态环境、开发矿产及旅游景观文化等多种功能,在国民经济发展中发挥着重要作用。湖泊本身对全球变化响应敏感。对于整个地球系统,湖泊是地球表层系统各圈层相互作用的连接点,是陆地水圈的重要组成部分,与生物圈、大气圈、岩石圈等关系密切,具有调节区域气候、记录区域环境变化、维持区域生态系统平衡和繁衍生物多样性等多种功能。

二、湖盆

湖盆是地球各种运动和作用下在地球表面形成的洼地。湖泊形成必须具备两个最基本的条件:一是洼地,即湖盆;二是湖盆中所蓄积的水量。湖盆是湖水赖以存在的前提。研究湖泊的科学是湖沼学,湖沼学家常根据湖盆形成过程来对湖泊进行分类。

特别大的湖盆是由构造作用(即地壳运动)形成的,晚中新世时期广阔而和缓的地壳运动导致横跨南亚和东南欧广大内陆海的分离,现在残存的这类湖泊有里海、咸海以及为数众多的小湖泊。构造上升可使陆地上的天然水系受阻而形成湖盆,南澳大利亚的大盆地、中非的某些湖泊以及美国北部的山普伦湖都是这种作用的产物。此外,断层也对湖盆的形成起着重要的作用,世界上最深的两个湖泊——贝加尔湖和坦干伊喀湖的湖盆就是由地堑的复合体形成的。这两个湖泊以及其他的地堑湖,特别是在东非裂谷里的那些湖泊和红海都是近代湖泊中最古老的。火山活动可以形成各种类型的湖盆,主要位于现存的火山口或其残迹中的火口湖。俄勒冈的火口湖就是典型的例子。

湖盆还可由山崩物质堵塞河谷形成,但这种湖盆可能是暂时性的。在冰川作用下可以形成大量的湖泊,北半球的许多湖泊就是在这种作用下形成的。湖盆为冰盖退缩过程中的机械磨蚀作用而形成,或者由于冰盖边界处冰碛堰塞而形成。冰碛对堰塞湖盆的形成起着重要的作用,纽约州的芬格湖群(Finger Lakes)就是冰碛堰塞而形成的。

河流作用有几种方式可以形成湖盆,主要有瀑布作用、支流沉积物的阻塞、河流三角洲的沉积、上游沉积物由于潮汐搬运作用的阻塞、河道外形的改变(即牛轭湖和天然堤湖)以及地下水的溶蚀等。有些沿海地区,沿岸海流可以堆积大量的沉积物阻塞河流。此外,风、运动活动和陨石都可能形成湖盆。

由于不同湖盆侵蚀产物的化学性质不同,因此,世界上湖泊的化学成分也是千变万化的,但在大多数情况下,湖泊主要成分却是相似的。湖泊含盐量是指湖水中离子总的浓度,通常含盐量是根据钠、钾、镁、钙、碳酸盐、矽酸盐以及卤化物的浓度来计算的。

三、湖泊形态特征参数

湖泊形态特征影响湖水的物理性质、化学性质和水生生物的分布。反映湖泊形态特征的参数为湖泊形态参数,主要包括面积、容积、长度、宽度、湖岸线长度、岸线发展系数、湖泊补给系数、湖泊岛屿率、最大深度与平均深度等。

湖泊面积一般指最高水位时的湖面积。湖泊容积指湖盆贮水的体积,它随水位的变化而变化。湖泊长度指沿湖面测定湖岸上相距最远两点之间的最短距离,根据湖泊形态,可能是直线长度,也可能是折线长度。湖泊宽度分最大宽度和平均宽度,前者指近似垂直于长度线方向的相对两岸间最大的距离,后者为面积除以长度。湖泊岸线长度指最高水位时的湖面边线长度。湖泊岸线发展系数指岸线长度与等于该湖面积的圆的周长的比值。湖泊补给系数指湖泊流域面积与湖泊面积的比值。湖泊岛屿率指湖泊岛屿总面积与湖泊面积的比值。湖泊最大深度指最高水位与湖底最深点的垂直距离。湖泊平均深度指湖泊容积与相应的湖面积的商。

湖泊形态参数定量表征湖泊形态各个方面,是湖泊(水库)规划、设计和管理的基本数据,也可用来对比不同湖泊的水文特性。

四、湖泊分布

世界湖泊分布很广,世界著名湖泊如表1.1所示。

表 1.1 世界著名湖泊

湖 名	国 家	面积/km²	最大水深/m	容积/km³
里海	哈萨克斯坦、土库曼斯坦、阿塞拜疆、俄罗斯、伊朗	386428	1025	77000
苏必利尔湖	加拿大、美国	82414	405	12000
维多利亚湖	坦桑尼亚、肯尼亚、乌干达	69400	82	2700
咸湖	哈萨克斯坦、乌兹别克	64100	68	1020
休伦湖	加拿大、美国	59600	229	3540
密歇根湖	美国	58016	281	4918
坦噶尼喀湖	坦桑尼亚、扎伊尔、赞比亚、卢旺达、布隆迪	32900	1470	18900
贝加尔湖	俄罗斯	31500	1637	23600
马拉维湖	马拉维、莫桑比克、坦桑尼亚	30800	706	7725
大熊湖	加拿大	31000	413	2236
大奴湖	加拿大	27200	614	2088
伊利湖	加拿大、美国	25744	64	483
温尼伯湖	加拿大	24400	36	127
安大略湖	加拿大、美国	19554	244	1688
拉多加湖	俄罗斯	18000	230	908
马拉开波湖	委内瑞拉	14344	34	280

世界上最大的湖泊为里海,其面积达 386428 km²,同时它也是世界上最大的咸水湖。世界上最大的淡水湖是北美的苏必利尔湖,面积达 82414 km²。世界上最大的人工湖或水库是加纳的沃尔特水库,面积达 8502 km²。世界上最深的湖泊为贝加尔湖,水深达 1637 m,同时它也是世界上容积最大的淡水湖和最古老的湖泊(已经在地球上存在超过 2500 万年)。死海是世界上最深的咸水湖,水深达 380 m,同时它也是海拔最低的湖泊(湖面海拔为 -418 m,是已露出陆地的最低点)与最咸的湖泊(湖水盐度达 30%,为一般海水的 8.6 倍)。北美洲五大湖为面积最大的淡水湖群,总面积达 245000 km²。

中国湖泊众多,主要湖泊如表 1.2 所示。20 世纪 50 年代调查表明,我国湖泊面积大于 1 km² 的有 2848 个,总面积达 83400 km²,到 20 世纪 80 年代,面积大于 1 km² 的湖泊约有 2300 个,总面积达 71000 多平方千米。我国湖泊虽然很多,但分布不均匀,大约 99.8% 的湖泊分布在东部平原、青藏高原、蒙新地区、东北平原山区和云贵高原五大湖区。其他地区的湖泊不多,分布也零散,面积很小,只占全国湖泊面积的 0.02%。在五大湖区中,又以东部平原和青藏高原地区的湖泊为最多,占了全国湖泊面积的 74%,形成我国东西相对的两大稠密湖群。

表 1.2　中国主要湖泊

湖　名	湖面海拔/m	面积/km²	最大水深/m	容积/(×10⁸ m³)	水质状况
青海湖	3196.0	4543.0	32.8	778.0	咸
兴凯湖(中俄界湖)	69.0	4380.0	10.6	27.1	淡
鄱阳湖	21.0	3583.0	16.0	248.9	淡
洞庭湖	34.5	2820.0	30.8	188.0	淡
太湖	30.0	2420.0	4.8	48.7	淡
呼伦湖	545.5	2315.0	8.0	131.3	咸
洪泽湖	12.5	2069.0	5.5	31.3	淡
纳木错	4718.0	1940.0	33.0*	768.0	咸
色林错	4530.0	2391.0	33.0*	—	咸
南四湖	35.5~37.0	1266.0	6.0	53.6	淡
艾比湖	189.0	1070.0	—		盐
博斯腾湖	1048.0	1019.0	15.7	99.0	咸
扎日南木错	4613.0	1023.0	5.6	—	咸
巢湖	10.0	820.0	5.0	36.0	淡
鄂陵湖	4268.7	610.7	30.7	107.6	淡
贝尔湖(中蒙界湖)	583.9	608.5	50.0	54.8	淡
扎陵湖	4293.2	526.0	13.1	46.7	淡
艾丁湖	−154.0	124.0	—		盐
长白山天池(中朝界湖)	2194.0	9.8	373.0	20.0	淡
日月潭	760.0	7.7	40.0	3.1	淡

* 为距岸边 2~3 km 处的实测最大水深。

　　青海湖(见图 1.1)面积为 4543.0 km²,是中国最大的湖泊。西藏的纳木错(见图 1.2)湖面海拔为 4718.0 m,在湖面积为 1000 km² 以上的全球湖泊中,是海拔最高的湖泊。长白山天池(中朝界湖),水深达 373.0 m,是中国最深的湖泊。鄱阳湖是中国第一大淡水湖,面积达 3583.0 km²,位于江西省北部,蓄水量达 248.9×10⁸ m³。我国湖泊最密的地区为湖北江汉平原,其由长江、汉水冲积而成,其湖泊多是古代大湖云梦泽的残留部分,共有大小湖泊 1500 多个,湖泊密布,河网交织,湖泊总面积占江汉平原的四分之一,密度远远超过西藏多湖区,故湖北有"千湖之省"之称。柴达木盆地的察尔汗盐湖以丰富的湖泊盐藏量著称于世。

图 1.1　青海湖

图 1.2　纳木错

第二节　湖 泊 分 类

一、湖泊成因分类

湖泊是在一定的地理环境下形成和发展的,并且与环境诸因素相互作用及影响。但是,不论湖泊的成因属于何种类型,湖泊的形成都必须具备两个最基本的条件,即湖盆及湖盆中所蓄积着的水。湖水是湖盆赖以存在的前提,而湖盆的形态特征不仅可以直接或间接地反映其形成和演变过程,而且在很大程度上又制约着湖水的理化性质和生物类群。

因此,在地理学中,通常以湖盆的成因作为湖泊成因分类的依据。如有的湖泊是在地壳的内力作用(包括地质构造运动所产生的地壳断陷、凹陷、沉陷)所形成的构造盆地上,经蓄水而形成的,这类湖泊称为构造湖;有的湖泊是由火山喷火口休眠后积水而形成的(火山口湖),或者由火山喷发的熔岩流堰塞原先河床而形成的(堰塞湖);有的湖泊是由冰川的挖蚀和冰碛物的堵塞形成的冰川湖;有的湖泊是由易溶性碳酸盐类的岩层经溶蚀而成的岩溶湖;有的湖泊是沙漠地区的沙丘受定向风的吹蚀所形成的丘间洼地,经潜水汇集而形成的风成湖;有的湖泊是沿海平原低地的沿岸带的泥沙流运动,使海湾在河口三角洲和海岸沙堤不断扩大的条件下演变而成潟湖等。

以上湖泊的成因分类都是单因素分类。但实际上,由单一因素所产生的湖泊是极为罕见的,湖泊一般都具有多因素的混成特点,如长江中下游的五大淡水湖泊,其湖盆的形成虽由地质构造所奠定,但同时又与江、河、海的作用有着千丝万缕的联系,而目前之所以保留一定面积的湖面,是与新构造运动的活跃并沿袭老构造继续活动所分不开的,否则,位于多沙性河流沿岸的湖泊早已成为历史陈迹。

湖泊按其成因可分为八类:构造湖、火山口湖、堰塞湖、岩溶湖、冰川湖、风成湖、河成湖和潟湖。

1. 构造湖

构造湖是在地壳内力作用形成的构造盆地上经蓄水而形成的湖泊,它在我国五大湖区中都有普遍的分布,凡是一些大、中型的湖泊大多属这一类型。其特点是湖形狭长、水深而清澈,如云南高原上的滇池、抚仙湖、洱海、青海湖、新疆喀纳斯湖等,再如著名的东非大裂谷沿线的马拉维湖、维多利亚湖、坦噶尼喀湖。构造湖一般具有十分鲜明的形态特征,即湖岸陡峭且沿构造线发育,湖水一般都很深。同时,还经常出现一串依构造线排列的构造湖群。

2. 火山口湖

火山口湖是火山喷火口休眠以后积水而形成的,其形状是圆形或椭圆形,湖岸陡峭,湖水深不可测,这类湖大多集中在我国东北地区。长白山主峰上的长白山天池,就是一个极典型的经过多次火山喷发而被扩大了的火山口湖。长白山天池(见图 1.3)深达 373.0 m,为我国第一深水湖泊。

图 1.3　长白山天池

3. 堰塞湖

堰塞湖由火山喷发的熔岩流活动堵截河谷,或由地震活动等原因引起山崩滑坡体壅塞河床,截断水流出口,其上部河段积水成湖。前者多分布在东北地区,后者多分布在西南地区的河流峡谷地带,如五大连池、镜泊湖等。《黑龙江外记》载"康熙五十八年(1719 年),墨尔根(今嫩江县)东南,一日地中忽出火,石块飞腾,声震四野,越数日火熄,其地遂成池沼",即今日的五大连池。人类经济活动的影响也能够形成堰塞湖,如炸药击发、工程挖掘等。堰塞湖的形成,通常由不稳定的地质状况所构成,当堰塞湖构体受到冲刷、侵蚀、溶解、崩塌等作用时,堰塞湖便会出现"溢坝",最终会因为堰塞湖构体处于极差地质状况而演变"溃堤",瞬间山洪暴发,对下游地区有着毁灭性破坏。

唐家山堰塞湖是汶川大地震后形成的最大堰塞湖,地震后山体滑坡,阻塞河道形成的唐家山堰塞湖位于涧河上游距北川县城约 6 km 处,是北川县灾区面积最大、危险最大的一个堰塞湖,库容为 1.45×10^8 m^3,坝体顺河长约 803 m,横河最大宽约 611 m,顶部面积约 300000 m^2,由石头和山坡风化土组成,湖上游集雨面积约 3550 km^2。2008 年 6 月 10 日 17 时左右,经过空投坝顶的武警水电部队开挖溢洪槽,唐家山堰塞湖泄流槽高程降到 $720\sim721$ m(见图1.4)。这标志着唐家山堰塞湖抢险取得决定性胜利,唐家山堰塞湖危险基本解除。

图 1.4　唐家山堰塞湖泄洪

4. 岩溶湖

岩溶湖是由碳酸盐类地层经流水的长期溶蚀而形成岩溶洼地、岩溶漏斗或落水洞等,经汇水而形成的湖泊,多分布在我国岩溶地貌发育比较典型的西南地区,如贵州省威宁县的草海(见图 1.5)。草海是我国湖面面积最大的构造岩溶洞,素有高原明珠之称。

图 1.5　威宁草海自然保护区

5. 冰川湖

冰川湖是由冰川挖蚀形成的坑洼和冰碛物堵塞冰川槽谷积水而成的湖泊,主要分布在我国西部一些高海拔的山区或经高山冰川作用过的地区,如念青唐古拉山和喜马拉雅山区。它们的海拔一般较高,而湖体较小,多数是有出口的小湖。西藏八宿错冰川湖(见图 1.6)是由扎拉弄巴和钟错弄巴两条古冰川汇合以后,因挖蚀作用加强所形成的冰川槽谷,后谷口被终碛封闭堵塞形成,湖面高程 3460 m,面积 26 km²,最大水深 60 m。藏东的布冲错是由于出口处有四条平行侧碛垄和两条终碛垄围堵而形成的冰蚀湖。湖区古冰川遗迹保留完整,东南岸有一片冰碛丘,沿湖伸展 30 km 以上。北美、芬兰、瑞典等地也有许多冰川湖。

图 1.6　西藏八宿错冰川湖

6. 风成湖

风成湖是因沙漠中的丘间洼地低于潜水面,由四周沙丘水汇集形成的,主要分布在我国巴丹吉林、腾格里、乌兰布和等沙漠,以及毛乌素、科尔沁、浑善达克、呼伦贝尔等沙地地区,并多以小型时令湖的形式出现。这类湖泊都是不流动的死水湖,而且面积小,水浅而无出口,湖形多变,通常是冬春积水、夏季干涸或为草地。由于沙丘随定向风的不断移动,湖泊常被沙丘掩埋成为地下湖。在塔克拉玛干沙漠的东北,靠近塔里木河下游一带的沙丘间洼地,湖泊分布较多(见图 1.7),它们大多是淡水湖,愈往沙漠中心,湖泊愈少。敦煌附近的月牙湖也是著名的

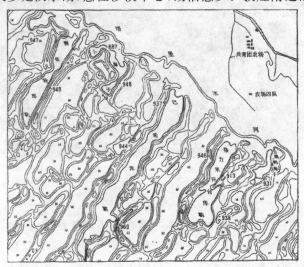

图 1.7　塔里木河下游沙丘间的条状风成洼地湖

风成湖,其四周被沙山环绕,水面酷似一弯新月,湖水清澈如翡翠。风成湖由于其变幻莫测,常被称为神出鬼没的湖泊。例如,非洲的摩纳哥柯萨培卡沙漠的东部高地上有一个"鬼湖",变幻莫测,在晚上,它是水深几百米的大湖,一旦天亮后,不仅湖水消失,而且还会变成百米高的大沙丘。其成因是地下可能有一条巨大的伏流,有时(一般在晚上)地层变动,地下大河(伏流)便涌溢上来,成了大湖;有时(一般在白天)刮起大风沙时,风沙又把它填塞,湖就消失而变成沙丘。

7. 河成湖

河成湖是由河流摆动和改道而形成的湖泊。它又可分为三类:一是由于河流摆动,其天然堤堵塞支流而蓄水成湖,如鄱阳湖、洞庭湖、江汉湖群(云梦泽一带)、太湖等;二是由于河流本身被外来泥沙壅塞,水流宣泄不畅,蓄水成湖,如苏鲁边境的南四湖等;三是河流截弯取直后废弃的河段形成牛轭湖,如内蒙古的乌梁素海。河成湖的形成往往与河流的发育和河道变迁有着密切关系,且主要分布在平原地区。受地形起伏和水量丰枯等影响,河道经常迁徙,因而形成了多种类型的河成湖。这类湖泊一般是岸线曲折,湖底浅平,水深较浅。

8. 潟湖

潟湖(旧称泻湖)是一种海湾被沙洲所封闭而演变成的湖泊,所以一般都在海边(见图1.8)。这些湖本来都是海湾,后来在海湾的出海口处由于泥沙沉积,使出海口形成了沙洲,继而将海湾与海洋分隔,因而成为湖泊,又称海成湖。由于海岸带被沙嘴、沙坝或珊瑚分割而与外海相分离,潟湖可分为海岸潟湖和珊瑚潟湖两种类型。海岸带泥沙的横向运动常可形成离岸坝——潟湖地貌组合。当波浪向海岸运动,泥沙平行于海岸堆积,形成高出海水面的离岸坝,坝体将海水分割,内侧便形成半封闭或封闭式的潟湖,在潮流作用下,海水可以冲开堤坝,形成

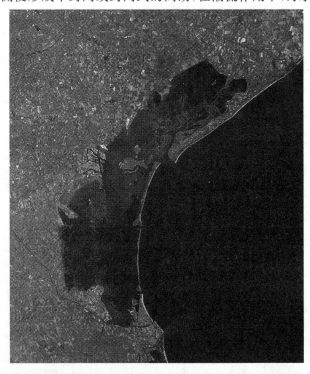

图 1.8　潟湖示意图

潮汐通道,涨潮流带入潟湖的泥沙,在通道口内侧形成潮汐三角洲。珊瑚潟湖是由入潟湖河流、海岸沉积物和潮汐三角洲物质充填,多由粉砂淤泥夹杂砂砾石物质组成,往往有黑色有机质黏土和贝壳碎屑等沉积物。里海、杭州西湖、宁波的东钱湖都是著名的潟湖。约在数千年以前,西湖还是一片浅海海湾,后来由于海潮和钱塘江挟带的泥沙不断在湾口附近沉积,使湾内海水与海洋完全分离,海水经逐渐淡化才形成今日的西湖。

二、湖泊其他分类方法

除了按照上述的湖泊成因进行分类以外,常见的湖泊分类还可以按照湖水含盐度、湖水热状态、湖水中营养物质富集程度、湖水循环现象等进行分类,如表 1.3 所示。

表 1.3　湖泊分类

分类方法	类　别	划分标准
湖水含盐度	淡水湖	湖水矿化度<1 g/L
	微(半)咸水湖	1 g/L≤湖水矿化度<35 g/L
	咸水湖	35 g/L≤湖水矿化度<50 g/L
	盐湖或卤水湖	湖水矿化度≥50 g/L
	干盐湖	没有湖表卤水而有湖表盐类沉积的湖泊,湖表往往形成坚硬的盐壳
	砂下湖	湖表面被砂或黏土粉砂覆盖的盐湖
湖泊热状态	热带湖	湖水全年平均温度在 4 ℃以上,除秋冬两季为全同温以外,均为正分层的湖泊
	温带湖	湖水平均温度有时在 4 ℃以上,有时在 4 ℃以下,夏季正分层,冬季逆分层,春秋两季为全同温的湖泊
	寒带湖	湖水平均温度全年平均在 4 ℃以下,除春夏两季为全同温以外,均为逆分层的湖泊
湖水循环现象	无循环湖	湖面终年封冻,湖水稳定无循环期
	冷单循环湖	水温在 4 ℃以下,仅在夏季出现一个循环期
	暖单循环湖	水温在 4 ℃以上,仅在冬季出现一个循环期
	双循环湖	春秋两季经历两个循环期
	寡循环湖	水温在 4 ℃以上,分层稳定,偶尔可能发生循环
	多循环湖	水温年变化小,分层弱,白昼获得充分热量,夜间散热产生循环
湖水中营养物质富集程度	富营养型湖泊	平均总磷浓度<10.0 mg/m³;平均叶绿素浓度<2.5 mg/m³;平均透明度>6.0 m(OECD,20 世纪 70 年代提出,下同)
	中营养型湖泊	平均总磷浓度 10～35 mg/m³;平均叶绿素浓度 2.5～8.0 mg/m³;平均透明度 3～6 m
	贫营养型湖泊	平均总磷浓度>35 mg/L;平均叶绿素浓度>8 mg/L;平均透明度<3 m

第三节 湖泊变迁

湖泊从形成到消亡这一漫长的演变过程中,由于所处的地理环境的不同,其变迁的历史也很不一样。

初生期的湖泊,周围环境对其影响较小,湖盆基本上保留了它的原始形态,岸线欠发育,湖水清澈,湖水的有机质含量低,湖泊属贫营养型,湖里的生物种类不多,几乎没有大型水生植物分布。处于初生期的内陆湖或外流湖多属淡水湖。

当湖泊发展到壮年期时,周围的环境因素参与了湖泊形态的改造,发育了入湖三角洲,湖盆淤浅,湖岸受到侵蚀等;加上入湖径流携入的盐量不断增加,湖泊由贫营养型演变成中营养型,内陆湖往往发育成咸水湖。

老年期的湖泊,基本上已濒临衰亡阶段,此时湖水极浅,湖面缩小,湖水多属富营养型,大型水生植物满湖丛生,湖泊日渐消亡。外流湖常演变为沼泽地,内陆湖则演变为盐湖或干盐湖。湖泊演变是在一定的地理环境下进行的,并与地理环境发生相互作用,如补给水量的丰歉、入湖泥沙的增减、动植物遗骸堆积的多少以及新构造运动的强弱等,都可影响湖泊的寿命。

目前,我国除少数湖泊因近期气候渐趋湿润以及人类经济活动(如筑堤、建闸等)使湖面有所扩大外,绝大多数湖泊均处于自然或人为作用下的消亡过程中。引起湖泊变迁的所有因素中,尤以气候变干、泥沙淤积、湖滩地围垦所引起的湖泊消亡最为突出。

一、气候影响

在湖泊漫长的演变历史中,湖面伸缩往往与气候的干湿变化有着密切的关系,气候无论趋向干旱或者湿润,都可能在湖泊形态或湖泊沉积方面留下一些痕迹和证据。这种受气候变迁而影响湖面伸缩的情况,在我国干旱地区的内陆湖中反映尤为明显。根据湖泊演变的特点,湖泊大致可分为湖泊退缩和湖泊扩展两种类型,其中又以湖泊退缩比较普遍。青藏和蒙新地区湖泊的近期变迁,主要是由于干旱气候条件下的湖水蒸发所引起的湖面普遍退缩,如西藏境内的湖泊因气候渐趋干旱,一般在滨湖地带残留着表明湖面退缩的古岸线遗迹,形似阶梯,多者达一二十级。罗布泊的变迁就属于随气候的变化而发生演变的比较典型的例子。

气候逐渐干旱不仅导致湖泊面积的缩小和大型湖泊的肢解,还造成湖泊流域性质的改变,由外流湖转变为内流湖。例如,羊卓雍错原是一个高原外流构造湖,曾与其周围的空姆错、沉错和巴纠错连为一体,湖水通过墨曲外流,注入雅鲁藏布江,后来随着气候逐渐干旱与补给水量的减少而引起湖水位下降(即流域临时侵蚀基面的降低),促使入湖支流与墨曲诸河的洪积作用增强,堵塞墨曲河谷,使羊卓雍错与雅鲁藏布江隔绝为高原内陆湖。

二、泥沙淤积

入湖泥沙的多少直接影响湖泊的淤积速度和寿命。位于我国东部的长江中下游平原与黄淮海平原上的湖泊一般都是吞吐型淡水湖,与大江大河贯通,为入湖江河携带的泥沙提供了一个沉积环境。

黄淮海流域在历史上原是湖泊洼淀星罗棋布的地方,它们的逐渐消亡与多沙性河流是分不开的。海河流域由于支流众多,河流源短流急,加之尾闾不畅,故湖盆受泥沙淤积严重。黄河在公元 10 世纪以前,曾流经海河流域,由于多次改道,加速了湖盆的淤积。

江汉平原原是云梦泽的一部分,现分布在平原上的湖泊,即是原来的云梦泽在淤积消亡过程中因泥沙堆积的局部差异而残留的积水洼地。在近一二百年的时期内,这个大洼地中的湖泊数量相当多,湖泊面积也相当广袤,有的为今天的数倍乃至数十倍以上。后来,由于长江、汉水及其支流所携带泥沙的继续堆积和强烈的人类活动,湖泊面积和数量都进一步缩小,有的甚至消亡。汉川的黄金湖,曾是县境内最大的深水湖,因泥沙淤积,在清咸丰初年消亡。

我国外流湖泊绝大多数属浅水湖,泥沙的淤积在塑造和改变湖盆形态方面起着决定性的作用。一般而言,泥沙影响湖泊自然消亡的速度是迅速的,再加以人为因素的影响(如围湖造田等),其消亡的速度就更惊人了。

三、人类活动影响

人类活动对湖泊变迁的影响主要表现在灌区排水、筑堤建闸、滩地围垦、拦河筑坝等。

我国外流区的淡水湖一般沿岸带浅滩发育良好,这些湖滩草洲不仅是洪水调蓄的空间场所,也是生物繁衍之地,为滞洪、蓄水和发展水产做出过贡献。如我国著名的五大淡水湖区,素有"鱼米之乡"的盛誉,其之所以成为富饶的水乡,就是因为它具有水源充沛、灌溉便利、水产丰富等优越的自然条件。但是,后来一些湖泊因不断围垦,使一些多湖地区的湖群走向消亡,变成了平陆。如素有千湖之称的江汉平原湖群,目前的湖泊面积只有 33 年前的 30%,33 年来共围垦了 5816 km² 的湖面(见图 1.9)。

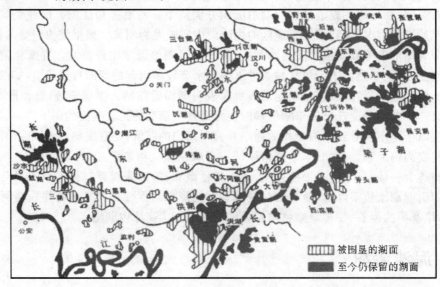

图 1.9　江汉湖群的湖泊消亡形势图

第四节　长江流域及其湖泊

长江是亚洲第一长河,全长 6387 km,分为上游、中游、下游,长江干流流经青海、西藏、四川、云南、重庆、湖北、湖南、江西、安徽、江苏、上海,共 11 个省级行政区。

长江干流的不同河段有着不同名字:长江正源河段称为沱沱河;与南源曲汇合后,称为通天河;过青海玉树巴塘河口后,称为金沙江;在四川宜宾与岷江汇合后,才称为长江(其中从四川宜宾到湖北宜昌河段,又称为川江);湖北枝江至湖南城陵矶河段,九曲回肠,又称为荆江;南京以下河段,称为扬子江,这也是长江英文名"the Yangtze River"的由来(西方传教士最先接触的是扬子江这段长江)。

长江的源头位于格拉丹东雪山的姜古迪如冰川,长江真的是"从雪山走来"。汉江与长江交汇处孕育出武汉三镇,嘉陵江与长江交汇处孕育出山城重庆,岷江与长江交汇处孕育出竹都宜宾,都江堰就建造在岷江之上,灌溉出万亩良田。成都平原,沃野千里,引水渠将岷江与沱江相连,雅砻江在四川攀枝花与长江交汇。乌江,古称黔江,贵州省第一大河,与长江汇合处为涪陵,特产榨菜。

鄱阳湖,中国第一大淡水湖,其水系由赣江、抚河、信江、饶河、修水五大河流及支流等组成。鄱阳湖水系基本覆盖江西全境。

洞庭湖,中国第二大淡水湖,其水系由湘江、资水、沅江、澧水四大河流及支流等组成。洞庭湖水系基本覆盖湖南全境,具有强大的蓄洪能力。洞庭湖有四条与长江连通的吐纳水道来调蓄长江洪水,曾使长江无数次的洪患化险为夷,江汉平原和武汉三镇得以安全度汛。但随着大面积的围湖造田,洞庭湖的调蓄能力大减。

数以千计的大小支流汇集,就形成了长江流域,面积多达 180 万平方千米,约占中国陆地总面积的 1/5。长江流域基本覆盖四川、重庆、湖北、湖南、江西全境,还有陕西南部和贵州中北部。

部分淮河水通过洪泽湖、高邮湖、大运河在扬州附近汇入长江,淮河成为长江的一条特殊"支流"。长江流域大部分为亚热带季风气候,降水量充沛,且主要集中在春夏两季,导致多暴雨和洪水。江西发生暴雨,鄱阳湖以下的干流会受到影响。秦岭发生暴雨,武汉以下的干流会受影响。湖南发生暴雨,洞庭湖以下的干流会受影响。四川盆地发生暴雨,宜宾以下的干流会受影响。若长江流域南北多条支流同时发生暴雨,则干流中下游水位就会猛涨,严重威胁长江干流中下游的重要城市。因此,长江流域干流支流修建了多座重要水库来调蓄洪峰。

丹江口水库能削减秦岭暴雨对干流的影响,它同时也是南水北调中线的水源地,其水源主要来自陕南。

二滩水电站能削减整个雅砻江流域暴雨对干流的影响,更重要的作用还有发电。

葛洲坝,长江干流上的第一座大坝,具有发电、调节航道、调蓄洪峰等多种作用,是三峡工程的重要组成部分。

三峡大坝,当今世界最大的水力发电工程,全长 3335 m,坝顶高程 185 m,可以调节长江上游所有来水,是长江流域防洪控制性枢纽工程,守护着长江中下游沿线的千家万户。为建设三峡大坝,重庆、湖北人民贡献巨大,百万人口移居他处,多座县城上移重建。

复习思考题

1. 试述湖泊的形态特征参数。
2. 湖泊形成的原因和类型有哪些?
3. 试述湖泊变迁过程、特征和影响因素,以及对湖泊生态系统服务功能的影响。

第二章 湖泊物理环境

湖泊的物理环境由湖泊形态、湖泊所在区域的气候以及湖泊水体的物理特性决定,对湖泊生态系统环境、生物群落分布和数量有重要影响,主要包括湖泊水文情势、湖泊水力、光照和温度等。

第一节　湖泊水文情势

湖泊水文学(limnology)是水文学的一个分支,是研究湖泊水文现象和湖水资源利用的水文学分支学科。湖泊水文现象的定性研究在古代就已经开展。中国清代《古今图书集成》和《行水金鉴》记载了中国许多湖泊湖水的来源、去路、泥沙、水位涨落、河湖调节关系和湖泊变迁过程等。湖泊水文的定量研究始于 17 世纪的水文观测。死海从 1650 年起已有水文资料。19世纪盛行湖泊测深工作。1891 年福雷尔完成了日内瓦湖的研究,出版了《日内瓦湖湖泊志》,系统地论述了该湖的地质,气候,湖水运动,化学、热学、光学、声学特点,湖泊成因和形态,为近代湖泊学确定了基本的研究领域。

湖泊水文学的主要研究方向是湖泊水文现象和湖水资源利用,主要包括湖泊中的水量变化、湖泊水位、湖泊沉积等。

一、湖泊水量

湖泊水量是重要的自然资源。它不仅是人们日常生活中不可缺少的生活资料,而且是工农业生产中所必需的重要资源,它与国民经济建设和人民群众的生活息息相关。湖泊水资源的作用主要表现在以下几个方面。

(1)湖泊可以调节区域气候。

(2)湖泊可以蓄积水量,调节河川径流。

(3)湖泊蕴藏了丰富的水力资源。

(4)湖泊可以方便舟楫。在水、陆运输中,水运的费用最为低廉,发展湖上交通运输对沟通城乡物资交流、促进生产发展均能发挥巨大的作用。

（5）湖泊是工农业生产和人民生活用水的重要水源之一。

湖泊水量的动态变化主要受到气候和人类活动的双重因素影响,定量区分这两个因素对湖泊水量变化的影响是目前该领域研究的难点和热点。不同气候区湖泊水量动态变化的主控因素是不同的。干旱、半干旱地区湖泊水量变化主要受流域降水和湖面蒸发综合作用的影响,而湿润地区湖泊水量变化主要受控于流域降水量影响,对蒸发并不敏感。通过降水和温度变化来影响湖泊水量的动态平衡是控制湖泊水量平衡的主要因素,改变土地利用方式、大量截取入湖径流量及兴建水利工程等人类活动可在较短时间内使湖泊水量发生变化。综合利用遥感、同位素技术及数学模型等是未来研究湖泊水量动态变化的重要手段。

中国湖泊的水量大致有着自南向北、由东向西逐步递减的趋势。在比较湿润的东部平原,湖泊水量比较充沛;西北干旱地区湖泊水量则比较贫乏。位于较湿润气候区的湖南、湖北、江西、安徽、江苏及云南等省的湖泊面积虽然只占全国湖泊总面积的1/3,但湖泊淡水贮量却接近全国湖泊淡水总贮量的一半;而位于蒙新干燥地区的湖泊面积约占全国湖泊总面积的1/8,但湖泊淡水贮量尚不及全国湖泊淡水总贮量的1%。中国湖泊的淡水贮量主要分布在青藏高原、东部平原及云贵高原三大湖区内。三大湖区的淡水贮量高达1998亿立方米,占全国湖泊淡水总贮量的90.4%,其他地区的湖泊淡水贮量尚不及全国淡水总贮量的10%(见表2.1)。长期以来,人们习惯把鄱阳湖、洞庭湖、太湖、洪泽湖及巢湖称为中国五大淡水湖。

表 2.1　中国湖泊贮水量表

湖　区	湖泊面积 /km²	占全国湖泊 总面积的 百分比/(%)	湖泊贮水量 /亿立方米	占全国总水量 的百分比 /(%)	其中淡水贮量 /亿立方米	占全国淡水 总贮量的 百分比/(%)
青藏高原	37549	46.6	6080	73.9	900	41.3
东部平原	22161	27.5	830	10.1	830	38.1
蒙新高原	15875	19.7	830	10.1	20	0.9
东北平原山地	3722	4.6	220	2.7	160	7.3
云贵高原	1188	1.4	240	2.9	240	11.0
其他	150	0.2	30	0.3	30	1.4
合计	80645	100.0	8230	100.0	2180	100

二、湖泊水位

湖泊水位的变化可视为湖泊贮水量变化的量度。从水量平衡的观点出发,当确定了出入湖泊径流量、湖面降水量及蒸发量等要素的年变化过程后,湖泊水位的变化就能间接地予以确定。这里并未涉及湖泊水量在平面分布上的差异,由风和气压等变化所引起的水位摆动,往往使湖泊水体出现局部的堆积和流失,引起水量在平面分布上的不均匀性。因此,任何一个湖泊的水位变化,实际上是由水量平衡诸要素间的量变以及风和气压对湖面的作用所引起水位波动的综合结果。

湖泊水位的变化规律分为周期性和非周期性两种。周期性的年变化主要取决于湖水的补给。降水补给的湖泊,雨季水位最高,旱季水位最低;融冰化雪融水量补给为主的高原湖泊,夏季水位最高,冬季水位最低;地下水补给的湖泊,水位变动一般不大。有些湖泊因受湖陆风、海潮、冻结和冰雪消融等影响产生周期性的日变化,如非洲维多利亚湖因湖陆风作用,多年平均水位日间高于夜间 9.9 cm。非周期性的变化往往是因风力、气压、暴雨等造成的。中国太湖在持续强劲的东北风作用下引起的增减水,在同一时段中,能使迎风岸水位上升 1.1 m,背风岸水位下降 0.75 m。此外,由于地壳变动、湖口河床下切和灌溉发电等人类活动也可使水位发生较大变化。

我国湖泊水位的日变化大多小于 3 cm,尤其是较大的内陆湖泊,水位变化更小。长江、淮河沿岸的一些通江湖泊,当进出水量急剧变化的汛期,水位的日变化较大。鄱阳湖于 1970 年 7 月 11 日至 7 月 25 日的一次洪峰过程中,康山水位站的水位从 7 月 12 日的 16.82 m 增至 7 月 16 日的 18.51 m,4 天水位升高了 1.69 m,其中 7 月 14 日和 7 月 15 日的日变化分别达到 0.54 m 和 0.52 m。

湖泊水位的年变化主要取决于进出湖泊水量的变化。中国多数地区的湖泊一年中最高水位常出现在多雨的 7 月至 9 月。融冰化雪水量补给的湖泊,夏季水位稍有上升,而最低水位常出现在少雨的冬春季节。湖泊水位的年变化以长江中游的湖泊最大。洞庭湖鹿角水位站的水位年变化达 11.75 m,鄱阳湖康山水位站的水位年变化达 5.86 m。水位变化大,湖泊面积和水量的变化就大,这些湖泊具有"枯水一线,洪水一片"的自然景象。淮河流域及长江下游区湖泊的水位年变化次之,一般为 1.5~2.5 m。云南高原湖泊的水位年变化较小,为 1.0~1.5 m。而青海、新疆及内蒙古等地区的大型内陆湖泊,水位年变化最小,大多在 1 m 以内。湖泊水位的年变化与各年水量的多寡有关。小型湖泊特别是内陆湖泊,由于气候变化而引起湖区及流域内降水量的变化,也能使湖泊水位发生升高或降低的现象。人类经济活动对水位的年变化也产生一定的影响,如建闸蓄水等。

三、湖泊对河流的调节

我国外流湖泊所处的地区气候比较温和湿润,降水多,入湖地表径流量是湖泊主要补给水量,损耗部分主要为出湖径流量,两者是逐步达到平衡的,出湖河流的泄水能力随着湖水位的上升而增加,水位上升表示入湖径流暂蓄于湖泊,尔后缓缓泄出,使湖泊下游河川水位、流量年变化平缓,这是由于外流吞吐湖具有很大的贮水量,对河川的调节作用明显。湖泊对河流的调节作用以洪峰削减量和洪峰滞后时间来表示,洪峰削减量越大、洪峰滞后时间越长,湖泊对河流的调节作用就越明显,反之,调节作用就越小。

从目前情况看,我国外流湖泊(如江淮流域的大型湖泊)尚具有较大的自然调蓄作用,如鄱阳湖等。云贵高原的外流湖泊,如滇池、洱海及抚仙湖等,对河流的调节作用虽不及长江流域湖泊那样大,但因湖盆较深,对河川径流仍有明显的调节作用,加之不少湖泊的出湖河流落差较大,水力资源蕴藏量丰富。外流湖泊中除上述湖泊外,还有许多中小型湖泊,虽然湖泊蓄水量不大,但往往是星罗棋布,成群分布于沿江地带,在汛期也能对河流起重要的调节作用。内陆湖泊大多发育成闭流湖泊。少数湖泊虽有河川排出,但吞吐水量不大,因此内陆湖泊的调节作用有限。

四、湖泊沉积

湖水中物质由于物理、化学和生物作用,在湖内下沉和堆积的现象称为湖泊沉积。湖泊沉积研究湖中物质的沉积过程及其演变规律。入湖水流挟带的泥沙,由于流速减小而下沉。粗粒泥沙常沉积在河流入湖处,越向湖心,沉积的颗粒越细。矿物溶解质主要由于蒸发、冷却和化学作用易引起沉淀。湖岸在风浪和湖流作用下崩坍,崩坍的物质沉积在湖岸坡脚。湖中水生生物死亡后沉积在湖内。

应用沙量平衡原理(即根据时段内进出湖泊的沙量收支状况),可以确定某一时段湖泊淤积量,推算出淤积厚度。研究泥沙淤积、化学沉积和生物沉积可以预测沉积演变趋势和湖泊寿命。在湖泊沉积研究中也可应用遥感技术、同位素技术、孢子花粉和古地磁等方法测定沉积物年代,推测历史气候变迁情况,预测沉积数量和位置。通过不同年代沉积相的对比,有助于了解湖区古地理;研究湖泊沉积物的矿物组成和分布特征,探明沉积物质来源,可为寻找湖相沉积矿藏提供依据;分析湖积物不同层次的厚度和性质,探明湖盆形成年代,可推断这些沉积物形成时期的水文、气候条件。沉积物中积累了大量有机物和多种稀有元素,为各种湖相沉积矿床的形成提供物质来源。

湖泊沉积物主要由碎屑沉积物(黏土、淤泥和砂粒)、化学沉积物、生物沉积物或这些物质的混合物所组成。每一种沉积物的相对数量取决于流域的自然条件、气候以及湖泊的相对年龄。

(1) 碎屑沉积物主要是黏土、淤泥和砂粒等。在气候湿润区发育较好,沉积形态与组成受水动力条件和湖底地形支配。沉积物的水平分布为:自湖边至湖心,颗粒由粗变细呈环状排列。沉积物的垂直分布为:最下层最古老,依次向上,沉积时期越晚。沉积物中水分由上向下逐渐减少。各湖的碎屑沉积量和沉积速度不同。

(2) 化学沉积物可以形成各种可利用的盐类。化学沉积物受温度的影响较大,冬季温度接近 0 ℃或低于 0 ℃时,盐类析出。化学沉积物多见于干旱地区,湖泊由碎屑沉积开始,以盐类沉积告终,即从淡水湖演变为咸水湖直至盐湖,基本上代表了干旱地区盐湖的整个发育过程。湖泊中主要的化学沉积物有钙、钠、碳酸镁、白云石、石膏、石盐以及硫酸盐类。含有高浓度硫酸钠的湖泊称为苦湖,含有碳酸钠的湖泊称为碱湖。

(3) 生物沉积物是湖沼中有机体死亡后沉于底部形成的生物沉积物。生物沉积物按其成分和构造,分为腐殖质泥土和泥炭两类。腐殖质泥土是富营养型湖泊所特有,主要由有机物组成,其中浮游生物占优势,在缺氧条件下,有机物不能全部分解,其形成富含脂肪、蛋白质和蜡状物体的不定型胶质块,呈橄榄色或灰色等,沉积厚度有时达几米。泥炭为贫营养型湖泊所特有。

一年中湖泊沉积物类型和厚度与季节变化有关。夏季入湖径流量大,进入湖中的碎屑多,沉积量较大;秋季水生植物枯萎,生物沉积物也能增加沉积厚度;冬、春季沉积物较少。湖泊沉积厚度的年变化主要取决于年水量的多寡。水量越大,沉积的碎屑越多。由于沉积物不同和湖水温度分层,湖底沉积的层理有季节层和年层两种。研究年层的厚度、结构和颜色可确定湖泊年龄和这些沉积形成时期的水文和气候条件。

　　湖盆的形态、大小和深浅影响湖水运动、湖泊沉积、湖中热量交换和湖水的化学特性等,因此,湖泊水文学也研究湖盆和湖泊的形态特征。水库是人工湖泊,与天然湖泊既有共同点,又有一些特殊研究内容,如水库淤积、水库库岸演变、异重流防治和利用等。

　　随着科学技术的发展,湖泊水文学的研究出现了很多新方法,主要有:①模型技术,其中包括物理模型和数学模型,用以进行湖泊水文现象的物理和数值模拟,建立湖水动力模型、湖泊水温模型、湖水化学模型、湖泊沉积模型等;②遥感技术,用于探测湖界、水温、水情,识别湖水污染和浅水湖泊泥沙运动;③核技术,用于示踪泥沙运动,分析湖泊沉积,探测水库渗漏;④电子技术,用于湖泊调查和测量等。

第二节　湖 泊 水 力

　　湖泊水力主要关注湖水的运动、引起湖水运动的力、湖中波浪的形成等。不同的湖泊水力状况,对湖水中污染物的扩散和降解作用有很大的影响。

一、湖水运动

　　研究湖水运动主要是研究湖水的各种运动方式、相互关系及其发生、发展和停息的机制。按运动要素随时间变化而变化的特性,湖水运动分为周期性运动和非周期性运动。湖泊波浪、湖泊波漾、伴随波漾产生的湖流等称为周期性运动;漂流、吞吐流等称为非周期性运动。按运动方式,湖水运动可分为混合、湖流、增减水、波浪和波漾等。按运动发生在湖水中的垂直位置,湖水运动可分为表面运动与内部运动。各种形式的运动常互相影响,互相结合。湖水运动不仅受到外部因素的影响,还受到其内部因素的制约,如湖水成层结构,内部密度分布,周期性、空间分布,湖盆形态等因素。外力作用停止后,湖水运动受摩擦力与黏滞力作用和湖泊边界的阻碍而逐渐衰减,最后消失。研究湖水运动可以总结出湖岸演变、湖中泥沙运动、湖水物理性质变化和化学成分分布等规律,并为船舶航行做出预报,为护岸工程设计提供基础资料。湖水运动的研究以流体动力学为基础,同时采取野外观测与室内模型试验相结合的方法。

二、引起湖水运动的力

　　引起湖水运动的力主要有风力、水力梯度及造成水平或垂直密度梯度引起的力。风将能量传递给湖水,引起湖水运动;由水流进出湖泊而引起湖水运动;湖水内部压力梯度及由水温、含沙量或溶解质浓度变化造成的密度梯度都能引起湖水运动。

　　湖流是各种力相互作用的结果,但在许多情况下少数特定的力起着支配作用。当没有水平压力梯度、没有摩擦时,水平流受地转偏向力影响,北半球将偏向右。在压力梯度起支配作用时,这种力与地转偏向力相结合形成所谓的转流,这种情况只出现在很大的湖泊中。由于风力作用或气压梯度使水面倾斜而产生梯度流。由风力引起的湖流最为普遍。在大的深水湖中,理论上表面流流向沿着风向右偏45°,而到深层,流速逐渐减弱,且进一步向右偏。在风力影响不能到达的深度以下,水流的方向与风向相反。对于中纬度大而深的湖泊,这种深度约为100 m。兰米尔(Langmuir)环流是风在水面引起的一种小型环流现象。刮风时,可以观察到水面上产生许多平行波纹,并且可以延续到相当远的距离,在波纹处相对下沉,波纹之间则相对上升。这种环流现象也可以由湖内热力混合下沉造成。

三、湖中波浪的形成

湖中波浪多是由湖面上方的风引起的。风吹到平静的湖面上,广阔的湖面产生波动和波纹,形成比较有规则、范围较小且向同一方向扩展的表面张力波。波高的增加与风速、作用持续时间及吹程呈函数关系。然而即使在最大的湖泊中,也不会出现海洋中的波涛现象。这是因为湖面波浪沿着风向且与波浪顶峰垂直方向传播,当波长超过水深的四倍时,波速近似等于水深与重力加速度乘积的平方根;当水深较大时,波速与波长的平方根成正比。

持久的风力和气压梯度造成湖面倾斜,当外力作用停止时将引起湖水流动,使湖面复原,这一过程称为静振。基本的静振为单节的,但若发生谐波,则亦可能是多节的。若风沿狭长的湖泊长轴劲吹,则多出现纵向静振;若风横穿狭窄湖面,则多出现横向静振。湖泊内部静振是由热力分层现象引起的。

第三节 光

光是地球上所有生命体赖以生存和繁衍的最重要的能量源泉,地球上生物生命活动所需要的全部能量都直接或间接地来自太阳光。光主要来自太阳辐射。电磁波形式的太阳辐射通过大气层之后,一部分被反射回宇宙空间,一部分被大气吸收,其余部分投射到地球表面。太阳辐射通过绿色植物的光合作用进入生态系统。光质、光照强度及光的周期性变化对生物的生长分布产生重要的影响,从而产生了生物适应的多样性。

一、光在水中的分布

太阳光照射到水面,5%~10%的太阳光被水面反射,其余部分则进入水体。水中的光辐射强度较空气中的弱,且随水的深度增加而成指数函数减弱。在完全清澈的水体中,1.8 m深处的光强度只有表面的50%;在清澈的湖泊中,1%的可见光可达5~10 m水深;在污染而较混浊的水体中,50 cm的水深处光强可降低7%。水中光的强度与水面平静程度也有一定的关系。在太阳直射的情况下,平静水面对入射光的反射率为6%,而有明显波浪的水面则为10%。根据水体中光的强弱,水体可分为亮光带、弱光带和无光带,不同光带对生物产生不同的影响。

水中光质也随水深的改变而变化。通常用每米水层吸收的光能和射入的光能的比值作为光的吸收系数。水分子对不同光线的吸收系数是不一样的,最先吸收的是红外线、紫外线和长波长的红光,最后被吸收的是短波长的绿光和蓝光(见图2.1)。红外线和紫外线都在水的上层被吸收,这就导致了绿藻分布在上层水中,褐藻分布在较深层水中,红藻分布在最深层水中。散射情况则恰好相反,被水分子最强烈散射的是蓝光,散射最弱的是红光。水中散射出来的光线落到观察者的眼中时,就使水面呈一定颜色。纯水散射的主要是蓝光,这就是为什么越清澈的天然水看上去越接近蓝色的原因。但水中悬浮和溶解的各种物质对光的吸收及散射的情况与水分子的不同,其他光线(绿光、黄光等)也会被散射,因而浑浊的水常呈绿色甚至褐色。黎明与黄昏时湖水中以黄光、绿光为主,水生植物吸收的多为散射光。

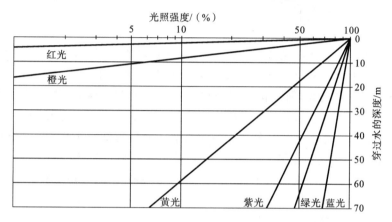

图 2.1　各种波长的光穿过蒸馏水时的强度变化

(引自 Kormondy,1996)

二、光照强度与光合作用

光是绿色植物进行光合作用的首要条件,水生植物光合作用的强度与光照强度密切相关。在低光照强度条件下,光合作用速率与光强呈正比关系,随着光照强度继续增加,光合作用速率逐渐达到最大值(见图2.2),即在一定范围内,光照强度增加,光合作用速率加快,但当超出一定限度(饱和光照强度)后,光照强度增加而光合作用速率不再加快,甚至反而减弱以至于停止。

植物光合作用吸收的二氧化碳量和呼吸(排放)的二氧化碳量相等时的最低光照强度为植物的光补偿点(light compensation point)。不同植物的光补偿点是不同的。在光补偿点时,植物不能积累干物质,因此在环境光照长期不足的情况下,植物光补偿点的

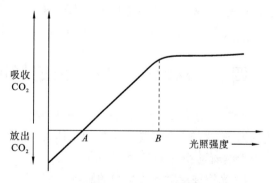

图 2.2　光照强度对光合作用速率的影响

A—光补偿点;B—光饱和点

高低对其生长、产量很重要。光的穿透性限制了植物在水体中的分布,只有在水体表层的透光带上部,植物的光合作用量才能大于呼吸量。在透光带的下部,植物的光合作用量刚好与植物的呼吸消耗相平衡之处,就是所谓的补偿点。如果水体中的浮游藻类沉降到补偿点以下或者被水流携带到补偿点以下而又不能很快回到表层时,这些藻类便会死亡。在浮游藻类密度很大的水体或含有大量泥沙颗粒的水体中,透光带可能只限于 1 m 处,而在一些污染的湖泊中,水下几厘米处就很难有光线透入。需光性决定了大型藻类植物只能生长在浅水中,以之为食的浮游动物也相伴分布。但动物的分布则不限于水体的上层,它们可以靠表层生物死亡后沉降下来的残体为生。

三、光质与藻类的色素适应

植物的光合作用不能利用光谱中所有波长的光能,仅能利用波长为 380~760 nm 的可见光的部分光能。其中,红、橙光主要被叶绿素吸收,对叶绿素的形成有促进作用;蓝、紫光也能被叶绿素和类胡萝卜素吸收,通常将这部分辐射称为生理有效辐射,占太阳总辐射的 40%~50%;而绿光则很少被吸收利用,故通常称为生理无效辐射。在生理有效辐射中,各种光的作用也是不一样的。普遍存在于各种藻类中的叶绿素 a,对辐射能的吸收高峰在光谱中的 405~640 nm 部分;叶绿素 b(仅存在于绿藻和裸藻中)的吸收高峰在光谱中的 440~620 nm 部分;藻蓝素和藻红素的吸收高峰在光谱中的 500~600 nm 部分。因此在植物光合作用中被吸收最多的是红、橙、黄三色光线。只有类胡萝卜素能吸收范围最为广泛的光谱成分,它在水生植物对光照条件的适应上起着极其重要的作用。

水生植物的光照一般情况下是不足的。随着深度的增加,光照强度迅速减弱,而且光质也起了变化。光合作用吸收最强烈的红色光线在水面表层即被水吸收,从而导致较深层缺乏叶绿素所需要的红色光线,而透过水面表层的绿色光线却难以被利用。为了适应这种情况,在进化过程中许多水生植物形成各种辅助色素,如各种类胡萝卜素,能够利用深层水中的绿色和蓝色光能。

光照是决定藻类垂直分布的决定性因素。水体对光线的吸收能力很强,在湖泊 10 m 深处的光强仅为水表面的 10%;在海洋 100 m 深处的光强仅为水表面的 1%;因为水体易于吸收长波长光线,故造成了各水层的光谱差异。各种藻类对光照强度和光谱的要求不同,绿藻一般生活于水表层,而红藻、褐藻则能利用绿、黄、橙等短波长光线,可在深水中生活。

四、光对水生生物行为的影响

外界环境因素对水生生物行为的影响巨大。在水生生物生存的环境中,光是一个复杂的生态因子,光的变化具有稳定性和规律性,它的变化能够激发动物的一些生理机制,直接或间接地影响着动物的生存、生长和繁殖等。

1. 光照强度对水生生物的影响

许多淡水和海洋动物似乎都有一个活动的最适光照强度。浮游动物在夜晚游动会加剧,这个现象在一些动物的幼体和成体中也存在。鲽的正常活动节律能被连续光照打断;金鱼在连续几天的持续光照下会保持一个弱的活动节律。许多水生动物有昼夜垂直移动的现象,如大部分浮游动物为了回避强光,在白天光照较强时,栖息于较深水层中,在夜晚时则上升到表面,并随昼夜而交替。

光照强度对水生动物摄食活动行为的影响具有种属特异性。对于依靠视觉摄食的鱼类,存在着一个适宜的光照强度范围。在此范围内,鱼摄食最为活跃,摄食量最高;高于或低于此范围的光照强度,都会降低摄食量。叶唇鱼在弱光和黑暗条件下摄食活动最强烈。鲱鱼在完全黑暗下摄食活动停止。在个体发育的不同阶段,适宜光照强度区也会有所变化。真鲷稚鱼的适宜光照强度范围为 $10\sim10^2$ lx,仔鱼的适宜光照强度范围为 $1\sim10^2$ lx。根据光照强度对摄食活动的影响,鱼类的摄食活动分为三种类型,即白昼型、黄昏型和夜间型。在通常情况下,浮游动物和底栖无脊椎动物是全日连续捕食,而较大的捕食者,捕食活动在黄昏和黎明时最强烈。弱光时期总是混合了各种活动,从动物的成群活动减弱到聚集,最后到个体的单独活动或静止不动。大型捕食者很明显地利用这个混乱时期对猎物捕食。

光照强度对水生动物生长的影响因种类不同而异,它既能促进其生长也能抑制其生长。动物的生长有其所需的最低和最适光照强度,其值因种类不同而异,这是动物在长期的进化过程中所形成的对其所生存环境的适应。光照强度对动物发育的影响也具有种类专一性。大麻哈鱼卵在有光处比在无光处发育慢 $4\sim5$ 天,而过度光照,将导致其新陈代谢失调以致死亡。

2. 光周期对水生生物行为的影响

光照是决定动物所特有的昼夜活动规律的重要因子。例如,缩短光周期能降低水蛇的昼夜活动节律的幅度。动物在自然界所表现出来的昼夜节律除了由外部因素的昼夜周期决定以外,在动物机体内部还有似昼夜节律。光是使动物的似昼夜节律与外界环境 24 小时周期同步的决定因素。

光周期对动物摄食的影响也具有种属特异性。鲢和鳙不仅有昼夜摄食节律,而且有季节摄食节律。鱼类的摄食节律可能与水中溶氧和水温有关。动物在适宜的环境下摄食可以节省能量。在氧浓度恒定的条件下,尼罗非鲫的幼鱼氧消耗的日节律与摄食阶段一致。鱼类在昼夜垂直移动中进行摄食,大部分原因是自然光照强度的昼夜变化所致,同时也与其食物种类昼夜移动有关。动物的昼夜摄食节律是为了充分、有效地利用自然界食物资源而进化发展的一种生理节律。动物摄食的内源性节律并不是一成不变的,而是随外界环境条件的变化而变化的。摄食节律的季节性变化可能是由于外界环境的刺激或是动物的年内源性生理节律(如生殖状态)以及行为变化所致的,而这又主要取决于光信息。

光周期对动物的生长存活和繁殖具有很大的影响。动物可能存在其生长所需的最低和最适光周期,这可能是在长期进化过程中形成的对其生活环境的一种适应。

3. 光谱成分对水生生物的影响

如同光照强度和光周期一样,光谱成分对水生动物摄食的影响也具有种属特异性。鲱鱼的幼鱼对黄、绿光较为敏感,在 560 nm 光波处摄食最为活跃;白鲑的幼鱼对短波长的绿光较为敏感,而对长波长的红光不敏感,尽管红光能射入更深的水层,但白鲑的幼鱼所能摄食的水层深度并不是由红光决定的,而是由绿光决定的。光谱成分对水生动物的趋光性也有很大的影响,而且像光照强度一样随动物发育阶段不同而有很大差别。许多鱼具有适应其生活环境的视觉色素细胞。

五、湖泊光学特性

湖泊光学作为湖泊物理学研究的一个重要方向,国外自20世纪70年代就已经开展了此项研究。由于湖水光学特性及水下光传输与光照强度分布对生物生长及水体初级生产力影响很大而引起国内外重视。研究湖泊光学与湖泊环境、水生生物、植物生态学的关系已经成为湖泊光学研究领域中极具生命力的部分,并发展了生物光学模式来计算水体初级生产力。国外在这部分工作开展较多,国内在20世纪90年代初开始研究,蔡启铭和杨平等在太湖开展了初步观测研究,取得部分成果。太阳辐射是湖泊生态系统的主要能量来源,促使湖泊中植物进行光合作用的光是波长为400～700 nm的可见光(即光合有效辐射,PAR),它直接决定着湖泊中各种生物的生长及湖泊初级生产力。同时光化学过程和紫外辐射也会影响湖泊的生态系统和碳循环。因此,研究湖泊水体的光学特性和变化规律有助于了解湖泊中生物生长、藻类暴发及湖泊富营养化的防治。

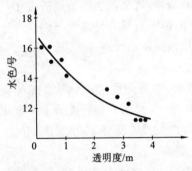

图 2.3　固城湖水色与透明度相关曲线

湖泊光学特性包括透明度和水色等。透明度是指湖水能使光线透过的程度。水色则取决于水对光线选择吸收和选择散射的程度,是湖泊中重要的光学特性。透明度和水色随湖水化学成分的不同和水中悬浮物与浮游生物的多少而变化。透明度和水色的年际变化在一定程度上反映了湖泊遭受污染的状况。水色与透明度之间的关系甚为密切,水色号愈低,透明度就愈大;水色号愈高,透明度就愈小(见图 2.3)。

1. 透明度

湖泊透明度是指湖水能使光线透过的程度,表示水的清澈情况,是水质评价指标之一。

世界上透明度最大的湖泊是日本的麿周湖(透明度为41.6 m),第二为俄罗斯的贝加尔湖(透明度为40.2 m)。在我国的不同地域,湖泊透明度变化较为明显。青藏地区的湖泊主要依靠高山融雪补给,水深且含盐量高,湖中悬浮物少,因此就平均状况而言,湖水透明度居全国之冠。长江中下游地区和黄淮海平原的湖泊,平均水深大多是小于4 m的浅水湖,河湖相通,泥沙的输入和风浪的扰动,常减低湖水透明度,透明度一般在1 m以下(见表2.2)。我国湖泊的最大透明度为14 m,见于藏南的玛旁雍错;最小透明度不足0.1m,见于长江中下游一些浅水湖,差异十分明显。

表 2.2　长江中下游地区及黄淮海平原主要湖泊的透明度

湖名	鄱阳湖	洞庭湖	太湖	洪泽湖	巢湖	南四湖
透明度/m	0.35～3.50	0.15～0.45	0.15～1.00	0.10～0.40	0.15～0.25	0.24～0.45
湖名	武昌东湖	骆马湖	白洋淀	洪湖	淀山湖	固城湖
透明度/m	0.20～3.50	0.50～3.00	2.00～3.00	0.50～1.50	0.50～2.30	0.15～3.65

　　在同一湖泊中,因水深、底质、悬浮物和浮游生物分布的不同,透明度也存在一定差异。我国的一些深水湖及众多的中小型湖泊,沿岸带的透明度一般比开敞水面的透明度小,如东湖敞水带的透明度显著高于沿岸带的透明度,在小河汇入的河口是全湖透明度最小的湖区,但少数以风生流为主的大型浅水湖,其透明度分布则相反。凡受入湖河流影响的湖区,其透明度随入湖悬浮物的增加而减少,而在平静的避风港湾,透明度较大。

　　透明度的日变化一般是早晚小,中午稍大。湖水透明度的年变化过程,一般与入湖径流及浮游生物的繁殖程度有关。春、夏季透明度较小,秋、冬季透明度稍大,这与春、夏季浮游生物急剧繁殖以及春汛、伏汛时期含沙量的增加有关。

　　一些受人工控制的湖泊,如洪泽湖、巢湖、骆马湖等,汛期透明度小于非汛期的透明度,这是由于汛期湖泊泄水,湖水交换剧烈,而非汛期湖泊处于蓄水阶段,入湖径流所带入的泥沙和有机物质的大量沉淀,使湖水变清。此外,湖区工业废水和居民污水的大量排放入湖,使水质变肥,浮游生物借以大量繁殖,促使湖水透明度下降,造成水体污染。

　　透明度一般采用透明度盘,通过肉眼观察而测定。影响湖水透明度的主要因素是浮游生物和悬浮物,所以根据湖水的颜色和透明度可以大致判断水体的营养状况。一般咸水湖、深水湖、贫营养湖的透明度较大;浅水湖、富营养湖的透明度较小;沿岸带透明度较小,湖心区透明度较大。

2. 水色

　　湖泊的水色是指在阳光不能直接照射的地方,将一白色圆盘沉入透明度一半的深处所观察出的圆盘上显示的颜色。水色取决于水对光线的选择吸收和选择散射的情况。湖水的颜色受光照、浮游生物、溶质的种类、泥沙以及其他悬浮物等多种因素的影响。浮游植物的叶绿素、无机的悬浮物、有机的黄色物质为水色三要素。光射入水中后,长波长光(如红光)容易被水吸收并转变为热能使水温升高,短波长光(如蓝光、紫光)容易被散射,故湖水清澈,常呈浅蓝色。浮游生物、水中溶解物质、悬浮物等对光的反射和散射也使水表现出相应的颜色,如蓝藻、绿藻多的水体常呈蓝绿色,硅藻丰富的水体常呈淡黄色,含较多的钙盐、铁盐、镁盐的水体常呈黄绿色,腐殖质丰富的水体常呈褐色。

　　水色一般用福莱尔水色计1号(浅蓝色)至21号(棕色)的号码表示。

　　湖泊的水色的测量原理和方法如下。

　　透入水中的光线受水中悬浮物以及水分子的选择吸收与选择色散的合并作用而呈现不同的颜色。测定水色常用特制的水色计与天然状态下的水色进行比较。水色计从蓝色到褐色共有21个标准色,编有号数。

　　在野外,水质的透明度有一个国际上常用的测量方法:拿一个直径为30 cm的白色圆盘,沉到湖中,注视着它,直至看不见为止。这时圆盘下沉的深度,就是水体的透明度。而水色是指位于透明度的1/2深处,在圆盘上所显示的水体的颜色,一般用水色计1号(浅蓝色)至21号(棕色)表示。

　　湖水的某种美丽的颜色(如绿色)是溶解了某些矿物质所致,只有在透明度高的湖中,这种颜色才可能显现。湖水的颜色受制于水深,因为深度只有超过5 m,湖水才有可能吸收掉其他色谱的光,而只反射蓝色光。长江中下游的那些湖泊,由于平均水深不超过4 m,因此在那些地方就不能看到蓝色的湖。

我国湖水色彩最美的湖泊在青藏高原,青藏高原上的湖泊水色大多数呈青绿色和浅蓝色(水色号为 3~9 号):玛旁雍错的水色最清,为碧蓝色;青海湖的湖水呈浅蓝色。在新疆以及内蒙古高原,赛里木湖、新疆天池和内蒙古的岱海水色较清,湖水呈深绿色或淡蓝色(水色号为 5~9 号);博斯腾湖的湖水呈浅绿色。云贵地区的湖泊以抚仙湖水色最清,为青绿色(水色号为 5~8 号)。长江及淮河中下游的湖泊,河湖相通,泥沙和悬浮物含量高,是中国最浑浊的湖区,大多数湖泊的湖水呈黄褐色(水色号为 14~19 号)。

此外,我国有少数湖泊的水色颇为特殊,在福莱尔水色计上无相应的号码,如我国希夏邦马峰北坡的野博加勒冰川所分布的一些小型冰面湖、四川甘孜的新路海和新疆的布伦托海等,湖水呈乳白色。

第四节　温　度

湖水温度是影响湖泊中各种理化过程和动力现象的重要因素,也是湖泊生态系统的环境条件之一,它不仅影响水生生物的新陈代谢和物质的分解,也是决定湖泊生产力的重要指标。此外,湖水污染会引起湖水增温,因此可以利用红外波段、遥感监测湖水污染的程度。

一、水温的变化与分布

1. 水温的日变化与年变化

水温的日变化和年变化取决于日内或年内热量平衡各要素间的关系。水温的日变化和年变化以表层最明显,随深度增加而衰减,同时产生相移,最高及最低水温出现的时间滞后于空气温度。湖泊表层的最高水温出现在 14—20 时,最低水温出现在 5—8 时。夏季日出早,日落晚,因此最高水温出现的时间稍迟,一般为 18—20 时,冬季提早到 14—16 时。最低水温夏季常出现在 5—7 时,冬季为 6—8 时。

沿岸带的水温日变化比开敞湖区的明显,且变化也大。例如,1978 年 7 月 6 日至 7 月 7 日,在鄱阳湖棠荫岛沿岸带与开敞湖区水面进行了水温定时对比观测,开敞湖区水深、水体热容量大,因而表面水温的增温和冷却过程均比沿岸带要缓慢,沿岸带水温日变幅为 2.6~4.3 ℃,开敞湖区水温日变化为 0.9~1.2 ℃(见图 2.4)。

湖水在年内各个季节接收的太阳辐射热不同,使水温发生年变化,浅水湖泊长期受气候的影响,水温与气温有着较为相应的变化过程,最高水温常出现在每年的 7—8 月,最低水温常出现在每年的 1—2 月。湖泊水温和气温的年变化过程大致是:1—3 月是全年气温较低的时期,而湖泊由于热容量较大,散热不及空气,这一时期水温常高于气温;3 月以后,气温上升,而水体由于热容量大,水温升高不及气温显著,再加之雨量少,湖水大量蒸发,消耗热能,因此 4—6 月气温常高于水温;7—8 月以后,辐射开始减弱,月平均气温开始下降,而水体散热慢,所以此段时间水温又常高于气温(见图 2.5)。

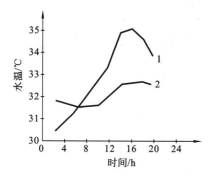
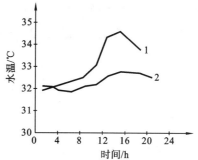

图 2.4　鄱阳湖棠荫岛(1987 年 7 月 6 日至 7 月 7 日)水温日变化
1—沿岸带;2—敞水带

2. 水温的垂直分布

1)湖水正温层和逆温层分布

湖水正温层分布是指湖温随水深增加而降低的分布形式,即湖水温度的垂直梯度为负值,水的上层温度较高,下层温度较低,但不低于4 ℃。这种垂直分布称为正温层分布。具有正温层分布的湖水稳定性较好,湖水不易发生涡动和混合。分布在热带和亚热带地区的热带湖,全年都具有正温层分布的特点,而分布在温带和暖温带的一些湖泊,仅在夏季呈正温层分布。

当湖温随水深增加而升高,水温垂直梯度为正值时,将出现上层水温低、下层水温高的现象,但水温不高于4 ℃。这种水温的垂直分布称为逆温层分布。

我国湖泊水温的垂线分布随着湖水深度

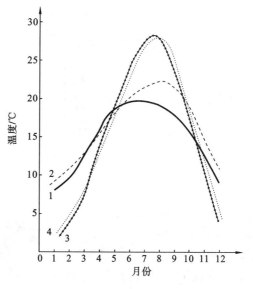

图 2.5　滇池、洪泽湖多年月平均气温、水温过程线
1—滇池气温;2—滇池水温;3—洪泽湖气温;4—洪泽湖水温

的变化而不同。长江中下游的浅水湖,全年以正温层分布为主,而在凌晨或冷空气侵袭时,会出现短暂的逆温层分布。每遇大风或阴雨天气,垂线水温则呈同温层分布,接近于多循环型。

内陆深水湖(以青海湖为例),除夏季水温属正温层分布外,在春、秋气候过渡季节,湖水近于同温层分布,冬季冰层以下的水温则呈逆温层分布(见图2.6),属于典型的双循环型。外流深水湖(以抚仙湖为例)春、夏、秋三季为正温层分布,在夏、秋两季出现明显的温跃层现象,是冬季气温下降、上层湖水不断散热的结果,从表层到水下 66 m 处,水温沿垂线的分布近乎同温状态。在水下 66~69 m 深处有些变化,其梯度为 0.4 ℃/m,再往下又近于同温分布。

2)温跃层

深水湖泊和海洋夏季温度分层期间,自上而下温度随水深而突降的水层称为温跃层。我国一些深水湖在夏季常出现一种稳定的温跃层现象,温跃层内温度梯度较大,表2.3为我国一些湖泊温跃层的最大温度梯度。温跃层犹如阻塞层,在温跃层内湖水理化性质(密度、温度、含

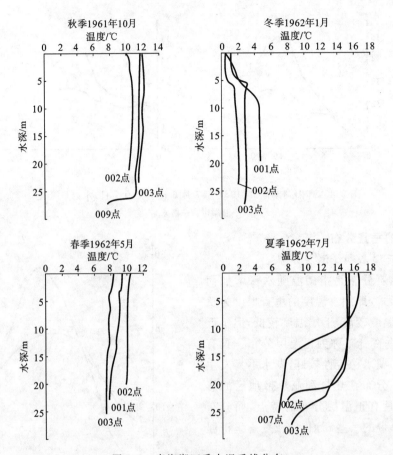

图 2.6　青海湖四季水温垂线分布

氧量)的垂直梯度很大。而温跃层以上的水层由于强烈的混合作用,垂线温度的变化不够明显,温度梯度很小,湖水理化性质比较均一;温跃层以下由于混合作用受到阻碍,湖水理化性质也比较一致。

表 2.3　我国一些湖泊温跃层的最大温度梯度

湖名	镜泊湖	抚仙湖	错尼	斑公错	骆马湖	洪泽湖
温度梯度/(℃/m)	8.7	3.7	2.1	1.7	2.2	2.5

我国深水湖泊的温跃层位置与湖泊所处地理位置、湖水深浅及风力强弱等有关。以夏季为例,镜泊湖温跃层出现在水深 8~14 m 处,青海湖温跃层出现在水深 15~20 m 处,抚仙湖温跃层出现在水深 18~24 m 处。温跃层形成之后,由于紊动、对流和分子的混合作用,其位置是不断下沉的。例如,抚仙湖秋季的温跃层位置比夏季下降了 7~9 m,而到了冬季,温跃层基本消失。浅水湖泊一般很少出现温跃层现象。

3. 水温的水平分布

地球表面的热源几乎全部来自太阳辐射。由于地球运行位置的变化,太阳辐射在不同季节有着明显的差别。即使在同一季节中,太阳辐射还随着纬度的增加而减弱,受地带性影响颇为显著,从而使湖水温度具有自南向北随纬度增高而递减的趋势。此外,水温的分布还受湖面高程、湖盆形态等非地带性因素的影响。

在同一湖泊中，水温的水平分布往往因深度的不同、风的影响而有所变化。风常使迎风岸的表层汇集由风生流从背风岸带来稍暖的表层湖水，而背风岸则得到来自迎风岸中稍冷的底层湖水的补充，所以常常在迎风岸所测的水温要比背风岸所测的水温高。1962 年 6 月在江苏石臼湖进行的水温观察同样表明，湖面在偏南风的作用下，背风岸的南岸水温比迎风岸的北岸水温要低（见图 2.7）。

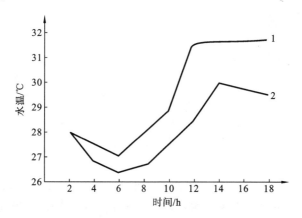

图 2.7　石臼湖盛行风向对水温分布的影响
1—迎风岸水温；2—背风岸水温

人类活动的影响使水温的水平分布发生差异。例如，微山湖滨韩庄电厂将冷却水注入湖内，使排放口附近水温升高。

此外，当湖面有冰盖时，冰层以下的水温由于湖底散热的不同，也能引起水温水平分布的不均匀。

二、温度的生态作用及水生生物的适应

太阳辐射的变化会引起水中温度的变化，温度因子和光因子一样存在周期性变化的节律性变温。不仅节律性变温对生物有影响，极端温度对生物的生长发育也有着十分重要的意义。

1. 温度的生态作用

1）温度对生物生长的影响

生物正常的生命活动一般是在相对狭窄的温度范围内进行的，为零下几摄氏度到 50 ℃。温度对生物的作用可分为最低温度、最适温度和最高温度，即生物的三基点温度。当环境温度在最低和最适温度之间时，生物体内的生理生化反应会随着温度的升高而加快，代谢活动加强，从而加快生长发育速度；当温度高于最适温度后，参与生理生化反应的酶系统受到影响，代谢活动受阻，势必影响到生物正常的生长发育。当环境温度低于最低温度或高于最高温度时，生物将受到严重危害，甚至死亡。不同生物的三基点温度是不一样的，同一生物在不同的发育阶段所能忍受的温度范围也有很大差异。

2）温度对生物发育的影响及有效积温法则

温度与生物发育的关系一方面体现在某些植物需要经过一个低温"春化"阶段，才能开花

结果,完成生命周期;另一方面反映在有效积温法则上。有效积温法则的主要含义是植物在发育过程中,必须从环境中摄取一定的热量才能完成某一阶段的发育。植物各个发育阶段所需要的总热量是一个常数,用公式表示为

$$K = N(T - T_0)$$

式中:K——有效积温(常数);

　　N——发育历期,即生长发育所需时间;

　　T——发育期间的平均温度;

　　T_0——生物发育起点温度(生物零度)。

发育时间 N 的倒数为发育速率。

有效积温法则不仅适用于植物,还适用于昆虫和其他一些变温动物。在生产实践中,有效积温法则可作为农业规划、引种、作物布局和预测农时的重要依据,可以用来预测一个地区某种害虫可能发生的时期和世代数,以及害虫的分布区、危害猖獗区等。

2. 极端温度对水生生物的影响及水生生物的适应

1) 水生生物按对温度适应性的划分

各种生物能够生活的温度幅度是不同的,若超过这个幅度,生物就会死亡,故温度对生物的生命活动来说,有上限和下限及最适范围之分。最适温度一般比较接近最高的限制温度(即上限温度)。根据生物的温度变幅,可将生物分成以下几类。

(1) 广温生物:能忍受较大幅度的温度变化(温度幅度为 1~35 ℃)。广温生物按其适温不同又可分为以下几类。

① 冷水性生物:适温小于 15 ℃,一般金藻、硅藻属此,常在春、秋季大量出现,常见的冷水性鱼类如鲑、虹鳟等。

② 温水性生物:适温 15~25 ℃,我国养殖水体中常见的淡水生物多属温水性生物,即为喜温广温种。

③ 暖水性生物:适温为 25~35 ℃,如热带鱼等。

(2) 狭温生物:温度幅度小于 10 ℃的为狭温生物,分为冷水种和暖水种两类,冷水种如涡虫(*Planaria alpina*),温度幅度仅为 10 ℃(0~10 ℃),南极鱼的耐温幅度小于 4 ℃(-2~2 ℃),暖水种如热带海洋的珊瑚,耐适温大于 20 ℃,耐温幅度为 7 ℃。

应该指出,以上划分是相对的。同一种生物对水温的要求常因发育阶段不同而不同,狭温生物在某一发育阶段也可能对温度有较广泛的适应,广温生物也可能在某一阶段对温度要求严格。

2) 最高温度和最低温度

(1) 最高温度。

虽然各种生物能忍受的温度上限是不同的,但温度超过 50 ℃,绝大多数生物不能进行全部生命周期或死亡,极少数植物和细菌例外。

① 活动的原生动物的上限温度为 50 ℃左右。

② 大多数海洋无椎动物只能忍受 30 ℃的高温,而海葵可以忍受 38 ℃的水温。淡水无脊椎动物能忍受 41~48 ℃的水温。这些都是生物长期适应的结果(海水温度小于 30 ℃)。

③ 蓝藻在 85~93 ℃的水中仍可以生存,无色素藻类在 70~89 ℃水中可以生存。

④ 鱼类对高温的耐性不高,如鲟、鲱鱼的卵在温度大于 20 ℃时即停止发育,而鲑、鳕的卵

停止发育的温度更低(10.6 ℃和12~13 ℃)。鱼类一般只能忍受30~35 ℃或稍高些的温度，如鲢鱼可以忍受的最高温度为35.28 ℃，LT_{50}(半致死温度)为39.38 ℃；又如鳗鲡适宜温度为25~30 ℃，最高温度为36 ℃，LT_{50}为39.18 ℃；温泉鱼类(如花鱼)能忍受的最高温度为52 ℃。河蟹在37 ℃时活动异常，40 ℃死亡。海参适宜温度为16~20 ℃，26 ℃时死亡。

各种生物高温致死的原因有以下几点。

① 高温破坏酶系统：温度上升至45~55 ℃，即会引起蛋白质变性或变质，破坏酶的活性，往往使水生生物处于热僵硬或热昏迷以致死亡。

② 高温损害呼吸系统：很多水生生物在30 ℃左右就会死亡，其原因是温度升高，代谢加快，需氧量大，呼吸加快，而溶氧供应不足，如草鱼30 ℃时心率为35次/分，呼吸率为57.5次/分；33 ℃时心率为40次/分，呼吸率为150次/分，且表现不规则，呼吸率升高，热僵硬乃至死亡。

③ 高温破坏血液系统：鱼类受热冲击后，充血、凝血及红细胞分解等。

④ 高温破坏神经系统：高温导致神经系统的麻痹，另外，代谢产物积累，代谢失调，能产生代谢产物中毒等。

(2) 最低温度。

生物的温度下限一般为0 ℃左右。当温度降到0 ℃以下时，由于组织的脱水、冰晶的形成和细胞结构的破坏引起代谢失调导致生物死亡。有些生物未达到冻结的温度就死亡，如罗非鱼等在7~12 ℃时就产生代谢失调而进入冷昏迷，从而导致死亡。

有机体组织内由于含有一定浓度的溶解物质，在0 ℃或0 ℃以下的范围内仍不冻结。水生生物对低温比对高温的忍受力强，除暖水种外，很多种类能忍受接近0 ℃的低温。如原生动物为-15 ℃，软体动物静水椎实螺为-3.5 ℃，两栖类动物为-1.4 ℃，鲈为-14.8 ℃，摇蚊幼虫在-25 ℃下冻结一定时间，解冻后能复原。南极的一种鱼血液中含有甘油蛋白(抗冻结物质)，大大增加了冰点降低值，可起抗冻结作用。

3) 水生生物对极限温度的适应

(1) 生理适应。

① 物种生存的极限温度不是固定的，如果缓慢地逐步变温，则有机体常能在原先不能生存的温度中存活一定时间。

② 同一种动物的耐温能力与栖息地的基础温度或驯化温度密切相关。动物原先在较高温度中驯化，其温度上限较高；在较低温度中驯化，其温度下限较低。驯化温度对金鱼的影响如表2.4所示。

表 2.4　驯化温度对金鱼的影响　　　　　　　　　　　　　　　　单位：℃

驯 化 温 度	未死	半死	全死
1~2	26.5	28	30
10	29	31	33
17	32	33	35
35	—	41	—

注：一般用半致死温度(LT_{50})作为温度上限。

③ 鱼类增加耐高温能力所需驯化的时间通常较短。当从较高温度移入较低温度时，鱼类

就丧失了原先对高温的耐力,要很长时间才能获得抗体温的能力。

生理适应主要是通过温度的升降,从而使生物体酶的浓度、组成、活性发生改变,产生适应高温或低温的酶以适应环境温度。所以同一种生物的耐温性常有明显的季节变化和地域变化。通常在夏季(或在较低纬度)更耐高温而不耐低温,而在冬季(或较高纬度)更耐低温而不耐高温。

④ 外界条件(营养、氧气)也影响生物的耐温性。例如,棕鞭藻能忍受的温度上限为35 ℃,在培养液中添加维生素 B_{12}、硫胺素等,其可以在 35 ℃以上培养生长。

(2) 形态适应。

藻类的孢子、水生生物的根茎、孢囊、休眠卵(卵鞍)等可抵抗不良环境,能在极端的温度下生活,如肾形虫的孢囊在干热 100 ℃、某些细菌的孢囊在 200 ℃时都可以生存。

轮虫的假死也是一种保护性适应,即在温度高或环境不良时,轮虫身体缩成一团,分泌一层物质,以适应不良环境。

(3) 行为适应。

① 冬眠:较普遍,指在温度过低时,代谢机能减退,停止摄食而进入休眠状态,如鳖等。

② 夏眠:不普遍,指夏季遇到高温,过分干燥,食物或氧气缺乏等情况下的一种休眠现象,如肺鱼和蜗牛夏眠可保持数年之久,机体特点是体温降低、丧失恒温、处于昏迷状态。

③ 温度性移栖:能运动的种类在温度过高或过低的情况下力图离开危险区,这种因回避极限温度而移动的行为称为温度性移栖(thermal migration),如洄游,迁徙等。

④ 集群:动物聚集在一起,有利于提高机体温度,减少散热,形成局部较高温度,如越冬期间的鲤鱼集群。

4) 变温对水生动物的影响

变温对水生动物的生命活动具有积极的意义,变温只在适温范围内才有意义。

蟹的蚤状幼体在 20～30 ℃时的发育速度比 25 ℃时加快 7.7%,而大眼幼体加快 31%。变温能提高存活率:环境温度为 30 ℃时,存活率为 87.5%;35 ℃时,存活率为 40%;而当环境温度在 30～35 ℃时,存活率可达到 92.2%。变温能增加萼花臂尾轮虫种群的增长速率,环境温度在15～25 ℃变动时种群增长速率比在 20 ℃时增加 25%。变温能加快多刺裸腹溞(Moina)发育。

变温能加快能量利用效率。例如,大型溞在 20 ℃时,食物同化能量的 40%用于生长,而(20±5)℃时提高到 68%。浮游动物的昼夜垂直移动亦然。在变温和恒温条件下,大型溞的发育、生长和种群增长率如表 2.5 所示。

表 2.5   在变温和恒温条件下,大型溞的发育、生长和种群增长率

温度/℃	发育速度/h			从出生到 5 昼夜后达到的体重(湿重)/mg	同样时间内从一个个体得出的后代数/个
	幼龄期所历时间	到第 4 龄所历时间	每一成龄平均时间		
20	149	41	100.8	0.71	546
20±5	136	26	93.6	1.05	2915
20±10	148	57	86.4	0.94	528

注:根据 Галковская 等 1978 年的数据整理。

复习思考题

1. 湖泊水文学研究内容有哪些？对水资源利用有何意义？

2. 光在湖泊中的分布是怎样的？对水生生物的影响和分布如何？

3. 湖泊的光学特性有哪些？什么叫光补偿点？对水生生物和水质有哪些影响？

4. 温度在湖泊中的分布和变化是怎样的？什么情况下水体会出现正温层、逆温层和同温层现象，对水质的影响有哪些？

5. 水生生物对水温变化是如何适应的？

第三章 湖泊化学环境

　　湖水与自然界其他类型水体一样是一种十分复杂的溶液,常溶有一定数量的化学离子、溶解性气体、生物营养元素和微量元素。我国湖泊分布广泛,各地湖泊在地质、地貌、气候和水文等自然条件上的差异,导致了不同湖泊的化学性质的多样性。湖泊水化学就是研究湖泊水体中化学物质的性质、组成和分布及其迁移与转化规律的一门分支学科。近年来,随着湖泊开发利用强度的加大,水化学的研究内容又增加了环境化学的某些内容,即研究化学和有机污染物在水体中的集聚、迁移和转化规律及其对湖泊生态系统的影响等。自 20 世纪 90 年代以来,水化学采用了微体分离、微量化学萃取、生物培养和放射性同位素标志等新技术来研究水体、水和底泥界面上 N、P 元素的存在形态及转化规律,建立湖泊化学和数学模型,并借此预测和调控湖泊中物质的迁移和转化。

第一节　溶解氧与其他溶解性气体

一、溶解氧

　　多数水生生物需要氧气来进行呼吸作用,缺氧可引起鱼类和其他水生生物的大量死亡。水体中的氧气主要来源于大气溶解和水生生物的光合作用。

1. 水中溶解氧含量及影响因素

　　空气中的分子态氧溶解在水中称为溶解氧,通常记作 DO。溶解氧含量用每升水里氧气的质量表示。表层湖水中溶解氧含量的情况一般是敞水带的溶解氧含量比沿岸带的略高,这是因为湖水动力条件有差异。青海湖在入湖河口附近直至北半部湖区是径流补给区,水动力条件比较活跃,溶解氧含量均大于 4 mg/L;而在南部水动力条件相对稳定的湖区,溶解氧含量一般在 3 mg/L 以下,局部水域溶解氧含量甚至低于 1mg/L(1962 年资料)。

　　湖泊溶解氧含量呈垂线分布,一般在浅水湖内分层不明显,如太湖、巢湖、洞庭湖和鄱阳湖等的表层、底层溶解氧含量几乎一致,仅在晴朗的白昼表层的溶解氧含量才略高于底层的。鄱阳湖实测资料表明,表层溶解氧含量平均值为 6.47 mg/L,底层溶解氧含量平均值为 5.75 mg/L,两者差异不大。而在深水湖,溶解氧含量的变化颇为明显,如抚仙湖,冬季溶解氧含量的最大值出现在表层,为 7.5 mg/L;秋季溶解氧含量的最大值出现在 5 m 深的水层,为 7.46 mg/L;春夏两季溶解氧含量的最大值则出现在 20 m 深的水层,分别为 7.95 mg/L、7.35 mg/L(1980 年资料)。溶解氧含量最小值一般在底层出现。不同湖泊溶解氧含量的垂线分布存在着差别。

影响湖泊溶解氧含量的因素有如下四个。

(1)海拔高度的影响。海拔高度的不同会造成气压的不同,高海拔地区的湖泊受大气的平均压力小,因而其溶解氧含量低于同温条件下平原湖泊的(见表 3.1)。

表 3.1　不同高程湖泊的溶解氧含量比较

水温/℃	洪泽湖(湖面高程 12.5 m)		扎陵湖(湖面高程 4285.0 m)	
	含量/(mg/L)	饱和度/(%)	含量/(mg/L)	饱和度/(%)
8.2	13.07	111.03	6.45	90.26
8.8	10.61	91.07	6.55	93.33
9.2	10.26	88.83	6.50	93.14
11.1	10.40	94.03	6.70	100.00

(2)水温的影响。因为氧气在水中的溶解度常随温度的升高而降低,一年内以夏季水温最高,湖水溶解氧含量相应降低。而冬季则与此相反,图 3.1 所示的是鄱阳湖、抚仙湖溶解氧含量与水温的年变化关系。由于它们所处地理位置与下垫面条件的不同,其变化趋势虽然一致,但变幅却有明显差异。

(3)湖泊生物(指水生植物和藻类)在白昼进行光合作用的同时,也增加了湖水的溶解氧含量,夜间却相反。

(4)湖水中有机物或还原性物质在其分解和氧化过程中消耗氧气,使溶解氧含量降低。

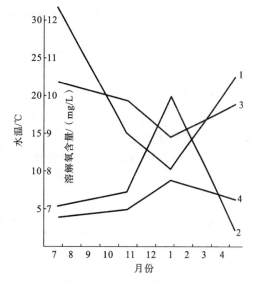

图 3.1　鄱阳湖、抚仙湖溶解氧含量与水温的年
　　　变化关系(1978 年 7 月—1979 年 5 月)

1—鄱阳湖水温;2—鄱阳湖溶解氧含量;
3—抚仙湖水温;4—抚仙湖溶解氧含量

2. 好氧性生物和厌氧性生物

水生生物按照需氧与否可分为好氧性生物和厌氧性生物。绝大多数水生生物需要氧气生存,称为好氧性生物,但也有少数水生生物可以在完全无氧的条件下生存,称为厌氧性生物。

(1)好氧性生物:指需要氧气生存的生物。大多数生物都是好氧性生物,按照对氧的需要程度可分为两类,即广氧性生物和狭氧性生物。

广氧性生物能忍受环境氧气条件的变化幅度较大。例如,淡水中常见的英勇剑水蚤(*Cyclops strenuuss*)既能生活在溶解氧含量丰富的水中,也能生活在溶解氧含量仅为 0.1 mg/L 的水中,甚至能在无氧的水中生存几个小时。其他如潮间带的动物(藤壶和牡蛎等),在涨潮时它们呼吸水中的溶解氧,而在退潮时则能处于完全无氧的环境下。

狭氧性生物只能忍受环境氧气条件的变化幅度较小。它包括两类:一类需要大量氧才能生活(溶解氧含量一般在 4 mg/L 以上),大洋上层的生物和湍急河流中的一些生物属于此类;另一类只需要极少量的氧,氧的增高对它们的生活反而不利,如栖于多污带或某些中污带的生物,其中有些种类接近于兼性厌氧性生物。

(2) 厌氧性生物:指可以在完全无氧的条件下生活的生物,少数种类的生物属此类,主要是细菌,还包括一些寄生生物。这一类生物按照与氧的关系又可分为两类:第一类称为兼性厌氧性生物,它们在生命过程中虽然不需要氧,但在有氧环境中也能生活;第二类称为专性厌氧性生物,它们只能生活在无氧的环境中,氧的存在对它们反而有害。许多生活于水底淤泥中的细菌和某些原生动物属专性厌氧性生物。

上述类型的划分是就一般情况而言的,实际上有些种类是介于两者之间的。有不少好氧性生物能兼营一定程度的厌氧性生活,也能在无氧条件下生活一定的时间。这些生物包括底栖生物中不同分类系统的种类,甚至某些浮游生物也能暂时地栖于缺氧或无氧的水层中。

3. 对呼吸条件变化的适应

前已指出鱼类和许多淡水无脊椎动物可以通过呼吸调节机能以保持较稳定的呼吸强度。在氧气情况变化时,首先通过调节呼吸频率来保持必要的呼吸强度,如水温 20 ℃时,普通鱼类鱼鳃运动的次数随水中含氧量的增高而减少(见表 3.2)。

表 3.2　斜齿鳊鳃运动和水中含氧量的关系

水中含氧量/(mg/L)	0.84	2.48	3.04	5.92	7.09	9.92
每小时鳃运动次数/次	9100	8834	8778	6694	5483	4500

很多甲壳动物也显示了这种呼吸调节能力。通常淡水和半咸水种类(钩虾、栉虾等)的调节能力较强,在低氧条件下它们的腹肢运动频率较正常情况下增加 4～10 倍;海水种类的腹肢运动频率一般仅增加 1～2 倍。

某些没有专门呼吸器官的动物也具有一定呼吸调节机能,如淡水中的颤蚓,当水中含氧量不足时,它拉长身体并增加摆动次数进行呼吸调节(见表 3.3)。

表 3.3　颤蚓的呼吸调节

水中含氧量/(mg/L)	体长/mm	每分钟颤动次数/次
>5	5.95	—
1～3	10～12	40
<1	20～21	47～48

注:引自 Скадовский,1955。

上述的呼吸调节,只能在环境含氧量降低不太大的条件下,才能维持一定的呼吸强度。这是因为尽管呼吸运动次数增加,但是在低氧条件下由呼吸器官所吸取的氧仍然是有限的。同时,呼吸运动次数的增加也增加了能量的消耗,从而又增加了氧的消耗量。因此,呼吸调节对低氧条件的适应是有限度的。如果氧含量持续降低,对大多数动物来说,会带来致命的危险。

增加体内血红素含量是对氧气变化的一种适应。血红素是一种与氧结合并将其输送到细胞和组织中去的呼吸色素,在鱼类中它仅存在于红细胞和肌肉中;枝角类血红素主要是在血浆中,但在肌肉、卵巢、肠壁、神经系统和脂肪细胞中也有分布。当水中溶解氧含量降低时,通过血液中血红素量的增多可以加强对氧的吸收能力。平时无色的透明溞(*D. hyalina*)在缺氧的水中会增加血红素而变为粉红色。

把大型溞自含氧量低的水中逐步移入含氧量高的水中,可看到溞的体色由红色向粉红色和无色逐渐变化。在鲎虫、卤虫、摇蚊幼虫中也能见到血红素含量随水中溶解氧含量的增减而发生相应变化的情况。在鱼类(如姥鱼、狗鱼)中曾发现在缺氧的水中其血液中血红素含量增加的现象,不过在缺氧条件下血红素的适应并不是普遍性现象,如潮间带的海蚯蚓(*Arenicola cristata*)在低氧时血红素含量并不增加。

实验和实际观察表明,不少动物血液中的血红素在低氧下仍有很大的亲和力,如摇蚊幼虫,其血液中的血红素能在含氧量低于 1 mg/L 的条件下使血液中氧的饱和度达到 95%。在春秋两季水中氧气充足时,摇蚊幼虫的血红素储存大量的氧,到了冬季则以假死状态潜伏水底,极少量地消耗血红素所储存的氧,直到水中氧气充足时再开始活动。但这种情况只能在低温下实现,如果底层水温升高,摇蚊幼虫便会死亡。

某些无脊椎动物的代谢水平很低,能在含氧量降低的情况下,降低其代谢作用率,很少的氧气就能维持其生活。另外有些动物能进行一定程度的厌氧性呼吸,它们借助于体内储存的肝糖的异化作用而获得能量,特别是在低温条件下,甚至能在缺氧环境下度过相当长的时间。这种适应能力在少数鱼类中也有发现。

皮肤呼吸也是很多动物在氧气不足条件下的一种适应方法。各种鱼类的皮肤呼吸容量占总呼吸容量的 3%～35%,具有较大皮肤呼吸容量的鱼类(如鲤、鲫、鲇等),其皮肤呼吸容量为 17%～32%,个别可达 80% 以上。皮肤呼吸对环境含氧量变化的依赖性很小,在含氧量降低的情况下,皮肤呼吸的容量反而增大。因此,具有较大皮肤呼吸的鱼类,能在鳃呼吸处于困难的条件下维持生命。这种呼吸适应的能力,以生活在经常出现氧气不足的暖水水体中的鱼类最为发达。应当注意的是,不是由于氧的直接降低,而是由于水温升高或二氧化碳增多等原因引起呼吸条件的变化,水生动物也能产生类似的适应性变化。

在新的呼吸条件长时期作用下,适应于这种稍微偏离正常的环境变化,水生动物可能改变呼吸强度、窒息点和血红素含量。例如,同一种鲢鱼苗分别放在池塘和河流中饲养,经过一定时间后,发现同样条件下河流中鲢鱼苗耗氧率为 400 mg/(kg·h),窒息点为 1.57 mg/L,血液中血红素含量为 43%,而池塘中的鲢鱼苗相应数值分别为 300 mg/(kg·h)、1.15 mg/L 和 45%。许多资料表明,生活在砂质河底和湖泊草丛中的寡毛类、摇蚊幼虫、软体动物等的呼吸强度远超过生活在湖泊淤泥底相同或相近种类的呼吸强度。

当外界含氧量降到接近临界浓度时,很多动物能直接利用大气中的氧呼吸。例如,蜻蜓(*Aeschna*)幼虫在水中含氧量低于 3.5 mg/L(17℃)时,浮到水面通过气孔呼吸氧气;鱼类在池水缺氧时的浮头现象,也是利用大气中的氧呼吸。经常处于周期性浮头的鱼类,甚至会引起形态上的改变。例如,白鲢的下唇的皮膜发生显著扩张,增强了对缺氧条件的耐力。经常浮头鱼类的窒息点比不常浮头鱼类的要低得多。

二、其他溶解性气体

湖水中常有的其他溶解性气体包括二氧化碳、硫化氢、甲烷和氨等多种气体,其含量的多少对湖泊生物均具有不同程度的影响。

1. 二氧化碳

水中二氧化碳主要是通过水生生物的呼吸作用和有机质氧化分解生成的,大气溶解量较小。二氧化碳的主要去处是被水生植物的光合作用所利用。在特殊情况下,地下水或其他水源也可输入一定量的二氧化碳。

我国湖泊游离二氧化碳的分布仅见于淡水湖,其含量大多在 10 mg/L 以下,有不少淡水湖表、底层均有出现,如洞庭湖、鄱阳湖、太湖、洪泽湖、巢湖、洪湖、梁子湖、石臼湖、滆湖、镜泊湖以及新疆天池等。另有一些淡水湖仅底层含有一定量的游离二氧化碳,如抚仙湖等。

游离二氧化碳在各湖内的水平分布也有差异,一般在敞水带的分布较均匀,含量较低,而在沿岸带的分布差异较为明显,而且含量较高。湖泊内游离二氧化碳的垂线分布在浅水湖泊中不甚明显。游离二氧化碳一般是白昼低、夜晚高,这与藻类在白昼进行光合作用需吸收水中的游离二氧化碳有关。全年游离二氧化碳高值一般出现在冬季,春季次之。

我国湖泊水中二氧化碳的含量普遍较低且仅见于淡水湖泊,其原因是我国淡水湖泊主要是重碳酸盐类水型,水中的重碳酸根离子的含量高,pH 值又偏碱性,二氧化碳呈重碳酸根离子和碳酸根离子存在于水中而使其含量降低。我国湖泊多属营养型或富营养型湖泊,水中的二氧化碳多为植物所消耗,而空气中二氧化碳分压仅为 0.03% 大气压,从空气中进入水体的二氧化碳含量十分有限。

二氧化碳是自养生物的主要碳源,但若含量过多,则有毒。天然水中二氧化碳的含量少(0.2~0.5 mg/L),由于二氧化碳平衡系统供应和调节,一般不起抑制作用,但在软水湖泊中,高温强光时水华大量发生,二氧化碳急降,起抑制作用。二氧化碳过多也影响光合作用,使光合作用率降低,如最大光合作用时的二氧化碳浓度:蛋白核小球藻、四棘栅藻为 0.1%,柱孢鱼腥藻在光照 5500 lx 下,15 ℃ 时为 0.10%,25 ℃ 时为 0.25%。当二氧化碳浓度为 0.5% 时对藻类有害。

有些动物在二氧化碳的饱和溶液中仅能生活几秒钟至几分钟,有些则可生活数十小时之久。例如,镖水蚤(*Diaptomus coeruleus*)仅能存活 12 s,长刺溞可存活 10~15 s,周毛虫(*Cyclidium litomesum*)可存活 15 min,草履虫则可存活 20 h。

鱼类对水中二氧化碳含量的增高相当敏感,可用二氧化碳麻醉法运输活鱼。当水中二氧化碳含量达到 30 mg/L 时,即使溶解氧尚有 3~4 mg/L,一些池沼性鱼类已开始浮头,当二氧化碳含量超过 35 mg/L 时,鱼类就全部浮头呼吸大气中的氧。如鲫鱼在二氧化碳分压超过 1.7% 大气压时,呼吸动作加快;二氧化碳增至 3.2%~4.0% 大气压时,到水面吞气以辅助呼吸。据观测,鲟鳇幼鱼长期居留在二氧化碳浓度很高的水中,其生长速度等方面都受到抑制。

很多实验表明,动物血液中二氧化碳含量增多则降低了血液的 pH 值,并降低了血液中血红素和血蓝素对氧的亲和力,因而促使动物加快呼吸动作,进而引起窒息。

2. 硫化氢

硫化氢为湖底或海底含硫有机物质在缺氧条件下分解的产物,在一般的淡水湖和池塘中,以夏季停滞期为多。在接近城市受污水污染的水中,硫化氢含量尤为多,并有强烈的恶臭。其来源除蛋白质分解外,湖底有含硫涌泉或水中硫酸盐的还原等,也常促成硫化氢的产生。

我国北方地区硫酸盐型盐碱性鱼塘因管理不善常造成硫化氢对鱼类的危害。池水中硫化氢主要来源于厌氧条件下底泥硫酸盐还原产物的逸出,水层中硫酸盐还原很微弱,施入过多的有机肥料沉入底层不仅大量耗氧造成厌氧环境,并且对硫酸盐还原有明显的促进作用。

硫化氢的存在是缺氧或完全无氧的标志,因此,除厌氧性细菌外,再无其他生物。有些湖泊或海区,虽有一些硫化氢的积累,但在秋季温跃层消失后,上下水层如果循环良好,深层含氧量增加,硫化氢即被氧化而消失。

硫化氢对大多数生物具有毒害作用,且毒性颇强。鱼类在自然条件下对含有硫化氢的水层有回避现象。硫化氢通常在水底或深水层为多,表层极少。在某些情况下,如大风吹动波及深水层时,表层的硫化氢突然增加,会使生物大量死亡。例如,1934 年,日本的水月湖有海水倒灌入湖中,因海水的密度比淡水的大,从而使该湖含有硫化氢的底层水上升,以致除表层数米以外的所有水层均含有硫化氢,经风吹动流转后,该湖里的鲫鱼全部死亡。

在硫化氢含量不多的环境中,有些生物仍能存在。例如,在水底沉积物中,常有少量硫化氢存在,而使淤泥变为黑色,其中仍有某些动物(如摇蚊幼虫、双壳类软体动物和多毛类等)生活其中。但须指出,有些底栖动物的洞穴与水底以上的水层相通,它们能分泌黏液以阻止硫化氢扩散到洞穴内的水中去,因而仍能维持正常的生活。如果水底硫化氢聚集很多,这类动物也是不可能生存的。某些湖底或海底缺乏底栖动物,硫化氢的存在是主要原因之一。

3. 甲烷

甲烷为湖底植物残体的纤维素分解的生成物之一,俗称沼气。深水湖泊在停滞期底部常有沼气聚集。

沼气在天然水体中的含量按水底有机沉积物的多少和性质而异,可由极少量至 10 mg/L 以上,最多可达 40 mg/L。有些湖泊的沉积物分解生成的沼气可占总生成气体的 65%～85%。我国南方的池塘及外荡在夏季常有沼气生成。

沼气对生物的直接作用,各学者见解不一,有人认为无毒,有人认为多少有些毒害。但沼气过多则无疑是环境不良的标志,且大量气泡上升时,常带走大量氧气,这对生物的呼吸是不利的。

4. 氨

氨(NH_3)是含氮有机质分解的中间产物,硝酸盐在反硝化细菌的作用下也能产生氨,此外某些光合细菌和蓝藻进行固氮作用时也能产生氨:

$$2N_2 + 6H_2O = 4NH_3 + 3O_2$$

氨溶于水后生成分子复合物($NH_3 \cdot H_2O$),它在溶液中与氨离子(NH_4^+)可以相互转化:

$$NH_3 \cdot H_2O \leftrightarrow NH_4^+ + OH^-$$

用一般化学方法(纳氏试剂法)测定水中氨的含量实际上是上述两种形态氨的总和。

氨离子是水生植物营养的主要氮源,对水生生物一般是无毒的,但非离子氨($NH_3 \cdot H_2O$)对鱼类和其他水生动物毒性较大,能引起鱼鳃组织的过度增生、皮肤中黏液细胞充血、血液成分改变、红细胞受破坏、抗病力下降和生长受到抑制,浓度大时可迅速引起死亡。在低氧条件下其毒性尤为严重。

据实验表明,引起鱼类急性中毒的非离子氨浓度为每升零点几到一点几毫克,对鱼不产生生理和组织学影响的安全浓度则为 0.025 mg/L。例如,据初步测定非离子氨对鳙鱼种 48 h 半致死的浓度为 1.4 mg/L,对鲢 24 h 半致死的浓度为 0.46 mg/L,对鲶鱼和奥利亚罗非鱼

(*Tilapia aurea*)致死的浓度约为 0.12 mg/L,对鲢鱼苗的生长有显著抑制作用的最低浓度为 0.05~0.16 mg/L。

非离子氨(分子氨)和氨离子的比例随温度和 pH 值的变化而变化,水温和 pH 值越高,非离子氨所占百分比就越高(见表 3.4)。此外,氧、二氧化碳、盐度等因素也影响着非离子氨的含量,在硬水和半咸水中非离子氨的比例都会降低。

表 3.4 不同水温和 pH 值下总氨中非离子氨所占的百分率

水温/℃	pH 值				
	6.5	7.0	7.5	8.0	8.5
16	0.1%	0.3%	0.9%	2.9%	8.5%
18	0.1%	0.3%	1.1%	3.3%	9.8%
20	0.1%	0.4%	1.2%	3.8%	11.2%
22	0.1%	0.5%	1.4%	4.4%	12.7%
24	0.2%	0.5%	1.7%	5.0%	14.4%
26	0.2%	0.6%	1.9%	5.8%	16.2%
28	0.2%	0.7%	2.2%	6.6%	18.2%
30	0.3%	0.8%	2.5%	7.5%	20.3%

我国肥水养鱼池中,总氨的含量常在 3 mg/L 以上。这一数值在 pH 值较低时对鱼类有抑制作用,而在夏季,当水温升高和 pH 值因浮游植物的光合作用而急增时,就可能导致鱼类的直接中毒。特别是刚下塘几天的鱼苗,最易中毒死亡。对施用化学肥料(氮肥)的鱼池,尤其要注意这一点。

很多藻类培养液中,总氨的浓度可高达 300~500 mg/L。在氧化塘中藻类可处理总氨浓度达 100 mg/L 的污水,由此可见藻类对非离子氨的毒性有很大的耐力。

第二节　pH 值

一、湖泊 pH 值

氢离子浓度指数即 pH 值,这个概念是 1909 年由丹麦生物化学家所提出的。根据湖水 pH 值,湖泊可分为碱性、中性和酸性三大类。由于湖泊中阳离子的积累和生物作用,地表绝大多数湖水 pH 值均大于 6.5,属中性和碱性湖。但国外有报道,在火山活动区或硫化物矿床附近有湖水 pH 值小于 6 的酸性湖泊分布,其湖泊学性质与一般中性、碱性湖泊有明显差异。酸性湖泊作为湖泊分类的一种类型,至今在我国尚未见报道。近年来随着我国社会经济的快速发展,煤炭使用量和汽车的数量成倍增加,酸雨和 SO_2、NO_x 的干沉降在长江以南的红壤分布区不断扩展,致使地表水存在被酸化的危险。由于自然酸性湖泊和湖泊酸化在本质上同为高浓度氢离子对湖泊系统长期作用的结果,故两者常表现出相似的环境特点和演化趋势,因此人们越来越重视自然酸性湖泊的理论研究。

天然水的 pH 值大多数为 4～10,特殊情况下 pH 值可达到 0.9～12。海水的 pH 值最稳定,一般为 8～8.5。内陆水体的 pH 值变化幅度就大得多,沼泽水由于含大量古敏酸,有时还含有硫酸或其他强酸,可使 pH 值降到 4 以下。有些盐碱性湖,由于含有大量碳酸钠,pH 值可达 11。但是一般淡水水体由于二氧化碳平衡体系的缓冲作用,pH 值多在 6～9 变化,有时由于浮游植物的强烈光合作用,pH 值在午后一段时间可达 10 以上。

内陆水体按 pH 值可分为以下三类。

(1)中碱性水体:pH 值在 6～10 变化。由于二氧化碳平衡系统的缓冲作用,一般 pH 值为 6～9。大多数湖泊、水库、河川均属此类。

(2)酸性水体:pH<5,系沼泽类。

(3)碱性水体:pH > 9,一些盐碱性湖泊属此类,如青海湖、达里湖等。

我国的湖水 pH 值具有地带性分布特点,东北及长江中下游地区湖泊的 pH 值较低,一般 pH 值为 6.5～8.3,呈中性或微碱性;云贵和黄淮海地区的湖泊次之,pH 值为 8.4～9.0,呈弱碱性;蒙新、青藏地区除少数湖泊的 pH 值为 7.5 左右,呈微碱性;绝大多数湖泊的 pH 值都在 9.0 以上,呈碱性或强碱性。一般在淡水湖中,pH 值与湖水中游离二氧化碳和重碳酸根离子的含量有一定的关系。凡游离二氧化碳含量较高的湖泊,其 pH 值就低;而重碳酸根离子、碳酸根离子含量较高的湖泊,其 pH 值也相应增加。

pH 值除因受地带性因素影响而具有明显的区域分布差异外,在同一湖区或同一湖水,由于受入湖径流、pH 值的不同、湖水交换强度的大小以及湖内生物种群数量的多少等环境条件的影响,pH 值的水平分布也不完全一致。通常情况下,敞水带的 pH 值略高于沿岸带的。

湖泊藻类在进行光合作用的过程中,一般需消耗水中游离的二氧化碳,使 pH 值相应增加。而光合作用的过程通常是在白昼进行的,并以夏秋两季的表层水体中较旺盛,所以 pH 值在昼夜、年内及其垂线分布上都具有明显的变化规律。pH 值的年变化主要在长江中下游地区的中性或微碱性湖泊中比较显著,一般在夏秋两季高,冬春两季低(见图 3.2)。

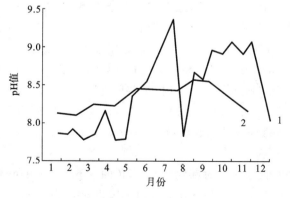

图 3.2 pH 值的年变化

1—太湖五里湖湾;2—洪泽湖成子湖湾

二、pH 值对水生生物的影响

按照生物与 pH 值的关系,水生生物可分为以下两种基本类型。

1. 狭酸碱性生物

它们主要出现于中碱性水体中,其 pH 值幅度为 $4.5 \sim 10.5$。常见的淡水生物都属于这一类。例如,臂尾轮虫属生活的水体的 pH 值幅度多为 $4.5 \sim 11$,而以 $7.0 \sim 10.0$ 最适;球形盘肠溞的为 $4.5 \sim 10.0$;长刺溞的不能低于 5.3;鲤鱼的为 $4.4 \sim 10.4$;青、草、鲢、鳙四大家鱼的均为 $4.6 \sim 10.2$。海洋生物也属此类,因为海洋生物环境中 pH 值较稳定,所以将梭鱼移植到青海湖和达里湖均不成活,pH 值是限制因子。

某些酸性和碱性水中的生物也是狭酸碱性生物。前者称喜酸生物,如某些轮虫、原生动物和无色鞭毛类(某些素裸藻),它们仅在 pH 值为 3.8 的水藓沼泽的中央部分出现;后者称喜碱生物,如某些蓝藻和软体动物。

2. 广酸碱性生物

它们在酸性水体和中碱性水体中都可见到,如长剑水蚤(*Cyclops longuidus*)和卵形盘肠溞即属此类;某些昆虫幼虫是非常强的广酸碱性生物,如大红摇蚊幼虫。

pH 值对水生生物的影响主要表现在以下方面。

(1)酸性条件对许多动物的代谢作用不利。许多研究资料指出,pH 值的变化影响鱼类对氧的利用程度,并降低鱼类对低氧条件的耐力,而且在 pH 值过低或过高时,都将提高其窒息点。在酸性条件下,大多数鱼类对低氧耐力的减弱更为显著。在淡水鱼类中,鲤鱼对酸性环境的反应较鲈鱼敏感,当 pH 值由 7.4 降至 5.5 时,鲤鱼每克体重每小时的耗氧量从 $0.24 \sim 0.27$ mg 降至 $0.16 \sim 0.26$ mg,每次呼吸所吸收的氧减低 $1/3 \sim 2/3$。

海洋鱼类也有相似情况。各种鱼类对 pH 值变化的敏感程度也不相同。通常活动性强的上层鱼类更为敏感。鲱鱼能生存的最低含氧量在 pH 值为 7.4 时为 2.3 mg/L,但在 pH 值为 6.8 时最低含氧量则为 4 mg/L。鲭鱼在 pH 值为 7.6 时最低含氧量为 1 mg/L,在 pH 值为 6.6 时最低含氧量则为 2 mg/L。

(2)pH 值的变化影响动物的摄食,通常在酸性条件下,鱼类对食物吸收率降低。又如栉虾(*Asellus*)对酸性环境很敏感,它们在 pH 值低于 6.0 的环境下很少出现,在 pH 值为 5.5 时,每日食量比正常环境时减少 10%。其他低等动物也有类似现象。

(3)pH 值的变化对水生生物繁殖和发育也有密切的关系,各种生物生殖要求的最适宜的 pH 值也不相同。例如,当 pH 值降至 7.2 时,某些刚毛藻(*Cladophora*)停止植物性繁殖而形成游动孢子;而实球藻(*Pandorina morum*)则在弱碱性环境(pH 值为 7.8)中繁殖最好。也有一些藻类在微酸性环境中繁殖良好,如卵隐藻(*Cryptomonas ovata*)在 pH 值为 $5 \sim 7$ 的环境中繁殖最快。

很多动物在 pH 值过低或过高时都发育不良,鱼卵在 pH 值低的酸性水中卵膜软化、卵球扁塌失去弹性,易提早破膜,在 pH 值大于 9.5 时卵膜也会提早溶解。

(4)pH 值对有机体的影响与溶解气体及某些离子浓度有关。当水中二氧化碳浓度为 10 mg/L 时,硬头鳟(*Salmo gairdneri*)半致死的 pH 值为 4.5,二氧化碳浓度增高到 20 mg/L

时,硬头鳟半致死的 pH 值升高到 5.7;当水中溶氧量为 5 mg/L,pH 值升高到 9.6 时,蓝鳃太阳鱼即开始死亡,当溶氧量为 10 mg/L、pH 值为 9.5 时,无不良影响;钙离子浓度的升高可降低 pH 值的毒性,斑点鲑(*Salvelinus fontinalis*)在 pH 值为 4 时的存活率随钙浓度的增加而延长(见表 3.5)。

表 3.5　斑点鲑在 pH 值为 4 时的存活率随钙浓度的增加而延长

钙浓度/(mg/L)	存活率/(%)
0.2	0
1.0	10
2.0	67

应当指出淡水鱼类和其他动物对因光合作用引起的 pH 值周期性的升高,有较强的适应能力。例如,鲤鱼生存的水体 pH 值可达 10.4,青、草、鲢、鳙四大家鱼生存水体的 pH 值可达 10.2,但是对盐碱性水体中主要由碱度引起的稳定的高 pH 值的适应能力就低得多,通常 pH 值为 9 以上就有不良影响。这不仅因为持续作用的时间长,还因为 pH 值和碱度之间有协同作用的缘故。

此外,天然水体 pH 值的反应是水的化学性质和生物活动综合作用的结果。因此,在研究 pH 值与生物关系时必须注意影响 pH 值的因素,以及当 pH 值发生变化时所引起的其他因素的变化。例如,在自然条件下,水体 pH 值的降低同时伴随着二氧化碳含量的增加和含氧量的下降,而很多动物在酸性水中不能忍受低氧条件。在这种情况下,显然水中的含氧量、二氧化碳和 pH 值是同时对动物发生作用的。

在 pH 值降低和溶解氧较低的环境中,也可能有其他不利因素(H_2S 等气体的存在),所以在这些情况下,把 pH 值作为反映水体综合性质的特征是合理的。

第三节　矿化度与无机盐

一、矿化度

湖水矿化度是湖泊化学的重要属性之一,它可以直接地反映出湖水的化学类型,又可以间接地反映出湖泊盐类物积累或稀释的环境条件(见图 3.3)。因矿化度受自然条件所制约,我国湖泊的矿化度在地区分布上差异很大,其分布规律一般是东部平原地区最低,西北和青藏高原等干旱地区最高。东部平原地区因气候湿润降水充沛,可溶性盐类不致因湖面蒸发而积累,故湖泊的矿化度低,如鄱阳湖平均矿化度仅为 47.63mg/L;而西部干旱地区终年干燥、少雨、蒸发强烈,可溶性盐类不断地浓缩,故湖泊的矿化度较高,如青海省的协作湖的矿化度高达 526.46 g/L。

根据湖水所含主要离子的种类不同,湖水通常分为碳酸盐水、硫酸盐水和氯化物水等。湖

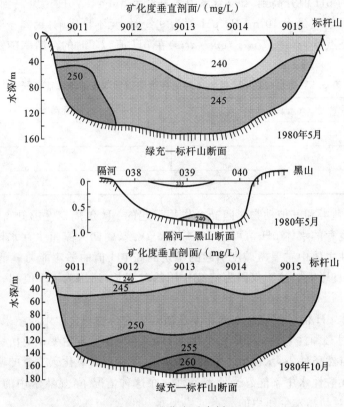

图 3.3　矿化度垂直剖面

水的化学类型反映了随湖水含盐量变化而引起的水质变化过程。湖水含盐量地区差异悬殊,也有季节变化。中国的淡水湖泊主要集中在长江中下游平原,湖水的矿化度一般为 150～500 mg/L。咸水湖和盐湖主要分布在青藏高原、内蒙古和新疆地区。咸水湖的矿化度大多为 1～20 g/L,浓度有日益增高的趋势。盐湖的矿化度一般为 300 g/L 左右,化学类型齐全。

　　由于受到诸如纬度、高度、季风气候及局域环境的影响,我国湖泊矿化度差异极大,从东向西存在着矿化度逐渐增大的趋势。东部以长江中下游地区湖泊矿化度最低,水质类型多为重碳酸盐型。高纬地区、青藏高原及内陆广泛分布高矿化的湖泊及盐碱湖,水质类型多为氯化物型和硫酸盐型,随着自然环境的演化和社会经济的发展,人类对其开发活动不断加剧(兴建工程设施、围湖造田、截流用于灌溉)导致湖泊进出水量发生变化。尤其在西北地区,湖泊的入湖水量减少,水位降低,换水周期增大,湖泊的咸化过程加快。有些湖泊正由低矿化度逐渐转变为高矿化度,给区域生态环境造成较大的不良影响,并直接关系到湖区的经济发展。因此,湖泊的这种势态应该受到关注。

二、主要离子和水型

　　湖水中主要离子有 K^+、Na^+、Ca^{2+}、Mg^+、Cl^-、SO_4^{2-}、HCO_3^- 和 CO_3^{2-} 等八大离子。它们的总量常接近湖水的矿化度,水型通常是根据主要离子在水体中的相对含量(毫克当量百分数的多少)来确定的。我国淡水湖泊中阴离子以 HCO_3^- 为主，HCO_3^- 占阴离子质量的65.47%～87.44%；阳离子则以 Ca^{2+} 为主，约占总数的41.53%。故水化学类型都属于重碳酸盐类型，其中绝大多数湖泊为 HCO_3^--Ca^{2+} 水型。咸水湖的水化学类型比较复杂，既有重碳酸盐类型，又有氯化物类型和硫酸盐类型，主要水型有 Cl^--Na^+ 和 SO_4^{2-}-Na^+。

淡水湖中的阴、阳离子一般都随着矿化度的升高而增加，当矿化度低于 300 mg/L 时，重碳酸根和钙离子增加的速度最快；当矿化度高于 300 mg/L 时，Cl^-、SO_4^{2-}、Na^+ 和 K^+ 增加的速度最快。

三、内陆盐水的生物资源

内陆盐水(inland saline water)或称非海源盐水(athalassic saline water)是指与海洋没有联系的内陆水体，包括大小不等的盐湖和盐沼。这类水体主要分布在半干旱、半湿润地区内陆流域内，由于蒸发量大于降水量，水受蒸发浓缩而盐碱化。过分干旱地区降水太少，不易形成明显的地表径流，即使有集水盆地，也无水可积，有些地区由于水流或风从周围岩石土壤带入大量盐分，也能促进盐湖或盐沼的形成。

我国湖泊有一半以上属于盐湖，主要集中在内流湖区，从青藏高原沿新疆、宁夏、内蒙古高原以及东北和西北地区都有分布。我国面积大于 500 km² 的 28 个大湖中，就有 14 个属盐湖。

受蒸发、降水等气候因素的影响，盐湖的水位、面积和水化学性状都有明显的年间变化和季节变化。在大而深的永久性盐湖，生境变化较小，而在浅湖或盐沼，这些变化极其剧烈。有些浅湖因季节性的干涸可变成陆地，随着水位或水深度的变化，盐度也有急变。如晋南地区的硝池，原面积约 130 km²，水深 3 m 以上，由于多年干旱，面积缩小到不足 1 km²，水深 1～2 m。1982 年 6 月含盐量达到 48 g/L，9 月份一场大雨后，硝池水深升到 3 m，面积又恢复到 150 km²，含盐量降到 10.3 g/L。

盐度为水体含盐含量。大洋海水的平均盐度是 35，即每千克海水中的含盐量为 35 g，用 S 表示。淡水湖盐度小于 1，咸水湖盐度为 1～2.5，盐湖盐度大于 2.5。盐湖的透明度差别很大，大而深的湖(如青海湖)可达 5～10 m，浅沼仅为几厘米。浅水湖水深几乎随气温的变化而变化，深水湖水深超过 10 m 即可存在分层，有些湖泊甚至存在永久性的水化学跃层，即所谓半循环型盐湖。湖的上层和下层长期不交流，上层为混合对流层，下层为滞水层。

盐湖 pH 值变动在 3～11，通常为 7.5～9.5。它与盐度没有规律性联系，但盐度过高 pH 值反而下降。化学需氧量(COD)一般较高，与盐度呈正相关，其氮的浓度与淡水湖的相近。磷的含量有时很高，如达里湖含磷量达到 1.84～3.36 mg/L，但在盐度很高的湖沼中磷浓度有时因沉淀而下降，Fe、Mn 含量常较淡水湖的低，而硼、溴等浓度有时很高。

内陆盐水生物区由以下三种类群组成。

(1) 淡水种：有些耐盐的淡水生物常进入盐水，种类多但数量一般不大，通常出现于盐度 20 以下的水体。

(2) 盐水种：常在淡水出现，但明显更喜盐水的一类生物，分布于盐度为 10～60 的水体，在盐水中种数少于前一类，但个体数量可能很多，有许多是广泛分布的种类，如小三毛金藻(*Prymnesium parvum*)、褶皱臂尾轮虫、角突臂尾轮虫、环顶巨腕轮虫、蒙古裸腹溞、拟蚤、绿剑水蚤(*Cyclops viridis*)、盐生摇蚊幼虫(*Chironomus salinarius*)等。

(3) 真盐种:一般仅见于高盐度水体,种类很少,但常常达到很大数量,如盐藻、卤虫、水蝇幼虫等。

虽然大多数淡水生物耐盐上限在盐度 20 以下,但有些适应于高盐水体的种群极为耐盐,如淡水习见的浮游植物颗粒直链藻(*Melosira granulata*)、飞燕角藻(*Ceratium hirundinella*)、铜绿微囊藻(*Microcystis aeruginosa*)曾在加拿大盐湖(盐度 150~180)出现,我国宁夏和晋南地区出现的矩形龟甲轮虫耐盐上限达 47.1,疣毛轮虫达 34.6,英勇剑水蚤达 79.2。大型溞在西班牙和阿尔及利亚盐湖出现,最高盐度分别为 42 和 40。因此,有些淡水生物甚至可以在超盐水体中出现。

盐水生物区系的多样性随盐度的升高而减少,但其影响程度在不同的盐度区间是不同的:盐度在 5 以下,影响不显著;盐度在 5~10,生物区系变化明显;盐度在 10~20,淡水种和总种数急降;盐度在 20~50,生物区系变化较小;大于 50 以后,多样性急降。

现已查明,内陆盐水除盐度外,碱度、pH 值、主要离子间的不平衡以及某些离子的毒性也是限制生物入栖和生存的主要化学因素。例如,内蒙古东部的达里湖($S=5.6$,碳酸钠型)和宁夏地区的前进湖($S=5.2$,氯化钠型)的湖盐度相近,均在大多数淡水生物耐盐上限以内。从表 3.6 中可见达里湖的总碱度和 pH 值较前进湖高得多,Ca^{2+} 含量只有前进湖的 1/10。因而在生物群落结构上,达里湖浮游生物和底栖动物种数都较贫乏,优势种多为特殊的盐碱种,鱼类只有鲫鱼、瓦氏雅罗鱼等 5 种,引入鲤、鲢、鳙、草鱼等均未成功。前进湖生物区系就丰富得多,浮游生物和底栖动物及其优势种主要由淡水习见种类组成,鱼类有 16 种,包括鲤、鲫、鲢、鳙、草鱼等。又如面积达 4456 km^2 的青海湖($S=12.5$),据连续 4 年的采样调查,共见到浮游植物 53 个属,浮游动物 26 个种,鱼类仅有 2 种裸鲤和 4 种条鳅;而面积仅约 15 km^2,与青海湖盐度(10~15)相近的硝池,浮游植物有 42 个属,浮游动物有 62 个种,鱼类出现鲤、鲫、鲢、鳙等习见淡水鱼种群。导致区系差别的原因,也是青海湖的总碱度远高于硝池的缘故。

表 3.6   4 个盐水种的主要化学指标

水化学指标	达里湖		前进湖		青海湖		硝池	
	mmol/L	%	mmol/L	%	mmol/L	%	mmol/L	%
Cl^-	33.4	19.9	38.4	22.9	148.8	34.8	98.2	22.1
$\frac{1}{2}SO_4^{2-}$	5.32	3.2	29.9	17.83	42.4	9.9	117.7	26.5
HCO_3^-	26.4	15.7	11.1	6.62	8.61	2.02	3.12	0.7
$\frac{1}{2}CO_3^{2-}$	18.1	10.8	4.43	2.64	14.0	3.28	2.65	0.6
$\frac{1}{2}Ca^{2+}$	0.14	0.1	1.46	0.87	0.49	0.11	10.3	2.3
$\frac{1}{2}Ma^{2+}$	0.96	0.5	17.2	10.26	57.57	15.8	44.7	10.1
$Na^+ + K^+$	83.7	49.8	65.2	38.86	145.5	34.1	166.7	37.6

续表

水化学指标	达里湖		前进湖		青海湖		硝池	
	mmol/L	%	mmol/L	%	mmol/L	%	mmol/L	%
总碱度	44.5	—	15.55	—	22.61	—	5.77	—
pH	9.4～9.5	—	8.9～9.2	—	9.1～9.4	—	8.0～9.5	—
M/D	37.9	—	3.49	—	2.14	—	3.49	—
$\frac{1}{2}Mg^{2+}/\frac{1}{2}Ca^{2+}$	6.73	—	11.78	—	137.9	—	4.31	—

　　内陆盐湖中很少有水草，一般盐度超过20时已无水草出现，因此初级生产力以浮游植物为主。低盐湖和中盐湖浮游植物生产力极高，例如 Mariout 湖生产力高达 48 g/(m²·d)(以 C 计，余同)，Redrock 湖生产力高达 58.16 g/(m²·d)，但高盐湖很低，有时仅 0.279～0.475 g/(m²·d)。对盐度超过50以后初级生产力急降的原因有几种观点：① 过高的盐度会抑制藻类的光合作用；② 高盐度下养分与主要离子结合，难被藻类利用；③ 高盐度时浮游植物种类贫乏，从而降低生产力。

　　盐湖浮游植物现存量通常与生产力相关，组成上以蓝藻占优势，特别是螺旋藻(*Spirulina*)、节球藻(*Nodularia*)和鱼腥藻等属于最常见的优势种。有时硅藻中的角刺藻(*Chaetoceros*)占优势，当盐度超过100时绿藻中的盐藻可能成为唯一的种类。在盐度10以下的低盐水中小三毛金藻有时占优势，并可引起鱼类的大量死亡。

　　盐水浮游动物也是由原生动物、轮虫、鳃足类和桡足类组成的。研究表明，原生动物(特别是纤毛虫类)是我国三北地区内陆盐水浮游动物的重要组成部分，其种数随着盐度升高而减少，但密度和生物量却有随盐度升高而增大和增加的趋势，在所调查的28个水体中，有17个水体原生动物密度和浮游动物总密度之比超过30%，个别高盐水体原生动物生物量占浮游动物总量的74.6%～86.3%。轮虫在三北地区盐水中数量有时可达每升2000个以上，生物量达10～18 mg/L，主要种类有褶皱臂尾轮虫、壶状臂尾轮虫、环顶巨腕轮虫、方尖削叶轮虫(*Notholca acuminata quadrata*)等13种。三北地区盐水浮游甲壳类中主要种类有卤虫、蒙古裸腹溞、大型溞、点滴尖额溞(*Alona guttata*)、亚洲后镖水蚤(*Metadiaptomus asiaticus*)、近邻剑水蚤、等刺温剑水蚤(*Thermo cyclops kawamurai*)等12种，各水体的生物量(不计卤虫)为 0.1～13.13 mg/L。

　　内陆盐水底栖动物主要由介形类、划蝽、水蝇及其幼虫、摇蚊幼虫、伊蚊幼虫等组成，在这方面国内很少研究。

　　内陆盐水的生物区系不仅含有很多淡水种类，而且盐水生物和真盐生物按其亲缘关系与淡水种关系密切，而与海洋或海源半咸水种较少联系，如高盐湖常见的介形类主要属于淡水产的 Cyprinae 亚科，轮虫、水生昆虫等都是淡水起源的，还有少数种类(如某些等足类和螺类)也是从陆地或半陆地移入的。淡水动物体表的不透性较海洋动物的高，这是它们较易入栖盐水水体的一个原因。此外，淡水动物多具休眠卵之类的保护性结构，不仅有利于扩大分布，也保证了其本身在极端盐度和干旱情况下得以存活。

不同大洲内陆盐水动物区系的相似度很高,而且许多种类具有广泛的世界性分布,但各大洲也有一些特殊种类,如在澳大利亚各州习见的卤虫为拟卤虫($Parartemia$)所取代,蒙古裸腹溞为旧大陆公认的盐水裸腹溞,而在美洲盐水中分布着另一种裸腹溞——赫钦孙裸腹溞($Moina\ hutchisoni$)。在桡足类、水生昆虫和贝类方面,各地盐水中也有一些特产种类。

内陆盐水生物资源已逐渐引起人们的注意,首先是卤虫资源的开发利用。美洲的印第安人和非洲一些居民很早就利用卤虫作为食物。自 1950 年卤虫无节幼体用作鱼虾类苗种的活饵料以后,大大地促进了海水养殖的发展。卤虫休眠卵易保存和运输,随用随孵,迄今尚未发现有另一种天然饵料或人工配合饲料可以完全取代。由于世界各国水产养殖事业的迅速发展,对卤虫休眠卵的需求量大增,卤虫卵已供不应求,价格昂贵,因而有利于促进人们进一步研究其生物学、生态学和资源状况。一个国际性多学科的国际研究协会(ISA)于 1978 年开始活动,1979 年召开了卤虫研究的国际会议。在比利时设立的卤虫参考中心(ABC)从水产养殖活饵料出发,集中研究卤虫的生物学、卵的加工孵化、不同地理品系卤虫的特征以及大量培养和生产的技术等。

我国 20 世纪 50 年代后期开始研究沿海盐田卤虫资源的开发,80 年代开始研究内陆盐水卤虫资源的利用,90 年代以来对新疆、青海、内蒙古盐湖的卤虫生态和资源进行了大量调查和研究。我国卤虫生存的内陆盐湖有 100 处以上,面积可达 4000 km²,卤虫年资源量可达 60000~80000 t(鲜重),卵的年资源量接近 1000 t(成品)。

褶皱臂尾轮虫也是内陆盐水的重要生物资源,主要产于低盐和中盐水体中,用作鱼虾类开口饵料。

当前世界各地海水养殖业中,已有 60 多种鱼类和 18 种甲壳类的苗种培育用这种轮虫作为活饵料。

蒙古裸腹溞是大连水产学院 20 世纪 80 年代从内陆盐水开发利用的一种新的海水鱼虾类活饵料。这种溞生态适应性广,易于大量培养,繁殖快,种群可达很高密度,大小适中且营养丰富。蒙古裸腹溞在海水鱼类育苗试验中已取得预期成效,可望作为海产鱼类苗种继轮虫和卤虫无节幼体之后的主要活饵料。

卤蝇遍布于盐湖岸边和湖滩。卤蝇蛹堆积在湖滩或漂浮于湖面,含有丰富的蛋白质和氨基酸,资源量很大,也是待开发的生物资源。某些盐水藻类营养丰富、资源量大,有重大的开发潜力。例如,螺旋藻可分布到盐度大于 50 的水体中,含有丰富的蛋白质、氨基酸、核酸等,被誉为 21 世纪人类最佳食品;盐藻含丰富的 β-胡萝卜素和甘油,是良好的食物和药物原料。

盐度 5 以内的亚盐湖和寡盐湖有很大的渔业价值。这类湖初级生产力和鱼产量都较高。由于微咸水对淡水动物的生长有促进作用,习见淡水鱼类在这里能正常生长、发育,如内蒙古的乌梁素海、岱海和前进湖都是重要渔业基地。但有些碳酸钠型湖因 pH 值和碱度过高,对饵料生物和淡水鱼类有抑制作用并导致渔业价值的下降。

我国一些经济鱼类耐碱度的能力为:青海湖裸鲤＞瓦氏雅罗鱼＞鲫鱼＞鲤鱼＞尼罗罗非鱼＞草鱼＞鲢、鳙鱼。高碱度湖泊可引入耐碱性的鱼类。盐度 5~15 的中盐湖仍有渔业潜力,但必须采用特殊的经营方式。

四、无机盐对水生生物的影响

1. 水生生物的水-盐代谢和渗透压调节

水生生物的水-盐代谢方式与陆生动物的不同,经常存在着与外环境间的渗透关系。因为水生生物居于水中,其体表在某种程度上可透过各种物质,当体液与外液浓度不同时,就可能因脱水或充水以及各种离子的浓度和比值的变化而破坏体内的平衡,因为有机体为了执行正常的生理机能,身体化学组成的稳定性是必要的条件之一。因此,在进化过程中,水生生物形成了一系列保持水-盐代谢稳定性的适应,保证渗透压的稳定,也就是说,能够防止体内过分的脱水或充水以及化学组成的变化。这时细胞不仅要保存大量离子不被外液冲淡,还要按照生理需要有选择地调节各种离子的浓度。

单细胞生物的体液仅含胞内液,而多细胞生物的体液基本上有胞内液和胞外液两类。胞外液包括血管系统、体腔和间隙内液,胞内液可能与胞外液十分类似,也可能明显不同。胞内液的化学组成在同一种动物的不同组织中也可能是不同的。因此,在水-盐代谢体系上单细胞生物和多细胞生物之间有着本质的差异,前者渗透关系只在外环境和细胞之间的界面上进行,而后者除此之外还在细胞和胞外液之间进行。

根据渗透关系的特点,水生生物可分为随渗生物和调渗生物两种基本类型,前者体液的化学成分和渗透压随外界环境的变化而变化,后者在外液化学成分波动很大时,内液化学成分和渗透压仅有较小变化,显示一定的调节能力。

水生生物都生活在具有一定盐度的水环境中,对盐度的变化有一定的适应范围和耐受极限。水生生物对盐度的反应,主要靠渗透压的调节来完成。有些水生生物能生活在较大的盐度变化范围内,对盐度变化的适应能力很强,这是广盐性生物。有些水生生物只能生活在很狭小的盐度变化范围内,对盐度的变化比较敏感,有些甚至不能忍受盐度的微小变化,这是狭盐性生物。生活在河口和海岸潮间带的生物以及能在江河和海洋之间进行降河洄游和溯河洄游的种类是典型的广盐性生物。生活在盐度高而稳定的海洋中和盐度很低而没有明显变化的淡水中的水生生物都是狭盐性生物。

水生生物依据体液渗透压与水环境渗透压之间的关系不同可分为两种。

一种生物是体液的渗透压随着水环境的渗透压变化而变化,这类生物称为变渗压性生物。它们调节渗透压的作用不完善,体液渗透压与水环境渗透压接近,并且受水环境渗透压的影响。水环境的盐度升高时,其体重由于失水而减少;盐度降低时,其体重由于水分渗入而增加。大多数海洋无脊椎动物都是变渗压性生物,它们体液的渗透压与海水的几乎一致,其中棘皮动物、环节动物和腔肠动物的体液渗透压与海水的接近;甲壳动物、腹足类和头足类的体液渗透压比海水的稍低;其他海洋无脊椎动物的则比海水的稍高。

另一种生物能调节体液的渗透压,保持其稳定性不受水环境渗透压的影响,这类生物称为恒渗压性生物,包括在淡水和半咸淡水中的无脊椎动物、全部水生脊椎动物以及在高盐度水体中生活的动物。它们主要通过三种方式调节渗透压:① 控制体表细胞膜的透水性和对盐类及其他溶质的通透性;② 排出水分或盐分以抵消体内与体外之间渗透压的差别;③ 在体内储存水分或溶质。由于淡水和海水的差别很大,生活在淡水和海水中的动物面临的渗透关系不同,调节方式也就不同。

(1) 淡水无脊椎动物、淡水鱼类和两栖类动物:体液的渗透压高于水环境的渗透压,因此,外界的水通过可渗透的鳃、口腔黏膜、体表等大量渗入体内;体内过多的水分则随时通过排泄器官排出体外。

(2) 海洋鱼类:海洋软骨鱼类体液中含有较高浓度的尿素和三甲胺,体液渗透压比海水的略高,这样,海水能通过鳃和口腔黏膜渗入体内,而体内过多的水分由肾脏排出体外。海洋硬骨鱼类并无类似保护机制,体液中尿素的含量甚微,体液渗透压低于海水,因此体内水分通过鳃和其他体表不断渗出体外。它们保持体内水分的途径有两种:不断吞食海水以及从食物中摄取水分,如美洲的鳗鲡;海洋鱼类肾脏的肾小球数量少,肾小管重吸收水分的能力强,使排尿量减少,同时,通过鳃的泌氯细胞把过多的盐分排出体外,以免因吞饮海水而使盐分在体内大量积累。

(3) 广盐性鱼类和洄游性鱼类:广盐性鱼类如罗非鱼、赤鳝、刺鱼等,洄游性鱼类如溯河的鲑、鳟和降海的鳗鲡,它们在不同时期能分别生活在海水或淡水中,其体表对水分和盐分的渗透性较低,这有利于在浓度不同的海水和淡水中进行渗透压调节。当它们由淡水转移到海水时,虽然有一段时间体重因失水而减轻,体液浓度增加,但在48 h内它们能通过吞饮海水补充水分,鳃的泌氯细胞排出过多的盐分,肾脏排泄机能也自动减弱,使体液浓度恢复正常。同样,当它们由海水进入淡水时,也会出现短时间的体内水分增多和盐分减少,它们通过增加排尿量和保持盐分使体内水分和盐分恢复平衡。

2. 盐度对淡水生物生活的影响

盐度是水产养殖环境的一个重要理化因子,与养殖水产动物的生长、发育、渗透压调节关系密切。淡水生物不仅能在较淡水高得多的盐度下生活,实验表明,当水中盐度稍为升高的情形下,许多淡水生物的代谢、摄食、生长等方面还有增强的趋势。表3.7所示的为盐度增高对淡水鱼生长的影响。

表3.7　盐度增高对淡水鱼生长的影响

盐　　度	增重率(平均体重)/(%)		
	食蚊鱼(3个月)	鲤鱼(6个月)	鲫鱼(9个月)
淡水	67	32～45	59
2	84	65	105
4	71	75	107
6	60	52	68

1) 盐度对淡水鱼食欲的影响

有关鱼类食欲受盐度的影响已有较多报道。相关研究表明,广盐性鱼类斑鳍的食欲受到盐度刺激反应较明显,当盐度从淡水一直升高到3～5时其摄食率上升;红大麻哈鱼 (*Oncorhynchus nerka*)在盐度为3～5时的摄食量高于淡水时的摄食量。一些典型淡水种鱼,如狗鱼和河鲈在盐度大于3时摄食活跃;草鱼在18.5 ℃下,盐度为3、5、7时摄食量均高于淡水;鲤鱼在27 ℃下,盐度为3、5、7时摄食量亦显著高于淡水,其中以盐度为5时最佳;中国台湾红罗非鱼在盐度为 14 时摄食率最高,摄食率为 2.74％;盐度为 28 时摄食率已明显降低,盐度增至 35 时,摄食率降至最低。

2）盐度对淡水鱼生长性能的影响

盐度对淡水鱼生长性能具有明显的影响。对鲤的研究表明,向淡水中分别添加 1％、5％ 和 10％ 的海水(盐度分别为 0.3、1.5 和 3),可以提高卵的存活率和孵化率,在上述盐度范围内,仔鱼的生长和发育随盐度的增加而加快。邱德依发现,盐度对鲤鱼最大摄食率、特定生长率和转化效率有显著影响;盐度对鲤鱼排出废物能量所占比例影响不显著,对鲤鱼代谢能量所占比例和生长能量所占比例有显著影响。鲤鱼取得最佳能量分配模式时水的盐度为 5,当盐度上升到 9 时,鲤鱼生长率和转化率则急剧下降。

当环境盐度低于某一点时,水生动物体内的渗透压大于外部环境渗透压,动物处于高渗调节状态;而环境盐度高于这一点时,水生动物体内的渗透压小于外部环境渗透压,动物呈低渗调节状态。这一点的盐度称为等渗点。许多广盐性鱼类处于等渗环境时,因不需要进行渗透压调节,代谢耗能最少,呈现出良好的生长和能量转换效率。

可见,盐度对淡水鱼类的生长具有显著的影响,甚至在一定的盐度范围内,盐度对鱼类生长还具有促进作用,但过高的盐度无疑会降低鱼类生产性能。不同的鱼类具有不同的适宜盐度范围。罗非鱼属广盐性鱼类,能耐受较大的盐度;鲤鱼、草鱼可在低盐度水体中生长良好,而乌鳢对盐度的耐受性可能较鲤鱼、草鱼低。

3）盐度对淡水鱼代谢的影响

盐度的影响主要表现在对淡水鱼耗氧与排氨、血浆电解质、鳃部氯细胞和琥珀酸脱氢酶及线粒体等方面的影响。

4）盐类成分的意义

水中溶解盐类的各种成分对水生生物的正常生活都是不可缺少的,有的盐类是构成生物体的重要成分,有的盐类在生物体生理功能上起重要的作用。植物直接从水中吸收盐类,动物主要从食物中获得盐类,也能通过渗透直接吸收一部分盐类。

在动物体内钠多于钾,在植物体内钾多于钠。钠是动物肌肉保持正常感应性所必需的。某些蓝藻特别需要钠,其适宜的钠浓度下限约为 4 mg/L,这个浓度和多数硬水湖中钠浓度相近。

钾与植物原生质的活动有关,在其分生组织和幼嫩器官中含钾较多。巨藻含钾量占湿重的 3％。钾与糖类的形成和输送有关。缺钾时无论高等植物或低等植物都不能发育。钾也是动物细胞正常活动所必要的。钾的缺乏还可抑制动物肌肉组织和神经系统的活动。但钾超过正常量时会导致动物中毒,影响肌肉和神经系统的活动,可使动物因心脏受压而致死。

钙是生物体主要成分之一,也是许多生理功能所必需的,对淡水生物的生长、种群变动和分布都有影响。钙参与细胞壁的形成,是高等植物正常代谢所必需的养分,许多藻类也需要钙。许多动物的骨骼和贝壳及甲壳动物的外骨骼均含有大量钙。许多植物(轮藻、眼子菜等)和动物(苔藓动物、贝类等)含钙量达身体干重的 38％～50％。钙在渗透调节过程、糖类的输送和中和草酸的毒性等方面都有重要的生理作用。许多淡水生物仅发现于多钙的水中,并且其数量随钙浓度的降低而减少,大多数贝类需要较高的钙,但是钙过量可使动物发育减慢、卵膜硬化以致胚胎不能孵化。在高钙水中,螺类的贝壳较厚。

镁是植物叶绿素的成分之一,在植物生活中极为重要。植物对镁的需求量很低,天然水中一般不缺乏。

第四节　生物营养物质

湖泊生物营养物质包括无机氮的化合物、磷酸盐、硅酸盐、铁离子和溶解有机质等,它们在湖中的含量直接影响湖泊生物的生长和发育,因而是划分湖泊营养类型的一个重要依据。

一、氮和磷

生物生长需要大约 20 种元素,在这些元素中氮和磷显得尤为重要,因为与植物需要的其他元素相比,氮和磷的自然供应数量很少。氮是合成蛋白质和核酸(基因的组成物质)的必要元素,磷是合成核酸与细胞中能量转化物质的必要元素。

在自然水体中,氮的化合物常以氨态氮、亚硝态氮和硝态氮三种形式存在。在我国湖泊中氮的化合物常以硝态氮形式存在为主。氮是组成蛋白质的主要成分,是构成生物体的基本元素。当湖泊因污染或水生生物死亡时,有机氮发生一系列的分解而变成氨氮形式,然后氨氮进一步氧化成亚硝酸盐,最终变成硝酸盐形式。它们均可被水生植物所利用,因此均为有效态氮,主要以硝酸盐和氨盐的形式存在。水中有效态氮主要来源于死亡的生物体及鱼类的排泄物等,经细菌分解氧化而产生。当固氮蓝藻繁殖较高时,其固定的氮也是水体中有效氮的重要来源。氮主要被浮游植物和其他水生植物吸收、利用。在缺氧条件下,脱氮细菌的反硝化作用将硝酸盐和亚硝酸盐还原成一氧化氮和氮气逸出水面,造成氮的逸出。湖泊中无机氮化合物的含量随季节、昼夜和垂直等因素的变化而变化。夏季,氮被浮游植物大量消耗,水中氮化合物含量可能降到最低点,到冬季由于浮游植物数量减少,氮含量又回升。尽管大气中有含量丰富的氮气,但是仅有少量的固氮细菌和藻类能够直接利用这种形式的氮,其他生物只能够利用合成氮。

磷在岩石圈中的含量较为稀少并且相对难溶,它在土壤中容易与黏土融合,因而溶解在水中的磷酸盐类物质很少。氮和磷以各种形式进入水中,这些水从陆地流入湖泊。这些氮和磷包括可溶性的无机化合物,如硝酸盐、氨和磷酸盐;也包括难溶性有机化合物,如氨基酸和核糖。有一些称为胶体的小颗粒含有吸收态的磷和有机物质碎片,如黏土和铁矿,可被直接利用或通过细菌的化学反应转化成可吸收态的磷。这些溶解态和离子态的氮、磷成为海藻和植物生长的可利用资源。它们被称为总氮和总磷,即为已知体积的水中含有的各种形式的各元素的总和。以前自来水公司和水务管理局仅仅测量一个组成部分——可溶性无机磷、硝酸盐或者它的替代品总氮氧化物来反映水中的营养物状况。这一测量方法如果运用于冬季,由于氮、磷并没有用于生物的生长,则测量结果会对之后的施肥产生很大的作用(尽管常常有很大的误差)。如果这种测量方法用于春季、秋季,则测量结果具有很大的误导性。在一个肥性极高的湖泊里,通常没有一种可溶性的营养物质能够被测量到,这是因为所有的营养物质都被植物与海藻吸收了。这一貌似荒谬却正确的说法曾让许多研究藻类的湖泊研究者迷惑不解。

在天然水体中，磷含量在每升几微克到几十微克之间。氮含量是磷含量的 10～20 倍，即每升几十微克到几百微克。因此，当我们研究原始状态的湖水时，所研究的氮和磷的含量是很低的。

湖泊中的营养物质低是由于生态系统形成了一定的机制来保存这些含量低的营养物质，这些物质参与物质循环或者重新利用。在这样一个完整的生态系统中，进入流动水体中的营养物质就极为稀少。并且由于含磷化合物的可溶性比含氮化合物的要低，因而水中磷的含量显得更加稀少，从而抑制了湖中藻类的数量。

然而，含氮化合物一旦溶于水中就极容易发生改变。它们能够被某种细菌转化为氮气，这一过程称为反硝化反应。这种类型的细菌在湿地与湖底极为常见。这些地方的含氧量极低或者为零，因而生物体将硝酸盐当作氧化剂加以利用。如此一来，湖水中大部分可利用的合成氮能够返回到大气圈中。

因此，湖表层水中的磷含量通常比氮含量要低，然而在底层沉积物里，由于反硝化作用的存在，氮含量可能比磷含量要低。在这两种情况下，两种元素的含量都是很低的。湖的流域如果较为贫瘠，若是难风化和变质的岩石，或者是粗糙的沙石，沉积的沙子和砾石，那么湖中氮、磷含量低的现象就较为明显。湖的流域如果比较肥沃，若是岩石沉积物、页岩、石灰石、泥石、黏土和淤泥，则湖中氮、磷含量低的现象就不明显。

二、有机质

水体中溶解有机质包括腐屑、胶态有机质和溶解有机质三类，淡水中溶解有机质的量通常是浮游植物量的 5～10 倍，海水中这一比值可达 200～300 倍。从湖水污染的角度而言，凡是有机物耗氧量超过 4 mg/L 的湖泊，就表示湖水已受到有机物的污染。我国湖泊有机污染普遍较严重，尤其是人类活动较频繁地区的湖泊更为突出。溶解有机质的生态作用主要有如下几种。

（1）作为动物的食物。溶解有机质可作为水生动物的辅助食物。鱼类也能进行渗透，吸收氨基酸，一般通过鳃和体表渗透。海洋中溶解有机质的食物作用是大于陆地的。这是因为海洋生物变渗的多，体表各部分均可进行渗透，而淡水动物只能通过鳃渗透。

（2）作为藻类的营养。溶解有机质对藻类的生长具有重要作用，特别是鞭毛藻类。藻类培养实践中，培养液中必须加入土壤浸液方能良好生长。中国养鱼池的特点是鞭毛藻类多，这与施有机肥有关，国外养鱼池中绿球藻类较多。研究表明，金藻、红藻、硅藻、绿藻和甲藻特别需要生物素。

（3）分解后为水中营养盐类的主要来源。

（4）对生物有抑制和毒害作用，可使鱼、贝类致死。小球藻、栅藻分泌一种抗生素抑制大型溞滤食和生长。溶解有机质的毒性和鱼本身的代谢产物对鱼生长不利。

（5）螯合作用。有些溶解有机质对金属离子有螯合作用，如吸收钙离子、镁离子等二价离子，使之沉淀，改变离子系数。例如，藻类分泌的多肽可中和铜离子的毒性，并提高本身对铁的利用能力。

（6）化学信息。溶解有机质可作为化学信息，影响水生生物的行为，如辨别食物。

（7）耗氧产毒气。溶解有机质过多,分解时消耗大量氧并产生 CO、H_2S、NH_3、CH_4 等,可引起生物大量死亡。

湖水的生物营养物质与湖泊生物的生命活动过程密切相关。每当生物繁殖季节,它们需大量吸收和消耗水中的生物营养物质,以促使生物的生长、发育,从而使水中的生物营养物质含量因消耗而有所下降。但当湖泊生物衰亡的季节,其遗体经腐败、分解以后,又会释放出上述物质,不断补充和增加水中生物营养物质的含量。

复习思考题

1. 水中溶解氧受哪些因素影响? 生物按对溶解氧的不同需求,分几种类型?
2. 水中氮和磷有几种形态? 在水生态系统中是如何变化的?

第四章 湖泊生物群落

　　湖泊生物群落由湖泊中所有的生物组成。根据生物在湖泊中的空间分布,湖泊生物群落分为浮游生物和底栖生物两大类。从种类上来讲,浮游生物可细分为浮游植物(或浮游藻类)和浮游动物两大类;从体积上讲,浮游生物又可分为大型浮游生物、中型浮游生物和微型浮游生物。底栖生物分为沿岸带底栖生物、亚沿岸带底栖生物和深水区底栖生物。根据生物的行为方式,湖泊生物群落分为浮游生物、自游生物、漂浮生物和底栖生物。根据水生高等植物在湖泊中的分布(由沿岸向湖心方向),湖泊生物群落分为挺水植物、漂浮植物、浮叶植物和沉水植物等四个生态类别。按照细菌的代谢类型,湖泊生物群落分为光能自养菌、化能自养菌和兼性异养菌等。

　　总的来说,湖泊生物群落由藻类、浮游动物、底栖动物、水生高等植物、鱼类和细菌等六大部分组成。

第一节　藻　类

　　藻类(algae)是湖泊水生生物的主要组成部分之一,与水生高等植物一样具有叶绿素,通过吸收光能进行光合作用制造有机物质,同时释放出氧气,虽然少数种类没有色素体或色素,但是它们储存的营养物质仍然与色素的种类相同,故属自养生物。藻类的整个藻体都能吸收营养并制造有机物质,不需要像高等植物那样消耗相当多的能量在支持器官上。藻类形态多样,许多种类要用显微镜或电镜才能观察清楚;形态结构、繁殖方法也简单。藻类通常以细胞分裂为主,当环境条件适宜、营养物质丰富时,藻体个体数的增长非常迅速。藻类与水生高等植物共同组成湖泊中的初级生产者,在某些缺少水生高等植物的湖泊中,它们是唯一的初级生产者,而且是湖泊中某些食藻动物和微生物食物的主要来源。湖泊中藻类包括蓝藻门、隐藻门、甲藻门、黄藻门、金藻门、硅藻门、裸藻门和绿藻门等种类,其中尤以蓝藻门、绿藻门和硅藻门的种类较多。根据藻类的生态习性,藻类又分浮游藻类、着生藻类两大生态类群,浮游藻类占据了湖泊藻类总数的大部分。

　　藻类分布十分广泛,分布在各种水域中。在不同污染程度的水体中,藻类分布上有较大差异,并且有些种类在小型水体和浅水湖泊中常能够大量繁殖,使水体呈现色彩,这一现象称为

"水华"(water bloom)。有些种类在海水中大量繁殖,称为"赤潮"(red tide),这也是表现水体富营养化的一个明显特征。

一、藻类的主要特征

藻类是低等植物,分布甚广,绝大多数生活在水中,大小相差较大,小的肉眼看不见,只有几微米(如小球藻,3~5 μm),大的长达60 m(如海洋中的巨藻(*Macrocystis phrifera*))。藻类具有各种不同的形态,一般为球形、椭圆形、卵形、圆柱形和纺锤形等。藻类没有真正的根、茎、叶的分化,因藻类植物体可进行光合作用,通常可以看作是简单的叶,故又称叶状体植物。藻类的主要生殖方式为植物性的细胞分裂、植物体的分割和无性孢子生殖,有性生殖不是普遍都有。藻类生殖单位是单细胞的孢子或合子,高等藻类的生殖单位可以由多细胞构造,但均直接参与生殖作用,不分化为生殖部分和营养部分,藻类的生活史中没有在母体内孕育具有藻体雏形胚的过程。简单说来,藻类是无胚而具叶绿素的自养叶状体孢子植物。

藻类具有以下共同特征。

(1)植物体一般没有真正根、茎、叶的分化。藻类植物的形态、构造很不一致,大小相差也很悬殊。尽管藻类植物个体的结构繁简不一、大小悬殊,但多无真正根、茎、叶的分化。有些大型藻类,如海产的海带(*Laminaria japonica*)、淡水的轮藻(*Chara*),在外形上,虽然也可以把它分为根、茎和叶三部分,但体内并没有维管系统,所以都不是真正的根、茎、叶,因此,藻类的植物体多称为叶状体或原植体。

(2)能进行光能无机营养。一般藻类的细胞内除含有与绿色高等植物相同的光合色素外,有些类群还具有特殊的色素,但多不呈绿色,所以它们的质体称为色素体或载色体。藻类的营养方式是多种多样的。例如,有些低等的单细胞藻类在一定的条件下能进行有机光能营养、无机化能营养或有机化能营养。但对绝大多数的藻类来说,它们与高等植物一样,都能在光照条件下,利用二氧化碳和水合成有机物质以进行无机光能营养吸收。

(3)生殖器官多由单细胞构成。高等植物产生孢子的孢子囊或产生配子的精子器和藏卵器一般都是由多细胞构成的。例如,苔藓植物和蕨类植物在产生卵细胞的藏卵器和产生精子的精子器的外面都有一层由不育细胞构成的壁。但在藻类植物中,除极少数种类外,它们的生殖器官都是由单细胞构成的。

(4)合子不在母体内发育成胚。高等植物的雌、雄配子融合后所形成的合子都是在母体内发育成多细胞的胚以后,才脱离母体继续发育为新个体。但藻类植物的合子在母体内并不发育为胚,而是脱离母体后,才进行细胞分裂,并成长为新个体。如果用动物学的术语来说,高等植物是胎生,藻类则是卵生。

综上所述,藻类植物是植物界中没有真正根、茎、叶分化,进行光能自养生活,生殖器官由单细胞构成和无胚胎发育的一大类群。

二、藻类的形态构造

藻类藻体形态多样,有单细胞体、群体、多细胞体。单细胞体种类大多营浮游生活,为小型或微型藻类,藻体常为球形、椭球形、圆柱形、纺锤形、纤维形和新月形等。群体类型的种类常呈球状、片状、丝状、树枝状或不规则团块状。丝状体又可分为由单列细胞组成的不分枝丝状体和有分枝的异丝性丝状体。部分藻类细胞的中央具有缢部或细胞上的横裂纹,将细胞分成两个半细胞,核在细胞中央,核的两端各有一个色素体,这两个色素体是彼此对称的。分枝以侧面相互愈合而成盘状假薄壁组织。藻体的形态以及群体中的细胞数目、排列方式、细胞的相互关系都是分类的重要依据。总之,藻类细胞具有趋同性,球形或近似球形有利于适应浮游生活。

藻体细胞结构可分化为细胞壁和原生质体两部分。后者包括细胞质和细胞核,原生质内有色素或色素体、蛋白核、同化产物等。

1. 细胞壁

藻类大多数种类都有细胞壁,一般很薄,分为内、外两层,与细胞内的原生质分不开,只有少数种类(如裸藻、隐藻,一些有鞭毛的甲藻和金藻以及某些生殖细胞)没有细胞壁,仅有一层有原生质特化的周质体(periplast,也称表质)。

无细胞壁的种类有以下几种类型。如体全裸露,表层不特化为周质体,细胞可变形;藻体细胞质表层特化成为一层坚韧、有弹性的周质体,具有周质体的种类藻体形态较稳定;周质体表面平滑或具纵向条纹或具螺旋绕转的隆起,或附有硅质或钙质小板,有的硅质板上还有刺。

某些藻类还具特殊性的细胞壁状的构造——囊壳(lorica)。囊壳中无纤维质,但常有钙或铁化合物的沉积,常呈黄色、棕色甚至棕红色。囊壳形状一般并不与原生质体一致,囊壳的内壁并不紧贴在原生质体的表面,中间有较大的空隙,其中有水充塞。因此,原生质体在囊壳中常可自由伸展和收缩,或向四周作螺旋绕转。囊壳的形状、开孔、附属物(如棘、刺、疣状突起等)在区分类别和属、种的鉴定甚至分科鉴定上具有重要意义。

有细胞壁的不同藻类,其构造也不完全一致,一般随各门藻类不同而不同。大多数藻类(如绿藻)的细胞壁主要由外层的果胶质和内层的纤维质组成。硅藻门的细胞壁主要由硅质组成,即外层为二氧化硅,内层为果胶质。黄藻门的某些种类细胞壁由果胶质组成。褐藻和红藻细胞壁的主要成分是藻胶,即前者为褐藻胶,后者为琼胶类。细胞壁为原生质体的分泌物坚韧而具一定的形状,表面平滑或具有各种纹饰、突起、棘、刺等,这些突起对藻体营浮游生活具有特殊意义。一个细胞的细胞壁多数是一个完整的整体。硅藻细胞壁为两个"U"形节片套合而成,黄藻常由两个"H"形节片组合而成,而甲藻的细胞壁则由许多小板片拼合组成。

2. 细胞核

除蓝藻细胞无典型的细胞核外,其余各门藻类的细胞大多具有一个细胞核,少数种类具有多个细胞核。

3. 色素和色素体

藻类色素成分的组成极为复杂,可分为 4 大类,即叶绿素(chlorophyll)、胡萝卜素(carotene)、叶黄素(lutein)和藻胆素(phycobilin)。各门藻类因所含色素不同,藻体呈现的颜色也不同,如绿藻门为鲜绿色,金藻门呈金黄色,蓝藻门多为蓝绿色等。叶绿素有 a、b、c、d、e 共 5 种类型。所有的藻类均含有叶绿素 a($C_{65}H_{72}O_5N_4Mg$)。叶绿素 b($C_{65}H_{70}O_4N_4Mg$)则仅存在于绿藻、裸藻和轮藻中,这几门藻类的叶绿素组成与高等植物的相同,植物体呈绿色。叶绿素 c 存在于甲藻、隐藻、黄藻、金藻、硅藻和褐藻门中。红藻有叶绿素 d、红藻红素和红藻蓝素。胡萝卜素中最常见的是β-胡萝卜素,存在于各门藻类中。叶黄素类色素的种类很多,各门藻类所含有的叶黄素类色素不同,藻胆素是一类特殊色素,只在蓝藻、红藻及隐藻中被发现。因此,可以说藻类所共有的色素为叶绿素 a 和 β-胡萝卜素。褐藻含有褐藻素。

除蓝藻和原绿藻外,色素均位于色素体内。色素体是专门的色素载体,色素体是藻类光合作用的场所,形态多样,有杯状、盘状、星状、片状、板状和螺旋带状等。色素体位于细胞中心(称轴生)或位于周边,靠近周质或细胞壁(称周生)。色素体是藻类分类鉴定的依据之一。

4. 储藏物质

由于各门藻类的色素成分不同,所以光合作用制造的营养物质——同化产物及转化的储藏物质也不相同。例如,蓝藻门的储藏物为蓝藻淀粉,金藻门的储藏物为金藻糖(白糖素)及脂肪,黄藻门和硅藻门的储藏物以脂肪为主,裸藻门的储藏物为副淀粉,甲藻门的储藏物为淀粉或淀粉状化合物,绿藻门的储藏物为淀粉。绿藻和隐藻的储藏物都在色素体内,而其他藻类的储藏物均在色素体外。红藻的同化产物为红藻淀粉(floridean starch),褐藻的同化产物为褐藻淀粉(laminaran)及甘露醇(mannitol)。

5. 液泡

细胞质常不充满整个细胞而形成空腔,腔内充满液体,称为液泡(vacuole)。液泡外有明显的膜,液泡在调节渗透压、吸收水分、溶解物质等方面有重要作用。

运动种类常具有收缩泡,它的结构和功能很复杂,许多蓝藻没有真正的液泡,而只有气泡,或称为伪空泡,呈不规则的形状,有调节藻体浮沉的作用。

6. 蛋白核

蛋白核是绿藻、隐藻等藻类中常有的一种细胞器,通常由蛋白质核心和淀粉鞘(starch sheath)组成,有的无鞘。蛋白核与淀粉形成有关,因而又称为淀粉核。其构造、形状、数目及存在于色素体或细胞质中的位置等因种类而异。绿藻门色素体上大多具有一个或多个蛋白核。

7. 鞭毛

鞭毛是一种运动胞器。除蓝藻和红藻外,各门藻类几乎都有具有鞭毛或者在生活史的某一阶段具有鞭毛。藻类的鞭毛一般有 1 根、2 根或多根,长度可相等也可不相等。藻类的鞭毛由 11 根细微的纤维组成,其基本结构是"9+2",即周围有 9 根较粗的纤维围绕着中央 2 根较细的纤维。鞭毛基部纤维则呈"9+0"图形,即周围由 9 个三联微管组成,中央没有微管。鞭毛有尾鞭型和茸鞭型两种类型,前者的表面光滑,后者的表面具微细茸毛,即具有 1~2 列横向羽状的短鞭毛。鞭毛除蓝藻门和红藻门外,其余各门藻类均有营养细胞和生殖细胞具鞭毛或仅生殖期具鞭毛的种类。鞭毛的结构及类型如图 4.1 所示。

三、藻类的繁殖方式

繁殖指由母体增生新个体的能力,也可称为生殖。藻类的繁殖方式可分为营养繁殖(vegetative propagation)、无性繁殖(asexual propagation)和有性繁殖(sexual propagation)。浮游藻类以前两种繁殖方式为主。

1. 营养繁殖

营养繁殖是一种不通过任何专门的生殖细胞来进行繁殖的方式。细胞分裂是最常见的一

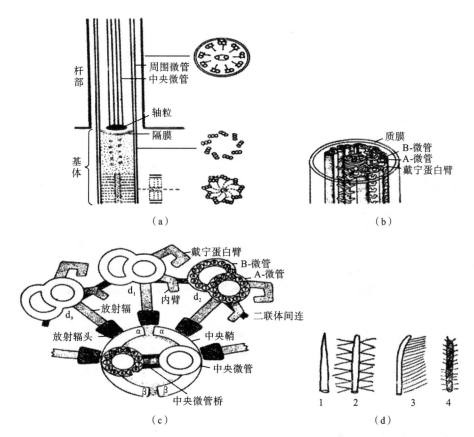

图 4.1 鞭毛的结构及类型

（a）轴纤丝纵切面水平上的横切面；（b）基体以上部分纤丝的三维结构；

（c）基体以上部分轴纤丝横切的局部放大；（d）鞭毛的类型

1—尾鞭型；2～4—茸鞭型

种营养繁殖。单细胞种类通过细胞分裂由一个母细胞连同细胞壁均分为两个子细胞。分裂的方向，有的只有一个，有的则有两个或三个。在群体和多细胞体的藻类中，通过断裂繁殖，即一个植物体分割成几个较小的部分或断裂出一部分脱离母体长成新个体。这种繁殖方法与细胞分裂相似，在环境良好时，数量的增加很迅速。

2. 无性繁殖

通过产生不同类型的孢子来进行繁殖，即孢子繁殖。孢子是在细胞内形成的，是无性的，这与细胞分裂不同，先是核的分裂，随后为细胞质的分裂。各门藻类的核分裂次数大体上是一定的，细胞质的分裂有的是在细胞核都分裂完毕后才发生，有的是随着核的每次分裂而分割。这样的分裂，在一个母细胞内形成 2 的倍数的小细胞，即孢子。孢子离开母细胞后即成为新个体。

产生孢子的母细胞称为孢子囊，孢子不需要结合，一个孢子可长成一个新的植物体。孢子的类型有动孢子（zoospore）、不动孢子（aplanospore）、厚壁孢子（hypnospore）、似亲孢子（autospore）、休眠孢子（akinete）、内生孢子（endospore）和外生孢子（exospore）等。

（1）动孢子又称游泳孢子。动孢子细胞裸露，有鞭毛，能运动。

（2）不动孢子又称静孢子。不动孢子有细胞壁，无鞭毛，不能运动。在形态构造上与母细胞相似的不动孢子称为似亲孢子。

(3) 厚壁孢子又称原膜孢子或厚垣孢子。在生活环境不良时,有些藻类营养细胞的细胞壁直接增厚,成为厚壁孢子;有些藻类在细胞内另生被膜,形成休眠孢子。它们都要经过一段时间的休眠,到了生活条件适宜时,再行繁殖。

(4) 内生孢子存在于蓝藻中,在母细胞壁内形成,数目多,无细胞壁。

(5) 外生孢子存在于蓝藻中,长形的细胞顶端裂开,不断形成和向外发散孢子。

3. 有性繁殖

进行有性繁殖的细胞称为配子。产生配子的母细胞称为配子囊。有性繁殖是由雄配子和雌配子结合成为一个合子。合子形成后,一般要经过休眠才生成新个体。有些藻类,一个合子产生一个新个体,或经分裂产生多个新个体。

由配子形成的合子有以下四种类型。

(1) 同配繁殖:雌、雄配子的形态与大小都相同,即同形的动配子相结合。

(2) 异配繁殖:雌、雄配子的形态相似而大小不同,即大小不同的两个动配子相结合。

(3) 卵配繁殖:雌、雄配子的形状与大小都不相同,卵(雌配子)较大,不能运动,精子(雄配子)小,有鞭毛,能运动。

(4) 结合繁殖:是静配子结合,即静配同配繁殖。它由两个成熟的细胞发生结合管相结合或由原来的部分细胞壁相结合,在结合处的细胞壁溶化,两个细胞或一个细胞的内含物通过此溶化处在结合管中或进入一个细胞中相结合而形成合子。这种结合繁殖是绿藻门结合藻目所特有的有性繁殖方法。

四、藻类的生活史

生活史(生活周期)是指某种生物在整个发育阶段中所经历的全部过程,或一个个体从出生到死亡所经历的各个时期。

藻类生活史有营养繁殖型、无性繁殖型、有性繁殖型、无性与有性繁殖混合型四种类型(见图4.2)。

1. 营养繁殖型

营养繁殖型在生活史中仅有营养繁殖,指只能以细胞分裂的方式不通过任何专门的繁殖细胞来进行繁殖,即一个母细胞连同细胞壁分为两个子细胞,各自长成一个新的个体,如蓝藻和裸藻等一些单细胞藻类属此类型。

2. 无性繁殖型

无性繁殖型是指繁殖细胞(孢子)不经结合,直接产生子代的繁殖方式。无性繁殖型在生活史中没有有性繁殖,没有减数分裂,如小球藻、栅藻等。

3. 有性繁殖型

有性繁殖型有双相型和单相型两种类型。前者是指在生活史中仅有一个双倍体(diploid)的藻类,只行有性繁殖,减数分裂(R)发生在产生配子之前,如绿藻门管藻目的一些种类,硅藻和褐藻门鹿角藻目就属于这种类型。后者是单倍体藻类,仅合子是双倍体核相($2n$),即静配同配,如水绵和轮藻。

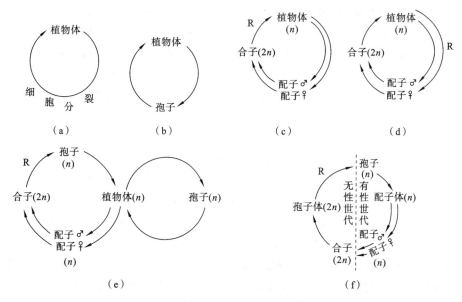

图 4.2　藻类生活史

(a) 营养繁殖型；(b) 无性繁殖型；(c) 植物体为单相型的有性繁殖型；(d) 植物体为双相型的有性繁殖型；
(e) 没有世代交替的无性、有性繁殖混合型；(f) 有世代交替的无性、有性繁殖混合型

4. 无性和有性繁殖混合型

无性和有性繁殖混合型是指在生活史中既可以进行无性繁殖，又可以进行有性繁殖的繁殖方式。这两个时期可随生活环境的改变而出现，也可以是生活史中相互交替的两个阶段。

(1) 在生活史中无世代交替，如衣藻（*Chlamydomonas*）、团藻（*Volvox*）、丝藻（*Ulotrix*）等，它们常在生长季节末期才进行有性繁殖，是对不良环境的适应，其植物体为单相型。在有性繁殖过程中，减数分裂发生在合子形成之后和新植物体产生之前。

(2) 在生活史中有世代交替，即有 2 个或 3 个植物体（如真红藻纲），在生活史中相互交替出现。相互交替出现的植物体有的为双倍体（$2n$），有的为单倍体（n）。双倍体的植物体进行无性繁殖，经减数分裂产生孢子，因此双倍体的植物体又称为孢子体。单倍体的植物体进行有性繁殖，产生雌、雄配子或精子和卵，因此单倍体的植物体又称为配子体。由孢子长出单倍体的植物体，从孢子开始一直到产生配子，这一阶段是单倍体时期，称为有性世代；由合子萌发为孢子体，一直到孢子体进行减数分裂产生孢子之前，这一阶段是双倍体时期，称为无性世代。这种生活史中无性世代和有性世代相互交替的现象称为世代交替。在有世代交替的生活史中，如果配子体和孢子体的形态结构基本相同，则称为同形世代交替，如石莼（*Ulva*）、刚毛藻（*Cladophora*）；如果配子体和孢子体的形态结构不相同，则称为异形世代交替，如萱藻（*Scytosiphon lomentarius*）、海带和裙带菜（*Undaria*）等。

五、藻类的分布特点及意义

1. 藻类的分布特点

藻类在地球上分布很广，从炎热的赤道至常年冰封的极地，无论是江河湖海、沟渠塘堰、各

种临时性积水,还是潮湿地表、墙壁、树干、岩石,甚至沙漠、积雪上都有藻类的踪迹。各种藻类对环境的要求不一样,某一季节的环境条件对某些种类比较适宜,而对其他种类不适宜,因此,同一水体的藻类组成和比例可能在不同时段都不相同。藻类主要营自养自由生活,有的则营共生或寄生生活。藻类在长期演化过程中,以自身的形态构造、生理和生态特点适应生活的环境,从而形成各种生态类群(型)。就藻类生活环境的特点及其与环境的相互关系,藻类主要有浮游藻类、底栖藻类和附着藻类等生态类群。

大多数藻类都是水生的,有产于海洋的海藻,也有生于陆水中的淡水藻。在水生的藻类中,有躯体表面积扩大(如单细胞、群体、扁平、具角或刺等),体内储藏比重较小的物质,或生有鞭毛以适应浮游生活的浮游藻类;有体外披有胶质,基部生有固着器或假根,生长在水底基质上的底栖藻类;也有生长在冰川雪地上的冰雪藻类;还有在水温高达 80 ℃以上温泉里生活的温泉藻类。藻体不完全浸没在水中的藻类也很多,其中有些是藻体的一部分或全部直接暴露在大气中的气生藻类;也有些是生长在土壤表面或土表以下的土壤藻类。就藻类与其他生物的生长关系来说,有附着在动物、植物体表生活的附生藻类;也有生长在动物或植物体内的内生藻类;还有和其他生物营共生生活的共生藻类。总之,藻类的生活习性是多种多样的,对环境的适应性也很强,几乎到处都有藻类的存在。

藻类可分布于海水、淡水和内陆盐水中。藻类细胞还能较迅速地合成多元醇或其衍生物、糖或多糖和某种氨基酸等渗透调节物,用以迅速调节细胞的渗透压,适应环境盐度的变化。单细胞藻类对环境的改变有很强的适应能力,世代时间极短,通过较小的遗传变异,在一定时间内即可适应盐度的颇大变化,很多淡水藻类耐盐上限达到 20,有些淡水习见浮游植物(如小颤藻、颗粒直链藻、飞燕角甲藻、铜绿微囊藻等)的盐度甚至为 150～180。盐藻(*Dunaliella salina*)是典型的盐水藻类,能耐受 320 的盐度。

浮游藻类个体非常微小,通常用肉眼看不清形态结构。浮游藻类虽个体小,但种类多,数量也多,并且具有一些区别于其他植物和动物的最基本的特征,浮游藻类包括了藻类的绝大部分。生活在海洋中的硅藻、甲藻及蓝藻(超微藻类)的浮游种类是海洋初级生产力的重要组成部分,被称为海洋牧草。淡水浮游藻类中种类最多的是蓝藻门、硅藻门和绿藻门。裸藻门、隐藻门和甲藻门种类虽不多,但在淡水浮游生物中也极为常见,有时数量也很多,可形成优势种群。不论海洋或是内陆水体,不论是自然水体或是人工养殖水体,浮游藻类的种类组成、数量变动,可随环境条件和时间有明显的季节变化,也可受水体理化因子和人类活动干扰而变化。

底栖藻类指营固着或附着生活的藻类。它们以水体中的高等植物、建筑物或其他物体以及水体底质为基质(matrix),用附着器(hapteron)、基细胞(basal cell)或假根(rhizoid)等营固着生活。红藻门、褐藻门、轮藻门和绿藻门的大型种类是底栖藻类的基本组分,在水底形成藻被层,其中许多种类是重要的经济海藻。小型底栖藻类是周丛生物的主要成员,对杂食性和刮食性鱼类具有重要的饵料意义。裸藻、衣藻在阳光充足的温暖季节,在河湾、湖泊潮湿地表大量繁殖,形成绿色斑块状藻被层,有的绿藻甚至可在冰封的雪地上形成红色、褐色或绿色的藻被层。

温带地区的各种水体,在秋后水温显著降低,水中营养物质的分解速度也减弱。在冰冻时,湖水的循环现象也逐渐减弱。在温暖季节繁殖旺盛的浮游生物,有不少种类逐渐成为休眠状态,形成各种休眠孢子、休眠卵以度过不良环境。另外一些则由于温度下降而使繁殖率和出生率降低,种群数量锐减。有一些冷水性种类,在低温季节仍大量繁殖,如某些甲藻、硅藻、轮虫中的前额犀轮虫。多数海藻对温度的适应力不强,因此在海水温度变化大的海区,一年中海藻种类的变化很大。冬天有冷水性藻类,夏天有温水性藻类,它们能在较短的适温时间内完成生命周期。但有些底栖海藻对温度变化的适应力很强,如石纯,几乎在世界各地都能全年生长。淡水藻中多数硅藻和金藻类在春天和秋天出现,属于狭冷性种;有些蓝藻和绿藻仅在夏天水温较高时出现,属于狭温性种。

如果在某一水体作垂直分层时采集,可以看到每个水层的浮游生物无论在种类上还是在数量上都不相同。光照是藻类垂直分布的决定性因素。水体对光线的吸收能力很强,湖泊10 m 深处的光强仅为水表面的 10%;海洋 100 m 深处的光强仅为水表面的 1%。由于海水易于吸收长波长光,还可造成各水层的光谱差异。各种藻类对光强和光谱的要求不同,绿藻一般生活在水表层,而红藻、褐藻则能利用绿、黄、橙等短波长光线在深水中生活。

水体的化学性质也是藻类出现及其种类组成的重要因素。例如,蓝藻、裸藻在富营养的水体中容易大量出现,并时常形成水华;硅藻和金藻常大量存在于山区贫营养的湖泊中;绿球藻类和隐藻类常大量存在于小型池塘中。

2. 藻类与人类生活的关系

1) 藻类的渔业价值和工业价值

浮游藻类在水体中是鱼类和其他经济动物的直接或间接的饵料基础,在决定水域生产性能上具有重要意义,与渔业生产有十分密切的关系。藻类通过光合作用固定无机碳,使之转化为碳水化合物,从而为水域生产力提供基础。海洋浮游藻的总生产力每年约为 3.1×10^{10} t 碳。在食物链的转换中,1 kg 鱼肉需 $100 \sim 1000$ kg 浮游藻。因此,浮游藻类资源丰富的海区都是世界著名渔场所在地,而浮游藻类的产量就成为估算海洋生产力的指标。但海水中由于某种或多种浮游生物(大多为浮游植物)在一定环境条件下暴发性繁殖或高度聚集而引起的赤潮对渔业有害。随着沿海工农业生产的发展,海区的富营养化和水污染渐趋严重,赤潮频频发生,而且规模、持续时间、频次越来越重。赤潮发生后,海洋生态系统中的物质循环和能量流动受到干扰,直接威胁海洋生物的生存,给渔业生产造成巨大损失,破坏海洋生态平衡、滨海旅游业,危害人类健康。另外,固氮蓝藻是地球上提供化合氮的重要生物,也是可利用的重要生物氮肥资源。目前已知的固氮蓝藻有 120 多种,在每公顷水稻田中固氮量达 $16 \sim 89$ kg。

2) 藻类与医学和农业有着很密切的关系

藻类与医学和农业有着很密切的关系,有的直接作为药用,如褐藻中的海带、裙带菜、羊栖菜(*Sargassum fusiforme*)等,都有防治甲状腺肿大的功效。红藻中的鹧鸪菜(*Delesseriaceae*)和海人草(*Digenea simplex*)可作为驱除蛔虫的特效药。从褐藻中提取的藻胶酸、甘露醇和从红藻中提取的琼胶在医学中也广泛应用。例如,藻胶酸盐可作为制造牙模和止血药物的原料;甘露醇有消除脑水肿和利尿的效能;琼胶除作为轻泻药治疗便秘症外,还可作为制造药膏的药基、包药粉的药衣和细菌培养基的凝固剂。土壤藻类可以积累有机物质,刺激土壤微生物的活动,增加土壤中的含氧量,防止无机盐的流失,减少土壤的侵蚀,其中有些蓝藻还能固定空气中游离的氮素,在提高土壤肥力中起重要作用。此外,藻类是鱼类食物链的基础。鱼类的天然饵料一般都直接或间接来自浮游藻类,所以在淡水鱼类养殖中,多通过施肥繁殖藻类,为鱼类提供饵料。但是,当浮游藻类大量繁殖发生水华时,水中缺氧或产生有毒物质也往往引起鱼类大量死亡，所以在渔业上也要防止"过犹不及"的问题。

3）藻类可作为水污染的指示生物

藻类对有机质和其他污染物敏感性不同，因而可以用藻类群落组成来判断水质状况。由于藻类（利用水中的 N、P 等营养盐）进行光合作用、释放出氧气，因此，可用氧化塘法进行污水处理。藻类、细菌和原生动物等组成的生物膜（biofilm）对水体有机物的分解、水体净化和判断水质好坏均具有一定的作用。

在池塘鱼类养殖中一般根据水色判断水质，而水色是由藻类的优势种及其繁殖程度决定的。例如，血红眼虫藻占优势种时表现为红色水华，说明水质贫瘦；衣藻占优势时呈墨绿色水华，且有黏性水泡，说明水质肥沃；微囊藻、颤藻、鱼腥藻占优势时池水呈铜锈色纱絮状水华，味臭，对鱼有害；蓝裸甲藻占优势时形成的蓝色水华是养殖鲢、鳙、鲂、鲫、非鲫产鱼池的典型水质之一，但繁殖过盛也会使水质恶化，造成鱼类泛池。此外，扁藻、杜氏藻、小球藻等单细胞藻类蛋白质含量较高，是贝类、虾类和海参类养殖的重要天然饵料。

4）藻类的医药和食用价值

关于海藻的医学价值，早在《神农本草经》《名医别录》《本草纲目》里有记载。食用、药用的藻类有紫菜、海带、江蓠、麒麟菜和发菜等。卡拉胶、琼胶等可作为通便剂和胶合剂等。另外，很多微藻含有蛋白质、维生素、糖蛋白、虾青素等。

第二节　浮游动物

浮游动物（zooplankton）是漂浮的或游泳能力很弱的小型动物。浮游动物随水流而漂动，与浮游植物一起构成浮游生物。从单细胞的放射虫和有孔虫到鲱、蟹和龙虾的卵或幼虫，都可见浮游动物。终生浮游动物（如原生动物和桡足类）以浮游的形式度过全部生命，暂时性浮游生物或季节浮游生物（如蛤、蠕虫和其他底栖生物）在变成成体而进入栖息场所以前，以浮游形式生活和摄食。

浮游动物是一个生态类群的概念，是一类经常在水中浮游，本身不能制造有机物的异养型无脊椎动物和脊索动物幼体的总称（包括原生动物、轮虫、枝角类和桡足类等四类动物中在湖内营浮游生活的种类，不包括它们分布于湖内的所有种类）。在水中营浮游性生活的动物类群，它们或者完全没有游泳能力，或者游泳能力微弱，不能进行远距离的移动，也不足以抵拒水的流动力。湖泊浮游动物中以原生动物的种类最多。浮游动物在湖泊营养系列中有的是一次消费者，有的是二次消费者，但它们都是更高一级动物的食物。一些经济鱼类以浮游动物为饵料，而几乎所有经济鱼类的幼鱼都吃浮游动物。

浮游动物的种类极多，从低等的微小原生动物、腔肠动物、栉水母、轮虫、甲壳动物、腹足动物等，到高等的尾索动物，几乎每一类都有永久性的代表，其中以种类繁多、数量极大、分布又广的桡足类最为突出。此外，浮游动物也包括阶段性浮游动物，如底栖动物的浮游幼虫和游泳动物（如鱼类）的幼仔、稚鱼等。浮游动物在水层中的分布也较广，无论是在淡水还是在海水的浅层和深层，都有典型的代表。

一、原生动物

原生动物是动物界里最原始和最低等的一类单细胞动物,约有 3 万种。原生动物一方面具有一般细胞所具备的基本结构,即细胞质、细胞膜、细胞核;另一方面又具有一般动物所表现的各种生活机能,如运动、消化、呼吸、排泄、感应、生殖等,即完整的新陈代谢的生理机能。原生动物身体微小,最小的体长不过 2～3 μm,最大的体长也只 5 mm,一般体长多为 200～300 μm,需用显微镜才能看见。

原生动物门在海洋中生活的重要纲有鞭毛纲、肉足纲和纤毛纲。

鞭毛虫通常身体长鞭毛,并以鞭毛作为运动器。鞭毛的数目较少,有 1～4 条或稍多,少数种类则具有较多的鞭毛。有些鞭毛虫体内有色素体,能进行光合作用,自己制造食物,这种营养方式称为光合营养;有的鞭毛虫通过体表渗透吸收周围水中呈溶解状态的物质,这种营养方式称为渗透营养;还有的鞭毛虫吞食固体的食物颗粒作为营养来源,这种营养方式称为吞噬营养。光合营养也称自养,渗透营养和吞噬营养也称异养。常见的鞭毛虫有甲藻、角甲藻、鼎形虫、夜光虫等。其中夜光虫尤为特殊,细胞较为大型,直径 1 mm 左右,肉眼可见,分别有一条细长的触手和两条鞭毛。在春季繁殖期间,遍布于海水表面的夜光虫由于受海浪波动的刺激,经常闪闪发光,蔚为壮观。

纤毛虫周身生着许多纤毛,以纤毛作为运动器。纤毛的结构与鞭毛的相同,不过长度较短,数目较多,运动时纤毛的摆动很有节奏,如车轮虫游动时极像转动的轮子,旋转而行。

肉足虫通常身体裸露,以伪足为运动器。伪足有运动和摄食的机能,根据伪足形态的不同,可以分为叶状伪足(如变形虫和表壳虫等)、丝状伪足(如有孔虫、球房虫等)和根状伪足(如太阳虫,放射虫等)。

二、甲壳纲

甲壳纲是节肢动物门中的一个重要的纲。甲壳纲已知的种类超过了 3 万种。多数甲壳纲动物水生,具有两对触角,三对摄食用的附肢。甲壳动物体外包被几丁质外骨骼,如人们熟知的龙虾、对虾、螃蟹、溞、剑蚤等,在浮游生物中的重要性和地位比起硅藻来毫不逊色。桡足类、端足类、糠虾、磷虾等是水域食物链中的重要环节之一,它们以硅藻等浮游植物为食,同时又作为经济鱼类(尤其是中上层鱼类及其他鱼类幼鱼阶段)、虾类的主要饵料。浮游甲壳类的分布和变动状况可作为探索鱼群的位置和寻找渔场的线索。我国常见的浮游甲壳类有蜇镖水蚤、拟镖水蚤、真刺镖水蚤、虾等。这些甲壳动物是鲇鱼、鲱鱼、沙丁鱼等鱼类以及鲸类的主要饵料,鱼群常常追逐它们而游动。所以从上述甲壳动物的丰歉程度,也可判断鱼群的大小或种类,从而给捕获鱼群提供参考。

三、漂浮幼虫

大家都知道,青蛙在整个生活过程中有变态发育的现象,幼体阶段是蝌蚪,然后再演变成四条腿的成蛙。海洋中的许多低等动物也是如此,它们一生中也有变态发育的过程,经过浮游幼虫阶段,再变为成体。浮游幼虫在海洋浮游生物中,特别是在近岸生物中占有重要地位,它们是鱼、虾、贝类幼体的主要饵料之一,在海洋食物链中意义巨大。

许多无脊椎动物及脊索动物都有浮游幼虫阶段,如海绵动物的两囊幼虫、腔肠动物的浮浪幼虫、桡足类的无节幼虫、脊索动物的柱头幼虫等。这些幼虫的出现都有各自的周期性,满足鱼类不同发育阶段的食物需要。

浮游动物吃比它们更小的动物、植物,主要还是植物。浮游动物是中上层水域中鱼类和其他经济作物的重要饵料,对渔业的发展具有重要意义。由于很多种浮游动物的分布与气候有关,因此,也可用作暖流、寒流的指示生物。许多种浮游动物是鱼、贝类的重要饵料来源,有的种类(如毛虾、海蜇)可作为人的食物。此外,还有不少种类可作为水污染的指示生物,如在富营养化水体中,裸腹溞($Moina$)、剑水蚤($Cyclops$)、臂尾轮虫($Brachionus$)等种类一般为优势种群。有些种类,如梨形四膜虫($Tetrahymena\ pyriformis$)、大型溞($Daphnia\ magna$)等在毒性毒理试验中用来作为实验动物。浮游动物中也有一些是有害的种类,如有些种类是寄生蠕虫的中间宿主,传播寄生虫。有些肉食性的剑水蚤会侵袭鱼卵和鱼苗,在人工孵化鱼苗过程中要注意防治,不过在自然水体中它们危害的情况并不严重。

四、浮游动物对人类和自然的影响

浮游动物可以分为以下四类。

(1) 原生动物($Protozoa$):动物界中最低等的一类真核单细胞动物,个体由单个细胞组成。

(2) 轮虫($Rotifer$):轮虫形体微小,长 0.04～2 mm,多数不超过 0.5 mm。

(3) 枝角类($Cladocera$):又称溞类、水蚤,俗称红虫,属无脊椎动物,甲壳纲,鳃足亚纲,是鱼类的重要食饵,故又俗称鱼虫。

(4) 桡足类:隶属于节肢动物门、甲壳纲、桡足亚纲。

轮虫广泛分布于各类淡水水体中,在海洋、内陆咸水中也有其踪迹,但种量稀少。部分具一定耐盐性的种类可在河口、内陆盐水以及浅海沿岸带的混盐水水体中生活,甚至大量繁殖,如褶皱臂尾轮虫($B.\ plicatilis$)、尖尾疣毛轮虫($S.\ stylata$)、颤动疣毛轮虫($S.\ tremula$)、尖削叶轮虫($N.\ acuminata$)、螺形龟甲轮虫($K.\ cochlearis$)、环顶巨腕轮虫($H.\ fennica$)、角突臂尾轮虫($B.\ angularis$)、壶状臂尾轮虫($B.\ urceus$)等,但真正适合在咸水中大规模培养者应首推褶皱臂尾轮虫。在一般的淡水水体中出现的轮虫有旋轮虫属($Philodina$)、轮虫属($Rotaria$)和间盘轮虫属($Dissotrocha$),轮虫要求水体有较高的溶解氧含量。轮虫是水体寡污带和污水处理效果较好的指示生物。

枝角类绝大多数生活于淡水、池塘、湖泊、江河中,是鱼类的重要食饵。它们适应性广,繁殖力强,生长迅速,且营养价值高,干重粗蛋白含量达 55% 左右,是鲢、鳙、鲤、鲫鱼等常规养殖鱼类鱼苗培育阶段和特种水产养殖幼体阶段的适口、易得的好饵料。

桡足类是各种经济鱼类(如鳙、鲱、鲐鱼)和各种幼鱼、须鲸类的重要饵料。例如,欧洲北海鲱的产量与桡足类(尤其是哲水蚤的数量)与分布密切相关。

有些鱼类专门捕食桡足类,所以桡足类的分布与鱼群的洄游路线密切相关。因此,桡足类可作为寻找渔场的标志。有些桡足类的产量很大,如挪威沿海水域直接捕捞飞马哲水蚤(*Calanus fimar chicus*)已有几十年的历史,可作为人类、家畜和家禽的食料,具有很高的营养价值。某些桡足类与海流密切相关,因而可作为海流、水团的指标生物,还有一些桡足类可以作为水体污染的指示生物。

第三节 底 栖 动 物

一、底栖动物及其分类

底栖动物是生活在水体底部的、肉眼可见的动物群落,指在生活史的全部或大部分时间生活于水体底部的水生动物群。底栖动物是一个庞杂的生态类群,其所包括的种类及其生活方式较浮游动物复杂得多,常见的底栖动物有水蚯蚓、摇蚊幼虫、螺、蚌、河蚬、虾、蟹和水蛭等。

底栖动物这一生态群所包含的种类庞杂,它们虽然都生活于湖底,但按其生活习性则有附生的种类和自由活动的种类之分。附生的种类有原生动物的一些种类、淡水海绵以及瓣鳃纲贻贝科的淡水壳菜等。自由活动的种类很多,有爬行的、游泳的或游泳兼爬行的。水蚯蚓中的苏氏尾鳃蚓能由刚毛支撑,收缩体节而蠕动爬行;颤蚓则是将身体的前半截埋入淤泥,后半截不停地摇动于水中,行呼吸作用;尖头杆吻虫常浮于底层水中,在采集浮游动物水样时偶尔会采集到它们。腹足类和瓣鳃类行动迟缓。腹足类以腹足爬行。瓣鳃类则常埋入底泥之中而很少活动,只有在湖水将近干涸时才以腹足爬行迁移其栖息地点。底栖的枝角类、桡足类以及介形类用触角、胸足或步足等在湖底匍匐行进。虾既能用胸足爬行,又能用腹肢游泳。青虾喜在沿岸带水草丛中巡游觅食,有时也在湖底爬行;白虾生活在无水草或少水草的敞水带,白天栖息于底层,夜晚上升到表层,具有垂直迁移的习性。河蟹昼伏夜出,有趋光的习性,以步足横向爬行。

底栖动物包括环节动物、软体动物、甲壳动物和水生昆虫等。在养殖水体中,由于缺乏水草和受到鱼类摄食强大压力的影响,软体动物和甲壳动物难以长时间存在,所以底栖动物由能够钻埋于底泥中或鱼类难以充分取食的寡毛类环节动物和昆虫幼虫等组成。养鱼池中底栖动物生物量一般远低于浮游动物生物量,通常只有后者的 $1/5 \sim 1/3$,有时不及 $1/20 \sim 1/10$,只在某些低产鱼池中两者相近或底栖动物生物量高于浮游动物生物量。

底栖动物的食性和摄食方式也颇为复杂。底栖的原生动物、轮虫、枝角类、桡足类以及介形类等以细菌、藻类、细小动物及有机碎屑物质等为食。腹足类食藻类、水生植物茎叶等。虾类是杂食性的,甚至食同种类的幼体。河蟹也是杂食性的。

底栖动物喜栖于湖泊沿岸带,因为这里可供它们食用的藻类、水生植物和其他有机物都比较丰富。同时,水生植物又可为它们提供良好的栖息和隐蔽场所。再者,沿岸带水中含氧量高,不会发生深水带湖底那样的缺氧现象。但是沿岸带的环境条件也有不利于底栖动物生活的方面,这主要易受季节变化影响,如水涨、水落使生活在这里的底栖动物时而在水底、时而暴于日光下。长期的演化过程使得一些底栖动物具有耐干旱、耐低温的适应性。

多数底栖动物长期生活在底泥中,具有区域性强、迁移能力弱等特点;对环境污染及变化通常少有回避能力,其群落的破坏和重建需要相对较长的时间;且多数种类个体较大,易于辨认。同时,不同种类底栖动物对环境条件的适应性及对污染等不利因素的耐受力和敏感程度不同。由于这些特点,底栖动物的种群结构、优势种类、数量等参量可以确切反映水体的质量状况。

底栖动物的分类如下。

1. 根据研究的需要分类

(1)原生底栖动物(primary zoobenthos)是能直接利用水中溶解氧的种类,包括常见的蠕虫、底栖甲壳类、双壳类软体动物等。

(2)次生底栖动物(secondary zoobenthos)是由陆地生活的祖先在系统发生过程中重新适应水中生活的动物,主要包括各类水生昆虫、软体动物中的肺螺类,如椎实螺(lymnea)等。

2. 根据研究的方便分类

(1)大型底栖动物。将不能通过 500 μm 孔径筛网的动物称为大型底栖动物。

(2)小型底栖动物。将能通过 500 μm 孔径筛网但不能通过 42 μm 孔径筛网的动物称为小型底栖动物。

(3)微型底栖动物。将能通过 42 μm 孔径筛网的动物称为微型底栖动物。

3. 按其生活方式分类

(1)固着型底栖动物:固着在水底或水中物体上生活,如海绵动物、腔肠动物、管栖多毛类动物、苔藓动物等。

(2)底埋型底栖动物:埋在水底泥中生活,如大部分多毛类、双壳类的蛤和蚌、穴居的蟹、棘皮动物的海蛇尾等。

(3)钻蚀型底栖动物:钻入木石、土岸或水生植物茎叶中生活的动物,如软体动物的海笋、船蛆和甲壳类的蛀木水虱。

(4)底栖型底栖动物:在水底土壤表面生活,稍能活动,如腹足类软体动物、海胆、海参及海星等棘皮动物。

(5)自由移动型底栖动物:在水底爬行或在水层游泳一段时间,如水生昆虫、虾、蟹。

二、底栖动物与环境

1. 底质

根据颗粒的大小以及有机质的多寡,底质大体可分为岩石、砾石、粗砂、细砂、黏土和淤泥。其中,粗砂和细砂的底质最不稳定,通常生物量最低。岩石、砾石多见于急流区,经常出现有一定适应性的附着或紧贴石表的种类。黏土和淤泥中富含沉积物碎屑,饵料丰富,故生物量大。同一物种在不同底质中的密度有很大的差别。

2. 流速

通常静水水体中的生物量和物种多样性大于流水水体的,但清水水体中的种类在江河中反而较常见。某些营固着生活的种类(如双翅目中的蚋类)在溪涧等水流较急的水体中较为常见。这是因为水流速度可以相当精确地控制底质颗粒大小,还能影响颗粒的积累和生物特征。

3. 水深

一般情况下,底栖动物数量明显地随水深的增加而不断递减,但某些类群则有可能不遵循这种规律,如深度对寡毛类动物分布的影响就不明显,在环境条件适宜时,深水处寡毛类动物的现存量甚至比浅水区的还要高。

4. 水草

动物的密度和生物量与水草的关系主要取决于各类动物的生活习性,大部分螺类、昆虫幼虫和仙女虫类集中于水草区生活,还有些种类与水草的关系并不密切,如蚌类、摇蚊幼虫和颤蚓类等,都有钻泥穴居的习性。

5. 营养元素

营养元素对底栖动物有着非常重要的影响,据调查,通过在东湖的研究可以得出底栖动物密度(D,ind/m^2)和生物量(B,g/m^2)对总氮(TN,mg/L)的关系式:

$$D=1863TN-1207, \quad B=13.441TN-9.091(r=0.9998)$$

三、底栖动物的价值

1. 渔业经济价值及渔产潜力的估算

在渔业上,一些底栖动物本身就有很高的经济价值。底栖动物与渔业的基本关系是底栖动物作为鱼类的天然饵料,具有较高的能量和物质转化效率。为了在持续利用这一资源的基础上制定渔业生产规划,通常都以底栖动物作为水体渔业生产潜力估算的项目之一。一般认为,若要保护资源而不至于过度开发,底栖动物可供利用的资源量 R 是其生产量 P(一般以年计)与现存量 B 的差额(即 $R=P-B$),R 乘以其在天然条件下对鱼的转化效率 C(常取 1/6),即得鱼产量 F,即

$$F=(P-B)C \quad 或 \quad F=B(P/B-1)C$$

我国底栖动物 P/B 系数的均值为 4.2,但在实际应用时 P/B 取 2~3。

2. 在环境生物监测上的运用

底栖动物寿命较长,迁移能力有限,且包括敏感种和耐污种,故能够长期监测慢性排放的有机污染物。同时,底栖动物对环境变化较敏感,因此通常用作水体污染的指示生物。例如,当河流受到苯酚和农药等有机物污染后,虽然采取适当措施可使水体理化条件短期内恢复正常,但持久性的污染物会沉入水体的底泥中,对水体生物产生持续毒害。在这种情况下,借助对底栖动物的研究可了解水体环境的真实情况。

一般认为,颤蚓科物种的密度在小于 100 ind/m^2 时,水体为无污染;在 100~999 ind/m^2 时,水体为轻微污染;在 1000~5000 ind/m^2 时,水体为中度污染;而在大于 5000 ind/m^2 时,水体为严重污染。生物指数(biotic index)方法是根据耐污能力给不同的种类打分,然后通过一定方式计算出污染指数,常见的如 Trent 生物指数(Trent biotic index)和 Chandler 生物记分(Chandler biotic score)法。

3. 底栖动物中既有可供利用的水产资源又有有害的种类

田螺、螺蛳和湖螺可供食用,田螺肉还供出口。蚌的用途较多,除肉供食用外,壳还可制作

纽扣、珠核和贝雕工艺品,壳里面的珍珠层可制作成粉供药用。背角无齿蚌、褶纹冠蚌和三角帆蚌还可以作为育淡水珍珠的母蚌。蚬肉也可供食用,杭嘉湖平原和苏南地区大量捞取河蚬和湖螺作为池塘养青鱼的饵料。虾、蟹是我国人民喜食的水产品,鲜蟹还出口外销。

底栖动物也是鱼类喜食的天然活饵料。其中软体动物的螺类、蚬类、小蚌类是青鱼终生的天然饵料,鲤鱼同样也摄食部分小型的螺类、蚬类。水生寡毛类的各种水蚯蚓、水生昆虫的摇蚊幼虫是鲤鱼、鲫鱼、青鱼、草鱼、鳊鱼和团头鲂等多种鱼类的鱼种或成鱼的良好天然饵料,其中各类水蚯蚓还是鲟科鱼类、鲶科鱼类鱼苗的良好活饵料。然而,它们中也有具有危害的种类,如龙虱成虫和幼虫均为肉食性,对鱼苗和小规格鱼种危害很大;其他水生昆虫如蜻蜓幼虫、松藻虫等,有时数量也很大,多属杂食性,消耗氧气,也危害苗种,是鱼类的病虫害。即使是螺类、蚬类、蚌类,如果利用不好,在池塘中大量存在,滤食细小的浮游生物,使水质清瘦,影响鲢鱼、鳙鱼生长,消耗池水中的溶解氧,有的还是鱼类寄生虫的中间宿主,成为鱼病传播的帮凶。

底栖动物中的水蛭是有害动物,人被其叮咬吸血的伤口易被细菌感染而致溃烂。小型螺类如螺科、黑螺科、椎实螺科和扁蜷螺科的动物,大多是人和家畜寄生蠕虫的中间宿主。

第四节　水生高等植物

相对于陆生植物而言,水生植物(aquatic plant)是指那些能够长期在水中正常生活的植物。它们常年生活在水中,练就了一套适应水生环境的本领。它们的叶子柔软而透明,有的为丝状,如金鱼藻。丝状叶子可以大大增加与水的接触面积,使叶子能最大限度地得到水里很少能得到的光照和吸收水里溶解得很少的二氧化碳,保证光合作用的进行。水生植物另一个突出的特点是具有很发达的通气组织,莲藕是最典型的例子。它的叶柄和藕中有很多孔眼,这就是通气道,孔眼与孔眼相连,彼此贯穿形成一个输送气体的通道网,这样即使长在不含氧气或氧气缺乏的污泥中,仍可以生存下来。通气组织还可以增加浮力,维持身体平衡,这对水生植物也非常有利。水是生命的摇篮。在水生环境中还有种类众多的藻类及各种水草,它们是牲畜的饲料、鱼类的食料或鱼类繁殖的场所。大力开发水生植物资源,对国民经济有重要的作用。

一、水生植物的类型及分布

我国湖泊中常见的水生高等植物约有70种,它们中绝大多数生长在淡水湖中,属淡水种类;个别种类生长在咸水环境中,属咸水种类。根据不同的形态特征和生态习性,水生高等植物可分为挺水植物、漂浮植物、浮叶植物和沉水植物四个生态类型。

(1) 挺水植物:其茎、叶伸出水面,根和地下茎埋在泥里,常见的有芦苇、荻草、蒲草、水葱,以及稗、苔和蓼属植物等。挺水植物在水浅的湖泊中往往占据大部分湖面,在水深的湖泊中通常只分布在沿岸带。一个湖泊的挺水植物的种类组成和分布与水的深度、底质状况以及人类活动等因素有密切关系。通常在湖水浅而底质富含腐殖质淤泥的环境中,挺水植物种类丰富;

在湖水稍深而底质较硬的环境中,挺水植物种类少,且长势差;在深水或沙、砾质的底质上,挺水植物种类就更少,甚至没有。这一类的植物,在空气中的部分,具有陆生植物的特性,生长在水中的部分,具有水生植物的特性,若湖水升高,挺水植物就会生长不良,若完全淹没在水中,挺水植物就不能生存。

(2)漂浮植物:其茎、叶或叶状体漂浮于水面,根系悬垂于水中漂浮不定,它的根一般退化或完全消失,植物体的细胞间隙非常发达。在浅水处有的根系仍可扎入泥土之中,常见的有满江红、浮萍、水鳖、水浮莲、凤眼莲和槐叶萍等。漂浮植物在湖内无固定的分布区。在浅水型小湖中,喜好集群生长的漂浮植物繁殖迅速,常可遍及全湖;而在面积较大的湖泊,漂浮植物往往受风浪吹袭,呈星散状分布于水面,或是壅积在水面比较平静的湖湾或是挺水植物、浮叶植物群落分布的水域内,而在开阔的敞水带则不多见。槐叶萍、浮萍、紫萍、满江红是湖泊中常见的漂浮植物,在富营养型的湖水中,生长良好,甚至可遍及全湖或全塘。

(3)浮叶植物:其根生长在湖底泥土之中,叶柄细长,叶片自然漂浮在水面上,常见的有芡实、荇菜、睡莲、金银莲花和菱等。浮叶植物常出现在湖泊的亚沿岸带以及分布于沿岸带向亚沿岸带的过渡地带。在水深 5 m 以上的湖区,浮叶植物显著减少或是没有它们的踪迹。它们常有异叶现象,即漂浮叶和沉水叶两种叶片:漂浮叶多呈圆形、椭圆形、心脏形或长卵形;沉水叶常为纤细或呈细长的小裂片。例如,菱属植物除了具菱状三角形的漂浮叶外,还有羽状细裂的沉水叶。在这类植物中,种类不是很多,常见的有芡实、荇菜、睡莲、金银莲花、野菱、茶菱等。纵览我国各地湖泊大型水生植物景观,浮叶植物群落中的优势种往往也是多种多样的,并形成由不同优势种所建造的单优群落或共优群落。

(4)沉水植物:其根扎于泥中,全株沉没于水面之下,常见的有轮叶黑藻、金鱼藻、狐尾藻、马来眼子菜、苦草、水车前轮藻和伊乐藻等。沉水植物遍布各地湖泊和池沼的静水或流势缓慢的河流中,主要生长在湖泊的亚沿岸带,但在沿岸带挺水植物群落生长繁茂的区域内也有所分布。由于沉水植物长期适应水深较大的环境,所以叶子往往呈羽状深裂或线状或带状,但也有呈卵圆形和披针形的。沉水植物群落中的优势种在有的湖泊中较少,在有的湖泊中则较多,较为常见的有轮叶黑藻、金鱼藻、狐尾藻、马来眼子菜、菹草、篦齿眼子菜、穿叶眼子菜、苦草、水车前、云南海菜花和轮藻等。群落中优势种的多少和分布幅度与湖水的深浅、透明度以及底质状况等有着密切的关系。一般来说,在水深 1~5 m,湖水透明度大、底质松软的水域,优势种多,可由数种沉水植物组成,形成共生群落;也有以马来眼子菜或是轮叶黑藻或是苦草占绝对优势的单优群落。与此相反,在环境条件较差的情况下,优势种则少,或是只有个别生活力较强的种类能够生长,形成单生群落。这种明显的对比状况在很多湖内都可见到。沉水植物在湖内的分布和数量有随水深的增加而递减的趋势,也就是说,随着湖水深度的增加,水生植物分布的范围愈来愈小,数量也愈少。在长江中下游湖泊中,常见的种类为菹草、轮叶黑藻、聚草和苦草。

如果湖盆形态比较规则,水动力特性和底质条件也较为近似,那么这四种生态类型多呈环带状分布,即由沿岸向湖心方向依次出现挺水植物、漂浮植物、浮叶植物和沉水植物所组成的生态系列。但是,不同的湖泊,由于演变过程的不同以及环境条件的差异,其所出现的植物生态类型是不同的。即使同一湖泊中的不同湖区,因湖水理化性质、湖底地形起伏和底质条件的差异,其所出现的植物生态类型也是有所变化的;再者,在各生态类型中,种类组成的不同,又往往形成各种各样的群落结构,致使湖泊水生植物的分布多样化。

各类水生植物都有一定的适应性,适应一定的生存繁衍的环境条件,这是它们长期适应自然的结果。在适宜的条件下,水生植物生长良好,分布区也大;反之,长势差,分布范围有限。一旦生态系统遭到破坏,条件转劣,水生植物就难以生存。

二、水生植物的生态意义

水生植物在水生态系统中的作用主要有以下几方面。

(1)沉水植物光合作用有利于水中溶氧。据测定,水温 20 ℃,其他条件适宜时,菹草光合产氧速率可达 2.5 mg/(h·g)。当水温为 0.7 ℃时,菹草的光合产氧仍为正值,可见其产氧能力是相当可观的。尤其可贵的是部分水草(菹草、水毛茛等)在冰下水体中的增氧作用。实践表明,凡菹草繁茂的水体,冬季冰下是不容易缺氧的。例如,吉林月亮泡水库,菹草覆盖率达70%以上,冬季溶氧一般均在 10 mg/L 以上,最高达 25 mg/L。

(2)为水产经济动物提供生活和繁衍的场所。这是水草为提高水域生产力的又一大贡献。鲤鱼、鲫鱼、团头鲂等只有在水草丛生处才能更好地繁殖,河蟹的饲喂更是离不开水草。除此之外,防风固堤应是水草的重要生态效益。春季是我国北方的多风季节,也正值菹草繁茂的盛季。此时,对于一些别无遮拦的平原水体,水草无疑成了防风固堤的最好屏障。

(3)水草型水体的饵料资源十分丰富。菹草型水体 1 kg 水草附着生物量可达 1~3 g 菹草,螺类、摇蚊幼虫量>10 g 菹草。其他底栖生物量为 5~15 g/m²。菹草量极值可达 5700 g/m²。值得注意的是,菹草型水体含有比无草型同类(浅水)水体中更为丰富(2 倍)的浮游植物量,初步分析原因为菹草型水体具有更小的混浊度,为其繁殖提供了光源。

当然,水草对航行、捕捞等方面必然带来某些不便,但比起它们众多的正面效应,这只不过是一个调控和因势利导的问题。

水生植物是一种重要的资源,与沿湖地区的农、林、牧、副、渔各业都有密切的关系,具有多方面的用途。高等水生植物可食用、入药、作为工农业原料,也可作为肥料、饲料和饵料使用。其他如睡莲、芡实、萍、金鱼藻等作为观赏植物,还被广泛予以栽培,以美化环境,净化水质,使在湖滨憩息的人们赏心悦目。

第五节　鱼　　类

鱼类是最古老的脊椎动物。它们几乎栖居于地球上从淡水的湖泊、河流到咸水的大海和大洋的所有水生环境。世界上现存的鱼类约 24000 种,海洋里生活的占 $\frac{2}{3}$,其余的生活在淡水中。

鱼类从出生到死亡都要生活在海水或淡水中,大都具有适于游泳的体形和鳍,用鳃呼吸,以上下颌捕食。鱼类具有能跳动的一心房和一心室心脏,血液循环为单循环。因为水有深浅之分,鱼身体各处所承受的压力有差异。海平面为 1 个大气压,而深海区可达 1000 个大气压。

淡水和海水中盐的含量为 $0.001\% \sim 7\%$。此外,随地理环境的不同,水温差和含氧量的差别也很大。脊椎和头部的出现,使鱼纲发展进化成最能适应水中生活的一类脊椎动物。正是由于这些水域、水层、水质及水里的生物因子和非生物因子等水环境的多样性,鱼类的体态结构为适应外界不同变化而产生了不同的变化。

一、鱼类结构和功能的适应

由于水环境和生活方式的不同,鱼类大致可分为四种体形,即纺锤形、侧扁形、平扁形、鳗形。绝大多数鱼类为流线型或纺锤形,以减少水中运动的阻力,可快速而持久地游泳,这就类似于现在汽车工业的小汽车流线型外形是为了减小空气阻力以提高速度、节约燃料。

鱼的皮肤包括表皮和真皮两部分。表皮由几层活细胞组成,其间分布黏液细胞,以减少摩擦和保护机体。珠星是局部表皮细胞角质化的产物,与繁殖活动有关。少数鱼类的毒腺和发光器是表皮的衍生物。

鱼鳞分为盾鳞、硬鳞和骨鳞。软骨鱼的鳞片称为盾鳞。硬鳞与骨鳞通常由真皮产生而来。骨鳞覆瓦式排列便于行动和保护鱼体。不少快速游泳与营潜居生活的鱼,鳞片常退化或消失。

鱼类的体色常是背部深腹部浅,这是与环境相适应的保护色。但生活在珊瑚礁中的鱼类往往有艳丽的色彩和斑纹,一般分为保护色和警戒色两种。

鱼类的感觉器官构造具有适应水栖生活的特点。皮肤具有触觉、温觉、感知水流和测定方位的功能,侧线主要作用是测定方向和感知水流。鱼类内耳起听觉和平衡鱼体的作用。鱼眼与人眼构造差别不大,无上、下眼睑和泪腺,是视觉器官。嗅囊通常由许多嗅黏膜褶组成并产生嗅觉,对鱼类觅食、生殖、夜间集群、警戒反应和洞游等有重要作用。味蕾产生味觉,但一般不太灵敏。

鱼类有鳃,用于过滤水中的氧气和有机物,使得它们可以在水中呼吸,这是它们适于水生生活的基本条件。大多数鱼类不能离开水呼吸,只有某些鳝类(如黄鳝)用皮肤可以直接在潮湿的环境中呼吸空气,故出水后不易死亡。

鱼类具有上、下颌,并通过上、下颌的开闭带动鱼鳃的运动。

鱼类多数具有胸鳍和腹鳍。内骨骼发达,成体脊索退化,具有脊椎,很少具有骨质外骨骼。内耳具有 3 个半规管,鳃由外胚层组织形成。鳍为鱼类在水中的活动提供平衡与动力,但在陆地上却发挥不了作用。鱼类的尾部发展为扁平状,并在其末端或整个尾部长有尾鳍,它加强了鱼类尾部对水的推动力,从而令鱼尾成为鱼类在水中活动的主动力。有些鱼有脂鳍,有些鱼却没有,脂鳍的位置在背鳍以后、尾鳍以前,一般较小,仅含脂肪。

二、鱼类的分布

影响鱼类地理分布的因素很多,包括盐度、温度、水深、海流、含氧量、营养盐、光照、底形底质、食物资源量与食物链结构以及历史上的海陆变迁等。

鱼类的生活形形色色,大部分鱼类要么在淡水中生活,要么在海水中生活,只有不到 10% 的洄游鱼类在淡水和海洋两种生境中来回迁徙。在海洋中生长但需要去淡水中繁殖称为溯河洄游(如中华鲟),在淡水中生长但需要去海洋中繁殖称为降河洄游(如花鳗鲡)。肥育和繁殖的迁徙发生在河、湖之间,就称为半洄游性鱼类,一般是在湖泊中肥育,在河流中产卵(如四大家鱼)。还有一些鱼类的生活限于河流的干支流,只进行相对较短距离的迁徙。

通常分原生和次生两大类,前者如鲤形目等鱼类,后者如丽鱼科以及其他由海洋进入淡水生活的鱼类,比较能耐半咸水环境。中国的淡水鱼有 1000 多种,可分为 5 个分区系 :① 北方山麓分区,分布冷水性鱼类,如茴鱼、狗鱼、江鳕与杜父鱼等;② 华西高原分区,以冷水性、地向性鱼类为主,如鲤科的条鳅、河鲈等;③ 宁蒙分区,以冷温性、古老性鱼类为主,如刺鱼与雅罗鱼;④ 江河平原分区,以暖水性、静水性鱼类为主,如胭脂鱼科与鲤科的大部分种类;⑤ 华南分区,以南方暖水性、急流性鱼类为主,如鲤科的鲃亚科与平鳍鳅科等。中国的内陆水域不仅有丰富的鲤科鱼类,还有团头鲂、著名的"四大家鱼"(青鱼、草鱼、鲢鱼、鳙鱼)、鲮等优良养殖鱼种。多数地区气候温和、水面众多、雨量充足,是发展淡水养鱼的优越条件。

三、鱼类在生态系统中的作用

鱼类是生态系统的主要组成部分,在生态系统中扮演着重要的角色。

(1) 鱼类可以通过摄食控制其食物生物种群的数量,并沿食物链下传,影响食物链中的各个环节,产生所谓的下行效应。

(2) 鱼类的摄食活动可以影响湖泊沉积物的再悬浮,增加水体的浑浊度,降低水体光照,影响水生植物生长,摄食活动还会直接破坏水生植物着根等。

(3) 鱼类通过排泄、释放,加速水体营养盐的循环,增加内源负荷通量。

四、我国的湖泊鱼类

我国湖泊鱼类资源丰富、种类繁多,单以鲤科鱼类为主,常见的有 10 个亚科,其中青鱼、草鱼、鲢鱼、鳙鱼是我国的特产,号称"四大家鱼"(见图 4.3)。

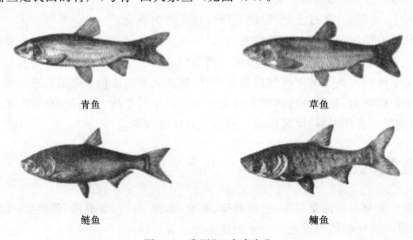

青鱼　　　　　　　　　　　草鱼

鲢鱼　　　　　　　　　　　鳙鱼

图 4.3　我国"四大家鱼"

　　鱼类是湖泊生态系统的重要组成部分,也是重要的资源。渔业一直是我国许多湖泊的重要功能,包括很多城市湖泊,如杭州西湖、南京玄武湖、北京昆明湖和武汉东湖等都把提高鱼产量放在显著地位。鱼类是影响湖泊生态系统的重要因素,影响包括湖泊的生物(尤其是饵料生物)群落结构、营养物质的状态和水平等。放养不同生活习性鱼类、选择性捕捞对湖泊生态系统的结构、功能、演化有显著影响。同样,湖泊生态系统的变化也影响着水体的水质和自净能力,进而影响湖泊功能的发挥。长期以来,湖泊渔业是我国湖泊的重要利用方式,但发展湖泊养殖必须与湖泊环境管理相结合。

　　我国湖泊的放养鱼类按照分层活动区域一般可分为三类:第一类是滤食性、营中上层活动的鱼类,如鲢鱼、鳙鱼等;第二类是草食性、营中下层活动的鱼类,如草鱼等;第三类是杂食性或温和肉食性、营底层活动的鱼类,如鲤鱼等。运用以调整鱼群结构和鱼群削减为主的生物控制技术(即通过放养滤食性、肉食性鱼类,以及减少以浮游动物为食的鱼类和杂食性鱼类的放养),对湖泊鱼类群落进行调控,确定各养殖鱼类的密度和比例,可以优化湖泊生态系统结构,增强水体自净能力,改善水质,实现渔业资源利用与生态系统恢复、保护的可持续发展。

第六节　细　　菌

　　水体中的细菌大部分是半径分 $0.1 \sim 0.6\ \mu m$ 的球菌(球形或接近球形),同时还有部分弧形菌、杆状菌、丝状菌。当营养物质受到限制时,个体小的生物具有更有利的比表面积(表面积与体积的比),但对细菌而言,其大小和水体的营养状态间没有必然联系。

　　影响浮游细菌分布的因素主要是滤食性浮游动物和贝类对大型细菌的选择性捕食,而不是基质的可获得性。例如,围隔实验表明,当大型水蚤占优势时,水体中的细菌群落以小型的球形和杆状种类为主,这也是该湖泊自身的典型细菌群落,大型水蚤对大型细菌和原生动物的捕食使得小型细菌的丰度(小于 $1\ \mu m$ 的细菌约占80%的生物量)不受原生动物的限制。相反,当原生动物占优势时,其牧食作用使小型细菌的数量快速减少,从而使不能被牧食的大型丝状细菌的数量增加(大于 $3\ \mu m$ 的细菌约占90%的生物量)。因此,当牧食者数量丰富时能够调节细菌的群落结构,使生长速率和种类组成向有利于快速繁殖或抗牧食的细菌发展。

一、代谢类型

　　细菌代谢有三种分类方式。

　　(1)基于其碳的来源,自养型细菌通过还原二氧化碳获得生物合成所需的碳源,而异养型细菌的碳源来自还原的有机物。

　　(2)基于所用的能源,将细菌分为化能自养细菌和光合细菌,前者利用化学反应产生的能量将二氧化碳还原成有机物,后者利用光能将二氧化碳还原成有机物(见表4.1)。

　　(3)以用于生长的电子来源为标准将生物分为有机营养型和无机营养型两种。前者从有机物获得电子,后者从无机物(如硫化物、氢或水)中获得电子。因此,藻类细菌和大型植物为

表 4.1　根据代谢特征细菌主要类群的分类

主要代谢类型		电子供体	电子受体	碳源	末端产物	生物
光合自养	蓝藻	光、H_2O	H_2O	CO_2	O_2	绿色植物（好氧）
	光合细菌	光、H_2S、S	H_2O	CO_2	S、SO_4^{2-}、H_2O	绿色和紫色硫细菌（厌氧）
化能自养		H_2S、S、$S_2O_2^{3-}$、NH_3、NO^{2-}、Fe^{2+}、H_2、Mn^{2+}	O_2、NO_3^-、CO_2	CO_2	S、SO_4^{2-}、NO_3^-、Fe^{3+}、H_2O、N_2、CH_4、Mn^{2+}	固氮细菌、无色硫细菌、甲烷杆菌（好氧和厌氧）
光能异养		光、有机物（糖、乙醇、酸）	H_2O	有机物	H_2O	无硫紫色细菌（厌氧）
异养	大部分微生物和所有动物	有机物	O_2	有机物	N_2、NH_3、NO_2^-	异养细菌和动物（好氧）
	脱氮菌	有机物	NO_3^-	有机物	$H_2S(S_2O_3^{2-})$、N_2、H_2、CO_2、有机酸	脱氧细菌（厌氧）
	硫酸盐还原	有机物	SO_3^{2-}、$S_2O_3^{2-}$、NO_3^-、有机物	有机物	—	硫酸盐还原菌（厌氧）
	发酵	有机物	—	有机物	—	发酵细菌（厌氧）

资料来源:改自 Gorlenko 等,1983。

光能无机营养型,异养细菌为化能有机异养型,而光合细菌为光能无机自养型,某些光合细菌为光能有机异养型,还有些光合细菌甚至为光能有机自养型。

分子生物学研究(利用 DNA 编码对 16SrRNA 排序)清楚地表明,微生物类群的多样性足以进行分类(种系分类);捕食者的牧食选择不仅以细菌的个体大小为基础,也以系统发生为基础。其他分子生物学研究表明,形态相似的细菌存在季节和生态可变性。

二、丰度、生物量和分布

在所有超寡营养湖泊或超富营养湖泊中,浮游细菌的丰度一般在 $10^5 \sim 10^6$ cells/mL 的范围内波动。细菌丰度高达 10^8 cells/mL 的情况只在浅的超富营养的非洲咸水湖泊中曾经被观察到。丰度接近 10^8 cells/mL 的细菌在温带和南极的淡水水体中也有记录。虽然如此,正常情况下温带地区湖泊中的细菌丰度范围非常窄,在单一湖泊中,细菌数量的年度变化范围仅为

5～10倍。然而,在非洲的一个热带对流湖泊和美国中部一个季节性变化不明显的湖泊中,细菌的年度变化范围甚至仅有2倍。北温带流水系统与湖泊中的细菌丰度处于同一数量级。

温带地区湖泊中细菌丰度的年变化比浮游植物的丰度或生物量变化要小得多,异养细菌以低分子有机碳和相关的无机营养作为重要的能量和营养来源。单个湖泊内细菌丰度年变化不大的原因还有待进一步研究。其中,以下四个方面的因素被认为是最重要的:① 无机营养和有机碳的可获得性;② 捕食对细菌的消耗,包括捕食性细菌和病毒感染;③ 个体大小和沉降速度的变化;④ 具有代谢活性的细菌比例的变化。

透明度高的湖泊中细菌通常很小,且大部分营浮游生活。在透明度较高的寡营养湖泊和中营养湖泊中,颗粒物含量低,吸附在颗粒物上的细菌一般只占总数的一小部分。然而,在颗粒物丰富的水体中,附着细菌可能比浮游细菌更占优势。附着细菌的体积一般要大些($0.05\sim0.35~\mu m^3$),因而对群落生物量的贡献更大。附着细菌的丰度在藻类水华末期达到最高,这是因为此时有许多衰老的藻类细胞和碎屑,因此附着细菌的生产力也较高。虽然大型细菌对总数量的贡献不超过1/4,但它们对细菌总生物量的贡献可能是加倍的,在腐殖质湖泊和缺氧的湖下层,作为捕食者的浮游动物数量很少,因此这些细菌的相对丰度就特别高。大型细菌(长度大于$1.0~\mu m$)对总浮游细菌的贡献特别大,这可能是由于小型细菌的生长速率较低,而且有较高比例的小型细菌处于休眠状态。细菌中也包含一定数量的细胞体积为$5.0\sim8.4~\mu m^3$的大型螺纹状菌(长度大于$3.0~\mu m$),它们体内的碳含量比一样大的细菌要高50～100倍。

在单一温带湖泊中,浮游细菌表现出相当有规律的季节变化,其最高数量一般出现在夏季。在已研究的为数不多的流水系统中,丰度似乎与流量或营养水平联系得更紧密。然而湖泊藻类水华的生物量(叶绿素a)和细菌丰度或生物量之间并没有必然的一致性。对一些浮游生物的研究表明,细菌的高峰出现在藻类高峰之后,这也正是所期待细菌受资源所限情况下的模式。其他研究表明,藻类和细菌的高峰期是一致的,也有研究表明两者之间没有关联,这种模式只有在牧食或其他损耗决定细菌丰度时才出现。

三、异养细菌的丰度和环境因子

在水生生态系统中,与细菌丰度联系最紧密的是无机营养水平和藻类生物量。这种明显的关联可以从两方面看出来:一方面,细菌丰度与叶绿素a和总磷的浓度相关;另一方面,细菌丰度与消光率的大小相关(见表4.2)。

表4.2　加拿大和美国的23个湖泊上层水体中的细菌丰度[lg(B)]、藻类生物量(chla)
总磷(TP)与湖沼学变量的相关关系(每个湖泊在夏季测定1次,NS表示不显著)

因　子	lg(B)	
	r^2	n
lg(chla)	0.71***	23
lg(TP)	0.76	23
采样深度	NS	23
温度	0.55**	23

因　子	lg(B)	
	r^2	n
电导率	NS	23
消光系数	0.68***	23
碱度	NS	23
pH	NS	23
PO_4^{3-} 摄入常数	NS	23
平均深度	−0.62**	18
lg(表面积)	−0.47*	22
lg(流域面积)	NS	23
溶解性有机碳(DOC)	0.55**	22

* $P<0.05$;** $P<0.01$;*** $P<0.001$。

1. 总磷和叶绿素 a

细菌与浮游植物相互影响的传统观点是:浮游生物中的异养细菌主要依靠浮游植物产生的有机物质生活,浮游植物本身的生长受磷、氮或光等因素的限制。在低腐殖质水体中,细菌丰度与浮游植物生物量之间的关系符合上述解释,但现在这个观点正被不断修正。一些细菌的碳磷比(C∶P)要比浮游植物的低 10 倍,当有机物的供给不是其主要限制因子时,这些细菌就可成功地同藻类竞争有限的无机营养。在寡营养型的清水湖泊和高 C∶P 或高 C∶N 的腐殖质湖泊中,上述观点看似最为合理。在早期室内实验的基础上,Currie(1990)观察到细菌丰度与藻类生物量(叶绿素 a)间的相关性比细菌丰度与总磷间的相关性要低,这表明两组生物存在对磷的竞争。此外,对任何叶绿素 a 含量,用总磷(TP)来解释细菌丰度的典型附加方差都是令人满意的。

虽然上述研究仍是探讨性的,需要更多的证据,但它指出了一个事实:浮游植物和细菌确实都受磷的影响。Currie(1990)和其他人对这些数据和其他相似数据做出了解释,认为当可溶性有机碳充足(高 C∶P)、磷比碳更受限制时,异养细菌能够在对磷的竞争中超过藻类。当细菌呼吸消耗过量的碳,或者内源或外源性磷负荷增加,并由此导致 C∶P 下降时,细菌的生长将同时受到碳和磷的限制。当 C∶P 进一步下降至低于细菌需求比例时,微生物的生长将受到碳限制。

2. 有机物

溶解性有机碳(DOC)的含量随着湖泊类型的变化而变化(见表 4.3)。内陆水体中微生物的首要有机碳源取决于其流域有机物与无机营养的输入量。排水性能良好的农用灌溉水体释放的可溶性有机碳极少,却能释放极大量的无机营养盐。这种水体中的有机碳主要来自内源生产力。相反,植被覆盖度高或排水差的集水区释放出大量的高 C∶P 和高 C∶N 的 DOC,这种水体的有机碳主要是外源性的(如美国的伍兹湖)。小的流动水体与陆地的联系比与湖泊的联系更紧密,外源性碳更易于占优势,尤其在森林或湿地区域。

表 4.3　不同类型湖泊中溶解性有机碳的含量　　　　　　　　单位:mg/L

湖泊类型	DOC 含量	
	平均	范围
寡营养	2[①]	1～3
中营养	3[①]	2～4
富营养	10[②]	3～34
贫营养	30[③]	20～50

注:①DOC 主要是外源性的低腐殖质湖泊;②DOC 主要是内源性的中腐殖质湖泊;③DOC 完全是外源性的高腐殖质湖泊。

资料来源:改自 Thurman,1985。

3. 溶解性有机碳及其可获得性

溶解性有机碳是多种化合物的混合物。其中 50% 以上是相对分子质量较大的腐殖酸和富里酸,两者统称为腐殖质;剩余部分则由中性酸和一些相对分子质量较小的化合物组成,以及能被微生物很好利用的单糖、多糖和氨基酸。由溪流和地下水输出的陆源 DOC 可再分为两类:一类是年代已久(远大于 40 年)的、储存在土壤-水里的 DOC,这部分有机物被地下水带入溪流,在流域范围内循环;另一类是较新的、更易被微生物利用的 DOC,这类 DOC 来自落叶或土壤表层,在高流量时被地表和地下径流带入湖泊。年代久的土壤-水里含有相当数量的类木质素物质和维管束植物独有的酚类聚合物,这些物质的共性是难以进一步降解。新的 DOC 库含有更多的小分子糖类、氨基酸、多肽和其他一些简单的化合物,都是来自植物碎片。所有内陆水体的外源库补给都来自藻类和大型植物新产生的或简单或复杂的化合物。

4. 微生物新陈代谢中外源碳和内源碳的比较

低腐殖质湖泊同样会接收到数量可观的有机碳,其中大部分是来自流域的 DOC,其余部分来自沿岸带。外来可分解有机物足以降低大部分河流内的光合与呼吸之比(P∶R),也足以使许多低腐殖质、寡营养湖泊湖上层的 P∶R 远远低于 1。高腐殖质湖泊的特点是消光性高、溶解营养物质水平低以及由此导致的自养初级生产量低,该类湖泊中浮游细菌生长完全由外源碳支持,浮游细菌的供给速度与丰水期的河流流量相关。在以水生植物和湿地植物占优势的清洁型浅水湖泊中,某些必需的有机物来自沿岸带。即便如此,一大部分来自植被良好的流域的 DOC 对水体微生物的进一步分解有抗性,因为在陆地或湿地中它们已经在微生物降解作用下暴露了相当长的时间。尽管只有很小一部分外源性 DOC 能够被水生微生物利用,但在浮游植物和底栖植物新近合成和更容易被利用的内源性 DOC 库里,这些外源 DOC 仍然占据很大比例。

5. 温度和湖泊形态

温暖湖泊上层的细菌生物量比水温低的湖泊上层高,温度对细菌的生长有积极作用。实验室研究反复证明,高温可提高代谢速度,因而会增加有机物的循环速度,但湖泊间的研究表明,湖水温度与水深协同变化。因此在某种程度上很难弄清较高的代谢水平是对温度的生理反应,还是与水深相关的环境因子作用的结果。温暖的浅水湖泊常常比深水湖泊营养更丰富,而且使得更多沉降的和沿岸带的细菌重新悬浮进入水体中,这是浅水湖泊有更高细菌丰度的另一个解释。另外,高纬度地区的水温同许多受季节影响的因子存在协同变化,如浮游动物、初级生产量和水文条件。

四、微食物网

　　长期以来,人们一直对异养细菌在有机物分解中的重要性有所认识,也早已知道其释放出来的无机营养用于水体或沉积物表面的初级生产,而初级生产对食物网的其他营养级形成支撑。由于细菌仅能直接利用溶解性物质,因而微生物被认为不是颗粒有机物(POM)的重要消费者。人们认为可溶性有机物(DOM)在寡营养湖泊中浓度较低,由此假设浮游细菌在寡营养湖泊中不会快速生长。

　　细菌可能是浮游动物和底栖无脊椎动物的重要能量来源,并经由后者将能量传向更高的营养级,上述观点是近十年来人们逐渐认识到细菌的庞大丰度时才被广泛认可的。就食物网结构和能量流动而言,异养细菌和浮游植物处于同样的营养级,两者都作为初级消费者的营养物质。从食物网的角度看,异养细菌的产量可当作是初级生产量,因其可将溶解性物质转化成颗粒态物质或者通过化能光合自养作用合成有机物。对水生细菌在食物网中作用的广泛共识是在最近 20 年来依靠研究技术的发展获得的(见图 4.4)。

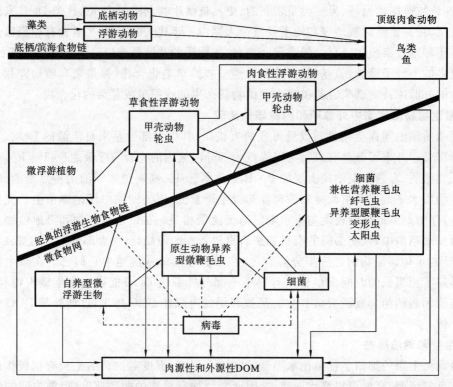

图 4.4　微食物网结构(粗斜线下方)与传统的浮游生物牧食食物链(粗斜线上方)的当代观念示意图
　　底栖/沿岸带食物链对传统的牧食食物链进行补贴,这种能量和营养补贴是通过湍流进入微食物网的(实线箭头表示食物流动方向,虚线箭头表示病毒感染)。被细菌用作底物的 DOM 库通过来自不同组分和流域的不同释放过程(排泄、渗出、细胞裂解、粗放喂食)得到补充。

　　资料来源:改自 Weisse 和 StoCkner,1993。

细菌作为有机物的转化者是有缺点的,因其总生产量的大部分会在呼吸中损失,有机物的质量和所需无机营养的可利用性决定了有多少有机物将会损失掉而不是转化成细菌原生质的细菌量。在高度富营养水体中,细菌将底物转化成细菌生物量的转化效率(BCE 或 BGE)稳定在 50% 左右,但当细菌利用新形成的植物产物时,转化效率可高达 60%~75%。在这种情况下,至少一半细菌的总产量可能为细菌牧食者利用,并通过后者传到更高的营养级。相反,在高度寡营养型内陆水体中,陆地来源的底物质量差,转化效率可低至几个百分点。

获得准确的转化(生长)效率可以正确地评估细菌在食物网中的重要地位,但即使在实验条件下,准确地测定细菌的转化率依然很复杂。因此大部分野外研究必须先假设一个转化因子,该因子对某一个特定研究的适合程度是未知的。

当生长效率用碳表示时,自然界中细菌碳含量的信息也是必须知道的,但这个信息通常没有,那么就不得不采用文献值。不幸的是,细菌碳含量在 2~5 倍内变化,且所采用的参数对计算出的生长效率有重要影响。最后,用来确定细菌转化效率的数据是建立在实验条件下细菌的高生产量之上的。这种实验条件是否与野外的相同,目前还不清楚。

最近的研究指出,浮游细菌的首要牧食者是原生动物,其中又以异养纳米鞭毛虫(heterolrophic nano flagellates,HNF)为主。HNF 最长通常不超过 12 μm,其转化效率平均为 30%(范围在 10%~53%)。有时会出现高丰度的、稍大点的小纤毛虫,但它们似乎主要牧食较大的细菌和 HNF。这些原生动物依次被小型浮游动物(小于 200 μm,如轮虫和小型甲壳动物)或者大型浮游动物(大于 200 μm)所捕食。有些大型枝角类可以直接牧食大型细菌。

大型枝角类对细菌的过滤效率很低,但与异养鞭毛虫的过滤体积相比,大型水蚤的过滤体积显得异常大。数量极少的食细菌枝角类只有在它们的密度高时才能起主要作用。大型枝角类数量丰富时,能在一天内把浅水湖泊中所有的水过滤一遍,但此时的细菌与 HNF 的比率达到最高,这一观察结果表明,枝角类的首要作用是去除 HNF 牧食者而非细菌。

尽管异养鞭毛虫个体的滤水速率仅仅为每小时 10~100 个细菌,但它们通常数量庞大,足以使寡营养湖泊的湖上层每天都很澄清。在康士坦茨湖,异养鞭毛虫平均可去除约 50% 的年度细菌产量。个体普遍较大但丰度较少的纤毛虫可使更多的水变清。

五、光合细菌

浮游生物中的异养细菌在正常情况下需要溶解氧,不需要光,但绿色和紫色光合细菌则同时需要光和厌氧条件(见表 4.4),因此光合细菌仅仅大量出现在水体或沉积物的有光氧跃层底部。光合细菌颜色明亮、尺寸较大,生理、生化特性特殊,再加上易于鉴定和培养,因此长期以来为生理学家所关注。但该类细菌生长条件特殊,常常生长在不完全混合湖泊的深层,因而直到最近也才仅有几位微生物生态学家关注它们。

虽然绿色和紫色细菌与蓝藻一样属原核生物细胞,能够将光能转化成可利用的化学形态,但两者在其他方面有本质差别。实际上所有蓝藻和真核藻类都能产生作为光合作用副产物的分子态氧,而光合细菌不能。大部分光合细菌需要厌氧环境,因为细菌叶绿素的合成在有氧环境中会受到抑制。与真核藻类和蓝藻的有氧光合作用相比,绿色和紫色光合细菌的厌氧光合作用主要依赖于还原性硫的含量。当还原性硫在有光照条件下被氧化时,在同步氧化还原反应

表 4.4 某些厌氧光合细菌属

组　　别	形 态 特 征
紫色细菌	
硫细菌(*Chromatiaceae* 和 *Ectothiorfuxiospiraceae*)	
Amoebobacter(2)	有胶被包裹的球菌,有伪空泡
Chromatium(11)	大杆菌或小杆菌
Lamprocystis(1)	大球体或卵形体,有伪空泡
Thiocapsa(2)	小球菌
Thiopedia(1)	片状排列的小球菌,有伪空泡
Ectothiorhodospira(4)	小螺旋状菌,胞内不储存硫,一般生活在盐度极高的湖泊中
非硫细菌(*Rhodospirillaceae*)	
Rhodopseudomonas(8)	棒状,出芽分裂
Rhodospirillum(6)	大或小螺旋状菌
绿色细菌	
硫细菌(*Chlorabiaceae*)	
Chlorobium(5)	小杆菌或弧菌
Pelodictyon(3)	杆菌或弧菌,有些形成一个三维网,有伪空泡
滑行细菌(*Chloroflexaceae*)	
Chioroflexus(2)	多细胞的尸体,丝状体长度可达100
Osciuochloris(1)	丝状体,有伪空泡

注:括号里的数字表示每个属中可识别的种类数。资料来源:Madigan,1988。

中,CO_2 被还原,形成细菌生物,硫化氢(H_2S)、硫(S)和硫代硫酸盐($S_2O_3^{2-}$)是最普通的电子供体(见图 4.5)。如果硫化物浓度高,硫化物被氧化形成硫:

$$2H_2S + CO_2 \rightarrow CH_2O + H_2O + 2S \tag{4.1}$$

但当硫化物浓度低时,在 CO_2 被还原(固族)形成有机体生物量的过程中,硫化物将被直接氧化形成硫酸:

$$H_2S + 2CO_2 + 2H_2O \rightarrow 2CH_2O + H_2SO_4 \tag{4.2}$$

在有氧水体中,光合细菌细胞或群体比异养细菌要大得多。大部分光合细菌能直接在光镜下看到,因此对其分类方面的了解要比浮游异养细菌多得多。18 世纪晚期和 19 世纪前几十年,硫细菌成为荷兰、法国和苏联一些杰出细菌生理学派的主要研究课题,但仅苏联及其东欧的追随者在内陆水体的微生物生态学研究上取得了卓越成就。目前对硫细菌的分类及生理生态等方面的了解比多样异养细菌的多得多,并在近年来引起了微生物生态学家的极大关注。

1. 细菌类型

光合细菌分为两大类:紫色硫细菌和绿色硫细菌。紫色硫细菌的 *Chromatiaceae* 科和绿色硫细菌的 *Chlorabiaceae* 科均属专性厌氧和光能营养型,主要用还原性硫化合物作为电子供

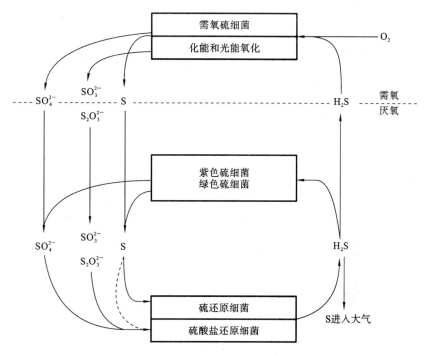

图 4.5　硫循环的主要反应(改自 Widel,1988)

体。特征性硫滴(光合作用过程的中间氧化产物)形成于绿色细菌的细胞外,而紫色细菌则形成于细胞内。折射性硫滴是否存在及光合色素的种类可以作为简便的鉴定工具。然而,紫色硫细菌的某些种类可以忍受低浓度的溶解氧,能够化能自养生活,这表示它们有灵活的代谢方式,可在有载、无光的条件下缓慢生长。

2. 分布

在靠近水表面生长的紫色硫细菌比绿色硫细菌更占优势。绿色硫细菌拥有高效的集光单位(叶绿体),所以在水柱较深处,即使光照度低至 $0.3~\mu mol/(m^2 \cdot s)$,绿色硫细菌依然能进行光合作用和生长,在这里它们可受益于活跃层较高浓度的 H_2S。然而,两者的光补偿深度要远低于那些生长在透明湖泊温跃层含氧部位正在它们上面的光合藻类群落(见图 4.6)。

许多紫色硫细菌都有鞭毛,可使其在温跃层进行垂直迁移。大部分绿色硫细菌和某些紫色硫细菌的浮游种类具有能控制漂浮的伪空泡,可使其能在非涡流的温跃层中定位,以便获得合适的光能和底物。白天 S^{2-} 的耗竭刺激光合细菌向下迁移,通过晚上的呼吸和扩散补充 S^{2-} 供给,它们会在早上向上运动,这样一来光就再次成为光合作用的首要限制因子。

透明湖泊的温跃层有适宜的光和硫化物,从此处采集的水样常常含有浓密的光合硫细菌,其中也包括硫酸盐还原菌和其他异养细菌。依据优势种的颜色,呈现粉色、粉红、棕红、紫粉或不同层次的绿色。细菌的颜色取决于不同的类胡萝卜素,而不是特别的细菌叶绿素。大部分紫色硫细菌仅含有细菌叶绿素 a,绿色硫细菌一般以细菌叶绿素 c、d 或 e 为主,同时也含有少量的细菌叶绿素 a。然而在两组细菌中恰恰是细菌叶绿素 a 在将光能转变成 ATP 的过程中起主导作用。

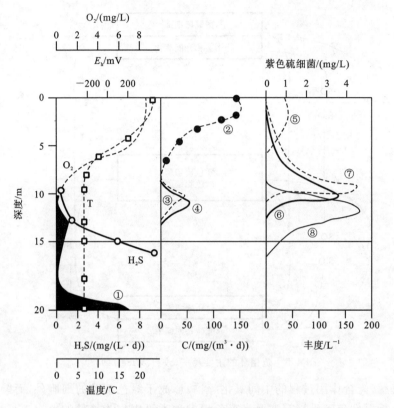

图 4.6　微生物特征(改自 Gorlenko 等,1983)
①硫酸还原速率;②藻类光合作用;③细菌光合作用;④化学合成;
⑤藻类丰度;⑥原生动物;⑦枝角类;⑧紫色硫细菌的群落生物量

第七节　湖泊分区和生物群落

　　水生生物的分布与水体中的物理与化学特点(如光照、溶解氧等)、水底地形和深度以及历史情况等有关。按照这些特点,一个水体可划分为若干级生物区(biotic division)。水体中最大的生物区是水底区(benthic division)、水层区(pelagic division)和水面区。湖泊分区和生物群落分布图如图 4.7 所示。大型深水湖泊的水底区和水层区又可划分为几个次级生物区。

1. 水底区

　　(1)沿岸带(littoral zone)由水边向下延伸到大型植物生长的下限。这一带的深度按水的透明度不同而不同,一般为 6~8 m。

　　(2)亚沿岸带(sublittoral zone)为沿岸带和深底带的过渡区,一般没有大型植物生长。有些湖泊亚沿岸带为贝壳所堆积。

　　(3)深底带(profundal zone)包括亚沿岸带以下的全部湖盆,通常堆积着富有机质的软泥,没有植物,动物的种类较少。

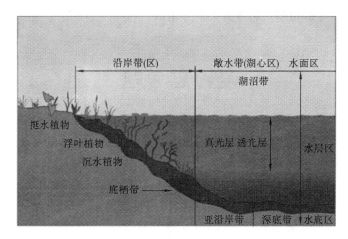

图 4.7　湖泊分区和生物群落分布图

2. 水层区

（1）沿岸区（littoral zone）为沿岸带以上的浅水部分。

（2）湖心区（limnetic zone）为沿岸带以外的开敞部分。

浅湖和池沼由于水浅，大型水生植物可蔓延整个水底，其生活条件相当于沿岸带。

河流的水底区也可划分为河岸带、亚河岸带和河底带。水层区通常不再进行划分，因为从河水的流动使上、下水层经常混合，从表层到底层水温、氧气和其他环境因素几乎都一致，但河流从上游向下游流动中，流速、底质和其他条件下沿岸带有明显的差别，因此常常可按水平方向划分为上游区、中游区和下游区三个生物区。水库兼具河流和湖泊的特征，它们除了水底区和水层区外，也可划分为上游区、中游区和下游区。

各生物区中都栖息着在生理和形态上与该区相适应的生物类群，不过水生生物常因主动或被动因素而移栖，因而这一生物区的生物也常在另一生物区出现，特别是游动迅速的动物可以在短时间内几次改变其栖息场所。

生活在水层区的生物可分为浮游生物（plankton）和自游生物（nekton）两类。

浮游生物是不能主动地进行远距离水平移动的生物，大多体形微小，通常肉眼看不见。它们没有游泳能力或者游泳能力很弱，一般不能逆水前进，只能依靠水流、波浪或水的循环流动而移动。

自游生物是形状较大，游动能力很强，能主动地进行远距离游动，也能逆流自由行动的生物。

在水面区生活的生物类群称漂浮生物（neuston），它们的身体一部分在水中，另一部分露出水面。

在水底区生活的生物类群，称为底栖生物（benthos）。它们有的在水底固着生活，有的在水底移动甚至在一定时间内能离开水底到水层区游泳，有的钻埋水底土填中以及钻蚀在坚硬物体中生活。此外，还有一些底栖生物是生活在水中的物体上。

从种类上来讲，浮游生物可细分为浮游植物（或浮游藻类）和浮游动物两大类。从体积上讲，浮游生物又可分为大型浮游生物、中型浮游生物和微型浮游生物。底栖生物分为沿岸带底栖生物、亚沿岸带底栖生物和深水带底栖生物。总的来说，湖泊生物群落由浮游植物、浮游动物、底栖生物、水生高等植物和鱼类等五大部分组成。

复习思考题

1. 试述湖泊不同湖区的物理、化学特征和生物群落分布,并分析其生物群落特点。
2. 试述藻类的经济和环境意义。
3. 试述底栖动物的类别、分布及其环境经济意义。
4. 试述水生高等植物的分布及其生态意义。
5. 试述鱼类分布的影响因素及在湖泊中的生态地位。
6. 试述湖泊中的细菌类型、分布特征和在湖泊生态系统中的地位和功能。

第五章 湖泊生态系统

生态系统(ecosystem)指由生物群落与无机环境构成的统一整体,是在一定时间、空间中共同栖息着的所有生物(即生物群落)与其环境之间不断地进行物质循环和能量流动而形成的有机整体。生态系统这一概念是由英国生态学家 A. G. Tansly 首先提出的。地球上的森林、草原、荒漠、海洋、湖泊和河流不仅外貌有区别,生物组成也各有特点,其中的生物和非生物成分构成了生态系统结构,生物和非生物之间的相互作用形成了具有物质循环、能量流动和信息传递等功能的生态系统。

湖泊生态系统由水陆交错带与敞水区生物群落所组成,是流域与水体生物群落、各种有机和无机物质之间相互作用与不断演化的产物。

第一节 生态系统的几个基本概念和定律

生态系统是一定时间、空间中生物和非生物成分通过物质循环、能量流动和信息交换,相互作用、相互依存所构成的生态学功能单位。

1. 生态因子作用的一般特征

(1) 综合作用:环境中各种因子不是孤立存在的,而是彼此联系、相互促进、相互制约的,任何一个单因子的变化,必将引起其他因子不同程度的变化及其反作用。

(2) 主导因子作用:在诸多环境因子中,一个对生物起决定作用的生态因子。

(3) 直接作用和间接作用。

(4) 因子作用的阶段性:生物生长发育不同阶段对环境因子的需求不同,因子对生物的作用具有阶段性,这种阶段性由生态环境的规律性变化所造成。

2. 限制因子

限制因子(limiting factors)是在众多的生态因子中,使生物的耐受性接近或达到极限,生物的生长发育、生殖、活动以及分布等直接受到限制、甚至死亡的因子。

3. 生态幅和生态位

每种生物对一种环境因子都有一个生态上的适应范围,称为生态幅(ecological amplitude)。生态位(ecological niche)又称生态龛,指一个种群在生态系统中、在时间与空间上所占据的位置及其与相关种群之间的功能关系与作用,表示生态系统中每种生物生存所必需的生境最小阈值,内容包含区域范围和生物本身在生态系统中的功能与作用。生态位由格林内尔(J. Grinell)1924 年首创,并强调其空间概念和区域上的意义。1927 年埃尔顿(Charles Elton)将其内涵进一步发展,增加了确定该种生物在其群落中机能作用和地位的内容,并主要强调该生物体对其他种的营养关系。在自然环境里,每一个特定位置都有不同种类的生物,其活动以及与其他生物的关系取决于它的特殊结构、生理和行为,故具有自己的独特生态位,如每一种生物占有各自的空间,在群落中具有各自的功能和营养位置,以及在光照、温度、湿度、土壤等环境变化梯度中所居的地位。一个种的生态位是按其食物和生境来确定的。

按竞争排斥原理,任何两个种一般不能处于同一生态龛。在特定生态环境中赢得竞争的胜利者是能够最有效地利用食物资源和生存空间的种,其种群以出生率高、死亡率低而有较快的增长。有着相似食物或空间要求的种群,因处于不同的生态位,彼此并不竞争。例如,在富营养化湖泊中,沉水植物和浮游植物均需要光照进行光合作用。如果浮游植物大量繁殖,降低了水体透明度,就会导致水下沉水植物得不到光照而死亡。

两个拥有相似功能生态位,但分布于不同地理区域的生物,在一定程度上可称为生态等值生物。生态位的概念已在多方面使用,最常见的是其与资源利用谱(resources utilization spectra)概念等同。所谓生态位宽度(niche breadth)是指被一个生物所利用的各种不同资源的总和。在没有任何竞争或其他敌害情况下,被利用的整组资源称为原始生态位。

4. Liebig 最小因子定律和 Shelford 耐受性定律

Liebig 发现植物生长取决于那些处于最少量状态的营养成分。每种生物对一种环境因子都有一个生态上的适应范围,任何一个因子在质或量上的不足或过量都可引起有机体衰减或死亡。

最小因子定律只有在能量注入和流出处于平衡的稳定状态下才适用。例如,在湖泊的初级生产过程中,光照、氮、磷的供应都超过需要,而磷相对有限并且输入和支出大致相等,这时磷处于最小量状态,成为限制因子。

如果一场暴雨把更多的磷带进湖水,稳定状态被破坏,这时初级生产力将取决于所有营养物质的浓度,磷就不成为最小量因子。此后随着各种养分被消耗,生产力发生剧烈变化,直到某种成分被耗尽并成为新的稳定状态下的限制因子。

必须考虑因子间的相互作用和替代作用。当一个特定因子处于最小量状态时,其他因子可能有替代作用或改变其利用效率。例如,在钙不足而磷丰富的环境中,软体动物的贝壳可用锶替代部分钙;有些植物在弱光下生长时只需要较少量的锌,因此在荫蔽处锌对植物的限制作用要比在强光下的小。

Shelford 耐受性定律是指每种生物对一种环境因子都有一个生态上的适应范围,任何一个因子在质或量上的不足或过量都可引起有机体衰减或死亡。

5. 在有限环境中的逻辑斯蒂(Logistic)种群增长

自然种群不可能长期按几何级数无限增长,当种群在一个有限空间或资源中增长时,随着密度上升,有限空间资源和其他生活条件有了限制,种内竞争增加,种群出生率和死亡率受影响,种群实际增长率降低,直至增长停止。

在具体的湖泊环境中,生物的实际数量不可能永远增长(或衰减);最终一个或多个环境约束将使其增长停止。其常见的变化模式是:增长最初是呈指数变化的,然后逐渐减缓,直到系统状态达到均衡,曲线的形状就像一个伸展的"S"形(见图5.1)。在湖泊中,任何种群栖息地的承载力是由它能支持的特定类型的生物数量、环境可用的资源和种群所需的资源决定的(资源可以是阳光、营养盐、有机质等)。当种群密度接近其环境承载力时,个体平均资源降低,因而减少净增长比例,直到刚好有足够的平均资源来平衡出生率和死亡率,在该点净增长速率为零而种群达到平衡。通常,一个种群可能依赖许多资源,其中每个种群都能产生限制增长的负反馈回路;最具有约束力的限制决定了哪一个负反馈回路起主导作用。

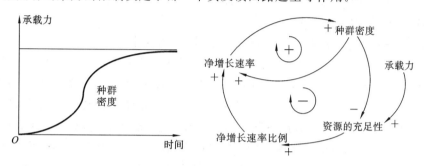

图5.1 "S"形曲线与正、负反馈因果结构

承载力的概念是奥妙和复杂的。尽管在某些情况下,将环境的承载力看作常量是可行的,但环境的承载力通常与其所支持物种的进化和动态紧密相连。例如,湖泊中的鱼群的数量过多时,可能导致水中藻类过度被食,承载力下降,种群因饥饿数量急剧减少,如图5.2所示。如果没有承载力的再生(如果它是严格的不可再生资源),系统的均衡态就是绝种:任何非零的种群持续消耗资源,迫使资源为零,并且种群随之为零。如果承载力可被再生或为更新资源所补充,可能维持一个非零的均衡。

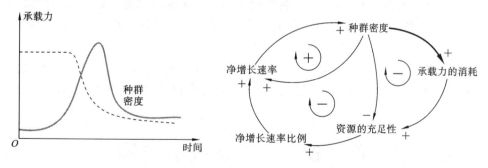

图5.2 崩溃的S曲线与正负反馈因果结构

6. 种内关系:互助与斗争

湖泊中生活着各种各样的生物,每一个或每一种生物的生存都不是也不可能是独立完成的,必然受到其他生物的影响。在自然界中,生物之间的关系是很复杂的,但主要涉及种内关系和种间关系两个方面。其中种内关系是指存在于同一生物种群内部个体间的相互关系。

种内互助即同种生物的个体或种群在生活过程中互相协作,以维护生存的现象。常见的种内互助有"群聚"互助以及"报警"互助。"群聚"互助,如鱼群个体之间没有明确分工,聚集在一定区域内一起捕食，通过鱼群的"队形"变换，抵御捕食者，又或沿着一定的路径漫游或迁徙，从而使种群面临的危险降低到最低限度。"报警"互助，如竹荚鱼受到狐鲣鱼袭击时，受伤的鱼能产生一种化学物质警告其他个体。

种内斗争（亦称种内竞争）是另一个种内关系，是同种生物个体之间为争夺光照、食物、空间、配偶等发生的个体相互对抗的关系。例如，鲈鱼的成鱼经常以本种幼鱼为食等。这种斗争的结果往往造成失败者死亡，但是对于物种的延续是有利的，可以使同种内生存下来的个体得到比较充分的生活条件，或者出生的后代更优良。

7. 种间关系：正、负相互作用

种间关系总体上可以分为两大类：正相互作用和负相互作用。

正相互作用就是生物之间彼此有利或其中一方有利、另一方无害，按其作用程度分为偏利共生和互利共生。偏利共生（commensalism）指两个物种生活在一起时，只有一方获利，而另一方无明显影响，如藻类寄居在龟甲上。互利共生又分为专性互利共生和兼性互利共生。专性互利共生（obligate mutualism）指两种生物生活在一起，相互依赖，双方获利，如果分开，双方或其中一方就无法生存，如鼠尾鱼和松球鱼身体表面产生一种特殊的黏液，发光细菌乐于生活在这种黏液上并发出柔和的光，引诱其他生物靠近，为鱼提供食料。兼性互利共生（facultative mutualism）亦称原始协作，指两物种互相协作，双方获利，分离后仍能独立生活，如鳑鲏鱼在河蚌外套腔中产卵，河蚌将自己的幼体寄居在鳑鲏鱼的鳃腔内发育。

负相互作用指一方的存在对另一方不利，包括竞争、捕食、寄生和偏害（也有学者认为其是竞争的一种手段）等。

竞争是不同种群或不同种生物个体间为争夺空间、食物等资源而产生的相互对抗的现象，常常是获胜方占据资源，另一方被消灭或被迫离开，但也可能是二者共存，但都受到抑制。两种生物竞争激烈程度受二者生态位（一种生物在群落中占据的位置，包括食物和栖息地两方面）重叠程度大小的影响，重叠程度大意味着二者拥有更多的共同食物来源、栖息地，竞争就会更激烈。

捕食是一种生物以另一种生物为食，数量呈现出"先增加者先减少，后增加者后减少"的不同步变化。在捕食关系的基础上，又演化出了食物链与食物网的立体空间概念。

第二节　生态系统的结构

生态系统各个成分紧密联系又相互作用，使生态系统成为具有一定功能的有机整体。

非生物环境是生态系统的基础，直接或间接决定生态系统的复杂程度和其中生物群落的丰富度和生物的多样性；生物群落反作用于非生物环境，生物群落在生态系统中既在适应环境，也在改变周围环境，各种基础物质将生物群落与非生物环境紧密联系在一起。

生态系统的成分，不论是陆地还是水域，或大或小，都可概括为非生物部分和生物部分两大部分，或者分为非生物部分、生产者、消费者和分解者四种基本成分（见图5.3）。

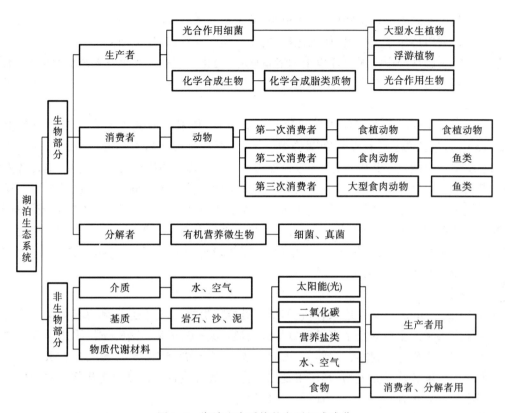

图 5.3 湖泊生态系统的主要组成成分

一、生态系统结构

1. 非生物部分

非生物部分是生态系统的非生物组成部分,包括阳光以及其他所有参与生态系统物质循环的无机元素及其化合物和有机物,构成生态系统的基础物质,如水、无机盐、空气、有机质、岩石等。阳光是绝大多数生态系统直接的能量来源,水、空气、无机盐与有机质都是生物不可或缺的物质基础。

2. 生物部分

根据生物在生态系统中发挥的作用和地位,生物部分划分为三大功能类群:生产者、消费者和分解者。

1) 生产者

生产者(producer)是能用简单的无机物制造有机物的自养生物(autotroph),又称初级生产者,主要包括各种绿色植物、化学能合成细菌和光合细菌。植物与光合细菌利用太阳能进行光合作用合成有机物,化学能合成细菌利用某些物质氧化还原反应释放的能量合成有机物。例如,硝化细菌通过将氨氧化为硝酸盐的方式利用化学能合成有机物。

在湖泊生态系统中,生产者主要是浮游植物及水生高等植物。湖泊生态系统中的水生高等植物依据在水中的分布和状态分为浮叶植物、漂浮植物、挺水植物和沉水植物。森林和草地生态系统中的生产者是绿色植物(如草本植物、灌木和乔木)。在深海和其他类似生态系统中，生产者是可以利用还原态无机物(如硫化氢)的化学能合成细菌(如硫细菌)。

生产者在生态系统中将无机环境中的能量同化，同化量就是输入生态系统的总能量，维系着整个生态系统的稳定。其中，各种绿色植物还能为其他生物提供栖息、繁殖和保护的场所。

2) 消费者

消费者(consumer)是指不能用无机物制造有机物，依靠摄取其他生物为食的异养生物(heterotroph)，包括几乎所有动物和部分微生物(主要有真细菌)，它们通过捕食和寄生关系在生态系统中传递能量。其中，以生产者为食的消费者被称为初级消费者，以初级消费者为食的消费者被称为次级消费者，其后还有三级消费者与四级消费者。同一种消费者在一个复杂的生态系统中可能充当多个级别，杂食性动物尤为如此，它们可能既吃植物(充当初级消费者)又吃各种食草动物(充当次级消费者)。有的生物所充当的消费者级别还会随季节的变化而变化，如湖泊中植食性的浮游动物和鱼类(鳊和鲂)属初级消费者，鳜鱼和鳡鱼的成鱼属肉食性，是次级或三级消费者，而幼鱼是杂食性的。

3) 分解者

分解者(decomposer)又称还原者，它们是一类异养生物，以各种细菌和真菌为主。分解者将生态系统中各种无生命的复杂有机质(尸体、粪便等)分解成水、二氧化碳、铵盐等可以被生产者重新利用的物质，完成物质的循环。因此分解者、生产者与无机环境就可以构成一个简单的生态系统。分解者是异养生物，其作用是把动物、植物体内固定的复杂有机物分解为生产者能重新利用的简单化合物，并释放出能量，其作用与生产者相反。

分解者在生态系统中的作用是极其重要的，如果没有分解者，动物、植物残体将会堆积成灾，物质将被锁在有机质中不再参与循环，生态系统的物质循环功能将终止。分解者的作用不是一种生物所能完成的，而是由一群生物在不同的阶段来完成的。

分解者一般分为两类：一类是细菌和真菌(微生物)；另一类是其他腐食性动物(如蜣螂、秃鹫、蚯蚓等)。池塘里的分解者有两类：一类是细菌和真菌；另一类是蟹、某些种类的软体动物和蠕虫。

一个生态系统只需生产者和分解者就可以维持运作，数量众多的消费者在生态系统中起加快能量流动和物质循环的作用。

3. 种群与群落

种群(population)指在一定时间内占据一定空间的同种生物的所有个体。种群中的个体并不是机械地集合在一起，而是通过繁殖将各自的基因传给后代的。种群是进化的基本单位，同一种群的所有生物共用一个基因库。对种群的研究主要是研究其数量变化与种内关系。

群落(community)亦称生物群落，在一定的生活环境中所有生物种群的总和称为生物群落，简称群落。

任何群落都有一定的空间结构。构成群落的每个生物种群都需要一个较为特定的生态条件。不同的结构层次有不同的生态条件，如光照强度、温度、湿度、食物和种类等。所以群落中的每个种群都选择生活在群落中具有适宜生态条件的结构层次上，从而构成群落的空间结构。群落的结构有水平结构和垂直结构之分。群落的结构越复杂，对资源的利用就越充分，群落内部的生态位就越多，群落内部各种生物之间的竞争就相对不那么激烈，群落的结构也就相对稳定一些。

二、湖泊生态系统的营养结构

1. 食物链

食物链又称为营养链,指生态系统中各种生物以食物联系起来的连锁关系。例如,池塘中的藻类是水蚤的食物,水蚤又是鱼类的食物,鱼类又是人类和水鸟的食物。于是,藻类—水蚤—鱼类—人或水鸟之间便形成了一种食物链。根据生物间的食物关系,将食物链分为以下三类。

（1）捕食性食物链,以植物为基础,如青草—野兔—狐狸—狼,后者捕食前者。

（2）碎食性食物链（腐食食物链）,以碎食物为基础形成的食物链,如树叶碎片及小藻类—虾（蟹）—鱼—食鱼的鸟类。

（3）寄生性食物链,以大动物为基础,小动物寄生到大动物上形成的食物链,如哺乳类—跳蚤—原生动物—细菌—过滤性病毒。

2. 食物网

食物网（food web）又称食物链网（见图5.4）,是生态系统中生物间错综复杂的网状食物关系。实际上多数动物的食物不是单一的,食物链之间又可以相互交错相连,构成复杂的网状关系。一般来说,食物网可以分为两大类:草食性食物网和腐食性食物网。前者始于绿色植物、藻类,或有光合作用的浮游生物,并传向植食性动物、肉食性动物;后者始于有机物碎屑（来自动植物）,传向细菌、真菌等分解者,也可以传向腐食者及其肉食动物捕食者。

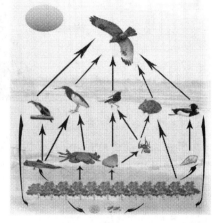

图5.4　食物网示意图

在生态系统中,生物之间实际的取食和被取食关系并不像食物链所表达的那么简单。食虫鸟不仅捕食瓢虫,还捕食蝶蛾等多种无脊椎动物,而食虫鸟本身不仅被鹰隼捕食,还是猫头鹰的捕食对象,甚至鸟卵也常常成为鼠类或其他动物的食物。可见,在生态系统中,生物成分之间通过能量传递关系存在着一种错综复杂的普遍联系,这种联系像是一个无形的网把所有生物都包括在内,使它们彼此之间都有着某种直接或间接的关系,这就是食物网的概念。

一个复杂的食物网是使生态系统保持稳定的重要条件。食物网越复杂,生态系统抵抗外力干扰的能力就越强;食物网越简单,生态系统就越容易发生波动和毁灭。一个具有复杂食物网的生态系统一般不会由于一种生物的消失而引起整个生态系统的失调,但是任何一种生物的灭绝都会在不同程度上使生态系统的稳定性有所下降。当一个生态系统的食物网变得非常简单的时候,任何外力（环境的改变）都可能引起这个生态系统剧烈的波动。

3. 营养级

营养级（trophic level）是为了解生态系统的营养动态,对生物作用类型所进行的一种分类（见图5.5）,是由 R. L. Lindeman 在1942年提出的。营养级可分为:由无机化合物合成有机化合物的生产者,直接捕食初级生产者的初级消费者（次级生产者）;捕食初级消费者的次级消费者,以下顺次是三级消费者,…,n 级消费者,以及分解这些消费者尸体或排泄物的分解者等级别。从生产者算起,经过相同级数获得食物的生物称为同营养级生物,但是在群落或生态系统内其食物链的关系是复杂的。除生产者和限定食性的部分食植性动物外,其他生物大多数或多或少地属于2个以上的营养级,同时它们的营养级也常随年龄和条件的变化而变化。例如,宽鳍(*Zacco platypus*)同时以昆虫和藻类为食;香鱼(*Plecoglossus altivelis*)随着其生长,从次级消费者变为初级消费者。

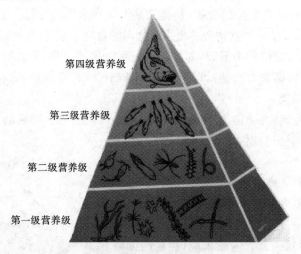

图 5.5　营养级示意图

在生态系统的食物网中,凡是以相同的方式获取相同性质食物的植物类群和动物类群可称为一个营养级。在食物网中,从植物生产者起到顶部肉食动物止,在食物链上凡属同一级环节的所有生物种就是一个营养级。

第三节　生态系统的能量流动

一、能量流动规律的热力学定律

能量是生态系统的动力,是一切生命活动的基础。一切生命活动都伴随着能量的变化。生态系统的重要功能之一就是能量流动,能量在生态系统内的传递和转化规律服从热力学的两个定律。

1. 热力学第一定律

热力学第一定律可以表述如下:"在自然界发生的所有现象中,能量既不能消灭也不能凭空产生,它只能以严格的当量比例由一种形式转变为另一种形式。"因此,热力学第一定律又称为能量守恒定律。

依据这个定律,一个体系的能量发生变化,环境的能量也必定发生相应的变化,如果体系的能量增加,环境的能量就要减少,反之亦然。对生态系统来说也是如此,例如,生态系统通过光合作用所增加的能量等于环境中太阳所减少的能量,总能量不变,所不同的是太阳能转化为潜能输入了生态系统,表现为生态系统对太阳能的固定。

非生命自然界发生的变化不必借助外力的帮助而能自动实现,热力学把这样的过程称为自发过程或自动过程。例如,热自发地从高温物体传到低温物体,直到两者的温度相同为止。而与此相反的过程都不能自发地进行,可见自发过程的共同规律就在于单向趋于平衡状态,绝不可能自动逆向进行,或者说任何自发过程都是热力学的不可逆过程。应当指出的是,不应把自发过程理解为不可能逆向进行,问题在于是自动还是消耗外功,借助外功是可以逆向进行的。既然任何自发过程总是单向趋于平衡状态,绝不可能自动逆向进行,由此可以推测体系必定有一种性质,它只视体系的状态而定,而与过程的途径(或进行的方式)无关。这就是说,要研究给定的始态和终态条件下自发过程的方向,可以不考虑过程的细节和进行的方式。为了判断自发过程进行的方向和限度,可以找出能用来表示各自发过程共同特征的状态函数。熵(entropy)和自由能就是热力学中两个最重要的状态函数,它们只与体系的始态和终态有关而与过程的途径无关。

2. 热力学第二定律

热力学第二定律表达有关能量传递方向和转换效率的规律。

热力学第二定律是对能量传递和转化的一个重要概括。通俗地说,就是在能量的传递和转化过程中,除了一部分可以继续传递和做功的能量(自由能)外,总有一部分不能继续传递和做功而以热量的形式消散的能量,这部分能量使熵和无序性增加。对生态系统来说,当能量以食物的形式在生物之间传递时,食物中相当一部分能量被降解为热量而消散掉(使熵增加),其余能量则用于合成新的组织作为潜能储存下来。所以一个动物在利用食物中的潜能时大部分转化成了热量,只有一小部分转化为新的潜能。因此能量在生物之间每传递一次,一大部分的能量就被降解为热量而损失掉,这也就是为什么食物链的环节和营养级的级数一般不会多于6个,以及能量金字塔必定呈尖塔形的热力学解释。

熵是系统热量被温度除后得到的商,在一个等温过程中,系统的熵值变化(ΔS)为

$$\Delta S = \Delta Q / T$$

式中:ΔQ——系统中的热量变化,单位为 J;

T——系统的温度,单位为 K。

若用熵概念表示热力学第二定律,则:① 在一个内能不变的封闭系统中,其熵值只朝一个方向变化,常增不减;② 在一个平衡态的开放系统中,所有过程都会使系统熵值与环境熵值之和增加。对于一个生命系统来说,如果系统内一切生命活动停止,生命进入了死亡阶段,这时系统的熵值达到最大。理论上来说系统的熵值可以为0,即当系统处于绝对零度时,一切运动都趋于停止,系统呈无熵状态,但实际上这是一种理想状态。根据热力学第三定律,任何系统都不可能达到绝对零度,即不可能达到绝对的有序,所以熵值有一个上限值但没有下限值。

生态系统是一个开放系统,它们不断地与周围环境进行着各种形式的能量交换,通过光合同化,引入负熵值;通过呼吸,把正熵值转出环境。

开放系统(与外界有物质和能量交换的系统)与封闭系统的性质不同,它倾向于保持较高的自由能而使熵值较小,只要不断有物质和能量输入、不断排出熵,开放系统就可维持一种稳定的平衡状态。生命、生态系统和生物圈都是维持在一种稳定状态的开放系统。低熵的维持是借助于不断地把高效能量降解为低效能量来实现的。

　　热力学定律与生态学的关系是明显的,各种各样的生命表现都伴随着能量的传递和转化,像生长、自我复制和有机物质的合成这些生命的基本过程都离不开能量的传递和转化,否则就不会有生命和生态系统。总之,生态系统与其能源(太阳能)的关系,生态系统内生产者与消费者之间的关系及捕食者与猎物之间的关系都受热力学基本规律的制约和控制。正如这些规律控制着非生物系统一样,热力学定律决定着生态系统利用能量的限度。事实上,生态系统利用能量的效率很低,虽然对能量在生态系统中的传递效率说法不一,但最大的观测值为30%。一般来说,从供体到受体的一次能量传递只能有5%~20%的可利用能量被利用,这就使能量的传递次数受到了限制,同时这种限制也必然反映在复杂生态系统的结构上(如食物链的环节数和营养级的级数等)。

二、能量在生态系统中流动的特点

　　能量通过食物链逐级传递。太阳能是所有生命活动的能量来源,它通过绿色植物的光合作用进入生态系统,然后从绿色植物转移到各种消费者。能量流动的特点如下。

　　(1)单向流动:生态系统内部各部分通过各种途径释放到环境中的能量再不能为其他生物所利用。

　　(2)逐级递减:生态系统中各部分所固定的能量是逐级递减的,前一级的能量不能维持后一级少数生物的需要,愈向食物链的后端,生物体的数目愈少,这样便形成一种金字塔形的营养级关系。

三、能量金字塔与生态效率

　　能量通过营养级逐级减少,如果把通过各营养级的能量由低到高画成图,就成为一个金字塔,称为能量锥体或金字塔(pyramid of energy);如果以生物量或个体数目来表示,就能得到生物量锥体和数量锥体。这三类锥体合称为生态锥体(ecological pyramid)。

　　一般来说,能量锥体最能保持金字塔形,而生物量锥体有时有倒置的情况。例如,海洋生态系统中,生产者(浮游植物)的个体很小,生活史很短,某一时刻调查的生物量常低于浮游动物的生物量。这样,按上述方法绘制的生物量锥体就倒置过来了。当然,这并不是说在生产者环节流过的能量要比在消费者环节流过的少,而是由于浮游植物个体小、代谢快、生命短,某一时刻的现存量反而要比浮游动物少,但一年中的总能量还是较浮游动物的多。数量锥体倒置的情况就更多一些,如果消费者个体小而生产者个体大,如昆虫和树木,昆虫的个体数量就多于树木。同样,对于寄生者来说,寄生者的数量也往往多于宿主,这样就会使锥体的这些环节倒置过来。但能量锥体不可能出现倒置的情形。

　　生态效率是指$n+1$营养级获得的能量占n营养级获得能量之比,相当于同化效率、生长效率与消费效率的乘积,即林德曼效率(Lindeman's efficiency)。但也有学者把营养级间的同化能量的比值视为林德曼效率。

　　一般来说,大型动物的生长效率要低于小型动物的,老年动物的生长效率要低于幼年动物的,肉食动物的同化效率要高于植食动物的。但随着营养级的增加,呼吸消耗所占的比例也相应增加,因而导致肉食动物营养级净生产量的相应下降。从利用效率的大小可以看出,一个营养级对下一个营养级的相对压力是一个常数 10%。生态学家通常把 10% 的林德曼效率看成是一条重要的生态学规律。

近来对海洋食物链的研究表明,在有些情况下,林德曼效率可以大于 30%。对自然水域生态系统的研究表明,在从初级生产量到次级生产量的能量转化过程中,林德曼效率为 15%～20%;就利用效率来看,从第一营养级往后可能会略有提高,但一般来说都处于 20%～25% 的范围。这就是说,每个营养级的净生产量将会有 75%～80% 通向碎屑食物链。

生态效率的概念也可用于物种种群的研究。例如,非洲象种群对植物的利用效率大约是 9.6%,即在 3.1×10^6 J/m^2 的初级生产量中大约只能利用 3.0×10^5 J/m^2;草原田鼠(microtus)种群对食料植物的利用效率大约是 1.6%,而草原田鼠营养环节的林德曼效率却只有 0.3%,这是一个很低的值。我们通常认为很重要的一些物种,最终发现它们在生态系统能量传递中所起的作用却很小。草原生态系统中的植食动物通常比森林生态系统中的植食动物能利用较多的初级生产量。在水生生态系统中,食植物的浮游动物甚至可以利用更高比例的净初级生产量。1975 年,Whittaker 对不同生态系统中净初级生产量被动物利用的情况提供了一些平均数据。这些数据表明,热带雨林大约有 7% 的净初级生产量被动物利用,温带阔叶林为 5%,草原为 10%,开阔大洋为 40%,海水上涌带为 35%。可见,在森林生态系统中,净生产量的绝大多数都通向了碎屑食物链。

一般的生态系统能流模型如图 5.6 所示。

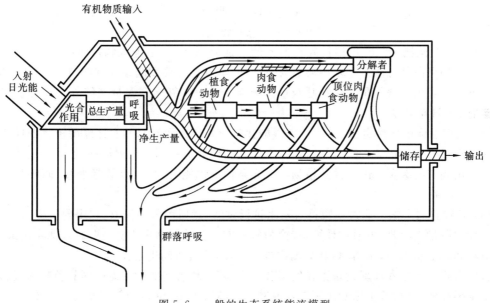

图 5.6　一般的生态系统能流模型

四、湖泊生态系统的能量流动

1. 初级生产

1) 初级生产量(初级生物量)

生态系统中自养生物通过同化作用合成有机物的量为初级生产量,又称第一性生产,是生态系统维持和繁衍的基础,是各种食物链的开端。

2)初级生产力

自养生物通过光合作用和化学合成制造有机物的速率称为初级生产力。它是指单位时间内在单位面积或容积上合成有机物质的数量、大小的能力。

在初级生产过程中,自养生物固定的能量有一部分被自己的呼吸消耗掉,剩下的可用于生长和生殖(这部分生产量称为净初级生产量(net primary production)),而包括消耗在内的全部生产量称为总初级生产量(gross primary production)。三者之间的关系为

$$P_g = P_n + P$$

式中:P_g——总初级生产量,单位为 J/(m² · a);

P_n——净初级生产量,单位为 J/(m² · a);

P——呼吸所消耗的能量,单位为 J/(m² · a)。

初级生产力的计算如下。

(1)氧气测定法,即黑白瓶法。该法用三个玻璃瓶。一个瓶用黑胶布包上,再包以铅箔。从待测的水体深度取水,保留一个瓶(初始瓶,溶氧量为 IB)以测定水中原来的溶氧量。将黑瓶、白瓶沉入取水样深度,经过 24 h 或其他适宜时间,取出进行溶氧测定。根据初始瓶(IB)、黑瓶(DB)、白瓶(LB)溶氧量,即可求得

LB−IB=净初级生产量

IB−DB=呼吸量

LB−DB=总初级生产量

(2)二氧化碳测定法。用塑料帐将群落的一部分罩住,测定进入和抽出的空气中二氧化碳的含量。如黑白瓶方法测定水中溶氧含量那样,本方法也要用暗罩和透明罩,也可用夜间无光条件下的二氧化碳增加量来估计呼吸量。测定空气中二氧化碳含量用红外气体分析仪,或用古老的 KOH 吸收法。

(3)放射性标记物测定法。将 ^{14}C 以碳酸盐的形式放入含有自然水体浮游植物的样瓶中,沉入水中经过短时间培养,滤出浮游植物,干燥后在计数器中测定放射活性,然后通过计算,确定光合作用固定的碳量。因为浮游植物在无光条件下也能吸收 ^{14}C,所以还要用"暗呼吸"进行校正。

(4)叶绿素测定法。通过薄膜将自然水进行过滤,然后用丙酮提取,利用丙酮提出物在分光光度计中测量光吸收,再通过计算,转换为每平方米含叶绿素多少克。叶绿素测定法最初应用于海洋和其他水体中,比用 ^{14}C 和氧测定方法简便,花费时间也较少。

目前有很多新技术和新设备正在发展和更新,其中最著名的包括海岸区彩色扫描仪、先进的分辨率很高的辐射计、美国专题制图仪或欧洲斯波特卫星(SPOT)等遥感器。

3)影响因素

光是影响水体初级生产力的最重要的因子。美国生态学家 J. H. Ryther 在 1956 年提出预测海洋初级生产力的公式,即

$$P = RC \times 3.7/k$$

式中:P——浮游植物的净初级生产力,单位为 g/(m² · d);

R——相对光合率;

k——光强度随水深度加深而减弱的衰变系数;

C——水中的叶绿素含量,单位为 g/m^3。

这个公式表明,海洋浮游植物的净初级生产力取决于太阳的日总辐射量、水中的叶绿素含量和光强度随水深度加深而减弱的系数。水中的叶绿素含量是一个重要因子,而营养物质的多寡则是限制浮游植物生物量(其中包括叶绿素)的原因。在营养物质中,最重要的限制因子是氮和磷。

决定淡水生态系统初级生产力的限制因素主要是营养物质、光和食草动物的捕食。影响初级生产力的主要因素除阳光、水、营养物质等理化因素外,还有植物的光合途径、环境污染程度和消费者的影响。

2. 次级生产

异养生物利用净初级生产量转化为次级生产量。消费者在食物链上通过取食生产者生物或次级消费者生物,把能量或生物物质转化为本级消费者生物物质的过程称为次级生产。在单位时间内,由于动物和微生物的生长和繁殖而增加的生物量或所储存的能量即为次级生产量。

理论上来说,生态系统中的净初级生产者可以全部被异养生物所利用,转化为次级生产量。但在实际中,任何一个生态系统中的净初级生产量都有可能流失到这个系统以外的地方去。生态系净初级生产量只有一部分被食草植物所利用,而大部分未被采集或触及。即使被动物食入体内的植物,也不会被全部利用,有一部分通过消化道排出体外。被同化的能量中,由于新陈代谢和维持体温,也有一部分会以热的形式消散掉,剩下的部分才能用于动物的生长和繁殖。真正被食草植物摄食利用的这一部分称为消耗量(C)。消耗量中被消化吸收的部分称为同化量(A),未被消化利用的剩余部分,经消化道排出体外,称为粪尿量(FU)。被动物所同化的能量,一部分用于呼吸(R)而被消耗掉,剩下的部分被用于个体成长(P)或用于生殖。整个次级生产过程可概括为图 5.7 所示。

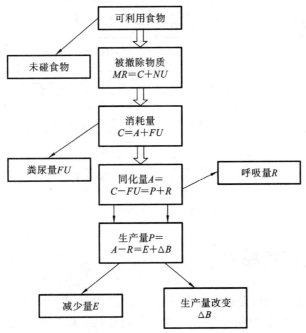

图 5.7　次级生产示意图(仿 Petrusewicz,1970)

第四节　生态系统的物质循环

生命的维持不仅需要能量,还依赖于各种化学物质的供应。生态系统从大气、水体和土壤等环境中获得营养物质,通过绿色植物吸收,进入生态系统,被其他生物重复利用,最后再归入环境中,称为物质循环(material cycle)。

一、物质循环的一般特征

生态系统中的物质循环又称为生物地球化学循环(biogeochemical cycle)。能量流动和物质循环是生态系统的两个基本过程。这两个基本过程是生态系统各个营养级之间和各种成分(非生物成分和生物成分)之间组织成为一个完整的功能单位。能量流动与物质循环的性质不同,能量流经生态系统最终以热的形式消散,能量流动是单方向的,因此生态系统必须不断地从外界获得能量;而物质的流动是循环式的,各种物质都能以可被植物利用的形式重返环境。能量流动和物质循环都是借助于生物之间的取食过程而进行的,这两个过程是密切不可分割的,因为能量是储存在有机分子键内,当能量通过呼吸过程被释放出来用以做功的时候,该有机化合物就被分解并以较简单的物质形式重新释放到环境中去。生态系统中的能量流动与物质循环如图 5.8 所示。

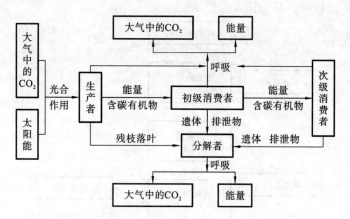

图 5.8　生态系统中的能量流动与物质循环

二、物质循环的模式

生态系统的物质循环是指无机化合物和单质通过生态系统的循环运动。生态系统中的物质循环可以用库(pool)和流通(flow)两个概念来加以概括。库是由存在于生态系统某些生物或非生物成分中的一定数量的某种化合物所构成的。对于某一种元素而言,存在一个或多个主要的蓄库。在库里,该元素的数量远远超过正常结合在生命系统中的数量,并且通常只能缓慢地将该元素从蓄库中放出。物质在生态系统中的循环实际上是在库与库之间彼此流通。

在单位时间或单位体积的转移量就称为流通量。流通量常用绝对值来表达,为了表示一个特定的流通过程对有关各库的相对重要性,用周转率(turnover rate)和周转时间(turnover time)来表示。周转率就是出入一个库的流通率(单位/天)除以该库中营养物质总量,即

$$周转率＝流通率/库中营养物质总量$$

周转时间就是库中营养物质总量除以流通率,即

$$周转时间＝库中营养物质总量/流通率$$

在物质循环中,周转率越大,周转时间就越短。例如,大气圈中二氧化碳的周转时间为一年左右(光合作用从大气圈中移走二氧化碳);大气圈中氮分子的周转时间则需100万年(主要是生物的固氮作用将氮分子转化为氨氮为生物所利用);而大气圈中水的周转时间为10.5天,也就是说,大气圈中的水一年要更新大约34次;在海洋中,硅的周转时间最短,约800年;钠的最长,约2.06亿年。

影响物质循环速率最重要的因素有:① 生物的生长速率,这一因素影响生物对物质的吸收速度和物质在食物链中的运动速度;② 循环元素的性质,即循环速率因循环元素的化学特性和被生物有机体利用的方式不同所致;③ 有机物分解的速率,适宜的环境有利于分解者的生存,能更快地将生物体内的物质释放出来,重新进入循环。

三、物质循环的类型

生态系统的物质循环可以分为水循环、气体型循环和沉积型循环三种类型。

(1)水循环的主要循环路线是从地球表面通过蒸发(包括植物的蒸腾作用)进入大气圈,同时又不断地通过降水从大气圈返回到地球表面。每年地球表面的蒸发量与全球的降水量是相等的,因此,这两个相反的过程能够处于一种平衡状态。水循环对生态系统非常重要,任何生物的生命活动都离不开水。水携带着大量的矿质元素在全球周而复始地循环,极大地影响着各类营养元素在地球上的分布。水还具有调节大气温度的能力。

(2)气体型循环包括氮、碳和氧等元素的循环。在气体型循环中,物质的主要储存库是大气和海洋,循环过程与大气和海洋密切相关,具有明显的全球性,循环性能也最为完善。

(3)沉积型循环包括磷、硫、钙、钾、钠、镁、铁、碘、铜等物质的循环。这些物质的分子或化合物没有气体状态,其储存库主要是岩石、沉积物、土壤等,与大气没有密切联系。这些物质主要是通过岩石的风化和沉积物的分解转变为可以被生物利用的营养物质,转化的速率缓慢,而海底沉积物转化为岩石圈成分更是一个缓慢的过程,时间以数千年记。由于这些物质不是以气体形式参与循环的,因此,循环的全球性不像气体型循环那样表现得那么明显。

虽然气体型循环和沉积型循环具有不同的特点,但是它们都受到能量的驱动,并且都依赖于水的循环。

在自然状态下,生态系统中的物质循环一般处于稳定的平衡状态。也就是说,对于某一种物质,输入量和输出量基本相等。大多数气体型循环物质(如碳、氧和氮)由于有很大的大气蓄库,它们对短暂的变化能够进行迅速的自我调节。例如,二氧化碳浓度由于化石燃料的燃烧而

增加,空气运动和绿色植物光合作用对二氧化碳吸收量就相应增加,使其浓度迅速降低到原来水平,重新达到平衡。含硫、磷等元素的沉积物循环则不易较快恢复平衡,这是因为与大气相比,地壳中的硫、磷蓄库比较稳定和迟钝,因此不易被调节。

　　生物圈水平上的生物地化循环研究主要是研究水、碳、氧、氮、磷等元素的全球循环过程。但是与自然发生的循环过程相比,人类对生物地化循环的干扰可以说是有过之而无不及。例如,人类活动已经使大气中的二氧化碳含量明显增加;排入海洋的汞量已经增加了 1 倍;铅输入海洋的速率大约相当于自然过程的 40 倍。

四、重点物质循环

1. 碳循环

　　生物圈中的碳循环主要表现在绿色植物从空气中吸收二氧化碳,经光合作用转化为葡萄糖,并放出氧气。

　　地球上最大的两个碳库是岩石圈和化石燃料,其含碳量约占地球上碳总量的 99.9%。这两个库中的碳活动缓慢,实际上起着储存库的作用。地球上还有三个碳库——大气圈库、水圈库和生物库。这三个库中的碳在生物和无机环境之间迅速交换,容量小而活跃,实际上起着交换库的作用(见图 5.9)。

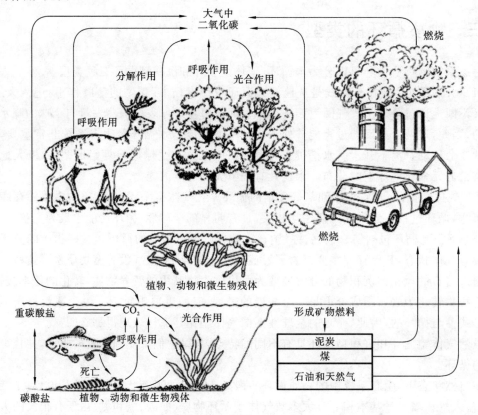

图 5.9　碳的全球性循环

碳在岩石圈中主要以碳酸盐的形式存在,总量为 $2.7×10^{16}$ t;在大气圈中以二氧化碳和一氧化碳的形式存在,总量为 $2×10^{12}$ t;在水圈中以多种形式存在。在生物库中存在着几百种被生物合成的有机物。这些物质的存在形式受到各种因素的调节。在大气中,二氧化碳是含碳的主要气体,也是碳参与物质循环的主要形式。在生物库中,森林是碳的主要吸收者,它固定的碳相当于其他植被类型的 2 倍。森林又是生物库中碳的主要储存者,储存量大约为 $4.82×10^{11}$ t,相当于大气含碳量的 2/3。

植物通过光合作用从大气中吸收碳的速率与通过动植物的呼吸和微生物的分解作用将碳释放到大气中的速率大体相等。因此,大气中二氧化碳的含量在受到人类活动干扰以前是相当稳定的。

自然界碳循环的基本过程如下:大气中的二氧化碳被陆地和海洋中的植物吸收,然后通过生物或地质过程以及人类活动,又以二氧化碳的形式返回大气中。

2. 氮循环

氮循环(nitrogen cycle)是描述自然界中氮单质和含氮化合物之间相互转换过程的生态系统的物质循环。

空气中含有大约 78% 的氮气,占有绝大部分的氮素。氮是许多生物过程的基本元素,它存在于所有组成蛋白质的氨基酸中,是构成诸如 DNA 等核酸的四种基本元素之一。在植物中,大量的氮素被用于制造可进行光合作用供植物生长的叶绿素分子。

固氮是将气态的游离态氮转变为可被有机体吸收的化合态氮的过程。大气中的一部分氮素是通过闪电转化成硝酸氮的,而绝大部分的氮素被非共生或共生的固氮细菌所固定。这些细菌拥有可促进氮气和氢化物合成为氨的固氮酶,生成的氨再被这种细菌通过一系列的转化形成自身组织的一部分。某一些固氮细菌(如根瘤菌)寄生在豆科植物(如豌豆或蚕豆)的根瘤中。这些细菌和植物建立了一种互利共生的关系,为植物生产氨以换取糖类。因此,可通过栽种豆科植物使氮素贫瘠的土地变得肥沃。还有一些其他的植物可供建立这种共生关系。其他植物利用根系从土壤中吸收硝酸根离子或铵离子以获取氮素。动物体内的所有氮素均由在食物链中进食植物所获得。

氮在自然界中的循环转化过程是生物圈内基本的物质循环之一。例如,大气中的氮经微生物等作用进入土壤,为动植物所利用,最终又在微生物的参与下返回大气中,如此反复循环,以至无穷。构成陆地生态系统氮循环的主要环节是:生物体内有机氮的合成、氨化作用、硝化作用、反硝化作用和固氮作用。氮循环示意图如图 5.10 所示。

植物吸收土壤中的铵盐和硝酸盐,进而将这些无机氮同化成植物体内的蛋白质等有机氮。动物直接或间接以植物为食物,将植物体内的有机氮同化成动物体内的有机氮,这一过程为生物体内有机氮的合成。动植物的遗体、排出物和残落物中的有机氮被微生物分解后形成氨,这一过程是氨化作用。在有氧的条件下,土壤中的氨或铵盐在硝化细菌的作用下最终氧化成硝酸盐,这一过程称为硝化作用。氨化作用和硝化作用产生的无机氮都能被植物吸收利用。在氧气不足的条件下,土壤中的硝酸盐被反硝化细菌等多种微生物还原成亚硝酸盐,并且进一步还原成分子态氮,分子态氮则返回到大气中,这一过程被称为反硝化作用。由此可见,由于微生物的活动,土壤已成为氮循环中最活跃的区域。

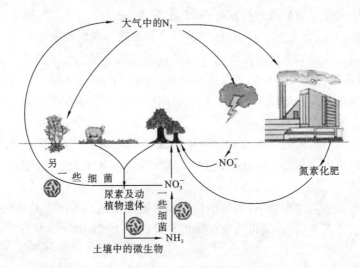

图 5.10　氮循环示意图

3. 有毒物质生物循环

有毒物质通过大气、水体、土壤等环境介质,进入植物、动物、人体等生物领域,通过食物链富集与转移,最后经微生物分解回到土壤、水体、大气中,如此周而复始的过程,称为有毒物质生物循环。

有毒物质可分为无机毒物和有机毒物两大类。无机毒物如汞、铅、砷、镉、铬、氟等,其中有许多能在生物体中富集、积累。有机毒物如酚、氰、有机氯、有机磷、有机汞、乙烯等,按降解难易程度又可分为易降解的(如酚、氰等)和难降解的(如有机氯、有机汞等)两类。前者在生物循环过程中往往容易被分解为简单的物质而解毒;后者的化学性质稳定,不易被生物分解,对人畜危害较大。

有毒物质的生物循环系统主要如下。

(1)"废水—水体—水生植物—水生动物—人畜"循环系统:有毒物质通过废水进入水体,被水生植物吸收,然后通过食物链进入水生动物(水生动物也可以直接吸收),再进入禽类、人畜。水生生物、人畜、禽类机体中的有毒物质,又可以通过排泄物和残体腐烂,重新回到水体中。

(2)"农药—土壤—植物—人畜"循环系统:农药喷洒在农作物叶片上或散入土壤里,能够进入植物体成为残毒,然后进入人畜体内,再返回土壤、水体。例如,某些地区使用有机氯农药较多,使大量有机氯农药的残毒留在鸡饲料中,并在鸡、蛋中富集,威胁和危害人体健康。

(3)"废气—大气—土壤—植物—人畜"循环系统:有毒物质通过废气或烟尘进入大气,然后降落地面。部分直接由动物和人吸入体内;部分通过植物的叶片进入植物体内;部分落入土壤被植物根系吸收,人食用后进入人体。然后,通过排泄物和残体腐烂,这些有毒物质又返回土壤、水体和大气中。例如,某些冶炼厂排放的烟尘中含有铜、铅、砷、镉等有毒物质,通过大气、土壤、植物进入人体,造成各种疾病。有些工厂排放的含氟气体通过土壤、牧草危害牲畜,或通过桑叶危害家蚕等。

(4)"废水—水体—土壤—植物—人畜"循环系统:有毒物质通过废水进入水体,通过灌溉进入农田,然后被植物的根系吸收,进入植物机体,进而危害人畜。植物和人畜机体中的有毒物质,又会通过排泄物和残体腐烂,回到土壤和水体中。通过中国污水灌溉研究证明,酚、氰、砷、汞、铬等有毒物质都能参与这样的生物循环。酚、氰易被分解,而重金属元素则可长期富集、转移。

在生态系统中,有毒、有害物质的循环途径因毒物的性质而异。下面以 DDT 和汞为例,分别介绍有机毒物质和重金属元素在生态系统中循环的特点。

(1) DDT。

DDT 是一种人工合成的有机氯杀虫剂,它的问世对农业的发展起了很大的作用。瑞典学者米勒(Miller)由于发明 DDT 而获得诺贝尔奖。DDT 是一种化学性能稳定、不易分解且易扩散的化学物质,它易溶于脂肪并且积累在动物的脂肪里,很易被有机体吸收,一旦进入生物体内就很难分解和排泄出去。生物长期生活在 DDT 等难降解污染物污染的环境中,其体内这种污染物的浓度就会高出周围环境中这种污染物的浓度,以致即使环境中污染物浓度很低,也会对生物和生态系统产生危害。这种生物体内污染物浓度高于环境中浓度的现象称为生物积累。生物圈内几乎到处都有 DDT 的存在,在北极地区的一些脊椎动物的脂肪中以及南极的一些鸟类(企鹅和贼鸥)和海豹的脂肪中,人们均发现有 DDT 的存在。

生态系统通过两个途径吸入人类喷洒的 DDT 并经过食物链加以富集:一是经过植物的茎和叶及根系进入植物体,在体内积累起来,被草食动物吃掉再被肉食动物所摄取,逐渐浓缩;二是喷洒的 DDT 落入地面,经过土壤动物,如吃土壤中有机物碎片的蚯蚓等,再被地上的食虫动物如小鸡所捕食,小鸡再被鹰等食肉鸟所捕捉,DDT 逐渐浓缩。这种通过食物链加以浓缩的过程称为富集或生物放大。

在自然界中,这些人工合成的大分子化合物由于不能被生物消化与分解,沿食物链转移,表现出污染物的浓缩,食物链越复杂,逐渐积累的浓度就越大。这种物质浓度在生态系统中沿食物链逐渐增大的现象称为生物放大。如图 5.11 所示,在美国的密歇根湖,湖底淤泥中的 DDT 浓度为 0.014 mg/L,浮游藻类干物质中的 DDT 浓度明显升高,在浮游动物体内 DDT 浓度已增加约 10 倍,最后在吃鱼的水鸟体内,DDT 浓度已升高到 98 mg/L,比湖底淤泥中的 DDT 浓度高 1000 倍。营养级越高,富集能力越强,积累量越大。图 5.11 给出长短不同的 8 种食物链,每条食物链都反映了这种富集的规律,如水草中的 DDT 质量分数为 0.08×10^{-6},蜗牛体内升高到 0.26×10^{-6},到燕鸥就升高到了 $3.15 \times 10^{-6} \sim 6.40 \times 10^{-6}$,燕鸥中的 DDT 质量分数比水草中的高出 40~80 倍。

(2) 汞。

汞化合物是非常有毒的物质,但至今仍作为工业用催化剂和电极材料,因而许多世纪以来,不断输入生态系统中,以痕量出现在大气、土壤、岩石以及动植物组织中,并因生物浓缩,由环境中的微量发展到富集,从水中不到 1 μg/L,再到在海藻中可达 100 μg/L、在鱼体中可达 1122 μg/L、在汞含量丰富的环境中可达对人类产生危险的水平。在日本水俣事件中螃蟹体内含有汞 24 mg/L,受害人体肾内含有汞 14 mg/L,而鱼允许含有汞 0.5 mg/L。

汞在生物体内易与中枢神经系统的某些酶类结合,因而容易引起神经错乱,如疯病、精神呆滞、昏迷已至死亡。此外,汞和一种与 DNA 一起发生作用的蛋白质形成专一性的结合,这是汞中毒引起先天性缺陷的原因。

当汞进入生态系统中,被环境中特定的微生物转化为汞的有机化合物,如甲基汞,它是一

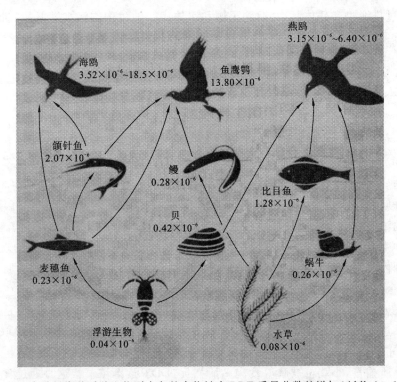

图 5.11　密歇根湖从浮游生物到水鸟的食物链中 DDT 质量分数的增加(Ahlheim,1989)

种脂溶性的有机汞化物,比无机汞毒性高 50～100 倍,且更易被其他生物所吸收,其毒性也明显增加,进入人体可分布全身,尤其进入肝、肾,最后到达脑部,且不易排泄掉。

有毒物质生物循环的研究不仅具有理论意义,可以了解生态系统平衡和破坏的规律,而且具有实践意义,可以据此设法切断循环链,阻止有毒物质继续富集造成伤害。

第五节　生态系统的信息传递

信息是实现世界物质客体间相互联系的形式。生态系统中的各个组成成分相互联系成为一个统一体,它们之间的联系除了能量流动和物质交换之外,还有一种非常重要的联系,那就是信息传递。习惯上把系统中各生命成分之间的信息传递称为信息流(information flow)。生物之间交流的信息是生态系统中的重要内容,通过它可以把同一物种之间以及不同物种之间的"意愿"表达给对方,从而在客观上达到自己的目的。

一、信息传递的主要方式

1. 营养信息
食物和养分的供应状况也是一种信息,即营养信息。老鹰以田鼠为食,田鼠多的地方能够吸引饥饿的老鹰前来捕食。例如,加拿大哈德逊是一家历史悠久的大皮毛公司,由于地理位置关系,他们收购的多是亚寒带针叶林中动物的皮毛。该公司历年收购皮毛的种类和数量的详尽统计说明了猞猁与雪兔是食物链中上下级的关系,雪兔数量减少就会直接影响到猞猁的生存,猞猁数量减少(也就是雪兔的天敌减少)又促进了雪兔数量的回升……循环往复就形成了周期性数量的变化。

2. 行为信息

行为信息是动物为了表达识别、威吓、挑战和传递情况,采用特有的动作行为而表达的信息。例如,地甫鸟发现天敌后,雄鸟急速起飞,扇动翅膀为雌鸟发出信号;蜜蜂可用独特的"舞蹈动作"将食物的位置、路线等信息传递给同伴等。

3. 物理信息

物理信息是以物理过程为传递方式的信息,包括声、光、颜色等。这些物理信息往往表达了吸引异性、种间识别、威吓和警告等作用。例如,毒蜂身上斑斓的花纹、猛兽的吼叫都表达了警告、威胁的意思;萤火虫通过闪光来识别同伴;红三叶草花的色彩和形状就是传递给当地土蜂和其他昆虫的信息。

4. 化学信息

生物依靠自身代谢产生的化学物质(如酶、生长素、性诱激素等)来传递的信息称为化学信息。例如,非洲草原上的豺用小便划出自己的领地范围。许多动物平常都是分散居住,在繁殖期依靠雌性动物身上发出的特别气息——性诱激素聚集到一起繁殖后代。值得一提的是,有些"肉食性"植物也是这样,如生长在我国南方的猪笼草就是利用叶子中脉顶端的"罐子"分泌蜜汁,来引诱昆虫进行捕食的。

二、生态系统中的信息传递

生态系统中能量流和物质流通过个体与个体之间、种群与种群之间、生物与环境之间的信息进行传递。动物之间的信息传递是通过其神经系统和内分泌系统进行的,决定着生物的取食、居住、防卫、性行为、群集等一切过程。

1. 取食

动物的取食有一定特点。食草动物通过眼睛辨别环境中不同植物的颜色特征,从而取食它所需要的植物。在取食过程中,通过口腔的感触辨别食物的味道,然后取食所需要的食物,排除不需要的部分。食肉动物不但用眼睛辨别、追捕它所需要的动物,而且用耳朵对声音的反应来追捕或威胁它的敌人,从而获取食物或纠集同伙战胜敌人。

2. 居住

动物总是栖息在最有利于生活、生存的环境中,这是动物经过一系列感觉器官,将环境的光、温、水、气等信息反映到神经系统,经过综合分析而决定的。食物信息发生变化也会引起动物对居住环境的改变。

3. 防卫

各种生物的体形和体色都有尽量与其生存环境相一致的特性。这一特性是防卫"敌人"的一种自然保护色,也是一种信息作用。生物具有寻找与其体色相同的环境居住下来的机能,以迷惑敌人,从而免遭杀害,这是行为信息在生物保护中的作用。蝗虫、蚱蜢将秋冬杂草枯黄的物理信息传到虫体,反映到大脑,大脑指示体躯的皮肤改变颜色使其与草色相一致,从而保护其免遭敌害。有的动物以其特别姿态变化来吓唬敌人从而得到保护。例如,蚜虫在遭天敌昆虫捕食时,当敌人接触蚜虫体表时,蚜虫腹部后方的一对角状管立即分泌一种萜烯类挥发性物质,通知它的伙伴迅速逃脱;瓢虫被鸟类啄食时,体内分泌出强心苷,使鸟感到难以下咽而吐出,这也是一种行为信息。

4. 性行为

生物在繁衍后代的过程中都有特殊的性行为。某些生物能分泌与性行为有关的物质散发到环境中以引诱异性。这种化学信息只有同类生物才能感触到,尤其是同类生物的异性特别敏感。鳞翅目昆虫雄蛾在腹部或翅上的毛刷状器官有性分泌腺,可分泌性外激素以引诱异性,达到交配的目的。有的生物是雌性分泌性外激素以引诱雄性,有的则是雄性分泌性外激素以引诱雌性。

5. 群集

除食物、环境等因素会引起生物的群集外,信息也会引起生物的群集。

三、信息在农业生态系统中的应用

农业生态系统与自然生态系统一样,具有各种各样的信息传递,其中最主要的信息是科学技术信息。根据热力学第一定律,物质和能量是守恒的,既不能创造也不能消失,人们只能利用"势差",但在农业生态系统中加入科学技术这个生产力后,可以提高物质的利用率和能量的转化率。

1. 光信息在农业生态系统中的应用

利用光信息调节和控制生物的发生、发展。例如,利用昆虫的趋光特点将其进行诱杀。昆虫都有趋光的特点,但不同昆虫对各种光波长的反应不完全相同,因此可用不同的光来诱杀害虫。各种害虫活动时间不同,水稻二化螟、三化螟、玉米螟、棉红铃虫、梨小食心虫、小地蚕等,都在 22 时 30 分至凌晨 4 时 30 分活动盛行。草木蛾、桃褐斑夜蛾及葡萄实紫褐夜蛾,都在夜间飞入果园刺吸果汁,所以夜间点灯诱杀效果好。

根据各种植物的光周期特性和经济器官不同,人工控制光周期能达到早熟、高产的效果,在花卉上应用很多,如短光照的处理菊花使其在夏天开花供观赏。在育种上利用光照调节不同光周期的植物,使其在同一时间开花、杂交,培育优良品种。利用作物光周期不同,采取相应措施提高产量。例如,短日照作物黄麻,南种北移延长生长期,提高麻皮产量;养鸡业在增加营养的基础上延长光照时间可以提高产蛋率。

2. 化学信息在农业生态系统中的应用

自然界生物的某些行为是由少量的化学物质的刺激引起的,如黏虫成虫具有趋光性,对蜡味特别敏感。生产上就利用这一点,在杀菌剂中调以蜡类物以诱杀害虫。

国外应用"迷向法"防治森林大害虫舞毒蛾是比较成功的。我国最近进行了"迷向法"防治棉红铃虫试验,处理区的监测诱捕器的诱蛾量上升 99% 以上,交配率和虫害均下降 20% 左右。在家畜饲养上应用性外激素调整母猪发情日期,治疗久配不孕症。此外,用性外激素鉴定猪的发情日期,提供确切指标,以便适时对母猪进行人工授精,促使母猪多产仔猪,提高繁殖能力。

3. 声信息在农业生态系统中的应用

用一定频率的声波处理蔬菜、谷类作物及树木等种子可以提高发芽率,获得增产。

第六节　鄱阳湖的资源、结构和功能

湖泊湿地是指陆地到开敞湖面的过渡带,在宏观上(至少季节性地)具有陆地景观,并以湿地植物为标志,它是湖泊与其周围环境间物质交换和能量交换的重要通道,尤其在湖泊生物生产和营养平衡中起着极为重要的作用。湖泊湿地包括湖滩地和河滩地,含盐量小于1‰的湖泊湿地为淡水湖泊湿地。

湖泊湿地地处水、陆过渡带,湿生植物的促淤功能使得湖泊湿地得以蓄积来自水、陆两相的营养物质而具有较高的肥力,又有与陆地相似的光、温和气体交换条件,并以高等植物为主要的初级生产者,因而具有较高的初级生产力。同时,湖泊湿地为鱼类和其他水生动物提供了丰富的饵料和优越的栖息条件,具有较高的渔业生产能力。

鄱阳湖是我国最大的淡水湖泊,并具有长江中下游最典型的湖泊湿地,其湿地面积(即水位消落区及其邻近浅水区)已超过我国五大淡水湖之一的洞庭湖(或太湖)的全湖面积。鄱阳湖湿地主要分布在五大入湖河流三角洲前缘,在地貌结构上处于陆上三角洲向湖区常年淹水区的延伸过渡带,地面高程为吴淞高程12~18 m。由天然堤与堤外洼地所组成的三角洲前缘鄱阳湖泊湿地,兼有水、陆生态特点。每当湖水退却时,天然堤逐渐显露水面,形成背向河岸缓缓倾斜的草滩,其不同高程连续出水时间长达140~310天,光热条件优越。富含有机质的草甸土,因年复一年植被的自生自灭与鸟粪的积累,土质肥沃,淹水时处于休眠状态的湿生草本植物随着退水相继萌发,而水生植物则退缩到地势最低的积水洼地。由天然堤顶至积水洼地,高程一般为12~18 m。因不同高程处土壤和光热条件不同,形成了鄱阳湖湿地生物的多样性。湿地植物种类有38科102种。根据种群结构特点,地面由高到低分布以下群落:16~18 m为芦苇和荻群落带;14.5~16 m为苔草群落带;13.8~14.5 m为水毛茛、蓼子草群落带;13.8 m以下为水生植物群落带。呈环状和片状分布的湖泊湿地植物群落带,春、夏水位上升,湿生植物优势种群逐渐为水生植物种群所代替;秋、冬水位下降,水生植物种群又被湿生植物种群取代,并随着每年季节性水位涨落呈现周期性演替。此外,水面还有不少浮水植物群落等。鄱阳湖湿地植物资源不仅是湖区绿肥、牧草及柴薪的主要来源,而且是鱼类饵料基地和某些经济鱼类的产卵场。鄱阳湖湿地有鱼类21科122种,其中鲤鱼科占50%。在鄱阳湖湿地生态系统中,积水洼地鱼类资源和各种软体动物丰富,它们是候鸟动物的食物来源,鸟粪和鱼粪肥土又促进水生植物生长,水生植物又是草食性候鸟的食物,形成一个有利于珍禽越冬栖息的生态链。除此之外,鄱阳湖湿地的鸟类有280多种,分属于17目51科,其中水禽115种,属国家一类保护的动物有白鹤、白头鹤、大鸨、白鹳、黑鹳、金雕、白肩雕、白尾海雕、丹顶鹤和中华秋沙鸭10种,属于二类保护的有40种。因此,鄱阳湖湿地有"白鹤王国"的美称。

鄱阳湖湿地不仅在生物多样性和丰富生物资源及维系湖泊生态平衡中发挥巨大作用,而且有着明显的调蓄洪水的功能。但人类活动(如大规模的围湖垦殖)严重污染水域环境,流域水土流失加剧湖区淤积,生物资源过度开发和不合理利用以及影响湖泊水文情势的大型水利工程等破坏了湖泊湿地的生态环境。就鄱阳湖而言,以围湖垦殖影响最大。围湖垦殖对湿地的影响主要表现在草滩面积减少,植被群落结构变化和生物量减少,鱼类产卵场和育肥场遭破坏,渔业资源衰减,湖泊库容减少、水位抬高、调蓄功能降低,栖息地面积减少及越冬环境变差等方面,从而影响和改变湖泊湿地生态系统的结构和功能。根据1965年和1989年实测调查对比,鄱阳湖草滩植被资源衰减明显(见表5.1)。

表 5.1　鄱阳湖湿地草滩植被生物量变化

群落	苔草群落			芦苇+荻群落		
年份	面积/km^2	单位面积生物量 /(g/m^2)	群落总生物量 /t	面积/km^2	单位面积生物量 /(g/m^2)	群落总生物量 /t
1965	553.3	2500.0	1383250	253.4	2450.0	620830
1989	458.0	2416.8	1106963	175.3	2249.9	394500

注:引自陈宜瑜,中国湿地研究,1995,182~190。

湖泊湿地具有卓越的渔业生产功能和环境生态功能,渔业资源的盲目开发和管理不善已引起许多湖泊湿地生态系统的破坏和生态功能的丧失,因此加强对现有湖泊湿地生态系统的研究和保护,制定科学的管理与资源利用计划,有效地保护和利用湖泊是一项十分紧迫的艰巨任务。

复习思考题

1. 什么叫初级生产力? 测定方法是什么?
2. 试述碳循环。
3. 试举例说明生物积累、生物放大及其对湖泊生态系统、人类健康的影响和危害。
4. 试述湖泊生态系统的结构和功能。
5. 试举例说明湖泊生态系统种群增长与环境容量的关系。
6. 试举例说明湖泊生态系统种间竞争关系理论对湖泊生态破坏和生态修复的指导意义。

第六章 湖泊生态系统服务

全球湖泊湿地面积约为 $7×10^6 \sim 10×10^6$ km²，占全球陆地总面积的 5%~8%。与其他生态系统类型相比，湖泊湿地生态系统有着区别于其他生态系统类型的水文过程和生物地球化学循环过程，因此其提供的生态系统服务（ecosystem services）也在一定程度上区别于其他生态系统服务，主要体现在涉及水的生态系统服务，包括水资源供给、水质净化、洪水调蓄、生物多样性维持、休闲娱乐等，在保障全球水生态安全格局中占有重要地位。据估算，湖泊湿地生态系统服务提供的价值占全部生态系统服务价值总量的四分之一。湖泊湿地生态系统因其巨大的生态系统服务价值、保障区域（国家）乃至全球生态安全的重要作用及其在社会经济快速发展下导致的不断退化和萎缩的趋势，已引起了各国政府和学者的高度关注。中国明确把"湿地面积不低于 8 亿亩"列为 2020 年生态文明建设的主要目标之一，并纳入国家"十三五"纲要。然而，受湖泊湿地生态系统的高度复杂性、特殊性及研究手段局限性等多方面条件限制，湖泊湿地生态系统服务内涵、评估方法及其管理决策与政策设计等方面的研究和应用尚处在探索阶段。

第一节 生态系统服务的内涵

生态系统服务被定义为自然生态系统及其物种所提供的能够满足和维持人类生活需要的条件和过程，也被理解为生态系统与生态过程所形成及所维持的人类赖以生存的自然环境条件与效用，即通过生态系统服务直接或间接得到的产品和服务，包括提供人类生活的必需品和保障人类生活质量等。由此可见，生态系统服务是生态系统对福祉效益的直接或者间接贡献，其可持续供给是影响区域、国家及全球可持续发展与生态安全的重要因素。

20 世纪 70 年代以来，生态系统服务成为生态经济学与生态学中的重要研究方向，并在《人类对全球环境的影响报告》中列出自然生态系统在水土保持、土壤形成、传粉、昆虫控制等方面的"环境服务"，首次使用生态系统服务的"服务（service）"一词，并列出了自然生态系统对人类的"环境服务"，包括害虫控制、昆虫传粉、渔业、土壤形成、水土保持、气候调节、洪水控制、物质循环与大气组成等方面。Holdren 等将"环境服务"定义为"全球生态公共服务"。Ehrlich 在总结前人研究结果的基础上，论述了生态系统服务概念。此后，生态系统服务逐渐得到人们的普遍认可,并被越来越多的科学家所关注。20世纪90年代以来,随着对生态系统理论研究的深入和实践水平的提高,生态系统服务及其价值评估逐渐成为生态学研究中的热点。自2005年联合国发布《千年生态系统评估报告》后,生态系统服务研究取得了前所未有的快速发展。国际上先后发布并实施了一系列重大国际研究计划,如福利核算和生态系统服务价值评估(wealth assessment and value of ecosystem service,WAVES)全球伙伴关系、2020生态系统及其服务状况制图与综合评估计划、生物多样性和生态系统服务政府间科学政策平台等。2014年开始实施的未来地球计划将国际地圈生物圈计划(international geological and biological planning,IGBP)等全球变化研究计划逐步拓展到全球变化对生态系统服务的影响,提出要全面认识环境、经济、社会和政策变化下"水—能源—粮食"供给服务之间的相互作用机制,合理调控与优化多种生态系统服务之间的权衡关系,并将其融入决策制定过程中。上述重大国际研究计划的实施,进一步提高了世界各国科学界对生态系统服务研究的关注,生态系统服务已逐渐成为地理学、生态学和环境科学等多学科交叉研究的前沿和热点。随着生态系统服务研究的不断深入,生态系统服务从提高公众认知到理论框架不断完善及案例研究深入拓展,并逐步深化为管理决策和政策设计应用。

生态系统服务研究从概念提出到不断发展大体可划分为四个阶段:生态系统服务概念探讨(1997年前),生态系统服务分类体系建立与经济价值评估快速发展阶段(1997—2005年),分类体系、评估框架、评估方法逐步完善阶段(2005—2010年),权衡分析、供需耦合机制及与政策设计结合阶段(2010年至今)。相比其他生态系统类型,湖泊湿地生态系统服务研究相对较为滞后,2005年之前,许多学者对湿地生态系统进行了拓展性研究,成立了全球湿地经济网络(global wetland economic network,GWEN),并多次召开国际会议。2000年,*Ecological Economics*杂志以专辑形式出版了有关湿地生态系统服务价值评价研究的最新成果。2005年,《联合国千年生态系统评估报告》发布后开展价值评估与影响分析,2010年前后,进入热点研究阶段。当前,湖泊湿地生态系统服务研究主要集中在土地利用变化对湖泊湿地生态系统服务的影响、模型在湖泊湿地生态系统服务评估的应用、湖泊湿地生态修复对生态系统服务的影响与评估等几个方面,而在模型开发、权衡分析、管理决策和设计等方面仍处在探索阶段。生态系统服务研究进展如表6.1所示。

表6.1 生态系统服务研究进展

时　间	研究阶段	研究内容	研究方法	湖泊湿地生态系统服务研究
1997年前	生态系统服务概念探讨	生态系统服务概念探讨	—	—
1997—2005年	生态系统服务分类体系建立与经济价值评估快速发展阶段	以Costanza生态系统价值评估为代表,以MA分类体系为主导;从点位—区域—全球尺度上开展生态系统服务价值评估	市场价值法、影子工程法、旅行成本法、条件价值法、效益转化法	

续表

时　间	研　究　阶　段	研　究　内　容	研　究　方　法	湖泊湿地生态系统服务研究
2005—2010 年	分类体系、评估框架、评估方法逐步完善阶段	以 Wallace、Fisher et、Haines Young、Kumar 等为代表，开展生态系统服务分类体系探讨；多层次、多角度开展生态系统服务评估建模及应用研究	以 Invest、ARIES、Solves、EPM、Eco-Metrix 等模型为代表	初步开展湖泊湿地生态系统服务评估的案例研究；以野外调查、经济价值评估为主
2010 年至今	权衡分析、供需耦合机制及与政策设计结合阶段	以定性分析为主判定生态系统服务权衡关系，定量研究相对较少；生态系统服务在土地利用规划、生态补偿、生态功能区划、海岸带管理、水资源管理、自然资源损害评估等方面应用	统计方法、空间分析方法、情景模拟方法和服务流动性分析方法	湖泊湿地评估研究进入热点研究阶段，开展价值与质量评估、动态变化与影响机理分析；尝试利用 InVEST、SolVES 等模型开展湖泊湿地生态系统服务权衡分析

第二节　生态系统服务的主要内容

生态系统不仅创造与维持了地球生命支持系统，形成了人类生存所必需的环境条件，还为人类提供了生活与生产所必需的食品、医药、木材及工农业生产原料等。生态系统服务自其概念提出到其与管理决策和政策设计相结合经历了几十年的发展历程。Daily、de Groot、Costanza 和 MA 等针对生态系统服务概念、内涵及分类体系进行了全面的分析和系统的探讨，将生态系统服务划分为供给服务、调节服务、支持服务和文化服务四大类，在全球范围内得到了广泛应用和推广。关于如何将国际生态系统服务的评价体系与中国的具体情况相结合，谢高地等人根据中国民众和决策者对生态系统服务的理解状况，将生态系统服务重新划分为食物生产、原材料生产、景观愉悦、气体调节、气候调节、水源涵养、土壤形成与保持、废物处理、生物多样性维持共 9 项。随着公众和管理决策者对湖泊湿地生态系统服务重要性认识的不断提高，湖泊湿地生态保护已逐渐被提升到事关国家生态安全的理论高度，生态系统服务研究也已成为生态文明制度建设、生态系统管理与保护的重要技术手段。湿地生态系统服务与宏观的生态系统服务在内容上有许多相同或相似之处，有必要结合宏观的生态系统服务对湿地生态系统服务进行讨论。湖泊生态服务类型与划分如表 6.2 所示。

表 6.2　湖泊生态服务类型与划分

一级类型	二级类型	与 Constanza 分类的对照	主要作用
供给服务	食物生产	食物生产	鸟类、鱼、虾、螃蟹等动物类
	原材料生产	原材料生产	提供林产品、芦苇、蔬菜、果品、药材等;泥炭、林草燃料生产、水力发电;水运通道
调节服务	气体调节	气体调节	主要对降尘和飘尘有滞留过滤作用;通过吸收减少空气中的 SO_2、HF、Cl_2、O_3 等有害气体含量
	气候调节	气候调节、干扰调节	诱发降雨,提高湿度,增加地下水供应
	水文调节	水调节、供水	降低洪峰,滞后洪水过程,减少洪水造成的财产损失;补给地下水,提高地下水位;提供人类生产、生活用水
	废物处理	废物处理	降低土壤和水中有毒物、污染物含量,提高水质;拦蓄径流中悬浮物,提高水质
支持服务	保持土壤	侵蚀控制可保持沉积物、土壤形成、营养循环	控制地表盐化,避免海水从地下浸入造成水质恶化;防止河岸、湖岸和海岸的侵蚀;吸收、固定、转化和降低土壤和水中营养物含量
	维持生物多样性	授粉、生物控制、栖息地、基因资源	野生动物栖息、繁衍、迁徙、越冬地,维持生物多样性
文化服务	提供美学景观	休闲娱乐、文化	休闲、旅游、摄影场所;提供特种标本、研究对象、同类系统典型模式、环境教育地点

一、供给服务

湿地生态系统物种丰富、水源充沛、肥力和养分充足,有利于水生动植物和水禽等野生生物生长,使得湿地具有较高的生物生产力,且自然湿地的生态系统结构稳定,可持续提供直接食用或用作加工原料的各种动植物产品。同时,湿地还可以为人类社会的工业经济发展提供包括食盐、天然碱、石膏等多种工业原料,以及硼等多种稀有金属矿藏。湿地中的绿色植物通过光合作用固定太阳能,进而使光能通过绿色植物进入食物链,为所有物种(包括人类)提供维持生命的能量来源。

生态系统供给服务包含食物生产服务与原材料生产服务两部分。太阳能转化为能食用的植物和动物产品这一过程称为生态系统供给服务中的食物生产服务。物质生产是指生态系统生产的可以进入市场交换的物质产品,包括全部的植物产品和动物产品。以洞庭湖为例,其自古以来就是我国重要的稻米产区和淡水鱼类生产基地,稻米和鱼类是其主要的物质产品。太阳能转化为生物能以给人类作建筑物或其他用途时,这类服务被称为原料生产服务,如芦苇、杨树是优良的造纸原料,还有大面积草滩为牧业提供了饲草。这些产品可以直接进入市场并创造价值。湿地生态系统提供的物质主要包括人类生活所需要的食物,如粮食、油料、水果、蔬菜、畜牧产品、水产品、食盐、饮料等;湿地湖泊能直接提供的原材料包括木材、燃料、饲料及农副产品等。在干旱时节,湖泊能为人畜提供饮水。农田沟渠等可以提供鱼、虾、蟹等水产品。湖泊中生长的植物(如芦苇等水生植物)收割后可以作为燃料或燃料原料。水资源供给是湖泊最基本的服务功能,此外,湿地生态系统通过初级生产和次级生产生产出丰富的植物产品、动物产品以及其他产品,为人类生产、生活提供了原材料和食品,为动物提供饲料。但对于不同的湖泊湿地而言,其具体指标有一定的区别。以澄碧河水库为例,对其进行供给服务功能评价时,选取了水资源、水力发电、农业产品、林业产品、畜牧产品作为评估指标;而洞庭湖有关于供给服务功能的指标主要包含供给生产和生活用水服务、供给植物产品服务、供给水产品服务。

二、调节服务

调节服务分为气体调节、气候调节、水文调节和废物处理四个部分。

1. 气体调节

气体调节被定义为生态系统维持大气化学组分平衡,吸收二氧化硫、氟化物、氮氧化物这一过程。生物的净化作用包括植物对大气污染的净化作用和土壤-植物系统对土壤污染的净化作用。湖泊植物净化大气主要是通过叶片实现的。绿色植物净化大气的作用主要有两个方面:一是吸收 CO_2,放出 O_2 等,维持大气环境化学组成的平衡;二是在植物抗生范围内通过吸收减少空气中硫化物、卤素等有害物质的含量,同时植物(特别是树木)对烟气及粉尘有明显的阻挡、过滤和吸附作用。湖泊生态系统中,气体调节主要依靠水生植物,通过代谢(异化作用和同化作用)使进入环境中的污染物无害化。植物主要通过其叶片实现气体调节,主要对降尘和飘尘有滞留过滤作用;通过吸收减少空气中的 SO_2、Cl_2、O_3 等有害气体含量;在抗性范围内能减少光化学烟雾;过滤或杀死空气中的细菌;对飘尘和颗粒物中的重金属有吸收和净化作用;减少噪声污染和放射性污染。值得注意的是,由于湖泊生态系统中还原性厌氧环境的存在,湖泊还向大气环境排放温室气体(如 CO_2、CH_4、NO_2 等)。有研究进一步指出,湖泊生态系统对温室气体调节基本上起着抑制作用,而不是促进作用。

2. 气候调节

气候调节具体指对区域气候的调节作用,如增加降水、降低气温等。

从人类诞生以来,地球气候变化比较剧烈,在 2 万年前的冰期,地球上大多数陆地仍覆盖着厚厚的冰层。尽管近 1 万年来,全球气候比较稳定,但其周期性变化,仍极大地影响着人类活动与人口分布,甚至在 1550—1850 年间,欧洲发生了所谓的小冰期,气温明显降低。气候对地球上生命的进化与生物的分布起主要作用。一般认为,地球气候的变化主要是受太阳黑子及地球自转的影响。生物本身在全球气候的调节中也起着重要作用。例如,生态系统通过固定大气中的 CO_2 减缓地球的温室效应。生态系统还对区域性的气候具有直接的调节作用,植物通过发达的根系从地下吸收水分,再通过叶片蒸腾将水分返回大气中。

湿地气候调节包括通过湿地及湿地植物的水分循环和大气成分的改变调节局部地区的温度、湿度和降水状况,调节区域内的风、温度、湿度等气候要素,从而减轻干旱、风沙、冻灾、土壤沙化过程,防止土壤养分流失,改善土壤状况。如果湿地上游水土流失严重,则会导致集水区沉积物的增加,致使湿地的蓄水量和湿地面积减少,还可能导致湿地吸纳沉积物的能力大幅降低,从而造成湿地气候调节的能力下降。湖泊中的植物从土壤吸收大量水分后,大部分通过茎、叶的气孔以水汽的形态进入大气中。以水中芦苇为例,1 t 芦苇的生长可蒸腾 70 t 左右的水分。这一生物调节作用能有效地增加空气的湿度。不但如此,湖泊中的植物能够通过光合作用吸收空气中大量的 CO_2。湿地土壤温度低,易形成碳积累。虽然气候的形成取决于太阳辐射、大气环流和下垫面状况三个因素,但是区域小气候的形成和变化则主要取决于下垫面状况。下垫面植被的覆盖状况可直接影响水分蒸腾及涵养、对太阳辐射的吸收和反射、地面辐射等生态过程,从而影响降水和气温等重要气候要素,对局部地区小气候有一定的调节作用。据科学家研究,在过去 100 年的 10 个气温最高年份中,有 9 个集中在 1990—2001 年的这 12 年中,这期间正是人类活动对自然生态(包括湿地生态系统)造成破坏最严重的时期。湿地固定了陆地生物圈 35% 的碳元素,总量为 770 亿吨,是温带森林的 5 倍,单位面积的红树林沼泽湿地固定的碳是热带雨林的 10 倍。《湿地公约》和《联合国气候变化框架公约》还特别强调了湿地对调节区域气候的重大作用,湿地的水分蒸发和植被叶面的水分蒸腾使得湿地和大气之间不断进行能量和物质交换,对周边地区的气候调节具有明显作用。

3. 水文调节

水文调节是指生态系统的淡水过滤和储存功能,其主要包含了水调节与供水两个方面。许多湿地地区是地势低洼地带,与河流相连,是天然的调蓄洪水的理想场所。若湿地被围困或淤积后,这些功能会大受损失。

1) 调节径流,控制洪水

湿地能将过量的水分储存起来并缓慢地释放,从而将水分在时间上和空间上进行再分配。过量的水分,如洪水被储存在土壤(泥炭地)中或以地表水的形式(湖泊、沼泽等)保存着,从而减少下游的洪水量。湿地对河川径流起到重要的调节作用,可以削减洪峰,均洪水。据研究,沼泽对洪水的调节系数与湖泊的相似。沼泽土壤具有巨大的持水能力,因此被称为“水物蓄水库”。据三江平原的实验研究,沼泽和沼泽化土壤的草根层和泥炭层的持水能力巨大,泥炭层的孔隙度达 72%～93%,最大持水量达 400%～600%,饱和持水量为 500%～800%,最高可达 900%;草根层持水量一般为 300%～800%。沼泽径流系数小于耕地的,一次性降水产生的流量,沼泽明显小于耕地,沼泽地开垦后饱和持水量呈明显下降趋势,草甸沼泽土 0～16 cm 下降速率为 6.22%。湿地既可作为表面径流的接收系统,也可以是一些河流的发源地,地表径流源于湿地而流入下游系统,这些湿地通常是下游河流重要的水量调节器。控制洪水的能力因湿地的类型而异,已经水饱和的河渡区域,河水流量加大。与此相反,洪泛平原在洪水期可以储存大量洪水,水量可达 $4.85 \times 10^4 \, m^3$,而最大出水量仅 $2.24 \times 10^4 \, m^3$,削减率达 53%。湿地植被也可减慢洪水流速,从而进一步减小洪水的危害。据科学家研究,1998 年洪水的特点是“低洪量、高水位、大危害”,洪水流量虽然没有 1954 年的洪水流量大,但造成的后果却远比 1954 年的严重,其原因除森林资源遭到大量的破坏、水利工程设施不足外,湿地被大量围垦、侵占和其功能急剧退化是最主要的原因。

2) 供水功能

湿地常作为居民生活用水、工业用水和农业用水的水源。例如,河流、水库、溪流、湖泊等可直接被利用,而泥炭沼泽地常作为浅水水井的水源。由于湿地所处地势不同,一块湿地可能成为另一块湿地的供给水源地。一块湿地为另一块湿地提供水源的过程和功能是很重要的,如湖南的湘水、资水、沅水、澧水这四水上游的河流和湖泊,其入湖水量的多少直接关系到洞庭湖的水位。当水由湿地渗入或流到地下蓄水系统时,蓄水层的水就得到了补充,湿地则作为补给地下水蓄水层的水源。从湿地流入蓄水层的水随后可成为浅水层地下水系统的一部分,因而得以保持。浅水层地下水可为周围维持供水水位,或最终流入深层地下水系统成为长期水源。湿地水源补充地下水,对于依赖中/深度水井作为水源的社区和工农业生产来说很有价值。

4. 废物处理

废物处理是指湿地中的生物去除和分解多余养分与有毒有害物质的作用。湿地被誉为"地球之肾"是因其具有减少环境污染的作用。湿地具有很强的降解污染的功能,许多自然湿地生长的湿地植物、微生物通过物理过滤、生物吸收和化学合成与分解等把人类排入湖泊、河流等湿地的有毒有害物质转化为无毒无害甚至有益的物质,如某些可以导致人类致癌的重金属和化工原料等能被湿地吸收和转化,使湿地水体得到净化。当水体流经湿地时因水生植物的阻挡作用,缓慢的水体有利于颗粒物的沉积,许多污染物吸附在沉积物表面,随同沉积物而积累起来,从而有助于污染物储存、转化。一些湿地的水生植物(如挺水植物、浮水植物和沉水植物)所富集的重金属浓度比周围水体高出 10 万倍以上。水浮莲、香蒲和芦苇等都已成功地被用来处理污水,其中芦苇对水体中污染物的吸收、代谢、分解、积累和减轻水体富营养化等具有显著效果,尤其对大肠杆菌、酚、氯化物、有机氯、磷酸盐、高分子物质、重金属盐类悬浮物等的净化作用尤为明显。国外自 20 世纪 60 年代以来就对苇塘地生态效应展开研究。我国学者测定太湖湿地中地芦苇根茎,发现其"六六六"和 DDT 含量为水体含量的几百倍甚至几千倍;另有学者研究表明,在镉含量为 3 mmol/L 的污水中,芦苇幼苗没有表现出明显的受害症状,故芦苇对处理镉含量较高的工业污水具有很大的应用价值。在人工芦苇湿地中,芦苇对生化需氧量、化学需氧量、总氮、总磷平均去除率分别为 85%、76%、49%、29%。有学者在芦苇净化后的污水研究中发现,污水经过土层一定时间后得到了净化,其中对总磷的净化能力最大,达到了 85% 以上,总氮的为 41% 左右,化学需氧量的为 29% 以上。根据黑龙江七星河流域芦苇田的实验研究,芦苇田对 As 的净化能力为 96.06%,Fe 为 94.64%,Mn 的为 94.54%,Pb 的为 80.18%,Be 和 Cd 的约为 100%。以上结果表明,芦苇湿地系统对净化湖泊、水库的水质具有非常重要的作用。但湿地吸纳沉积物、营养物和有毒物质的能力是有限度的,不能只依靠湿地来缓解过量的沉积物、营养物和有毒物质的污染。湿地净化水质必须在其自然承载能力之内,一旦湿地遭到严重破坏,就会丧失自我修复能力。我国许多自然湿地污染严重就是由于过量排放污染物造成的。

三、支持服务

湖泊的支持服务主要包括保持土壤和维持生物多样性。

保持土壤被定义为植物根系对有机物和沉积物的累积和土壤形成作用。沿海城市的湖泊湿地有着控制地表盐化,避免海水从地下浸入造成水质恶化的作用;河岸、湖岸和海岸的湖泊湿地有助于吸收、固定、转化和降低土壤及水中营养物含量的作用。

维持生物多样性被定义为野生动植物基因来源和进化、野生植物和动物栖息地,涉及授粉、生物控制、栖息地、基因资源。自然湿地生态系统结构的复杂性和稳定性较高,是生物演替的温床和遗传基因的仓库。许多自然湿地不但为水生动物、水生植物提供了优良的生存场所,也为多种珍稀濒危野生动物,特别是为水禽提供了必需的栖息、迁徙、越冬和繁殖场所。同时自然湿地为许多物种保存了基因特性,使得许多野生生物能在不受干扰的情况下生存和繁衍。因此,自然湿地当之无愧地被称为"生物超市"和"物种基因库"。

中国幅员辽阔、自然条件复杂,导致湿地生态系统多种多样。自然湿地景观的高度异质性为众多野生动植物栖息、繁衍提供了基地,因而在保护生物多样性方面有极其重要的价值。据统计,中国自然湿地有已知的高等植物 825 种(其中被子植物 639 种)、鸟类 300 种、鱼类 1040种,分别占已知生物种数的 2.8%、26.1% 和 37.1%。独特的自然湿地生境在物种基因库保护方面有着巨大的经济价值。生物多样性分为基因多样性、种群多样性和生态系统多样性。生物多样性不仅是未来医学、生命科学研究的宝库,还是地球生命保障系统的核心和物质基础,是社会、文化、经济多样性的基础。

四、文化服务

湖泊的文化服务包括提供美学景观,这类服务具有(潜在)娱乐用途、文化和艺术价值的景观,主要涉及休闲娱乐、文化。生态系统提供美学、文化、欣赏价值,是人类文化娱乐的源泉。近年来,生态旅游已成为旅游业的发展趋势,成为一些地区的主要经济来源。对于生活节奏较快、生活在钢筋混凝土之间的现代城市居民来说,自然风光除了美学方面的功能之外,还具有一定的医疗作用。以洞庭湖为例,在 20 世纪末以前受人类干扰较轻,能够使人们较好地了解其自然过程和自然系统,因此也吸引了大量的科学研究在湿地区域开展。诸多湖泊湿地独特的生境、多样的动植物群落、濒临物种等在科研中具有重要地位,它们为教育和科学研究提供了对象、材料和实验基地,其可以作为教学实习基地、科普基地、环境保护宣传教育基地等。湖区生态系统的文化多样性功能还包括美学艺术、文化传承等方面。湖泊湿地的休闲旅游功能主要表现在提供生态旅游、钓鱼运动和其他户外娱乐活动的场所,具有自然观光、旅游娱乐等美学方面的功能。如今人们崇尚回归自然,使得一些自然区域成了生态旅游的热点地区。例如,洞庭湖湿地景观资源丰富,除了天然景观外,还有湖区悠久的历史文化景观,使得湖区旅游业开发潜力巨大,如东洞庭湖湿地饮誉海内外的岳阳楼、君山岛等。东洞庭湖湿地自然保护区已经成功举办了数届观鸟节,吸引了大量的海内外游客。

第三节 生态系统服务价值

"价值"一词,在《辞海》中被定义为"事物的用途或积极作用",从认识论上来说,是指客体能够满足主体需要的效益关系,是表示客体的属性和功能与主体需要间的一种效用、效益或效应关系。湖泊湿地资源是自然界最具生物多样性的生态系统和人类最重要的生存环境之一,享有"地球之肾"和"生命摇篮"的美誉。湖泊湿地等自然资源的所有权大都属于国家,如果国家不能对各种资源的价值进行准确计量,就会造成定价失实(相对较低),从而导致资源严重浪费,对资源可持续利用和社会经济可持续发展造成影响。因此,国家需要建立自然资源使用收费制度,使公民真正意识到资源是有价值的。运用货币化手段进行价值评价,可以对人类活动的费用和效益进行有效的度量,反映出人们对自然资源所愿意付出的经济代价。因此,货币是衡量生态系统效益最合适的手段和方法。一些经济学家认为,生态系统种类繁多,为人类提供各种生态系统服务。因此,对于任何一种生态系统而言,无论人类当前是不是对其进行了劳动改造,它都应该具有价值,称为生态系统服务价值。生态系统服务价值又包括直接使用价值、间接使用价值和非使用价值等。

一、价值的理论分析

湖泊湿地资源作为一种环境资源,它既可以被视为天然的自然资源(如自然形成的湖泊湿地),也可以被认为是人工劳动的产物(如人工湖泊湿地),或是两者的结合(如半人工湖泊湿地)。充分理解这种特殊资源的价值问题对湖泊湿地资源的价值评估以及管理有十分重要的意义。为了更好地理解与解释湖泊湿地的价值,本节选取了最有代表性的劳动价值论与李金昌教授建立的生态环境价值论对湿地湖泊的价值加以分析。

马克思的劳动价值论是在批判地继承了古典学、政治学、经济学的劳动价值论的基础上建立起来的科学的价值理论,论述了使用价值和交换价值间存在的对立、统一关系,首创了劳动二重性理论,指出价值与使用价值共处于同一商品体内。使用价值是价值的物质承担者,离开了使用价值,价值就不存在了。使用价值是商品的自然属性,它是由具体劳动创造的;价值是商品的社会属性,它是由抽象劳动创造的。"物的有用性使物成为使用价值""价值只是无差别的人类劳动的单纯凝结""价值是抽象人类劳动的体现或物化""这些物现在只是表示在它们的生产上耗费了人类劳动力,积累了人类劳动,这些物作为它们共有的这个社会实体的结晶就是价值,即商品的价值"。运用马克思的劳动价值论来讨论湖泊湿地的价值,在于看湖泊湿地是否凝聚着人类的劳动。就湖泊湿地而言,它的产生一般有两种形式:一种是自然存在的湖泊湿地,另一种是人工建设的湖泊湿地。人工建设的湖泊湿地是人类劳动的产物,具有价值。天然存在的湖泊湿地的价值存在两种不同的解释。一种观点认为,处于自然状态下的湖泊是自然界赋予的天然产物,不是人类创造的劳动产品,没有凝结人类的劳动,它没有价值。马克思说过:"如果它本身不是人类劳动的产品,那么它就不会把任何价值转给产品。它的作用只是形成使用价值,而不形成交换价值,一切未经人的协助就天然存在的生产资料,如土地、风、水、矿脉中的铁、原始森林的树木等,都是这样。"另一种观点则认为,当今社会已不是马克思所处的年代,人类为了保持环境资源消耗速度与经济发展需求增长相均衡,投入了大量的人力、物力,人类系统与自然系统的边界越来越模糊,特别是对于城市里的湖泊湿地资源,为了使其永续存在并最大限度地满足人们的生态需要,人们必须定期对其管理和维护,这些劳动投入,已使湖泊湿地不再是纯粹的自然资源,有了人类的劳动参与,打上了人类劳动的烙印,因此也具有了价值。城市化和工业化的发展所暴露出的生态环境问题早已表明,湖泊湿地资源仅仅依靠自然界的自然再生产已远远不能满足现实经济高速发展的需求,人们必须付出一定的劳动参与湖泊湿地资源的再生产和进行生态环境的保护。湖泊湿地的价值就是人们为使社会经济发展与环境资源再生产和生态环境保持良性平衡而付出的社会必要劳动。从生产、使用价值与价值补偿等角度来看,湖泊湿地资源不再是自然之物,它包含了人类劳动,所以湖泊湿地资源具有价值。

上述两种观点都是从绿地资源是否物化人类的劳动为出发点展开论证的,但所得出的结论却截然不同。第一种观点主要是没有立足工业化空前发达的这个特殊环境,同时也没有考虑生态环境等现实问题。如果立足于经济尚不发达,环境问题还不突出,湖泊湿地资源相对人类的需求丰富的年代,这种观点无疑是正确的。第二种观点则立足于20世纪后半叶的现实,经济高度发达,生态环境问题已成为可持续发展的大问题,纯自然的湖泊湿地资源难以满足人类日益增长的经济需求,人类劳动必须参与湖泊湿地资源的再生产,得出湖泊湿地资源具有的价值正符合马克思的劳动价值的观点,但由此决定的价值补偿只是对所耗费的劳动进行补偿,而没有涉及对自然资源本身功能耗费的补偿。因此,该理论也没有完全揭示湖泊湿地的价值本质,不利于湖泊湿地的维护与管理。

生态环境价值论既不同于西方效用价值论,也不同于马克思的劳动价值论,而是将两种理论结合起来的新的价值体系。这里的生态环境是指以人类为中心或为主体的与人类生存、发展和享受有关的一切外界有机和无机的物质、能量及其功能的总体。生态环境资源构成的整体不仅表现为有形的物质性的资源实体,而且具有无形的舒适性服务的生态功能。这里的价值是价值哲学中的价值,这种价值讲的是主体和客体之间需要和满足需要的关系。也就是说,主体有某种需要,而客体能够满足这种需要,那么对主体来说,这个客体就有价值。在人类与环境这对关系中,人类是主体,环境资源是客体,环境资源能够提供满足人类生存、发展和享受所需要的物质性商品和舒适性服务。因此,对人类来说,环境资源是有价值的。而且,因为人类的需要大体上是按生存需要、发展需要和享受需要的顺序逐步发展的,所以环境资源的价值也会越来越大。人类处于较低发展阶段(如贫困阶段)时,整日为吃饭、穿衣等生存需要而挣扎,所注意的只是物质性产品的获得,而对环境及其舒适性服务则顾不上讲究;到了极富裕阶级,人类社会的物质性产品极大丰富了,人们用不着为吃、穿、住、用、行而操心,这时,人们对环境及其舒适性服务的需要就会达到一个空前的程度。在贫困与极富裕之间,依次是温饱、小康、富裕三个发展阶段。其间,随着经济社会发展水平和人民生活水平的不断提高,人们对环境及其舒适性服务的需要,或者说对它的认识、重视的程度和为其进行支付的意愿会不断增加,特别是在小康阶段,更会急剧增长。湖泊湿地作为一种环境资源,其价值的体现表现为湖泊湿地对人们生态需要的满足,特别是随着城市经济的发展和人们生活水平的提高,湖泊湿地的价值也会得到不断的提高。

湖泊湿地价值的产生来自两个方面:一是天然生成,主要指那些自然湖泊湿地景观;二是人类创造,主要指人工建设的湖泊湿地。传统经济理论认为没有劳动参与的东西没有价值,或者认为不能进行市场交易的东西没有价值,总之,都认为自然湖泊湿地资源没有价值。这两种观念都有失偏颇,对维护城市生态环境不利,对城市的可持续发展不利。由以上分析可知,这里确立的生态环境价值的价值,相当于劳动价值论中的使用价值和效用价值论中去除掉政治性因素后的效用价值。因此,环境资源的价值,首先取决于它对人类的有用性,其价值的大小则取决于它的稀缺性(体现为供求关系)和开发利用条件。

二、价值的构成

英国著名经济学家 D. 皮尔斯多年来致力于环境的评估研究,他将环境资源的价值分为两个部分,即使用价值和非使用价值。前者包括直接使用价值、间接使用价值和选择价值;后者包括遗产价值和存在价值。环境资源资产的总经济价值等于上述 5 种价值之和,如表 6.3 所示。

表 6.3 D. 皮尔斯的环境资源资产总经济价值

使用价值			非使用价值	
直接使用价值	间接使用价值	选择价值	遗产价值	存在价值
可直接消费的产品,如食品、生物量、娱乐、健康等	功能效益,如营养循环等	将来的直接和间接价值,如生物多样性、保护的生境等	环境遗产的使用和非使用价值,如生境、防止不可逆的改变等	保持继续存在的知识所产生的价值,如生境、物种、遗传资源、生态系统等

土地资源系统与生物多样性资源系统是环境资源系统的重要组成部分,而湖泊湿地系统可以看作是这两个系统交集的一个子集。就湖泊湿地系统而言,其总价值同样分为使用价值和非使用价值两大类,在我国经过诸多学者的研究和归纳,湖泊湿地系统价值分类一般可用图 6.1 表示。

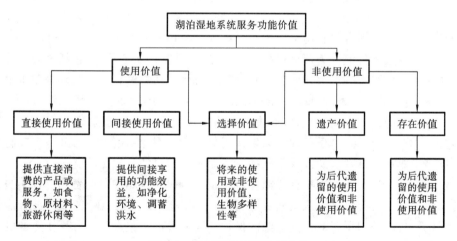

图 6.1 湖泊湿地系统价值分类

湖泊湿地系统服务价值分为使用价值和非使用价值,而使用价值又分为直接使用价值和间接使用价值,非使用价值分为遗产价值和存在价值。有学者认为,选择价值在一定程度上也是遗传价值,而选择价值本身也可以划分为直接使用价值和间接使用价值,在一定程度上只是时间维度的延伸。因此在上述分类系统中,将选择价值划分为既与使用价值相联系又与非使用价值相联系的一类价值。

湖泊湿地系统的直接使用价值由湿地生态系统中的食物、原料、旅游、科研、文化等可供人类直接消费的产品价值组成。从直接实物的供给角度,湖泊湿地系统可直接为人类供给食物,如洞庭湖的芦苇鱼、梁子湖的大闸蟹等。与实物相比,无实物形式很难具体化,但却能间接地反映到个人直接消费上来。在城镇化扩张发展迅速的当代,湖泊湿地系统作为一种稀缺资源,发挥着重要的社会作用和经济作用,为人类提供直接的非消耗性利用方面的服务,如提供旅游场所、提升房地产价格、扩大就业机会、改善生产生活环境、增进人们健康、改善投资环境、吸引建设资金,或者作为生态、水环境等科学研究对象。这类非消耗性方面的服务与人类对此类服务的需求有关,其价值的大小反映了湖泊湿地系统服务价值满足人类需求的能力,这种能力最终表现为对城市经济的提升作用,由此充分体现了"绿化也是生产力"的思想。

间接使用价值主要是指生态系统的功能价值或环境的服务价值,常称为"环境的公益效益"。湖泊湿地系统的间接使用价值可以理解为湖泊生态学功能的发挥,为人类社会提供间接有益的作用。它可以改善人居环境,提升地区竞争力,促进经济的可持续发展,创造出社会经济价值。换言之,湖泊湿地系统间接用途的社会经济价值即是湖泊湿地系统功能价值的体现,是城市绿地现有价值的一个组成部分。由湖泊湿地系统功能提供的间接使用价值具体表现为:维持碳氧平衡、吸收有毒气体、净化空气、营养物质循环、水土保持、涵养水源、维持大气平衡等。然而,湖泊湿地系统这些功能的发挥不像其他物品的直接使用那样可被视觉感知和直接消费,它存在于生态系统有机体的能量流动和物质循环之中,其效益通过其他环境因子或生态系统的变化反映出来。因此,湖泊湿地系统每时每刻都在发挥着生态系统服务功能,而城市居民也无时无刻不在享受或消费着湖泊湿地系统所提供的服务。

湖泊湿地系统的选择价值是指个人或社会对绿地资源潜在用途的将来利用,选择价值由湿地生物多样性、保护栖息地等人们将来直接或间接利用的价值组成。这种利用包括直接利用、间接利用、选择利用和潜在利用。以生态系统为主导因素对生态系统服务价值进行分析,可将湖泊湿地系统服务价值分为两个层次:第一个层次是基础服务价值,包括资源价值(食品、原料等)、功能价值(净化水质、大气调节等)和栖息地价值(动物栖息等),基础服务价值对应于维持人类生存、生活的基本条件,反映人的本质需求;第二个层次是社会服务价值,包括旅游、科研、教育等,反映的是社会属性,通常取决于人的主观行为。而生态系统条件只是提供一种可能性,它为人类提供精神、享乐条件。如果使用货币来计量选择价值,则相当于人们为确保自己或后代将来能利用某种资源或获得某种效益而预先支付的一笔保险金。

遗传价值是指当代人为将来某种资源保留给子孙后代而自愿支付的费用。许多当代人可能希望他们的子女或后代将来可从某些资源得到一些利益,如游憩、观光等。为此,他们现在愿意支付一定数量的费用用于对这些资源的保护。湖泊湿地有很大一部分属于重要的自然遗产(如重点湖泊、重点保护湿地等),它们给人类留下了类型多样的自然生态系统、绚丽多彩的物种资源;同时,大多数湖泊湿地是人为干预的自然系统,其中包含了许多社会文化因素,具体体现在参与形成历史景观地带、建立城市文化个性特点。后代可直接从这些资源和相关知识中受益。遗产价值反映了代间利他主义动机和遗产动机,可表述为代间"替代消费"和代间利他主义。由于遗产动机是确保某种资源的永续存在,仅作为一种资源和知识的遗产保留下来,不涉及将来利用与否。因此,一般将它归于存在价值范畴。

存在价值是指人们为确保某种资源继续存在(包括其知识存在)而自愿支付的费用。存在价值是资源本身具有的一种经济价值,是与人类利用(包括现在利用、将来利用和选择利用)无关的经济价值。城市绿地具有存在价值是由于绿地保存了大量的城市物种及其生境,并通过人为的管理,使这些物种和生境能够在高度人工化的环境中永续存在。湖泊湿地的保留与保护意味着丧失了部分土地作为商业、住宅或工业用地的机会价值,似乎与经济发展相悖。然而,随着城市的不断发展,人们对社会环境的选择和环境舒适性服务的需求不断提高,自觉维护自然生态环境的意识增强,湖泊湿地的存在价值将得到不断提升。

第四节　生态系统服务价值评估

一、生态系统服务价值评估的理论

1. 公共物品理论

关于经济学中对物品的分类,萨缪尔森提出了物品的二分法,即将物品分为私人物品和公共物品两类。相对于私人物品,公共物品具有明显的非排他性和非竞争性。巴泽尔进一步将物品分为私人物品、公共物品、混合物品。布坎南和奥斯特罗姆又进一步将混合物品分为俱乐部产品(或自然垄断产品)和公共池塘产品两类,前者具有非竞争性且有排他性,后者具有竞争性但无排他性。公共物品可以分为三类:一类是兼具非竞争性和非排他性的纯公共产品,一类是具有非竞争性且有排他性的俱乐部产品或自然垄断产品,一类是具有非排他性且有竞争性的公共池塘产品。由于私人物品和公共物品的特性不同,在评估时私人物品和公共物品的评估技术也不同。私人物品可以通过市场提供和市场价格求出私人物品的价值。公共物品的特点决定了公共物品没有市场价格,所以应该用非市场物品价格进行评估。在公共物品中,由于存在着市场失灵、外部性与搭便车的行为,公共物品的价值则不能由市场来表达。虽然生态系统服务属于公共资源,但由于自然条件和技术的原因,某些服务的存在和使用存在着明显的非排他性和非竞争性。

2. 外部性理论

外部性理论源于19世纪庇古的旧福利经济学。外部性可以分为外部经济(或称正外部经济效应、正外部性)和外部不经济(或称负外部经济效应、负外部性)。外部经济就是一些人的生产或消费使另一些人受益而又无法向后者收费的现象,而外部不经济就是一些人的生产或消费使另一些人受损而前者无法补偿后者的现象。在环境经济学中,引发资源的浪费、破坏、污染等一个重要的原因是外部性。从资源配置的角度来看,外部性是指当某一行为的效益或者费用不包含在决策者的考虑范围内时所产生的低效率现象。环境的污染与破坏会产生负的外部性,而环境保护会产生正的外部性。环境的外部性会对资源配置产生影响,导致市场失灵。

3. 消费者主权理论

传统经济学认为,消费者是追求自身偏好完全实现的个人,消费者能够衡量自己的福利水平,即本人是自己福利的测量者。基于个体偏好理论假设,通过消费者对服务与产品的替代来选择测量消费者的偏好,因此消费者能够掌握自己的消费"主权"。消费者主权理论可以概括为：任何物品的价值在于对增进个人福利的贡献；个人是对商品或服务价值权威的判断者；消费者的偏好和抉择决定经济系统的方向，最终产生最优的资源分配。基于消费者主权理论，则有如下观点。

（1）生态系统服务价值评估在于揭示每位消费者对生态系统服务的支付意愿。

（2）通过消费者个人对实际或假想生态系统服务价值的变化的反应行为，来解释生态系统服务对每位消费者的价值。

因此，需要建立消费者的行为模型，通过行为模型来揭示消费者对服务的支付意愿，并估算支付意愿的总和，揭示生态系统服务的价值。

4. 消费者剩余理论

在通过消费者行为来估计环境产品的价值估计方法中，需要把能够观测到的消费者行为转换为价值估计模型，可以通过需求曲线及边际价值曲线下的面积来计算效用，也可以利用间接效用曲线和支出函数来直接测量效用。经济学中消费者剩余是重要的价值福利衡量指标。同消费者剩余一样，补偿变化（compensated variation，CV）与等价变化（equivalent variation，EV）都是度量消费者福利变化的指标。

补偿变化和等价变化可以以货币的形式测量福利水平。补偿变化也可以称为补偿变差，是在价格变动之后，让消费者保持与价格变动之前相同的福利水平，需要给予补偿的货币量。等价变化也可以称为等值变差，是在价格没有变化的情况下，为使消费者达到价格变动后的福利水平，手中多余的货币量。

图 6.2 中，CV 是与初始效用水平相关的希克斯需求曲线的定积分；EV 是与变动后效用水平相关的希克斯需求曲线的定积分；CS 的变动为 A 与 B 之和，EV 为 A，CV 为 A、B、C 之和。CS 的变动处于 EV 和 CV 之间，能够清楚地看出 CS 的变动界限。Willig 在《Consumers' Surplus Without Apology》一文中指出，CV 与 EV 可以由 CS 近似地代替，这种近似带来的误差小于近似估计需求曲线产生的误差。但是在 CV、EV 明确的情况下，应该首选 CV 与 EV 的价值量度。生态系统服务价值评估技术中的条件价值评估法运用 CV 与 EV 来计量。CV 与 EV 的区别在于对象是初始效用还是最终效用。CV 可以分解为：当最终的效用水平低于现有的效用水平时，CV 表现为 WTA；当最终的福利水平高于现有的福利水平时，CV 表现为 WTP。而 EV 则完全相反。

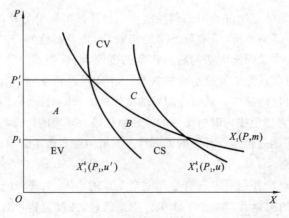

图 6.2　价值福利的衡量

二、生态系统服务价值评估技术与方法

随着生态系统服务功能及经济价值研究的深入,逐渐形成了评估生态系统服务功能及经济价值的技术。其基本方法是,对那些能直接进入市场的产品价值(直接利用价值)通过市场价格进行估算。对间接利用价值估算,一般分两步进行:那些不能直接用市场价格评估的生态系统服务功能价值,首先给它们找一个特定的或模拟的市场环境,在这个特定的或模拟的市场内,这些生态系统服务功能产品可进入市场流通;然后再用市场价格进行估算。根据生态系统服务的市场发展程度,生态系统服务价值评估技术大致分为以下三类。

(1)市场评估技术。这种技术适用于那些具有实际市场的生态系统服务的物质产品和生态系统服务产品,以生态系统服务产品和物质产品的市场价格评估生态系统服务的价值。评价方法主要有费用支出法和市场价值法。

(2)隐含市场评估技术。有些生态系统服务功能没有直接市场交易和市场价格,但它的服务功能价值可通过替代品的花费估算,这种评估技术称为隐含市场评估技术,评估方法包括资产价值法、替代成本法、旅行费用法、机会成本法、影子工程法、恢复和防护费用法、享乐价值法等。

(3)模拟市场评估技术。有些生态系统服务功能既没有直接市场交易和市场价格,也没有可替代产品进行换算,这些生态系统服务功能价值用一种人为构造的假想(模拟)市场来衡量。这种评估技术的代表性评估方法是条件价值评估法。条件价值评估法是直接询问人们对生态系统某种服务损失的接受赔偿意愿,或对生态系统某种服务的支付意愿。也就是说,生态系统服务的经济价值是以人们的受偿意愿或支付意愿来估计的。由于人们的主观意识作用,这种评估方法可能会与实际发生偏差,为了保障评估结果不失真,就要对条件价值评估法的可靠性进行检验。

小部分的生态系统服务属于私人物品,可以通过市场来进行交易,对于这类生态系统服务可以根据市场价格来计算其价值。大多数生态系统服务不能够在市场上进行交易,不能够直观地得到其价格,这类生态系统服务需要其他的评估方法。评估生态系统服务的方法有多种,不同的研究成果对方法的分类不同。不论学者从何种角度对评估方法分类,评估的方法都包括市场价值法、影子价格法、替代工程法、机会成本法、费用分析法、防护费用法、内涵价格法、旅行费用法、条件价值评估法、联合分析法、成果参照法。每种生态系统服务都有一种或多种评估方法,不同的方法都有其优缺点。使用者应了解每种评估方法的适用性,根据不同的价值评估对象选择不同的评估方法。其中条件价值评估法是很重要的一种方法,生态系统服务的经济价值都直接或者间接依赖支付意愿。

目前学者们采用较多的分类框架是将生态系统服务评估方法分为三类:直接市场法、揭示偏好法(替代市场法)、陈述偏好法(假想市场法)。直接市场法是直接从物品的相关市场信息中获得。揭示偏好法是从其他事物所蕴含的有关信息中获得的。陈述偏好法是通过直接调查个人的支付意愿或接受赔偿意愿获得的。

三、对湿地生态系统的价值评估应用研究

　　以洞庭湖为例,围绕如何评估洞庭湖湿地生态系统的生态价值也有诸多研究成果。尤其是由于评价的方法和评价的范围不同,评价的结果也存在较大差异。李景保等专门将洞庭湖流域的河、湖、库、塘视为一个流域水生态系统整体,进行了经济价值评估,评估范围包括湘、资、沅、澧四水连接的5341条大小河流,洞庭湖东、南、西3大湖泊,全流域13295座水库,2026820座塘坝,以及5349 km河湖大堤。从供水、动力、浮力、调节、水生物、休闲娱乐六个方面进行经济价值评估。评估出2004年洞庭湖流域水生态系统部分服务功能的直接和间接价值总量达1106.19亿元,约占湖南省2004年GDP(5612.26亿元)的19.7%。在服务功能总价值中,直接使用价值为415.698亿元,其中提供水产品、水力发电、城镇生活工业供水及农村生活农业供水、休闲娱乐价值分别占直接使用价值的32.1%、27.9%、22.4%、14.2%。间接使用价值为690.492亿元,约占服务功能总价值的62.4%,其中调蓄洪水价值占间接使用价值的73.1%,蓄积水资源价值占间接使用价值的18.0%。李姣认为洞庭湖湿地具有供给水源和调节径流、净化水质、维持生物多样性、气候调节、旅游休闲、维护区域生态安全等六大功能,从直接使用价值、间接使用价值、选择价值、非使用价值四个类型评估出洞庭湖湿地直接使用价值为94.46亿元/年,其中植物资源总价值为6.15亿元/年,渔产品总价值为4.81亿元/年,供水和蓄水的总价值为83.50亿元/年。间接使用价值为198.43亿元/年,其中洪水调蓄的总价值为37.12亿元/年,科考旅游的总价值为29.33亿元/年,植物固碳放氧的总价值为24.63亿元/年,净化水质和降解污染的总价值为87.72亿元/年,栖息地功能的总价值为19.63亿元/年。洞庭湖湿地生态系统服务功能的总价值为292.89亿元/年,间接利用价值约是直接利用价值的2.10倍。这说明洞庭湖湿地的环境价值比资源价值大很多。

　　从福利经济学的角度,将洞庭湖湿地生态系统分为供给水源和调节径流的控制器、水质的净化器、维持生物多样性的储存器、湖区气候调节器、生态旅游的承载器等五大功能。从直接使用价值、间接使用价值、选择价值和非使用价值等方面对洞庭湖湿地生态系统进行了价值评估,得出的结论是:洞庭湖湿地生态系统服务功能总价值为287.67亿元/年,其中供水和蓄水的价值为93.50亿元/年,调蓄洪水的价值为38.99亿元/年,净化水质和降解污染的价值为76.75亿元/年,科考旅游的价值为25.86亿元/年,固碳放氧的价值为23.43亿元/年,生物栖息地功能价值为17.17亿元/年,植物和渔产品价值为11.97亿元/年。

　　郭荣中、杨敏华运用1996—2008年环洞庭湖区域土地利用/土地覆盖变化数据,测算了洞庭湖湿地生态系统气体调节、气候调节、水源涵养、土壤形成与保护、废物处理、生物多样性保护、食物生产、原材料生产、休闲娱乐等服务功能价值,并认为年度经济价值在1996—2008年期间呈现先快速增加后缓慢下降的变化趋势。其中,1996年区域内生态系统服务价值为503.888亿元;1999年为505.898亿元;2002年为506.651亿元,2005年为506.892亿元,2008年为505.789亿元。并且发现,气体调节、水源涵养、废物处理、生物多样性保护、原材料生产、休闲娱乐服务功能价值在增加,气候调节、土壤形成与保护、食物生产服务功能价值在减少。

　　席宏正等运用能值理论,分析并测算了洞庭湖湿地蓄水、滞留净化污染物、生物多样性、植

被贮能、滞淤造地、水运、土壤贮碳、植被净固碳、植物固定营养、凋落物归还营养、水蒸发能、湿地产品、旅游、提供就业岗位十四项功能分别计算效应值和能值,并转换为货币价值。其结果是:洞庭湖湿地每年的能值货币价值之和为 2833.064 亿元/年,其中生态价值(滞留净化污染物、生物多样性、植被贮能、植被净固碳、水蒸发能、土壤贮碳、滞淤造地、植物固定营养、凋落物归还营养)为 2599.554 亿元/年,占总价值的 91.76%;社会服务价值(旅游、水运、提供就业岗位)为 114.72 亿元/年,占 4.05%;湿地产品价值为 61.32 亿元/年,占 2.16%;蓄水价值为 57.47 亿元/年,占 2.03%。

毛德华、吴峰等按直接使用价值、间接使用价值和非使用价值三种类型,从初级原料生产、农业生产、渔业生产、文化旅游休闲、供水和蓄水、维护生物多样性、净化水质、气候调节、调蓄洪水、保护野生动物等方面进行价值评估。评估的结果是:总价值为 411.10 亿元,其中初级原料生产价值为 10.52 亿元、农业生产价值为 163.99 亿元、渔业生产价值为 41.68 亿元、文化旅游休闲价值为 12.00 亿元、供水和蓄水价值为 17.40 亿元、维护生物多样性价值为 8.19 亿元、净化水质价值为 20.70 亿元、气候调节价值为 6.72 亿元、调蓄洪水价值为 129.60 亿元、保护野生动物价值为 0.30 亿元。

何介南等专门针对洞庭湖湿地对贮留净化污染功能进行了专门的分析研究,并评估出 2005 年洞庭湖湿地贮留净化污染物功能的总价值为 5.78 亿元,认为洞庭湖为过水型湖泊,换水周期短(8~12 天),伴随水体进入洞庭湖的污染物停留时间不长,因此洞庭湖湿地的污染物贮留净化率比一般蓄水型湖泊低,因而对洞庭湖的渔业、生物和当地的自然环境造成生态安全隐患。

庄大昌对洞庭湖湿地的间接使用价值,即无法商品化的价值,从生物多样性、调蓄洪水、气候调节、净化水质、固定营养元素等方面进行了价值评估。评估结果是:调蓄洪水的价值为 37.12 亿元/年;生物多样性价值为 0.66 亿元/年;气候调节价值为 11.60 亿元/年;净化水质价值为 7.36 亿元/年;固定营养元素价值为 7.55 万元/年。间接利用价值总量为 56.74 亿元/年,其中气候调节、调蓄洪水的价值占总价值量的 65.4%。

四、案例——某湖生态系统服务价值评估

某湖生态系统服务价值评估指标体系划分为产品供给服务、调节服务、文化服务三大类。为兼顾数据可获得性,整理出某湖 16 项指标因子,如表 6.4 所示。并采用市场价值法、替代工程法、工业成本法、市场价值法评估其 2007 年和 2017 年的生态系统服务价值。

表 6.4 某湖生态系统服务价值评估指标体系与评估方法

服务功能类型	评估指标	指标因子	评估方法
供给服务	用水价值	工业用水价值	市场价值法
		居民用水价值	
		农业用水价值	
		城镇公共用水价值	
		生态用水价值	

续表

服务功能类型	评估指标	指标因子	评估方法
供给服务	水电价值	水电用水价值	市场价值法
	渔业价值	渔业价值	
	航运价值	货物周转价值	
		旅客周转价值	
	节能价值	湖水利用节能价值	
调节服务	地表水水资源调蓄价值	地表水水资源调蓄价值	替代工程法
	洪水调蓄价值	洪水调蓄价值	
	水质净化价值	水质净化价值	
	大气调节价值	释氧价值	工业成本法
		固(减)碳价值	替代工程法
文化服务	文化服务价值	旅游价值	市场价值法

1. 供给服务价值

(1)用水价值,计算公式为

$$V_{1m} = \sum_{i=1}^{5} X_{1mi} Y_{1mi} \tag{6.1}$$

式中:V_{1m}为用水价值(元),$m=1,2$,分别表示 2007 年和 2017 年(下同);

X_{1mi}为第 i 种用途供水水价(元/t);

Y_{1mi}为第 i 种用途用水量(t),$i=1,2,3,4,5$ 分别表示工业、居民、农业、城镇公共及生态用水。

(2)水电价值,计算公式为

$$V_{2m} = X_{2m} Y_{2m} \tag{6.2}$$

式中:V_{2m}为水电价值(元);

X_{2m}为单位上网电价(元/(kW·h));

Y_{2m}为发电量(kW·h)。

(3)渔业价值,计算公式为

$$V_{3m} = \sum_{a=1}^{n} X_{3ma} Y_{3ma} \tag{6.3}$$

式中:V_{3m}为渔业价值(元);

X_{3ma}为单位产量价格(元/kg);

Y_{3ma}为当年产量(kg);

a 表示鱼的种类。

(4)航运价值,计算公式为

$$V_{4m} = \sum_{b=1}^{2} X_{4mb} Y_{4mb} \tag{6.4}$$

式中：V_{4m}为航运价值（元）；

当$b=1$时，X_{4mb}为货运周转价格（元/t），Y_{4mb}为货运周转量（t）；

当$b=2$时，X_{4mb}为客运周转价格（元/人次），Y_{4mb}为客运周转量（人次）。

（5）节能价值，计算公式为

$$V_{5m}=X_{5m}Y_{5m} \tag{6.5}$$

式中：V_{5m}为节能价值（元）；

X_{5m}为单位上网电价（元/kW·h）；

Y_{5m}为发电量（kW·h）；

此处$m=2$。

2．调节服务价值

（1）地表水水资源调蓄价值，计算公式为

$$V_{6m}=X_{6m}Y_{6m} \tag{6.6}$$

式中：V_{6m}为地表水水资源调蓄价值（元）；

X_{6m}为生活用水供水价格（元/m）；

Y_{6m}为地表水有效调蓄库容（m^3）。

（2）洪水调蓄价值，计算公式为

$$V_{7m}=X_{7m}Y_{7m} \tag{6.7}$$

式中：V_{7m}为洪水调蓄价值（元）；

X_{7m}为单位库容投资（元/m）；

Y_{7m}为洪水调蓄库容（m^3）。

（3）水质净化价值，计算公式为

$$V_{8m}=X_{8m}Y_{8m} \tag{6.8}$$

式中：V_{8m}为水质净化价值（元）；

X_{8m}为总氮去除成本（元/t）；

Y_{8m}为总氮去除量（t）。

（4）大气调节价值，计算公式如下。

$$V_{9m}=X_{9m}Y_{9m} \tag{6.9}$$

式中：V_{9m}为释氧价值（元）；

X_{9m}为工业制氧影子价格（元/t）；

Y_{9m}为研究区每年释放O_2量（t）。

$$V_{10m}=X_{10m}Y_{10m} \tag{6.10}$$

式中：V_{10m}为固碳价值（元）；

X_{10m}为固定单位体积CO_2所需的造林成本价（元/t）；

Y_{10m}为水生态系统植物年固定的CO_2量（t）。

$$V_{11m}=\sum_{c=1}^{n}X_{11mc}Y_{11}Z_{11} \tag{6.11}$$

式中：V_{11m}为减碳价值（元）；

X_{11mc}为各沿湖节能企事业单位节省电量（kW·h）；

Y_{11}为每节约 1 kW·h 电量所减少的 CO_2 排放量（t/(kW·h)）；

Z_{11}为固定单位体积 CO_2 所需的造林成本价（元/t）；

c 表示各沿湖节能企事业单位；

此处 $m=2$。

3. 文化服务价值

文化服务价值，计算公式为

$$V_{12m}=X_{12m}Y_{12m} \tag{6.12}$$

式中：V_{12m}为文化服务价值；

X_{12m}为单位旅客旅游消费额（元/人次）；

Y_{12m}为年接待游客量（人次）。

4. 某湖生态系统服务价值估算结果

2007 年和 2017 年某湖生态系统服务总价值为 4927281.5 万元和 5719766.1 万元。所评价的 16 项指标因子的生态系统服务价值量排序依次为：洪水调蓄价值＞地表水水资源调蓄价值＞固（减）碳价值＞释氧价值＞旅游价值＞水质净化价值＞渔业价值＞湖水利用节能价值＞水电用水价值＞农业用水价值＞城镇公共用水价值＞生态用水价值＞工业用水价值＞货物周转价值＞居民用水价值＞旅客周转价值。某湖生态系统服务价值估算结果如表 6.5 所示。

表 6.5　某湖生态系统服务价值估算结果

指标因子	2007 年		2017 年		变化率（%）
	物质量	价值量（×10⁴ 元）	物质量	价值量（×10⁴ 元）	
工业用水价值	0.3701×10^8 m³	296.1	0.2742×10^8 m³	548.4	85.2
居民用水价值	0.1882×10^8 m³	150.6	0.1901×10^8 m³	382.0	153.7
农业用水价值	0.8950×10^8 m³	716.0	0.4935×10^8 m³	987.0	37.9
城镇公共与生态用水价值	0.0787×10^8 m³	63.0	0.3466×10^8 m³	693.2	1000.3
水电用水价值	53.24×10^8 m³	532.4	19.31×10^8 kW·h	1544.8	190.2
渔业价值	1665.00 t	2981.0	3471.00 t	8611.0	188.9
货物周转价值	454100.00 t	910.0	73800.00 t	450.0	−50.6
旅客周转价值	397100 人次	705.6	27600 人次	117.3	−83.4
湖水利用节能价值	0	0	3.07×10^7 kW·h	2516.5	∞
地表水水资源调蓄价值	93.20×10^8 m³	1258200.0	93.20×10^8 m³	1770000.0	40.7
洪水调蓄价值	47.32×10^8 m³	2890000.0	47.32×10^8 m³	2890000.0	0
水质净化价值	2478.40 t	2721.3	2785.1 t	30580.4	1023.7
释氧价值	2.69×10^6 m³	269000.0	3.50×10^6 t	350000.0	30.1
固（减）碳价值	3.65×10^6 m³	481800.0	4.78×10^6 t	631039.2	31.0
旅游价值	1.60×10^6 人次	19205.5	1.97×10^6 人次	32296.3	68.2
总计	—	4927281.5	—	5719766.1	—

第五节　生态补偿

一、生态补偿的内涵与发展

生态补偿又称生态系统服务付费(payments for ecosystem services，PES)。因此，生态补偿是指提供给"土地主"一定的货币补偿等激励措施，以换取他们对土地管理提供大气调节、污染治理、生物栖息地等一系列的生态系统服务，其已经成为为人类谋福祉而对生态系统服务功能进行管理和保护的激励政策。生态补偿可以起到维持或提高生态系统服务功能价值、高效发挥经济手段以及解决贫困目标等作用。在过去十年中，生态系统服务付费和生态系统服务的概念受到越来越多学者的关注。Gomez-Baggethun对生态系统服务以及其纳入市场付费方式的发展历史进行了较为详细的描述，Jack对相关文献进行梳理并总结出经济社会环境和政治环境是如何影响生态系统服务付费计划的结果。Wunder一直专注于市场交易，并对生态系统服务付费给出了一个具有开创性的定义。生态系统服务付费被Wunder阐释为在一个对生态系统服务有明确定义的环境下，购买者(至少一个)从生态系统服务提供者(至少一个)那儿对生态系统服务进行购买，但是购买双方必须是自愿的，同时当且仅当生态系统服务提供者能够确保对生态系统服务的供应。其中，交易的自愿性(至少在买家方面)这一条件尤其让学者质疑，这是由于很多生态系统服务付费的案例都有政府的关注和公共支付计划的参与。

近些年来，国内学者和各级政府越来越关注生态补偿及其应用，很多学者也给出了生态补偿的定义，但是因为生态补偿的复杂性和学者研究角度的不同，生态补偿到现在也没有被普遍认可的定义。2008年出版的《环境科学大辞典(修订版)》中将"生物有机体、种群、群落或生态系统受到干扰时所表现出来的缓和干扰、调节自身状态使生存得以维持或者可看作生态负荷的还原能力；或是自然生态系统对由于社会、经济活动造成的生态环境破坏所起的缓冲和补偿作用"作为"自然生态补偿"的定义。除此之外，其他几位学者也提出了具有代表性的生态补偿定义。毛显强等较早就对生态补偿的定义进行研究和探讨，认为其本质是一种环境经济手段，该手段使环境产生的外部性问题通过经济转移到内部，主要包括补偿主客体、补偿标准和补偿方式三个核心内容。吕忠梅将生态补偿分为广义和狭义两个方面。狭义生态补偿是指因人类活动导致自然资源的损毁或破坏而对其进行的治理、补偿等活动的总称。广义生态补偿除了包含狭义生态补偿的含义之外，还有另外两方面的内容：其一是指由于对环境的保护而导致某一地区民众失去经济发展机会，而对其进行实物、货币、技术等补偿；其二是指为提升某一地区民众对环境保护的认识，增强环保水平而在教育、科研方面的经费投入。贺思源认为生态补偿是一种制度安排，该制度主要是调动生态保护积极性、增强补偿活动的一系列规则、协调和激励。曹明德认为生态补偿是一种法律制度，该制度让环境资源的使用者或破坏者向环境资源的所有者或保护者进行付费。

国内学者针对我国国情，追踪和比照国际上的研究热点，比较集中地从生态建设和生态保护两个方面展开生态补偿研究,其研究对象可以归纳为四大类型:① 生态要素补偿研究,主要包括森林、湿地、草原等生态补偿的研究;② 区域生态补偿研究,主要集中对西部经济欠发达地区和以省域为单元的生态补偿进行研究;③ 生态功能区补偿研究,主要包括水源涵养生态补偿的研究和自然保护区生态补偿的研究;④ 流域生态补偿研究,主要集中对跨行政区域(省域、市域或县域)的流域生态补偿进行研究。国内生态补偿研究如表 6.6 所示。

表 6.6　国内生态补偿研究

生态补偿类型		主要内容
生态要素补偿	湿地	崔丽娟在 2002 年对扎龙湖湿地生态价值进行探索性评估,得出其每年生态价值约为 156 亿元。熊鹰等在 2004 年综合生态系统服务功能价值、农户经济损失和农户意愿三个方面得出洞庭湖湿地补偿标准约为每户 6084.6 元/年。庄大昌在 2004 年测算出洞庭湖湿地价值每年约为 80.72 亿元。倪才英等在 2004 年对鄱阳湖湿地生态价值进行评估,得出其每年总价值约为 326.53 亿元
区域生态补偿	西部民族地区	虽然现已建立对西部的财政补偿机制,但是其仍有短期、效率低、不稳定等特性,钟大能试图研究一套较为可行、高效并长期的财政补偿机制
	山东省	王女杰等依据生态补偿优先级对山东省区域生态补偿进行评估与分析,得出鲁西南平原湖区和鲁东丘陵、鲁中南山地丘陵生态区应分别为优先补偿区和优先支付区。同时得出,山东省的主要城市的补偿优先级低于其周边县(市)的补偿优先级
	江苏省	李智等依据 PES 对江苏省所有县(市、区)生态价值进行评估,得出苏北县(市、区)的经济水平较高而生态价值较低,为生态付费区域
生态功能区补偿	水源涵养区	靳乐山等对贵阳鱼洞峡水库生态补偿标准进行评估与分析,估算得出鱼洞河上游的环境保护和维护成本每年约在 89～168 万元,而采用 CVM 对下游(贵阳市)用水居民付费意愿进行测算,得出居民每年愿意付费额约为 847 万元。通过测算出的数据,可以选择一个在上游和下游之间的补偿金额作为补偿标准,这在理论上是可行的
	自然保护区	陈传明采用 CVM 对闽西梅花山国家自然保护区居民进行意愿调查,得出居民每年每户愿意获得的补偿金额在 3800～5000 元,补偿主体主要为各级政府、受益组织或机构等
流域生态补偿	黄河流域	葛颜祥等采用条件价值评估法对黄河流域(山东省)居民的支付意愿进行测算与分析,并得出人均 WTP 约为 184.38 元/年。同时,运用 Logistic 模型和线性回归模型分别对居民的付费意愿和付费水平影响因素进行分析和评价
	辽河中游	徐大伟等采用条件价值评估法对沿岸居民付费意愿和受偿意愿进行测算,分别得到其付费意愿水平和受偿意愿水平分别为每年每人 59.39 元和 248.56 元

注:以上为生态要素补偿、区域生态补偿、生态功能区补偿和流域生态补偿的学术研究回顾。

二、生态补偿标准的理论基础分析

1. 产权理论
对于湿地的所有权,根据法律(《中华人民共和国宪法》《中华人民共和国宪法水法》等)得出其所有权属于国家或集体所有,国家所有由国务院作为代表主要行使这一权利,集体所有由村集体或乡集体等行使这一权利。而在实际中,国家所有的湿地资源却是由各级地方政府进行分级管理,这样一种由国务院单一代表而又由各级政府分级管理的形式将湿地进行了分割,并模糊了湿地资源的所有权归属,对湿地生态保护起到较大的阻碍作用。对于湿地的使用权而言,由于我国湿地的所有权存在实际中的归属模糊现状,从而使得湿地资源主要被各级地方政府及在湿地周边生活的农户直接使用。首先,湿地属于公共资源,各级地方政府一旦使用该种资源,并将其划入其行政区域,就可以开始使用权利而获益。其次,由于监管的不到位以及历史遗留问题,众多生活在湿地周边并以湿地资源为主要收入来源的农户,经过一段长的时间之后,他们就理所当然地认为其是天然的湿地使用者。对于湿地收益权而言,由于湿地具有物质生产(鱼、虾、蟹、芦苇等)、大气调节、调蓄洪水、废物处理、水分调节、生物多样性、休闲娱乐等众多生态系统服务功能,其不仅能够产生相当大的经济价值,同时也可形成社会价值和生态价值。对于湿地产生的经济收益,主要是被各级地方政府以及生活在周边的农户所获得,而对于其产生的社会价值和生态价值,并没有让全民获得。因此,虽然湿地资源表面上看上去由国家所有(即全民所有),但是在实际过程中却仅由少数人拥有。也就是说,我国的湿地资源产权是残缺和模糊的,从而导致收益权没有让全民拥有。

我国湿地资源由全民或者集体所有,但是其经济价值却不能被全民或者集体所获得,而仅仅由各级地方政府和周边农户等少数人掌握,这样就造成湿地资源的所有权、使用权与收益权并不对应。各级地方政府和周边农户作为湿地资源的实际使用者和收益者,由于其只关注湿地给予的经济收益,从而会形成对湿地资源的过度开采和利用,进而导致湿地资源产出效率低、严重退化等现象的发生。若仅仅选用建立自然保护区这一方式进行湿地保护,很有可能不但不能解决这一问题,还产生一系列新的问题。国家拥有湿地的所有权,然而,实际的使用权、收益权却掌握在当地政府以及周边农户的手里,经过长时间的延续,从而使得周边的村、镇等集体组织认为其就是湿地资源的所有者,同时其收入高度依赖于湿地资源。在国家并没有对湿地资源进行保护或利用时,不会有矛盾发生。然而,一旦国家开始加大对湿地资源的保护强度及采取保护措施(退耕还湿、实行禁渔期等)就会对湿地的天然使用者(尤其是以水产、耕地为主要收入来源的农户)产生巨大的影响,从而引起一系列的冲突。另外,任何人、任何地区都具有相同的发展权利,然而国家对湿地资源的保护,就会使湿地周边的基本设施建设停滞、耕地改为湿地、禁止农户捕鱼等,从而导致当地失去发展的机会。同时,也会使这些地区的居民(尤其是依赖湿地资源的农户)收入受到显著影响,进而损害当地居民的利益。

总之,由于历史的原因导致湿地资源产权模糊,进而引起了一系列问题。随着科学技术的不断提升,对自然资源的索取程度越来越强,从而导致湿地资源越来越稀缺。同时,市场机制在不断完善,市场对湿地资源的需求越来越大,而湿地资源所产生的权益归属不清晰,这就会导致冲突与矛盾的产生。因此,我国对湿地资源的保护首先要解决产权这一问题,也就是说,对湿地资源要明晰产权,只有在湿地资源产权明晰的前提下,建立生态补偿机制并制定相应的生态补偿标准才具有实际意义。

2. 外部性理论

一般而言,外部性可以分为正的外部性和负的外部性。正的外部性是指某人在做某项事情使得他人也获得了一定收益。例如,园丁在院子里种满了花草,过路人看到后心情十分愉悦,这就是园丁的活动给路人带来了正的外部性。负的外部性是指某人在做某项事情导致他人受到了损害。例如,一家制药企业向空气中排放废气,使得企业周边空气质量较差,从而影响到附近居民的日常生活,这就是该企业的生产活动给周边居民带来了负的外部性。

边际成本曲线给定的情况下(湿地资源的供给曲线给定,即 MC 给定),对湿地资源保护所产生的边际个人收益要小于边际社会收益,如图 6.3 所示。湿地的生态功能主要有物质生产、大气调节、涵养水源、调蓄洪水、生物多样性、废物处理、水分调节、休闲娱乐以及文化科研等。若地方政府、企业或个人对湿地进行保护,由此所带来的生态效益并不只让提供者或保护者获得,也让其他人获得。例如,当地政府加大对湿地资源的保护力度,实行退耕还湿或退耕还湖,使湿地调节洪水的能力增强,从而使下游地区在丰水期可以减少或者免除洪水所带来的经济损失。同时,当地对湿地实行植树造林等涵养水源的保护措施,在让当地水质变好的同时,也让下游地区获得更加优质的水源。另外,以鄱阳湖湿地为例,该湿地每年都有大量候鸟到此越冬,地方政府为保护候鸟进行了大量的投入,其中一部分候鸟是全国乃至全球的珍稀鸟类。鄱阳湖湿地所在的各级政府对候鸟的保护,其实全球都在分享由此带来的好处。总之,由于湿地能够带来很多无形的生态系统服务,从而导致对湿地的保护会产生很强的正的外部性。如图 6.3 所示,对湿地资源的保护,个人所得到的湿地效益均衡点为 E_1,所对应的收益为 $OP_1E_1Q_1$ 所围成的面积。由于对湿地保护存在正的外部性,对于整个社会而言,湿地所得效益为 P_3,即整个社会获得的收益为 $OP_3E_3Q_1$ 所围成的面积。因此,对湿地资源的保护,由于存在正的外部性,使得一部分收益(收益大小是 $P_3E_3E_1P_1$ 所围成的面积)被整个社会所获得。

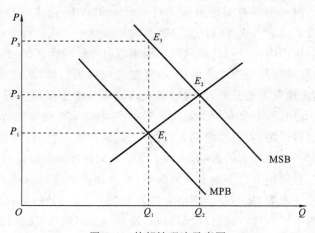

图 6.3　外部性理论示意图

如图 6.3 所示,在边际收益给定的情况下(对湿地资源的需求直线给定,即图中 MPB 直线给定),对湿地资源的利用所产生的边际个人成本小于边际社会成本。例如,当地政府为了地方经济发展,对湿地资源进行开发与利用导致湿地生态环境受到了一定的破坏,进而使得湿地的物质生产、大气调节、涵养水源、调蓄洪水、生物多样性、废物处理、水分调节、休闲娱乐以及文化科研等生态功能降低,这样就会造成固定二氧化碳以及释放氧气的量减少、降解污染的能力下降、生物保护的能力降低和供给水源的能力减弱,从而引起一系列生态损失,但是这些损失并不会仅由破坏者承担,还有一部分会转移到其他人或整个社会。结合图 6.3 来看,对湿地资源的利用,个人的均衡点为 E_1,所需要的费用为 $OP_3E_1Q_2$ 所围成的面积。由于对湿地的利用存在负的外部性,对于整个社会而言,湿地的成本为 P_1,即整个社会需要付出的费用为 $OPEQ$。因此,对湿地资源的利用,由于存在负的外部性,使得一部分费用(费用大小是 $P_1E_3E_1P_3$ 所围成的面积)被整个社会所承担。

得出的结论是,对湿地进行利用会产生负的外部性,而对湿地的保护又会产生正的外部性,如果让市场直接对湿地资源进行配置,则会出现市场失灵的情况。目前,一般对外部性问题的解决主要有明确产权归属和政府干预两种方式。从产权这一角度来看,制度经济学家认为只要限定好资源的产权归属,在交易费用为零的前提下交易双方就能自行解决外部性的问题;如果交易费用不为零,则通过政府制定规章进行交易,也可以解决外部性问题。从政府干预这一角度来看,对于湿地资源的破坏者,政府可以采用对其征税的方式解决外部性的问题,即对湿地资源的损害者或利用者进行征税,使其增加边际个人成本,同时可以将所征的税通过政府转移支付给受到影响的人,这样也是解决湿地资源外部性的一种途径。

综上所述,无论是通过确定产权还是政府干预,归根到底要落实到受益方通过一定方式对受损方进行补偿,即生态补偿是解决湿地保护所产生正的外部性问题以及对湿地利用所产生负的外部性问题的根本途径。

3. 激励理论

所谓激励理论就是指通过某种方法或制定一些规则使人的需要可以得到实现,从而调动人积极地去完成某项任务或事情的概括总结。激励的目的在于调动人们的主观能动性、创造性,积极地去完成某项事情,以达到激励的目的,进而获得大家都满意的结果。基于这一理论,对于湿地的生态保护也是一样的。目前湿地环境越来越受到人们的关注,要对湿地资源进行保护,就要建立起激励机制,而激励的关键就是建立生态补偿标准,并且补偿标准的高低会直接影响对湿地使用者产生正向激励的大小,如图 6.4 所示。其中,横轴表示湿地资源保护的数量,纵轴表示价格。

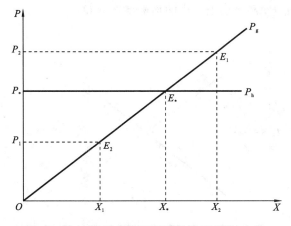

图 6.4　生态补偿标准激励示意图

假设湿地使用方(农户、企业、地方政府等)利用湿地的平均收益为线性函数 P_h,并且平均收益为一固定值;假设湿地保护方为保护湿地对湿地使用方进行的补偿为线性函数 P_g,其从原点开始。从图 6.4 可以看出,均衡点就是湿地资源使用方的收益函数与支付函数的交汇点 E_*,在该点为湿地保护而进行支付的费用与湿地使用方的收益恰好相等,也就是说,湿地保护方支付使用方的补偿与湿地使用方的收益相同,此时湿地使用方才开始产生正向激励进行湿地资源的保护。如果补偿标准小于湿地使用方的收益,如图 6.4 中的 E_2 点,在此处由于补偿标准低于使用方对湿地使用产生的收益,这时并不能产生正向激励,进而使得湿地使用方不会对湿地资源进行保护,这是由于在这一情形下,湿地使用方会产生 $P_1P_*E_*X_*X_1E_2$ 所围成面积的收益损失。如果补偿标准高于湿地使用方的收益,如图 6.4 中的 E_1 点,在此处由于补偿标准高于使用方对湿地使用产生的收益,这时就会产生正向激励,进而使得湿地使用方对湿地资源进行保护,这是由于在该情形下,湿地保护方支付给湿地使用方的金额高于湿地使用方利用湿地所获得的收益。

综上所述,如果需要对湿地使用方产生正向激励使其停止对湿地资源开采并对其进行保护,湿地保护方对使用方进行补偿的标准就要大于使用方对湿地使用所产生的收益,但是,如果湿地保护方对使用方进行补偿的标准过高,则会增加保护方的资金压力,使得对湿地资源保护的效率降低。因此,制定一个合适的补偿标准是十分重要的,该标准既要满足湿地使用方的收益,又要尽可能地降低湿地保护方的支付水平。为解决这一问题,本书试图探索出一套补偿标准,该补偿标准既可以使湿地使用方能够产生正向激励去保护湿地资源,又能够考虑到湿地保护方的能力而尽可能提高资源保护效率,以达到在补偿金额一定的情况下对湿地资源进行最大化保护的目的。

4. 价格理论

价格理论是揭示商品价格的形成和变动规律的理论。其中,以马歇尔为代表的供求均衡价格理论学派认为商品的价格是由市场的需求与供给决定的。基于这一理论,假设对湿地资源的市场需求曲线为一条斜率为负的直线 D,市场对湿地资源的供给曲线为一条斜率为正的直线 S,如图 6.5 所示。从该图中可以发现均衡点为 E_*,其所对应的价格为均衡价格,所对应的资源量为均衡资源量。也就是说,通过市场需求和供给来决定湿地的价格与产量,会同时得出单位湿地的均衡价格 P_* 和市场上提供的均衡湿地量 Q_*。

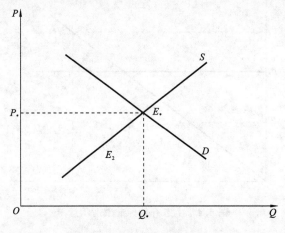

图 6.5 湿地资源供需示意图

我国湿地资源属于公用资源,所有权归国家或者集体所有,一般湿地的供给者主要有地方政府、村集体或相关保护湿地的机构等,湿地的需求者主要有中央政府、企业和机构等。湿地资源一般通过行政区域进行划分,每个行政区域或村集体所拥有湿地的大小、物质生产等生态价值都不尽相同,从而导致湿地提供者提供的湿地面积、质量等不同,那么根据价格理论湿地资源的需求者支付给不同湿地供给者的费用也应该是不同的。也就是说,需求者给每个供给者的补偿标准应该是不同的。补偿标准应该根据湿地供给者提供的湿地面积大小、湿地生态价值大小等因素来决定。

根据上述讨论,湿地资源的补偿标准应该依据价格理论,根据湿地提供者提供的湿地面积及生态价值的大小等多种因素制定不同的生态补偿标准,即补偿标准不能一刀切,应根据不同地区的具体情况进行补偿。通过对不同区域湿地情况的不同而进行分区讨论,并制定具有差异化的生态补偿标准,使得在补偿金额一定的情况下,补偿效用能够尽量达到最高水平。综合湿地补偿标准的理论基础,湿地生态系统日益退化的本质在于湿地的外部性,导致湿地生态系统服务功能的供给主体和受益主体利益关联环节缺失。建立生态补偿机制并制定、实施生态补偿标准就是为了改善、维护和恢复生态系统的服务功能,调整相关利益者因保护或破坏环境活动产生的环境利益及其经济利益分配关系,以内化相关活动产生的外部成本为原则的具有经济激励特征的制度。如图 6.6 所示,在传统粗放湿地利用方式下,湿地利用者所能获取的收益为 A,但是湿地的过度利用会造成湿地功能下降、生物多样性丧失等灾害,从而产生损失 D。在保护性湿地利用方式下,由于对湿地的使用进行了限制,所以湿地利用者所能获取的收益下降为 B。如果此时不提供相应的补偿以弥补湿地利用者所造成的损失,在缺乏有力的外部激励情形下,湿地利用者不会主动采用保护性湿地利用方式。只有引入生态补偿机制,对湿地利用者进行生态补偿 C,才能达到激励其采用保护性湿地利用方式。另外,根据上述理论研究,要激励对湿地进行保护性开发和提高湿地补偿效率,就需要让制定的补偿标准具有差异性以及高于湿地利用者开发湿地获得的收益。

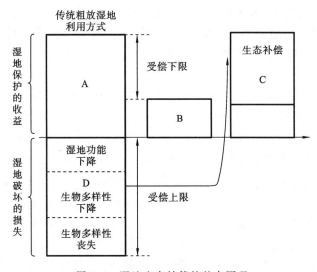

图 6.6　湿地生态补偿的基本原理

三、生态补偿的案例讨论

过去的 10 多年也有很多关于生态系统服务付费的案例被出版和讨论,其中南非与巴西两国涉及湖泊湿地生态系统服务付费的案例有一定的借鉴意义。南非水利建设项目是由其政府于1995年建立的,同时也是一个公共扶贫项目。该项目之所以被认为是生态系统服务付费项目,是由于其致力于恢复山体流域多样性以及水文服务。南非水利建设项目不会对土地管理进行付费(即使该管理使得土地利用更为高效或保持某种生态价值),取而代之的是与失业人员签订合同,进而让他们去清除山体流域和沿河区域外来物种和恢复被火烧过的植被。南非水利建设项目的主要资金来源于水务税。根据生态系统服务付费的定义,南非水利建设项目并没有依靠经济手段来对生态系统服务进行价值分配,这仅仅是一种就业工程来保持或获得生态系统服务。不过,该项目存在一种财政转移,给予保护生态系统服务功能者一定的酬劳。在2009年及以前,巴西既没有一个国家级的生态系统服务付费项目,也没有生态系统服务的相关法律及对各种生态系统服务并不具备经济价值的认识。然而,2010年巴西政府就在讨论一个专门为定义生态系统服务概念的国家政策并建立一个国家级的生态系统服务付费项目。如果获得批准,巴西的生态系统服务付费概念将会借鉴Proambiente项目对生态系统服务的定义。Proambiente项目是一种社会环境服务项目,其资金主要来源于社会环境基金,以此资金向小型生产商进行支付以报答他们对生态系统服务的保护或恢复。该项目是在2000年首先由民间机构(农村合作社、社会团体以及非政府的环保组织)在亚马孙地区建立,2004年该项目的主要实施及推动者从民间机构转变为环保部。在Proambiente项目中,小农支付计划向提供生态系统服务或减少其损失的农户付费。其中,生态系统服务包括减少或避免森林砍伐、固碳、恢复生态系统的水文功能、水土保持、保护生物多样性和减少森林火灾。另外,待开发的巴西国家级生态系统服务付费项目包括碳封存、减少伐林、林地恢复引起的碳减排。

鄱阳湖湿地的研究非常多。从文献来看,由于鄱阳湖湿地生态补偿对象的多样性及范围的不确定性等原因,目前在学术界并没有形成对其公认的生态补偿标准的确定方法。① 生态系统服务功能价值法。王晓鸿等的计算结果表明,鄱阳湖湿地生态系统服务功能总量约为432.4亿元/年,单位面积的生态系统价值约为7619元/亩,这可作为鄱阳湖湿地生态补偿的最高上限。② 支付意愿法。李芬等认为,鄱阳湖地区农户的平均生态补偿标准为292元/(亩·年);韩鹏等的研究显示,鄱阳湖湖区湿地周边农户的理论受偿意愿为1332元/(亩·年),农户受偿意愿期望值与其单位耕地产值基本一致;世界自然基金会在一项关于长江中游农民对退田还湖耕地的经济补偿意愿调查发现,鄱阳湖地区农户的生态补偿期望值为3309.09元/(户·年);中国生态补偿机制与政策研究课题组对鄱阳湖农户的问卷调查显示,农户的平均受偿意愿为3300元/(户·年),与王晓鸿等提出的每户每年3000元较为接近。

从实践研究来看,2009年中共中央国务院《关于促进农业稳定发展农民持续增收的若干意见》明确要求启动湿地生态补偿试点。2009年6月召开的中央林业工作会议再次要求建立湿地生态补偿制度。2010年,财政部建立了中央财政湿地保护补助专项资金,会同国家林业局开展湿地保护补助工作。2011年10月,财政部、林业局联合印发了《中央财政湿地保护补助资金管理暂行办法》。2010年和2011年两年,中央财政共安排预算4亿元开展了湿地保护补助项目。2012年5月1日,《江西省湿地保护条例》规定,县级以上人民政府应该逐步建立健全湿地生态补偿机制:对依法占用湿地和利用湿地资源的,按照国家有关规定收费,用于湿地生态保护;对因保护湿地生态环境使湿地资源所有者、使用者的合法权益受到损害的,应当给予补偿。同日实施的《鄱阳湖生态经济区环境保护条例》也规定,省人民政府应当建立健全鄱阳湖生态经济区生态补偿机制,设立生态补偿专项资金:湖区专业渔民因禁渔期造成生活困难的,应当给予必要的生活补助。同时,鉴于鄱阳湖湿地的重要地位和保护现状,采取的鄱阳湖湿地保护和恢复措施主要有以下几点。一是退田还湖。1998 年特大洪水后,江西省人民政府规划将湖区 389 座圩堤实现退田还湖,圩区总面积达 1234 km²,将居住在 22 m 高程以下的洪泛区居民全部迁移到 23 m 高程以上的高地,共搬迁 20 万户(83 万余人),并给予鄱阳湖区移民一次性建房安置费 1.5 万元。二是禁渔期。为了保护生物多样性,保护丰富的鱼类资源,政府规定每年 10 月 1 日至翌年 3 月 30 日为鄱阳湖区候鸟越冬期,候鸟越冬期在湿地自然保护区内禁止捕鱼。每年 3 月 20 日至 6 月 20 日为鄱阳湖水域禁渔期,渔民不允许下湖捕鱼。三是封洲禁牧。为切断血吸虫病的传染途径,有效控制血吸虫病蔓延,对鄱阳湖周边草洲实行全面封洲禁牧,对家畜进行舍饲圈养,杜绝粪便污染草洲。鄱阳湖湿地保护措施的实施给湖区群众带来了明显的经济损失。据不完全统计,为保护鄱阳湖湿地,仅九江市湿地地区农户直接经济损失近 4 亿元。其中,粮食生产损失 1.2 亿元,牧业损失 0.8 亿元,湖泊水产损失 1.9 亿元。

尽快建立湿地生态补偿制度,通过生态补偿改变人们资源利用的方式,防止鄱阳湖生态环境破坏和生态功能的退化,是促进鄱阳湖湿地生态系统保护工作和社会经济可持续发展的重要手段。

四、生态补偿研究评述

从最新的研究文献来看,国内学者针对我国国情,追踪和比照国际上的研究热点,比较集中地从生态建设和生态保护两个方面展开生态补偿研究,其研究对象可以归纳为生态要素补偿研究、区域生态补偿研究、生态功能区补偿研究和流域生态补偿研究等四大类型。此外,我国较早开始的排污收费制度的研究及传统的环境价值研究可以看成是生态补偿机制研究的一部分,但它们还不是明确意义上的生态补偿研究。应该说,近十几年来,我国学者对建立我国生态补偿机制的重大理论和现实问题进行了卓有成效的艰苦探索,取得了不少有重要价值的研究成果,为后续研究提供了很好的借鉴。由于生态补偿机制问题的异常复杂性,从现有的文献阅读和分析情况来看,我国生态补偿机制的科学研究仍存在较大的拓展空间。

复习思考题

1. 请概述生态系统服务的内涵、主要内容与功能价值,并结合所在城市的湖泊,谈谈你的理解。

2. 请概述生态系统服务价值评估理论,并列出"模拟市场评估技术"的优缺点。

3. 请概述生态补偿的内涵、发展与基础理论。

4. 请写出第四节案例中用水价值、洪水调蓄价值、旅游服务价值的计算过程,计算所需数据补充如下。

　　某县水利水电局统计资料,2007 年和 2017 年从此湖取用的工业用水、居民用水、农业用水、城镇公共用水与生态用水量分别为 0.2742×10^8 m^3、0.1901×10^8 m^3、0.4935×10^8 m^3、0.3466×10^8 m^3 和 0.3701×10^8 m^3、0.1882×10^8 m^3、0.8950×10^8 m^3、0.0787×10^8 m^3。水电水力发电为 19.31×10^8 $kW\cdot h$。目前已有 20 余家企事业单位采用水源热泵节能空调系统。用水价值以各用水行业实际取自此湖水量所需支付的水资源计费,不以当地终端用水价格计费。水资源费标准采用《转发省物价局、省财政厅关于调整水资源费标准的通知》中的制水企业为 0.08 元/m^3、自备取水为 0.10 元/m^3、贯流水为 0.02 元/m^3、水力发电为 0.01 元/m^3 和《省物价局、省财政厅、省水利厅关于调整我省水资源费分类和征收标准的通知》中的公共供水企业与原水企业为 0.20 元/m^3、贯流水为 0.02 元/m^3、工商业自备取水为 0.20 元/m^3、水力发电为 0.008 元/($kW\cdot h$)计,县农业用水和城镇公共用水与生态用水按 0.20 元/m^3 收取。

　　洪水调蓄功能价值使用替代工程法按照水库蓄水成本计算。按 X 水库设计标准,讯限水位为 106.5 m,对应库容为 168.94×10^8 m^3;校核洪水位为 114 m,对应库容为 216.26×10^8 m^3,调洪库容为 47.32×10^8 m^3。根据国家林业局森林生态系统服务功能评估规范(LY/T 1721—2008) 中 2005 年水库建设单位库容投资为 6.1107 元/t 计算此湖的洪水调蓄功能价值。

　　此湖旅游的直接价值采用市场价值法用旅游收入来体现旅游服务的价值(不对非使用价值进行评估),由县旅游委提供的数据显示,2007 年和 2017 年此湖接待游客分别为 160.0 万人次和 197.6 万人次。

第七章 湖泊污染

湖泊污染是由于人类活动或天然过程使排入水体的污染物超过了湖泊自净能力,从而引起湖泊的水质、生物质质量恶化、湖泊生态系统服务功能丧失的现象。

第一节 污染物来源

一、污染物来源及分类

湖泊污染物来源很广,湖泊上游来水和湖区的入湖河流可携带其流经地区厂矿的各种工业废水和居民生活污水进入湖泊;湖区周围农田中的化肥、农药残留和其他污染物可随降雨径流进入湖泊;湖中生物大量死亡以后,其残留物分解后可污染湖泊。湖泊流域环境中的一切污染物几乎都可通过各种途径最终进入湖泊,所以湖泊污染往往具有污染物来源广和种类复杂的特点。

湖泊污染源按照产生范围可分为内源和外源。内源是指在湖区以内产生污染的污染源,而外源是指在湖区以外产生污染的污染源。内源污染包括进入湖泊的各种污染物的沉淀而成的底泥持续向水体释放污染物的污染源、水上进行的旅游活动和捕鱼及运输船只排放的污染源等;外源污染包括工业废水、城镇生活污水、固废处置场、城镇地表径流、农牧区地表径流、大气降水等。

湖泊污染源按照污染产生的方式可以分为点源和面源。点源污染是污水在排放点通过排污管网直接进入水体。按照这一界定,无论是生活、工业还是生产活动产生的污水,凡是通过污水管网直接排入水体的均属于点源污染。在面源污染中,氮和磷养分、农药等污染物是在一块地或一个区域,如农田、牧区、矿场上,通过地表径流、土壤渗滤进入水体。由于地表径流和土壤渗滤与降雨关系密切,面源污染的发生主要受降雨影响,具有间歇性。而在一块地上,地表径流和土壤渗滤过程主要受土壤类型、土地利用类型和地形条件的影响。因此,面源污染发生的强度受发生地点的特定土壤类型、土地利用类型和地形条件的影响。

湖泊污染源分类如图7.1所示。

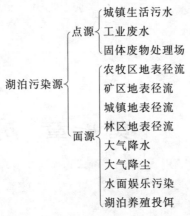

图 7.1　湖泊污染源分类

二、湖泊污染原因

我国大部分湖泊污染严重，并且近 30 年来污染加剧。我国湖泊污染所产生的原因基本可以概括为以下四点。

1. 化肥使用不科学

改革开放以来，一方面，城市化进程的加快和工业的迅速发展，大量的农业用地转化为工业用地和城市用地，使人均农业用地更加缺乏；另一方面，由于农村劳动力技术水平低下等客观原因，大多数农村地区一味地依靠增加投放化肥量的粗放耕种方式来增加产量。根据资料显示，我国化肥平均施用量是 26.2 g/m²，已经超过发达国家安全施肥量上限的两倍。而根据实地调查数据可知，梁子湖流域化肥平均施用量为 67.268 g/m²，超过全国化肥平均施用量的两倍。高的化肥投加量使得大量未被利用的氮、磷等营养物质随地表径流汇入湖泊，加速了湖泊的富营养化。

2. 经济迅速发展，工业用水量和生活废水排放量大幅增加

伴随着中国经济的飞速发展，人民生活水平的提高，人均需水量也在不断提高，特别是在一些技术含量低、资源消耗量大的简单加工型行业，对水资源需求量很大，同时产生的污水量也相应增大。工业废水中产生的污染物大多是高有机物或者是有毒有害物质，如果排放前不经过严格的处理，那么这些污染物进入湖泊水体后很难去除。

3. 大面积围湖造田

对湖泊水面进行过度开发利用，如在湖面大面积地围栏养殖、无序无节制地开发水面及湖周边旅游活动等，使湖泊的开发程度大大超过了湖泊的承受力，导致湖泊水质变差和富营养化。

4. 废污水处理不达标，随意排放

由于资金和技术等客观条件的限制，湖泊流域内的工业废水处理能力低下，大多数污水处理厂的出水水质很难实现达标排放；另外，由于管网设施不完善，大量生活污水未经过污水处理而通过河渠直接汇入湖泊，导致湖泊污染物浓度增加。

第二节　湖泊污染状况

近 30 多年来,随着中国经济的快速发展,湖泊污染也越来越严重,湖泊水环境污染的问题已经非常突出,湖泊污染和淡水资源短缺已经成为遏制我国社会和经济持续发展的重要因素。

一、湖泊污染现状

近 30 年来,我国湖泊不仅在数量上迅速减少,现存湖泊中水质恶化、生态退化、景观破坏现象也十分严重。20 世纪 70 年代末,我国主要湖泊富营养化比例约占 40％,80 年代末上升到 60％。20 世纪末,我国五大淡水湖泊营养状况水质都在 Ⅳ 类与劣 Ⅴ 类之间,其他中小型湖泊和城市湖泊情况更为严重。

从 2005 年至今,太湖地区就多次发生不同程度的水华现象。最为严重的一次是 2007 年 5 月 28 日晚,太湖暴发严重的蓝藻污染,污染了水源水质,引起全社会的高度关注。我国的武汉东湖、杭州西湖、南京玄武湖、济南大明湖、抚顺大伙房水库等著名的几大水域,都曾受到富营养的影响。

二、湖泊主要污染问题及特点

湖泊的水流速度较小,水体更新周期长,湖泊水体营养盐和污染物浓度积累较快,因此很多污染物能够长期悬浮于水中或沉入底泥。湖泊污染具有污染来源广、途径多、种类复杂的特点。湖泊水量有限,稀释和搬运污染物的能力弱;流速小,使污染物易于沉降;复氧作用降低,湖水的自净能力减弱,对污染物的转化与富集作用强,易发生湖泊富营养化。

我国湖泊主要污染问题有重金属污染、有毒有机物污染、富营养化、湖泊酸化和生态破坏等。现在分述如下。

1. 重金属污染

重金属污染是湖泊环境中重要的环境问题,虽然在中国众多的湖泊中尚未形成普遍性污染。调查研究表明,重金属一类污染物一旦进入湖泊水体,就会对湖泊生态造成长期影响。

重金属通过工业废水、农业排水等污染源进入湖泊水体。湖泊中的一些重要过程控制着重金属的迁移、转化和环境毒性效应,如颗粒物的沉积作用、沉积物再悬浮、泥-水界面反应等。水环境中的重金属倾向于从溶解相转移到固相,湖泊的静水环境加强了湖泊悬浮颗粒物的沉积。湖泊中的悬浮颗粒物吸附重金属而沉积到底泥中,这个作用可降低重金属的生物有效毒性。对于扰动强烈的湖泊,被束缚沉淀于底泥中的重金属元素会在适宜的条件下重新释放出来,增加水体中重金属的生物有效毒性,成为湖泊内源污染。这种"适宜的条件"包括外因、内因两方面:外因是水化学环境,如 pH 值、氧化还原条件等的变化,内因是污染元素在底泥沉积物中的结合存在方式,即松散、易活动的,或结合紧密、惰性强的。

进入湖泊水体的重金属污染元素主要富集于底泥中,且以比较稳定的铁锰氧化物相和有机相形式存在。底泥中所蕴含的丰富重金属元素构成湖泊环境体系的次生污染源,长期对水体形成威胁,并可在适宜条件下向水生生物(如藕)、水体等介质迁移与转化。有毒有害的重金属(如致癌的 Cd)在湖泊环境体系间迁移与转化,并经水生生物进入食物链,对人体构成危害。

2. 有毒有机物污染

工业污染源是目前最大的有机物污染来源,包括工业"三废"排放、农业中各种农药的大量使用、生活废水的直接排放。这些有机物通过地表径流、大气-水体交换、大气干湿沉降和地下水渗入而进入湖泊。

有机物大致可分为两类:一类是天然有机物;另一类是人工合成有机物。随着各国工业的发展,人工合成的有机物越来越多。目前已知的有机物种类约 700 万种,其中人工合成的有机物种类达 10 万种以上,且以每年 2000 种的速度递增。有机污染物本身有一定的生物积累性、毒性,以及致癌、致畸、致突变的"三致"作用。一些有机物对人的生殖功能可产生不可逆的影响,是人类的隐形杀手。进入湖泊的有机物由于物理、化学及生物过程而发生迁移与转化。生物迁移和转化是湖泊系统中有毒有机物产生环境危害的重要方式,这些物质具有疏水性,可以在生物脂肪中富集。因此,即使湖泊中有毒有机物的含量很低,也可以通过水生食物链,造成持续性的毒性作用,甚至通过食物链危害人体健康。

3. 富营养化

富营养化是指由于氮、磷等营养物质超过自然正常水平大量进入水体,引起水生态系统的净初级生产力不断提高,相关生态系统服务功能丧失,如藻类及其他浮游生物迅速繁殖,水体溶解氧和透明度下降,水质恶化,鱼类及其他生物大量死亡的现象。关于湖泊富营养化问题将在下一节详细阐述。

4. 湖泊酸化

酸雨造成湖泊酸化。工业生产和生活中各种能源使用产生的 SO_2、氮氧化合物被氧化后产生的酸性物质通过大气干湿沉降进入水体。水质酸化会抑制微生物的活动,影响水生生态系统中有机物的分解。碎屑大量沉积影响水生生物的营养与能量循环,从而使湖泊动物群落受影响,致使耐酸的种类增加,不耐酸的种类减少。酸性湖泊或河水会降低水质中的含钙量,影响鱼脊椎和骨骼的形成,导致鱼类畸形。

当湖泊水体的 pH 值小于 5.6 时,水体呈酸化状态;当 pH 值小于 5.5 时,鱼类生长会受阻,甚至造成鱼类生殖功能失调,繁殖停止;当 pH 值小于 4.5 时,各种鱼类、两栖动物和大部分昆虫消失,水草死亡,水生动物绝迹。同时,湖泊酸化还会引起沉积物中有毒重金属元素的活化,导致湖泊水环境中重金属浓度升高和生物活性增强。

5. 生态破坏

湖泊污染将使湖泊变得不适合原有物种的生存,鱼虾死亡,水禽失去栖息地,水草消亡,生态破坏。

第三节　湖泊富营养化

湖泊是一个异常复杂的生态系统,它是流域与水体生物群落、各种有机和无机物质之间相互作用(包括水-陆、水-泥、水-气等界面过程)与不断演化的产物。在湖泊生态系统自然演替过程中,泥沙随地表径流进入湖泊和生物有机体的残骸沉积于湖泊,湖泊会逐渐富营养化或成为陆地生态系统而消失。人类活动的干扰会加速这一进程。

生源要素(N、P)的富集使湖泊从贫营养状态变化到较高营养状态,浮游植物大量疯长,水体透明度大幅下降,水生高等植物的生长被抑制而逐渐衰退,湖泊生态系统从清水状态转变为浊水状态,生物多样性下降,水质恶化,生态系统服务功能严重受损或丧失。

一、湖泊富营养化现状

湖泊富营养化是指湖泊水体从开始到衰亡的老化过程,这个过程的速度与湖水中营养物质和有机物的累积水平及速率密切相关。

20 世纪初,水体富营养化引起了生态学家、湖沼学家的注意,同时也得到了一些国际组织、国家政府及社会各界人士的关注。20 世纪 60 年代末,WHO(世界卫生组织)、FAO(联合国粮农组织)、UNESCO(联合国教科文组织)、EU(欧盟)以及 OECD(经济合作与发展组织)等众多国际组织开始在其计划中设立研究专项。

1973 年,OECD 在其 18 个成员国之间建立国际富营养化研究合作计划,当时水体富营养化研究主要针对湖泊水体开展,主要研究涉及富营养化的发生机制及其评价方法。进入 21 世纪,随着经济的快速发展,我国在湖泊富营养化研究及治理方面的投入也越来越大。

来自 UNEP(联合国环境规划署)的一项水体富营养化调查(见表 7.1)结果表明:在全球范围内 30%～40%的湖泊和水库遭受不同程度的富营养化,各地区受影响的情况悬殊。在气候干燥或人口稠密地区,水体富营养化情况相对严重。

表 7.1　世界湖泊和水库营养化状况[①]

地区或国家	贫营养/(%)	中营养/(%)	富营养/(%)	抽样水体个数
OECD＋加拿大	48	16	36	230
OECD＋加拿大＋其他国家	30	35	35	335
加拿大	73	15	12	129
美国	1	23	76	493
意大利	29	28	43	65
德国	8	38	54	72
波罗的海沿岸国家	15	38	47	130

续表

地区或国家	贫营养/(%)	中营养/(%)	富营养/(%)	抽样水体个数
日本＋其他国家	25	39	36	36
11 个 PAHO② 国家	24	20	56	25
南非水库	31	41	28	32

① 此表引自联合国环境规划署关于"水体富营养化"的调查研究。
② PAHO 泛指美洲卫生组织。

　　我国幅员辽阔,江河、湖泊和水库众多,这些不同类型的水体支持着各种生活和生产用水。据统计,面积大于 1 km² 的湖泊有 2305 个(不含时令湖),湖泊总面积为 71787 km²。2019 年,根据水利部发布的《中国水资源公报》和有监测的 76 个湖泊数据统计,湖泊年末蓄水总量为 1377.0 亿立方米。

　　2019 年,开展水质监测的 110 个重要湖泊(水库)中,Ⅰ～Ⅲ类湖泊(水库)占 69.1%,比 2018 年上升 2.4 个百分点;劣Ⅴ类占 7.3%,比 2018 年下降 0.8 个百分点;主要污染指标为总磷、化学需氧量和高锰酸盐指数。开展营养状态监测的 107 个重要湖泊(水库)中,贫营养状态湖泊(水库)占 9.3%,中营养状态占 62.6%,轻度富营养状态占 22.4%,中度富营养状态占 5.6%(见图 7.2)。

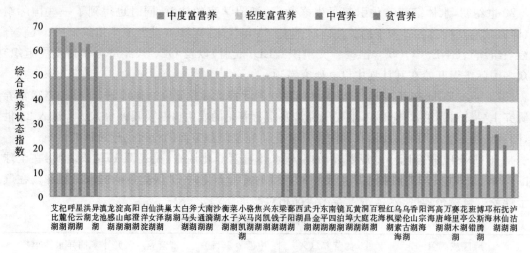

图 7.2　我国 2019 年重要湖泊富营养化状态
注:引自 2019 中国生态环境状况公报

二、富营养化成因

　　在湖泊自然演化过程中,污染物以及水生生物残骸在湖底的不断沉降淤积,湖泊会从贫营养发展为富营养,进而演变成为沼泽及陆地,这是一个极其缓慢的过程,往往以地质年代计算。但是由于人类活动的影响,这种演变过程会大大加快,由富营养化引起的环境问题也日益严重。目前普遍认可的富营养化成因理论主要有两种:食物链理论和生命周期理论。

食物链理论是由荷兰科学家马丁·肖顿于 1997 年 6 月在"磷酸盐技术研讨会"上提出来的。该理论认为，在自然水域中存在水生食物链，如果浮游生物的数量减少或捕食能力降低，将导致水藻生长量超过消耗量，平衡被打破，发生富营养化。此理论强调营养负荷的增加不是导致富营养化发生的唯一原因。

生命周期理论是近年来普遍为人们所接受的一种理论。该理论认为，含氮、磷的化合物过多进入水体，引起藻类大量繁殖，破坏了原有的生态平衡，过多地消耗水中的氧，使鱼类、浮游生物缺氧死亡，它们的尸体腐烂又造成水质的二次污染。生命周期理论指出：氮、磷的过量排放是造成富营养化的根本原因，藻类是富营养化的主体，其生长速度直接影响水质状态。

食物链理论和生命周期理论争论的关键之处在于氮、磷是否是引起富营养化的根本原因，目前这两种争论尚没有最后的定论。但从目前我国水体的富营养化状况来看，富营养化产生的原因主要是用生命周期理论来解释的。

关于水华形成所必备的条件，两种理论的观点是基本一致的，水华最主要的影响因素可以归纳为以下几个方面：适宜的温度条件；充足的氮、磷等营养盐；适量的硅、铁等元素含量；水流速度缓慢，水体更新周期长。只有当上述四个条件均比较适宜时，才会出现某种优势藻类"疯狂增长"的现象，形成水华。

Liebig（利贝格）最小值定律指出：植物生长取决于外界提供给它的所需养料中数量最少的一种养料。在合适的温度、光照条件、pH 值、硅和铁以及其他营养物质充分的条件下，植物的生长取决于外界供给它们养分最少的一种或两种。

水体的富营养化与水域地理特性、自然气候条件、水生生态系统和污染特性等有很大的关系。一般认为，氮、磷营养盐，尤其是磷，是控制湖泊藻类生长的主要因素，也是湖泊富营养化的主要限制性因子。因此，若要控制水体的富营养化，则必须控制水体中氮、磷等营养盐的含量及其比例。

1. 氮源

农田径流挟带的大量氨氮和硝酸盐氮进入水体后，改变了其中原有的氮平衡，促进某些适应新条件的藻类种属迅速增殖，覆盖了大面积水面。最近，美国的有关研究部门发现，含有以尿素、氨氮为主要氮形态的生活污水和人畜粪便排入水体后会使正常的氮循环变成"短路循环"，即尿素和氨氮的大量排入破坏了正常的氮、磷比例，并且导致在这一水域生存的浮游植物群落完全改变，原来正常的浮游植物群落是由硅藻、鞭毛虫和腰鞭虫组成的，而这些种群几乎完全被蓝藻、红藻和小的鞭毛虫类所取代。

2. 磷源

水体中的过量磷主要来源于肥料、农业废弃物和城市污水。有关资料表明，在过去的 15 年内，地表水的磷酸盐含量增加了 25 倍。在美国，进入水体的磷酸盐有 60% 是来自城市污水。在城市污水中，磷酸盐的主要来源是洗涤剂，它除了引起水体富营养化以外，还使许多水体产生大量泡沫。水体中过量的磷一方面来自外来的工业废水和生活污水；另一方面还有其内源作用，即水体中的底泥在还原状态下会释放磷酸盐，从而增加磷的含量，特别是在一些因硝酸盐引起的富营养化的湖泊中，由于城市污水的排入使湖泊更加复杂化，会使该系统迅速恶化，即使停止加入磷酸盐，问题也不会解决。这是因为多年来在湖泊底部沉积了大量的富含磷酸盐的沉淀物，由于不溶性的铁盐保护层作用，它通常是不会参与混合的。但是，当底层水含氧量低且处于还原状态时(通常在夏季分层时出现),保护层消失,从而使磷酸盐释入水中所致。

　　水体富营养化发生的原因是复杂的。目前,水体富营养化已经成为全球性的环境问题,虽然关于富营养化成因的研究已经取得了一定的成果,但仍然需要深入研究。到目前为止,依然没有一套较为完备、成熟的理论能够应用在实际水体中预测富营养化的发生;同时,对于富营养化发生的各项指标还没有一个被广泛接受的严格量化的界定。

　　对于水体富营养化状况,英国国家环境署规定,在静止水体中,TP 浓度 0.086 mg/L 为富营养化的临界值。国际上一般认为湖水中 TN 浓度 0.2 mg(N)/L、TP 浓度 0.02 mg(P)/L 是水体富营养化的临界发生浓度。OECD 提出富营养化湖泊的几项指标量为:TP 浓度大于 0.035 mg/L;Chla 浓度大于 0.008 mg/L;SD<3 m。结合我国湖泊 TN、TP 等营养盐浓度普遍偏高的实际情况,金相灿等选出 SD、TN、TP、COD$_{Mn}$、Chla 等水质指标值,通过界定上述指标对我国湖泊富营养化程度进行了分类,如表 7.2 所示。

表 7.2　我国湖泊富营养化分级标准

营养程度	SD/m	TN/(mg/L)	TP/(mg/L)	COD$_{Mn}$/(mg/L)	Chla/(mg/m³)
贫营养	10.0	0.02	0.001	0.15	0.50
	5.00	0.05	0.004	0.40	1.0
中营养	3.00	0.10	0.010	1.00	2.0
	1.50	0.30	0.025	2.00	4.0
	1.00	0.50	0.050	4.00	10.0
富营养	0.50	1.00	0.100	8.00	26.0
	0.40	2.00	0.200	10.0	64.0
	0.30	6.00	0.600	25.0	160.0
	0.20	9.00	0.900	40.0	400.0
	0.12	16.00	1.300	60.0	1000.0

　　湖泊氮、磷主要来源于以下几方面。

　　(1) 大气沉降。

　　大气沉降不仅是悬浮颗粒物、有害气体的来源之一,也是氮的来源之一。燃料燃烧时,氮元素以氮氧化物的形式进入空气,随雨、雪降落在土壤或水体表面,污染地表水源。

　　(2) 水体人工养殖。

　　许多水体既是水源地,又是人工养殖的场所。随着集约化养殖业的发展,人工投放的饵料以及鱼类的排泄物给水体带来了大量的氮、磷。目前,国内湖(库)区人工养殖的饵料系数达 3.0~4.0,是水体富营养化的原因之一。

　　(3) 牲畜养殖。

　　圈养家禽、家畜,尤其是猪,会产生大量富含氮、磷和细菌的排泄物,未经有效收集和处理,易随地表径流、亚表面流流入湖泊而污染水体。此外,农田中过量施用家畜粪便也会引起粪便中的营养物随地表径流、亚表面流流失,从而污染水体。草原过度放牧产生大量牲畜粪便滞留于草原上,造成营养物过剩,并破坏草原的植被覆盖;当降雨产生地表径流时,植被覆盖被破坏的草地会加剧土壤、粪便的侵蚀,致使更多的营养物流失,加重污染。

(4)农田化肥不合理使用。

现代农业生产中大量使用化肥、农药,在带来农业丰收的同时,很大程度上也污染了环境。为促进植物生长,提高农产品的产量,人们常施用较多的氮肥和磷肥,它们极易在降雨或灌溉时发生流失。氮、磷营养物的流失方式有:随地表径流进入地面水体中;下渗形成亚表面流(壤中流),通过土壤进行横向运动,然后排入地表水体中;通过土壤层下渗到地下水中。前两种是导致地表水富营养化的主要原因。近年来的研究表明,磷能以溶解或吸附于土壤上的颗粒态形式通过土壤微孔结构下渗至亚表面流中,然后进入江、河、湖泊或海湾;而氮(硝酸盐氮)的渗透能力较强,能够下渗到地下水中污染地下水。氮和磷在被土壤吸附与解吸过程中,其中一部分溶解于水,另一部分则继续保持吸附态,在运动中甚至会随土壤颗粒沉积下来,成为湖、河或海底沉积物的一部分。沉淀在底泥中的污染物在流量、水温及微生物结构发生变化的情况下可以通过再悬浮、溶解的方式返回水中,构成水源的二次污染。

(5)污水灌溉。

对37个污水灌区调查发现,有32个污水灌区水质不符合要求。污水作为一种可靠的水源和廉价的肥料被用于灌溉农田,是污水农业利用的一种提倡方式,其目的是通过土壤的净化作用和农作物对营养元素的吸收来净化污水。但由于一些污水中的营养物含量较高或技术原因,常常造成土壤和地表水的污染。

(6)城镇地表径流。

美国环保署把城市地表径流列为导致美国河流和湖泊污染的第三大污染源。城镇路面大部分是不透水地面,氮、磷营养物主要随地表径流进入地表水中。城镇中的氮、磷营养物主要来自人类的生活垃圾、生活污水和某些工商业废水(如屠宰、食品、造纸、停车场等)。

(7)矿区地表径流。

在磷矿区,人类活动破坏了原来的土壤结构和植被面貌,使得土壤表层裸露。在降雨条件下,散落在矿区的矿渣、泥沙、磷酸盐等污染物将随地表径流进入湖泊、水库、江河、海湾污染水体。

三、富营养化危害

富营养化会影响水体的水质,造成水体透明度降低,使得阳光难以穿透水层,从而影响水中植物的光合作用,可能造成溶解氧过饱和。溶解氧过饱和以及水中溶解氧含量少都对水生动物有害,容易造成鱼类大量死亡。同时,因为水体富营养化,水体表面生长着以蓝藻、绿藻为优势种的大量水藻,形成一层“绿色浮渣”。在形成“绿色浮渣”后,水下的藻类会因照射不到阳光而呼吸水体内的氧气,不能进行光合作用。水体内的氧气会逐渐减少,水体内的生物也会因氧气不足而死亡。死去的藻类和生物又会在水体内进行氧化作用,这时水体会发黑、变臭,水资源也会因为被污染而不可再用。因富营养化水体中含有硝酸盐和亚硝酸盐,人畜长期饮用这些物质含量超过一定标准的水,会中毒致病。

湖泊水体富营养化造成浮游植物大量繁殖,使水体呈“藻色”的现象,称为水华,属于藻型富营养化。大多数湖泊富营养化属此类型。湖泊富营养化造成水生高等植物大范围生长繁殖,称为草型富营养化,如洪湖,水体中水浮莲大量地繁殖,覆盖了水面,既影响水质,又影响航运和行洪。系统地说,水体富营养化的危害主要表现在以下几个方面。

1. 影响水体的溶解氧

在富营养湖泊的表层,藻类可以获得充足的阳光,从空气中获得足够的二氧化碳进行光合作用而放出氧气,因此表层水体有充足的溶解氧。但是,在富营养湖泊深层,情况则不同。首先,表层的密集藻类使阳光难以透射到湖泊深层,而且阳光在透射过程中被藻类吸收而衰减,所以深层水体的光合作用明显受到限制而减弱,使溶解氧来源减少。尤其是夜间至凌晨,藻类和水生高等植物停止光合作用放出氧气,同时呼吸作用加大了水体溶解氧的消耗。其次,湖泊藻类死亡后不断向湖底沉积,不断地腐烂分解,会消耗深层水体大量的溶解氧,严重时可能使深层水体的溶解氧消耗殆尽而呈厌氧状态,从而使得需氧生物难以生存。这种厌氧状态可以触发或者加速底泥积累营养物质的释放,造成水体营养物质的高负荷,形成富营养水体的恶性循环。同时,水面藻类的光合作用可能造成局部溶解氧过饱和。溶解氧过饱和以及水中溶解氧少都对水生动物(主要是鱼类)有害,可造成鱼类大量死亡。

2. 降低水体的透明度

水藻浮在湖水表面,形成一层"绿色浮渣",使水质变得浑浊,透明度明显降低。富营养化严重的水质透明度仅有 0.2 m,湖水感官性状大大下降。

3. 使水味变得腥臭难闻

富营养化水体中生长着很多藻类,其中有一些藻类能够散发出腥臭。藻类散发出的这种腥臭向湖泊四周的空气扩散,直接影响、烦扰人们的正常生活,给人不舒适的感觉。水生生物死亡后的尸体分解时会产生尸碱、硫化氢等,使水体变质,水味难闻,大大降低水质质量。

4. 向水体释放有毒物质

富营养化对水质的另一个影响是某些藻类能够分泌、释放有毒物质。有毒物质进入水体后,牲畜饮入体内可引起牲畜肠胃道炎症,人饮用会危害健康。

富营养化水体分泌或产生黏液,黏附于鱼类等水生动物的腮上,妨碍呼吸,导致动物窒息而死。尸体分泌有毒有害物质,如硫化氢,危害生态环境。有的藻类分泌的毒素能直接毒死生物或通过食物链转移,引起人中毒。

5. 对水生生态的影响

大量浮游植物繁殖降低了水体透明度,导致水下的沉水植物因没有光照而死亡,既影响水质,又导致水体一些依赖沉水植物作为产卵、栖息和躲避场所的生物消失,物种多样性降低。一些耐污染的生物物种大量繁殖,形成优势种,其他生物死亡,也是生物多样性减少的原因。这种生物种类演替会影响生态系统的平衡和稳定。

昆明滇池水质在 20 世纪 50 年代处于贫营养状态,到 20 世纪 80 年代则处于富营养化状态,大型水生植物种数由 44 种降至 20 种,浮游植物属数由 87 属降至 45 属,土著鱼种数由 15 种降至 4 种。

6. 影响供水水质并增加制水成本

湖泊常常是生活饮用水和工业用水的供给水源。富营养化水体当作为供给水源时会给制水厂带来一系列问题。首先,在夏日高温季节,藻类增殖旺盛,过量的藻类会给制水厂的过滤带来障碍,需要增加过滤措施;其次,富营养化水体产生硫化氢、甲烷和氨等有毒有害气体以及水藻产生的某些有毒的物质,在制水过程中,更增加了水处理的技术难度,既影响制水厂的出水率,也增加了制水成本。2008年2月25日,湖北省境内的汉江支流暴发了大规模的水华事件,导致5个乡镇的自来水厂停止使用,20多万人饮水受到影响。

四、富营养化评价

水体富营养化的主要评价方法有营养状态指数法、综合指数法、灰色聚类分析法、生物评价法、模糊评价法、灰色评价法和物元分析法等。采用上述方法对某一特定水体进行富营养化评价时常会遇到这样的问题:选择不同的指标或者方法可能得到不同的结果。这是由于湖泊富营养化的评价,即确定水体的状态属性实际上是一个定性问题定量化的多变量的综合决策过程。自然界的湖泊因其所处的地理位置、环境条件和自身成因等方面的差异甚大,受人类活动影响的程度也不相同,因而湖泊富营养化的类型(如浮游植物型、大型水生植物型等)和富营养化进程的快慢均不一样,其评价方法也不尽相同。因此,对湖泊进行富营养化评价时应因地制宜,并以综合评价的方法为主。

目前我国湖泊富营养化评价的基本方法主要有营养状态指数法(卡尔森营养状态指数(TSI)法、修正的营养状态指数(TSI$_M$)法、综合营养状态指数(TLI)法、营养度指数法和评分法等。

(1) 综合营养状态指数计算公式为

$$TLI(\sum) = \sum_{j=1}^{m} W_j \cdot TLI(j)$$

式中:TLI$(\sum)$ —— 综合营养状态指数;

W_j —— 第 j 种参数的营养状态指数的相关权重;

TLI(j) —— 第 j 种参数的营养状态指数。

湖泊(水库)富营养化状况评价指标:叶绿素 a(Chla)、总磷(TP)、总氮(TN)、透明度(SD)、高锰酸盐指数(COD$_{Mn}$)。

以 Chla 作为基准参数,则第 j 种参数的归一化相关权重计算公式为

$$W_j = r_{ij}^2 \bigg/ \sum_{j=1}^{m} r_{ij}^2$$

式中:r_{ij} —— 第 j 种参数与基准参数 Chla 的相关系数;

m —— 评价因子的个数。

中国湖泊(水库)部分参数与 Chla 的相关系数 r_{ij} 及 r_{ij}^2 值如表 7.3 所示。

表 7.3　中国湖泊(水库)部分参数与 Chla 的相关系数 r_{ij} 及 r_{ij}^2 值

参　　数	Chla/(mg/m³)	TP/(mg/L)	TN/(mg/L)	SD/m	COD$_{Mn}$/(mg/L)
r_{ij}	1	0.84	0.82	-0.83	0.83
r_{ij}^2	1	0.7056	0.6724	0.6889	0.6889

引自金相灿等著《中国湖泊环境》,表中 r_{ij} 来源于中国 26 个主要湖泊调查数据的计算结果。

（2）营养状态指数计算公式为

$$T(\text{Chla}) = 10(2.5 + 1.086\ln(\text{Chla}))$$
$$T(\text{TP}) = 10(9.436 + 1.624\ln(\text{TP}))$$
$$T(\text{TN}) = 10(5.453 + 1.694\ln(\text{TN}))$$
$$T(\text{SD}) = 10(5.118 - 1.94\ln(\text{SD}))$$
$$T(\text{COD}_{\text{Mn}}) = 10(0.109 + 2.661\ln(\text{COD}_{\text{Mn}}))$$

式中：Chla 的单位为 mg/m^3；

SD 的单位为 m；

其他指标的单位均为 mg/L。

（3）湖泊（水库）营养状态分级。

采用 0~100 的一系列连续数字对湖泊（水库）营养状态进行分级：

$\text{TLI}(\sum) < 30$，贫营养（oligotropher）；

$30 \leqslant \text{TLI}(\sum) \leqslant 50$，中营养（mesotropher）；

$\text{TLI}(\sum) > 50$，富营养（eutropher）；

$50 < \text{TLI}(\sum) \leqslant 60$，轻度富营养（light eutropher）；

$60 < \text{TLI}(\sum) \leqslant 70$，中度富营养（middle eutropher）；

$\text{TLI}(\sum) > 70$，重度富营养（hyper eutropher）。

在同一营养状态下，指数值越高，营养程度越重。

第四节　湖泊污染的危害

湖泊在国民经济和人民生活中具有非常重要的地位，湖泊生态系统提供了灌溉、航运、发电、供水、水量调蓄、纳污和旅游等服务功能。常言道，水可载舟也可覆舟。人类社会和经济发展过程中，违背自然规律，开发、利用强度破坏或超过湖泊生态系统的承载力，会导致湖泊生态系统污染和破坏，使其生态系统服务功能丧失。概括起来，湖泊污染可造成如下危害。

1. 对工业生产的危害

由于污染引起水质恶化，大量水不能满足工业用水的基本要求，从而造成工业设备的非正常损耗破坏（如锅炉腐蚀），导致产品质量降低或不合格。水质污染后，工业用水必须投入更多的处理费用，造成资源、能源的浪费。对造成污染源的工矿企业来说，由水污染造成的问题可严重制约其发展；食品工业用水要求更为严格，水质不合格，会使生产停顿。这也是工业企业效益不高、质量不好的原因。

2. 对农业生产的危害

使用污染水可使作物减产,品质降低,甚至使人畜受害,大片农田遭受污染,降低土壤质量。污染水对土壤的性质有很大影响。使用污染水来灌溉农田会破坏土壤,影响农作物的生长。不经处理的污染水往往会破坏土壤原有的结构、性能,使农作物直接或间接受到危害。一方面,农作物生长不良,引起减产;另一方面,一些有毒污染物潜伏在农作物的茎、叶、果实中,通过食物链富集危害人体,并可能引起地下水的污染。

3. 对渔业生产的危害

水体受到污染后会直接危及水生生物的生长和繁殖,造成渔业减产。对具有水产养殖功能的水体,严重的富营养化使一些藻类大量繁殖,饵料质量下降,影响鱼类的生长。同时,藻类覆盖水面,再加上藻类死亡分解消耗大量的溶解氧,导致鱼类缺氧而大批死亡。

在淡水养殖业中,水体污染会造成水产品的歉收、减产、降质,渔产品中污染物富集和湖、塘的富营养化问题更是不能忽视。

4. 对社会生活的危害

由于水体污染经常引起社会矛盾、经济纠纷,从社会学角度来看,这将影响社会生活的和谐和社会结构的安定,这种巨大的损失很难用经济指标衡量。

5. 对人体健康的直接危害

人喝了被污染的水或吃了被水体污染的食物,就会给健康带来危害。湖泊污染对人的健康危害主要表现在急(慢)性中毒、致癌、影响人体发育、破坏某些器官的功能。这种危害一般涉及面大,潜伏期长。

湖泊污染后,污染物通过饮水或食物链进入人体,使人急性或慢性中毒。砷、镉、苯并芘等还可诱发癌症。被寄生虫、病毒或其他致病菌污染的水会引起多种传染病和寄生虫病。人、畜的粪便等生物性污染物管理不当也会污染湖泊水域,严重时会引起细菌性肠道传染病,如伤寒、霍乱、痢疾等,还会引起某些寄生虫病。例如,1882年,德国汉堡市由于水源不洁导致霍乱流行,死亡7500多人。饮用水中氟含量过高会引起人牙齿龋斑及色素沉淀,严重时会造成牙齿脱落。氟含量过低会发生龋齿病等。重金属污染的水对人的健康均有危害。被镉污染的水、食物,人饮食后会造成肾、骨骼病变;人摄入硫酸镉20 mg就会死亡。人体铅中毒可引起贫血、神经错乱。六价铬有很大的毒性,可引起皮肤溃疡,还有致癌作用。饮用含砷的水,人会发生急性或慢性中毒。砷使许多酶受到抑制或失去活性,造成机体代谢障碍,皮肤角质化,可引发皮肤癌。有机农药对人和动物的内分泌、免疫功能、生殖机能均造成危害。多环芳烃多数具有致癌作用。氰化物也是剧毒物质,进入血液后,与细胞的色素氧化酶结合,使呼吸中断,造成呼吸衰竭,以致窒息死亡。

6. 水质恶化,水体生态平衡被破坏

湖泊污染会破坏湖泊原有的生态平衡。以湖泊富营养化为例,湖泊水体的富营养化会使水质恶化,水质恶化后会使透明度降低,大量藻类生长,消耗大量溶解氧,使水底中的有机物处于腐化状态,并逐渐向上层扩展,严重时可使部分水域成为腐化区。这样,由一开始的水生植物大量增殖,到水生动植物大量死亡,破坏水体的生态平衡,最终导致并加速湖泊等水域的衰亡。

复习思考题

1. 试述湖泊污染的来源和类别。

2. 什么是湖泊富营养化? 水华的原因及危害有哪些?

3. 某湖泊水质监测情况如表 7.4 所示,试采用综合营养状态指数法分别计算其营养状态指数,评价其综合营养状态,并判断该湖泊所属营养状态级别。

表 7.4 某湖泊水质监测情况

监测指标	Chla/(mg/L)	SD/m	COD_{Mn}/(mg/L)	TP/(mg/L)	TN/(mg/L)
监测值	96.18	0.42	5.07	0.38	8.18

4. 除了用综合营养状态指数法,也用可卡尔森营养状态指数法、修正的营养状态指数法来计算湖泊营养状态指数,试通过表 7.4 的监测情况,比较不同评价方法的结果差异。

提示:卡尔森营养状态指数(TSI)计算公式为

$$TSI(SD) = 10\left(6 - \frac{\ln SD}{\ln 2}\right)$$

$$TSI(Chla) = 10\left(6 - \frac{2.04 - 0.68\ln Chla}{\ln 2}\right)$$

$$TSI(TP) = 10\left(6 - \frac{\ln 48/TP}{\ln 2}\right)$$

修正的营养状态指数(TSI_M)计算公式为

$$TSI_M(Chla) = 10\left(2.46 + \frac{\ln Chla}{\ln 2.5}\right)$$

$$TSI_M(SD) = 10\left(2.46 + \frac{3.69 - 1.53\ln SD}{\ln 2.5}\right)$$

$$TSI_M(TP) = 10\left(2.46 + \frac{6.71 + 1.15\ln TP}{\ln 2.5}\right)$$

第八章 湖泊污染控制

第一节 湖泊的自净作用

一、自净作用

污染物进入湖泊后,通过湖泊一系列物理、化学和生物因素的共同作用,使污染物的总量减少或浓度降低,水中各项指标(如细菌、溶解氧、生化需氧量等)及河流生物群部分地或完全地恢复原状,这种现象称为水体的自净作用。水体自净能力的定义有广义定义和狭义定义两种。广义定义是指受污染的水体经物理、化学与生物作用,使污染的浓度降低,并恢复到污染前的水平;狭义定义是指水体中的氧化物分解有机污染物而使水体得以净化的过程。

湖泊的自净是水体中物理、化学、生物因素共同作用的结果,这三种作用在湖泊中并存,同时发生又相互影响。该过程常以生物自净过程为主。水体具有自净作用的条件是:水体所受到的污染程度不超过水体所具有的环境承载力。

1. 物理自净作用

湖泊的物理自净是湖泊水体运动使水中污染物经过稀释、混合、扩散、挥发和沉淀等作用,使水体污染物减少和浓度降低的过程。在污水处理和污染物总量控制中,利用物理净化作用,合理规划,可节省财力、物力。湖泊污染物的物理自净作用及其机理如下。

(1)稀释:悬浮物、胶体和溶解性污染物混合稀释浓度降低等。影响水体稀释混合的因素有稀释比(污水可被稀释的程度)、河流的水文条件、污水排放口的位置和形式、湖泊和海洋中的水流方向、风向和风力、水温潮汐等。

(2)混合:污水排入水体后,经过纵向、横向和断面三个混合阶段。污染物进入水体后因分子扩散、湍流扩散和弥散作用逐步向水体中分散,从排放口到深度达到浓度分布均匀。当深度达到浓度分布均匀后,在横向还存在混合过程,经过一定距离后污染物在整个横断面达到浓度分布均匀。在横向混合阶段后,污染物浓度在横断面上处处相等。水体向下游流动的过程中,持久性污染物浓度不再变化,非持久性污染物浓度不断下降。

(3)扩散:扩散过程分为紊动扩散、移流和离散。紊动扩散是指水流的紊动特性引起水中污染物自高浓度区向低浓度区转移的扩散。移流是指水流的推动使污染物的迁移随水流输移。离散是指水流方向横断面上流速分布的不均匀(由湖岸及湖底阻力所致)而引起的分散。

(4)挥发:有机污染物由水中的溶解态转变成气态进入大气的过程。

(5)沉淀:比重大的固体和悬浮污染物沉降至水底形成污泥。

2. 化学自净作用

化学自净过程中化学反应的产生和进行取决于污水的化学成分和水体的具体状况,化学自净作用包括化学、物理化学及生物化学作用,是存在形态发生变化及污染物浓度降低的水体自净过程。化学自净的具体反应又可分为污染物的氧化与还原反应、酸碱反应、吸附与凝聚、水解与聚合、分解与化合等,其中氧化和还原反应是水体化学自净的主要作用。水体中的溶解氧可与某些污染物产生氧化反应,如铁、锰等重金属离子可被氧化成难溶性的氢氧化铁、氢氧化锰而沉淀,硫离子可被氧化成硫酸根随水流迁移。所以水中溶解氧含量决定了水体化学自净过程的进行,水体中的化学耗氧量反映了水中好氧污染物的含量。还原反应则多在微生物的作用下进行,如硝酸盐在水体缺氧条件下,由于反硝化菌的作用还原成氮气(N_2)而被去除。

3. 生物自净作用

生物自净是水体净化中重要而又非常活跃的过程。生物自净是生物群通过代谢作用(异化作用和同化作用)使环境中的污染物数量减少、浓度下降、毒性减轻以至消失的过程。对于某一水域,一方面水生动植物在自净过程中将一些有毒物质分解并转化为无毒物质,消耗溶解氧,同时绿色水生植物的光合作用又有复氧的功能;另一方面水体污染又使该环境中的动植物本身发生变异,适应环境状态的一些改变。水体的生物自净作用直接与河水中的生物种类和数量有关,分解污染物的微生物种类和数量越多,水体的生物自净作用相应就越强、越快。植物能吸收水体中的酚、氰,在体内转化为酚糖苷和氰糖苷;球衣菌可以把氰、酚分解为二氧化碳和水;绿色植物可以吸收二氧化碳,放出氧气;凤眼莲可以吸收水藻的镉、汞、砷等;有机污染物的净化主要依靠微生物的降解作用。在适宜的温度、空气、养分等条件下,需氧微生物大量繁殖,能将水中各种有机物迅速分解、氧化,转化成二氧化碳、水、氨、硫酸根、磷酸盐等。厌氧微生物、硫黄细菌等也有重要的生物自净能力。生物自净受环境条件的影响较大。

4. 水体自净的特点

水体自净过程主要特征包括:污染物浓度逐渐下降;一些有毒污染物可经各种物理、化学和生物作用,转变为低毒或无毒物质;重金属污染物以溶解态被吸附或转变为不溶性化合物,沉淀后进入底泥;部分复杂有机物被微生物利用和分解,变成二氧化碳和水;不稳定污染物转变成稳定的化合物;自净过程初期,水中溶解氧含量急剧下降,到达最低点后又缓慢上升,逐渐恢复至正常水平;随着自净过程及有毒物质浓度或数量的下降,生物种类和个体数量逐渐随之回升,最终趋于正常的生物分布。

二、影响湖泊自净因素

由于每个湖泊的自净能力都是有限的,如果排入湖泊的污染物数量超过某一界限,则会造成湖泊的永久性污染。影响湖泊自净的因素很多,其中主要因素有污染物的组成,污染物浓度,湖泊的地理、水文条件,微生物的种类与数量,水温,复氧能力等。

1. 污染物的种类、性质与浓度

污染物的物理、化学性质会对湖泊的自净作用产生影响。若污染物容易挥发和氧化降解,则在湖泊中容易被净化,如酚和氰。由于它们易挥发和氧化分解,同时又能被泥沙和底泥吸附,在湖泊中较易净化。难以化学降解、光转化和生物降解的污染物也难以在湖泊中得以自净,如合成洗涤剂、有机农药等化学稳定性高的合成有机化合物,在自然状态下需 10 年以上的时间才能完全分解。它们以水流作为载体,逐渐蔓延,不断积累,成为全球性污染的代表性物质。湖泊中某些重金属类污染物可能对微生物有害,可降低生物降解能力,从而降低湖泊的自净作用。

污染物的浓度对自净作用有特殊的影响。当污染物的浓度超过某一限度后,湖泊自净速度会迅速降低,污染物的降解状态会突然发生改变。

2. 湖泊的水情要素

影响湖泊自净作用的主要湖泊水情要素有水温、流量、流速等。水温不仅直接影响着湖泊中污染物的净化速度(如化学反应速度),而且影响着水中饱和溶解氧浓度和水中微生物的活动,间接影响着湖泊的自净作用。例如,随着水温的增加、BOD 的降低,自净速度明显加快,但水温高不利于水体富氧。流速、流量直接影响移流强度和紊动扩散强度。流速和流量增大,不仅使湖泊中污染物浓度稀释、扩散能力加强,而且使水面的气体交换速度也增大。

3. 底质

底质能富集某些污染物,湖泊与湖泊基岩和沉积物也有一定的物质交换过程。这两方面都可能对湖泊的自净作用产生影响。例如,汞易被吸附在泥沙上,随泥沙沉淀而在底泥中累积,虽较稳定,但在水与底泥界面上存在十分缓慢的释放过程,会重新回到河水中,形成二次污染。此外,底质不同,底栖生物的种类和数量不同,对湖泊自净作用的影响也不同。

4. 周围环境

大气的复氧条件、太阳辐射(光照条件)、不同的地质与地貌条件等周围环境都会影响水体的自净作用。太阳辐射对湖泊自净作用有直接影响和间接影响两个方面。直接影响是指太阳辐射能使水中污染物产生光转化;间接影响是指太阳辐射可以引起水温变化,促进浮游植物及水生植物进行光合作用。太阳辐射对水浅的湖泊比对水深的湖泊的自净作用的影响要大。

5. 生物

湖泊中微生物对污染物有降解作用,某些水生物对污染物有富集作用,这两方面都能降低水中污染物的浓度。若水体中能分解污染物的微生物和能富集污染物的水生物品种多、数量大,则对水体自净过程较为有利。当水中能分解污染物的各种微生物种类和数量较多时,水体的生化分解自净作用就强；当水体污染严重时，微生物的生命活动受限或引起微生物大量死亡，水体的生化分解自净作用就弱。

三、提高湖泊自净能力的措施

湖泊水流速度一般比较慢，对污染物的稀释、扩散能力较弱，污染物不能很快地与湖、库的水混合，易在局部形成污染。当湖泊和水库的平均水深超过一定深度时，水温变化使湖（库）水产生温度分层，季节变化时易出现翻湖现象，湖底的污泥翻上水面，造成湖泊二次污染。因此，提高湖泊的自净能力对水污染的防治起着关键性的作用。提高湖泊自净能力的主要措施如下。

(1) 在湖泊中养殖有净化和抗污染能力的水生动植物。

(2) 修建曝气设施，进行人工增氧，增加水体的进氧量和自净能力。

(3) 采用天然石料作为河道护岸。

(4) 提升整个水体流动动力，加快水体交换。

(5) 引进其他水系的水进行稀释，以提高自净能力和改善水质。

(6) 充分利用当地野生生物物种，恢复河岸、湖岸的水生植被。

第二节　湖泊环境容量

环境容量是基于对流域水文特征、排污方式、污染物迁移与转化规律进行充分科学研究的基础上，结合环境管理需求确定的管理控制目标。湖泊环境容量既反映湖泊的自然属性（水文特征），也反映人类对环境的需求（水质目标）。湖泊环境容量随着水资源情况的不断变化和人们对环境需求的不断提高而不断发生变化。

一、基本概念

在给定水域范围和水文条件，规定排污方式和水质目标的前提下，单位时间内该水域最大允许纳污量称为水环境容量。水环境容量的确定是水污染物实施总量控制的依据，是水环境管理的基础。

广义的水环境容量包含三个方面的内容：一是水资源对各类用水的承载力；二是水环境对水体量的容纳能力，包括行洪、排涝、蓄滞洪水的能力；三是水环境的纳污能力。狭义的水环境容量仅指水环境的纳污力。

环境容量的概念最早是由比利时科学家弗胡斯特于 1938 年提出的。水环境容量概念则于 20 世纪 60 年代由日本学者西村肇和矢野雄辛提出，为了改善研究区域大气和水环境质量，他们还提出了污染物总量控制理论，对流入区域环境的污染物总量规定最大允许限度，从而使流域污染物负荷控制在一定范围内,以总量控制各污染源的排污量,并将控制总量称为环境容量。随后,各国学者开始纷纷研究环境中的容量问题,环境容量的概念也开始逐步推广,并在之后的发展中日趋成熟。欧美等国家一些学者对水环境容量的研究起步比中国的早,但这些国家在水质规划和水质管理中则较少使用环境容量这一专业术语,而是以"同化容量""最大允许纳污量"或"水体允许排污水平"等相似概念来反映水体的这种纳污能力。

随着湖泊富营养化问题愈来愈突出,世界各国均在湖泊污染控制方面投入了大量的人力和物力,许多学者在水体富营养化治理过程方面进行了大量的研究,其中水环境容量研究相继出现在各国湖(库)水体的富营养化治理方案上。20世纪70年代到80年代,美国提出"最广泛地合理使用环境而不使其恶化"这一原则。稀释容量概念则是由英国最早提出的,污染物进入水体后,一方面可由水中的生物降解去除,另一方面可由水体运动稀释扩散至环境标准值。苏联选择了生态和健康能够承受的污染物最高允许浓度来进行水质评价。Liebmann(1966年)、Loucks(1967年)和Ecker(1975年)等通过建立模型计算出水体允许的排污水平。Revelle(1969年)、Thomann和Sobells(1964年)等在前人研究的基础上,研究出优化模型,能够更准确地求得污染物允许排放量。但随着研究的深入,研究者发现上述模型只是单纯地考虑了单一因素的影响,而未将各种变化情况进行综合分析,得出的模型并不能准确地反映出其环境的真实容量。因此,许多学者在此基础上对其进行改善,并取得了重要研究成果。如Donald(1985年)等在考虑了水质水力特性、自然环境条件等不确定因素的影响下,对污染负荷进行了计算分析;Lohani(1979年)、Fujiwara(1986年)等用概率约束模型对湖(库)水体的污染负荷分配进行了研究。

按照污染物降解机理,水环境容量可划分为稀释容量($W_{稀释}$)和自净容量($W_{自净}$)两部分。稀释容量是指给定水域的来水污染物浓度低于出水水质目标时,依靠稀释作用达到水质目标所能承纳的污染物量。自净容量是指由于沉降、生化、吸附等物理、化学和生物作用,给定水域达到水质目标所能自净的污染物量。在其他条件不变的情况下,污染物排放方式的改变(如排放口位置的不同)将影响水域的环境容量,因此环境容量的确定是在分析稀释容量与降解容量的基础上,根据排污方式的限定与环境管理的具体需求,在不改变排污口位置和水质目标等情况下确定的,即水域的环境容量(W)为

$$W = W_{稀释} + W_{自净}$$

二、基本特征与影响因素

1. 基本特征

环境容量具有以下四个基本特征。

(1)资源性。环境容量是一种自然资源,其价值体现在对排入污染物的缓冲作用,即容纳一定量的污染物也能满足人类生产、生活和生态系统的需要。但湖泊的环境容量是有限的可再生自然资源,一旦污染负荷超过水环境容量,其恢复将十分缓慢与艰难。

(2)区域性。由于不同地域的水文、地理、人文、气象条件等因素的影响不同,不同地域的湖泊对污染物的物理、化学和生物净化能力存在明显的差异,从而导致其环境容量具有明显的

地域性特征。湖泊一般处在大的流域系统中,在确定局部水域水环境容量时,必须从流域的角度出发,合理协调流域内各水域的水环境容量。

(3)不均衡性。进入湖泊的污染物是多种多样的,污染物的迁移与转化途径也趋于多样化。由于各类污染物的基本性质差异较大,在同样的湖泊环境条件下,各类污染物的响应程度存在差异,所进行的物理、化学、生物的作用过程不同,污染物的最终形态和最终存在的介质场所不同。因此,不同污染物在同一湖泊中的环境容量是不同的。

(4)动态性。环境容量在一定程度上反映了人类社会发展与自然生态环境的关系。特定湖泊的环境容量是人类根据社会发展需要或者人类生活的需要按照一定的环境目标计算得出并制定的标准。在人类社会发展的不同时期,对水环境容量的认识不同,要求也不同,因此,湖泊环境容量与人类社会需求和技术水平的发展是紧密相关的。

2. 影响因素

影响湖泊环境容量的因素概括起来主要有以下五个方面。

(1)湖泊特征。几何特征(湖岸形状、水底地形、水深或体积);水文特征(流量、流速、降雨、径流等);化学性质(pH 值、硬度等);物理自净能力(挥发、扩散、稀释、沉降、吸附);化学自净能力(氧化、水解等);生物降解(光合作用、呼吸作用)。

(2)环境功能要求。到目前为止,我国各类水域一般都划分了水环境功能区。不同的水环境功能区提出了不同的水质功能要求。不同的功能区划对水环境容量的影响很大:水质要求高的水域,水环境容量小;水质要求低的水域,水环境容量大。例如,对 COD 环境容量,要求达Ⅲ类水域的环境容量仅为要求达Ⅳ类水域的环境容量的 1/2。

(3)污染物。不同污染物本身具有不同的物理化学特性和生物反应规律,不同类型的污染物对水生生物和人体健康的影响程度不同。因此,不同的污染物具有不同的环境容量,但具有一定的相互联系和影响,提高某种污染物的环境容量可能会降低另一种污染物的环境容量。因此,对单因子计算出的环境容量应进行一定的综合影响分析,较好的方式是联立约束条件,同时求解各类需要控制的污染物的环境容量。

(4)排污方式。环境容量与污染物的排放位置与排放方式有关。一般来说,在其他条件相同的情况下,集中排放比分散排放的环境容量小,瞬时排放比连续排放的环境容量小,岸边排放比湖心排放的环境容量小。因此,限定的排污方式是确定环境容量的一个重要确定因素。

(5)水文气象。温度、降水等可能会影响湖泊的自净能力。温度高,溶解氧多,水体自净能力也强;降水丰沛,流量大,污染物累积过程短暂,水质较好。

3. 确定原则

水环境容量的确定,要遵循以下两条基本原则。

(1)保持环境资源的可持续利用。在科学论证的基础上,确定合理的环境资源利用率;在保持水体不断地自我更新与水质修复能力的基础上,尽量利用水域环境容量,以降低污水治理成本。

(2)维持湖泊环境容量的相对平衡。影响水环境容量的因素有很多,筑坝、引水、新建排污口与取水口等都可能改变整个湖泊环境容量的分布。因此,应充分考虑当地的客观条件,分析局部环境容量的主要影响因素,以利于从流域的角度合理调配污染物排放量和环境容量。

三、研究与应用

1. 湖泊环境容量

在对水环境容量研究的初期,我国学者大多停留在对一些水质模型的研究,根据不同角度的研究,出现了一系列水质模型,如 Streeter-Phelps 模型、Thomas 模型以及 Camp-Dobbins 模型等。在这一阶段,模型的应用领域和求解方法没有完全拓宽,研究内容从河流水环境容量的核算和水体有机污染物的降解模型,到一些不可降解污染物的迁移与转化规律研究等,关于模型的计算多采用解析法。

"六五"期间是环境容量研究的探索阶段。研究重点在水环境容量概念及污染物自净规律的研究。主要采用简单的数学模型,包括 Streeter-Phelps 模型、Thomas 模型、Camp-Dobbins 模型,以及稳态、准动态模型,算法采用简单的解析法。研究内容主要是耗氧有机物,研究空间大多局限在小河或者大河的局部河段。"六五"中后期,环境容量研究被列为"六五"科技攻关课题,研究突飞猛进。数学模型扩大到包括溶解氧、氮转化的各种模型。算法上加入了数值法等。研究内容增加了重金属等。研究范围扩展到大江大河。"六五"期间的工作,为水环境容量的应用奠定了良好的理论基础。

"七五"期间是环境容量研究的初步实践阶段。理论研究上,容量研究继续被列为"七五"科技攻关课题,相比"六五"期间,应用模型从单纯描述自然过程的物理模型发展到结合自然与人工调控的水质—规划—管理模型体系。研究内容也由一般耗氧有机物和重金属扩展到氮、磷负荷和油污染。研究范围从某段或者单条一般河流扩大到湖泊、河口海湾、河网河流,甚至长江等大水系层面,提出了容量总量控制、目标总量控制、行业总量控制的概念。应用实践上,先后开展水环境综合整治规划、水污染综合防治规划、污染物总量控制规划、水环境功能区划和排污许可证试点工作;总结成果上,出版了一系列影响深远的专著。"七五"期间的工作构建了中国水污染物总量控制的初步框架。

"八五"期间是进一步深化的阶段。国家环境保护局组织修订了《中华人民共和国水污染防治法》,完成了限制排放标准体系规划工作,在国家、地方排放标准中体现了污染物总量控制的内容,尤其是《淮河流域水污染防治规划及"九五"计划》的编制,表明中国的水质规划与总量控制研究工作已经进入政府领导下的有效实施阶段。"八五"期间的工作标志着我国总量控制工作的正式开始。

"九五"到"十五"期间是全面深化阶段。理论研究上,"十五"科技攻关课题《流域水污染物总量控制》的研究进一步完善和规范了水污染总量核定、分配和监控技术,对容量计算模型和参数选取技术进行研究,并以辽河流域和三峡库区为实例进行具体分析,同时对容量和总量控制理论进行一些探索性研究,以实现水环境管理理论上的创新与突破,为我国流域水环境管理的国家战略提供指导;应用实践上,COD 排放总量控制指标在"九五"期间被正式列为环境保护的考核目标,氨氮也在"十五"期间被列入总量控制目标;先后组织编写了"三河三湖""九五"和"十五"水污染防治规划;汇集了十多年的工作成果,全国水环境功能区划,全国地表水环境容量核定工作完成,为总量控制创造了良好条件。

"十一五"期间选择了全国重点河流和湖泊流域进行研究,探索最大日负荷总量(total maximum daily load,TMDL)和容量总量技术的应用。全国的辽河、太湖及赣江流域三大示范流域完成监控预警领域的 TMDL 技术和容量总量分配技术探索。

"十二五"期间是查漏补缺和管理落实阶段。以全国重点流域和 62 个水质较好湖泊为对象进行研究,探索适合我国国情的中西合璧的管理模式,实现基于水质目标的水环境容量保全与提升,达到水质较好湖泊保护的基本要求,试点湖泊水质总体不降低并呈逐年改善的趋势。

"十三五"期间是全面革新落实阶段。在全国各大流域重点控制单元,基于新环保法和生态文明建设的最新要求,与体制机制改革相协调的环保领域供给模式探索,进行水环境容量和水生态承载力排污许可证发放制度摸索和落实。形成基于水环境容量的排污许可证发放试点。

目前,我国的水环境容量研究已日趋成熟,无论是在深度还是广度上都达到了一定的水平。我国水环境容量的研究发展迅速,且在实际的研究工作中得到了广泛的应用。我国水环境容量研究与应用进展概况如表 8.1 所示。

表 8.1 我国水环境容量研究与应用进展概况

发展阶段	重点研究内容	主要研究范围	阶段性成果及其应用
"六五"期间,探索阶段	耗氧有机物、重金属	局部河段扩大到大江大河	水环境容量的概念及污染物自净规律的研究,为水环境容量的应用奠定了良好的理论基础
"七五"期间,初步实践阶段	氮、磷负荷和油污染	扩大到湖泊	从自然过程的物理模型发展到结合自然与人工调控的水质—规划—环境管理模型体系,提出容量总量控制、目标总量控制、行业总量控制的概念,构建了总量控制的初步构架
"八五"期间,进一步深化阶段	如何在排放标准中体现总量控制	—	《淮河流域水污染防治规划及"九五"计划》编制,标志着我国总量控制工作的正式开始
"九五"到"十五"期间,全面深化阶段	完善和规范了水污染总量核定、分配和监控技术,选取了研究容量计算模型参数	以辽河流域和三峡库区为例进行具体分析	COD 排放总量控制指标在"九五"期间被正式列为考核目标,氨氮在"十五"期间被列为总量控制目标,水污染防治规划编写完成,全国水环境功能区划分完成
"十一五"期间,继续深化阶段	探索 TMDL 技术和容量总量分配技术	以全国重点河流和湖泊流域为例进行	全国的辽河、太湖及赣江流域三大示范流域完成监控预警领域的 TMDL 技术和容量总量分配技术探索
"十二五"期间,查漏补缺和管理落实阶段	探索适合我国国情的中西合璧的管理模式	以全国重点流域和 62 个水质较好湖泊为例进行	基于水质目标的水环境容量保全与提升,达到水质较好湖泊保护的基本要求,试点湖泊水质总体不降低并呈逐年改善的趋势

续表

发展阶段	重点研究内容	主要研究范围	阶段性成果及其应用
"十三五"期间,全面革新落实阶段	基于新环保法和生态文明建设的最新要求,与体制机制改革相协调的环保领域供给模式探索,进行水环境容量和水生态承载力排污许可证发放制度摸索和落实	全国各大流域重点控制单元	基于水环境容量的排污许可证发放试点

2. 湖泊纳污能力

国外对水环境纳污能力问题的研究起步较早,多是以水质管理和水环境同化能力的方式提出,往往将水环境纳污能力核算与总量负荷分配研究相结合,采用线性规划等系统优化方法进行研究,即所谓的容量总量控制。例如,Liebman(1966 年)、Ecekr(1975 年)采用确定性规划方法计算了环境治理成本最低情况下的水环境允许排污量。Thomann 和 Revelle(1964 年)等构建了非线性确定性水质管理优化模型,求解出水域污染物的允许排放量以及削减量。然而,这些不确定性模型无法处理和表征水体环境的随机不确定性等特征。随着随机不确定性规划方法研究和应用的不断发展,各种优化模型被广泛应用到河流水质管理中。如,Fujiwara(1986 年)以区域污水处理成本最低为目标构建随机概率优化模型,研究存在超标风险的流域排污负荷优化分配问题。Burn 和 Mcbean(1985 年)考虑了水体水文等要素的随机特征,基于一阶不确定分析方法构建了随机水质管理优化模型,核算了研究水域各排污口的允许排污负荷。Burn 和 Lence(1992 年)基于水文、气象和污染负荷因子的多重不确定性进行了河流水环境纳污能力核算及分配模型研究。

我国对水环境纳污能力的研究起步较晚,自 1995 年全国水资源保护规划中首次正式提出水域纳污能力的概念开始,我国针对水环境纳污能力核算开展了大量的研究。"六五"期间,由国家环保局牵头,依托主要污染物水环境容量的研究课题,针对水体纳污能力问题开展了大规模的联合科技攻关。课题深入且系统地分析和研究了污染物在不同水体中的扩散、降解等现象,丰富和完善了水动力学等相关理论,研究并构建了基于稳态条件下河流水质模型的水环境纳污能力计算模型,并以沱江内江段、湘江株洲段等水域作为典型水体,进行了水环境容量的相关研究与计算。从此,奠定了稳态河流水质模型在国内水环境纳污能力核算中的主要地位。周孝德(1999 年)等提出了在一维稳态水质模型设计条件下段首控制、段尾控制和功能区段尾控制这三种不同的计算河流水体纳污能力的方法。周洋(2011 年)等运用一维稳态水质模型和水域纳污能力核算模型,基于渭河陕西段水文、水质监测资料和排污情况,针对不同水功能区采用段首控制和段尾控制结合的方法分别计算了该河段丰水年、平水年和枯水年的 COD 纳污能力。由于河流的水文、水质等参数均处于动态变化中,稳态模型可能导致纳污能力的理论计算值与实际情况有较大偏差,因此科研工作者开始针对动态条件下的河流纳污能力问题展开研究。张永勇和花瑞祥(2016 年)针对稳态水质模型存在无法反映不同来水、排污等多种因素影响下水体纳污能力的时空动态变化，构建了三维水动力-水质模型，实现了水位和水质时空变化的动态模拟。结果表明，采用水动力-水质模型能够反映湖（库）水质和外部营养负荷之间的定量关系，可精细模拟水质指标在库区内的时空变化过程。随着纳污能力研究的不断深入，稳态水质模型已无法满足科学、准确核定水体纳污能力的要求，研究人员开始考虑不确定条件下的水环境纳污能力核算问题。相对于稳态模型的确定性设计条件，随机概率设计条件下的河流纳污能力核算结果在理论和实践中都更能反映出水体的真实情况。因此，科研人员开始基于河流水文、水质和水力条件等的主要随机特性，基于随机不确定性理论开展水环境纳污能力研究。陈顺天（2001年）采用概率稀释模型分别计算了东溪和晋江干流在引水工程竣工前后的纳污能力，并进行对比分析。李如忠（2004年）等基于未确知数学理论，将水深、污染物浓度、污染物降解系数等参数定义为未确知变量，对湖（库）纳污能力进行计算，得到不同置信度水平下湖（库）纳污能力的各种可能性区间，弥补了传统确定性模型和随机不确定模型的不足。水环境纳污能力研究的不断发展为我国推行污染物容量总量控制、实现水环境质量改善的目标提供了科学依据。

四、湖泊环境容量计算方法

1. 计算步骤

根据《全国水环境容量核定指南》，对湖（库）水环境容量的计算应遵循一定的步骤，规范地对研究水体进行水质参数调查、水域污染源调查、水环境质量控制等工作，最终计算得出准确的水环境容量数据。

（1）水域概化。由于影响水环境容量的因素众多，在计算水环境容量之前，需要将研究的水体进行概化处理。将研究的水域进行概化处理后，结合所选模型进行参数选取，计算得出研究的水体对不同污染物的水环境容量。概化处理不仅是对整个水域的概化处理，还包括排污口的概化处理，根据排污口之间的相对距离进行处理，可概化为一个或几个集中排污口。

（2）基础资料调查与评价。包括调查与评价水域水文资料（流速、流量、水位、体积等）和水域水质资料（多项污染因子的浓度值），同时收集水域内的排污口资料（废水排放量与污染物浓度）、出入湖资料（水量与污染物浓度）、取水口资料（取水量、取水方式）、污染源资料（排污量、排污去向与排放方式）等，并进行数据一致性分析，形成数据库。

（3）选择水质控制节点（或边界）。根据水环境功能区划和水域内的水质敏感点位置分析，确定水质控制断面的位置和浓度控制标准。对于包含污染混合区的环境问题，则需根据环境管理的要求确定污染混合区的控制边界。

（4）建立水质模型并确定其计算参数。根据研究水域的特异性，按实际情况选择并建立零维、一维或二维水质模型，在进行各类数据资料的一致性分析的基础上，确定模型所需的各项参数。

（5）容量计算分析。应用设计水文条件和进出湖水水质限制条件进行水质模型计算，利用试算法（根据经验调整污染负荷分布反复试算，直到水域环境功能区达标为止）或建立线性规划模型(建立优化的约束条件方程)等方法确定水域的水环境容量。

(6) 环境容量确定。在上述容量计算分析的基础上,扣除非点源污染影响部分,将湖区的点源和面源污染物的入湖量进行综合考虑并纳入计算,最终得出的结果可真实地反应水体的水环境容量,并为环境管理规划提供参考价值。

2. 设计条件

1) 控制点

一般情况下,在计算单元内可以直接按照水环境功能区上下边界、监测断面等设置控制点或节点,如可以直接选取水环境功能区内的常规性监测断面作为控制节点。

如果某一功能区划水域内存在多个常规性监测断面,则可以选取最高级别的监测断面、最具代表性的监测断面或最能反映最大取水量和取水口水质的监测断面。

如果功能区划水域没有常规性监测断面,则可以选择功能区的下断面或者重要的用水点作为控制节点。

对于高功能水域、重要水域以及距离较长的水域,根据需要,一个功能区内可设计一个或多个监测断面来控制功能区的水质,作为水环境容量计算的约束条件。

控制断面的选取要注意以下几个问题。

(1) 断面不要设在排污混合区内。一般的水环境功能区都有排污口存在,排污口排出的污水和其下游湖(库)水存在一段混合区。注意监测断面要避开混合区,以反映水体的客观情况。

(2) 断面一定要反映敏感点的水质。大部分水环境功能区内都允许有取水口(饮用水、工业用水、农业用水)或鱼饵索饵、产卵等活动区存在,断面设置应考虑这些敏感点的水质保护,以保证功能区真正达标。

(3) 断面要保证出境水质达标。本段水环境功能区内的水质功能不能仅保证本功能区内的取水、用水功能,还应保证出境提供给下游地区的水质达到功能区要求。

2) 水文条件

水文条件即湖(库)的水位、库容和流入流出条件。一般条件下,水文条件年际、月际变化非常大。作为计算水环境容量的重要参数,一般选择近10年最枯月平均库容作为湖(库)的设计库容,并按照近10年最低月平均流量作为设计流量。

3) 边界条件

(1) 控制因子:根据我国水污染现状和水污染物总量控制现状,选择 COD、氨氮、总氮、总磷和叶绿素 a 作为湖(库)水环境容量计算的控制因子。

(2) 质量标准:省界断面水质标准以国家制定的流域规划确定的目标和省界功能区水质目标为依据。对于未在流域规划中确定,而在省界功能区存在一定矛盾的上下游功能区水质目标,需以国家协调一致的区划要求为基础。省内断面水质标准以水环境功能区划为水环境容量计算的依据,跨市、县界的功能区协调方案由各省解决。需要国家协调省际水环境功能区目标差异和目标水质的,可以提交水利部解决。

(3) 设计流速:湖(库)的设计流速为对应设计流量条件下的流速。对于断面设计流速,可以采用实际测量数据,但需要转化为设计条件下的流速。

（4）本底浓度：参考上游水环境功能区标准，以对应国家环境质量标准的上限值（达到对应国家标准的最大值）为本底浓度（来水浓度）。对于跨界水环境功能区本底浓度需要考虑国家和省（直辖市、自治区）政府部门规定的出、入断面浓度限值。

（5）水质目标值：以水环境功能区相应环境质量标准类别的上限值为水质目标值。水环境功能区相应环境质量标准具体落实于相应的监控断面，断面达标即意味着水环境功能区水质达标。

（6）单位时间：一般指一年。最枯月或最枯季的环境容量换算为全年，作为功能区的年环境容量。一般排放浓度采用 mg/L 为单位，流量采用 m³/s 为单位，因此得出的计算结果是瞬时允许污染物流量（mg/s）。而环境管理分配的总量通常是以年计算与考核的，因此用瞬时污染物流量乘以时间段，才得出单位时间（全年）的水环境容量。

4）排污方式

污水排放流量较大（根据各区域特征确定）的排污口，必须作为独立的排污口处理。其他排污口，可以适当简化。简化方法如下：

（1）距离较近的多个排污口可简化成集中的排污口。如图 8.1 所示，1 号、2 号、3 号排污口可合并为一个排污口（1♯）。

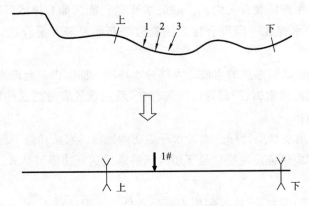

图 8.1　排污口概化示意图

注：引自《全国水环境容量核定技术指南（20190403135300）》

排污口概化的重心计算：

$$X = (Q_1 C_1 X_1 + Q_2 C_2 X_2 + \cdots + Q_n C_n X_n) / (Q_1 C_1 + Q_2 C_2 + \cdots + Q_n C_n)$$

式中：X——概化的排污口到功能区划下断面或控制断面的距离；

　　　Q_n——第 n 个排污口（支流口）的水量；

　　　X_n——第 n 个排污口（支流口）到功能区划下断面的距离；

　　　C_n——第 n 个排污口（支流口）的污染物浓度。

（2）距离较远且排污量均比较小的分散排污口，可概化为非点源排污口，仅影响水域水质本底值，不参与排污口优化分配计算。非点源的范围主要包括农村生活源、畜禽养殖、城市径流、矿山径流和农田径流等 5 个主要方面。各项污染源的估算可采用源强系数法，具体估算可参阅有关文献。

3. 计算模型

水环境容量计算时需要预先设计好影响要素,诸如基准水量、水质目标和净化能力等,水环境容量的计算方法可分为水体总体达标及控制断面达标两种,前者是基于零维模型建立起来的,其计算结果与污染源所处位置无关;后者则是基于一维、二维或三维模型建立起来的。

1)零维模型

对于面积较小和水深较浅的湖泊而言,外源污染物进入湖泊水体后,由于水体的水质运动、风浪和扩散等作用,污染物在湖泊水体中很快混合,均匀分布,使得在整个区域该特征污染物浓度基本一致,这种湖泊称为完全均匀混合湖泊,如小型浅水湖泊及湖湾地区等。对于这种类型的湖泊,采用零维模型计算其水环境容量。由于基于总体达标水环境容量模型计算的结果往往偏大,一般称为偏不保守,因此,引入不均匀系数 λ 对计算结果进行修正。湖(库)不均匀系数如表 8.2 所示,可采用线性插值法选取适用于研究水域的不均匀系数。

表 8.2　湖(库)不均匀系数

湖(库)面积/km²	≤5.0	5~50	50~500	500~1000	1000~3000
不均匀系数 λ	0.6~1.0	0.4~0.6	0.1~0.4	0.09~0.1	0.05~0.09

进行修正常用的模型有沃伦威得尔(Vollenweider)模型、狄龙(Dillon)模型、经济合作与发展组织(OECD)模型和合田键模型。

(1) COD 模型-沃伦威得尔(Vollenweider)模型。

$$\frac{V\mathrm{d}C}{\mathrm{d}t} = Q_{\mathrm{in}}C_{\mathrm{in}} - Q_{\mathrm{out}}C_{\mathrm{out}} - KVC$$

当湖泊处于稳定状态时,$\mathrm{d}C/\mathrm{d}t = 0$,可得

$$Q_{\mathrm{in}}C_{\mathrm{in}} - Q_{\mathrm{out}}C_{\mathrm{out}} - KVC = 0$$

$$W = C_{\mathrm{S}}(Q_{\mathrm{out}} + KV)$$

式中:V——湖泊容积,单位为 m³;

Q_{in}——入湖流量,单位为 m³/a;

Q_{out}——出湖流量,单位为 m³/a;

C_{in}——入湖污染物平均浓度,单位为 mg/L;

C_{out}——出湖污染物的平均浓度,单位为 mg/L;

C——湖泊中污染物浓度,单位为 mg/L;

C_{S}——COD 的水环境质量标准,单位为 mg/L;

W——COD 的水环境容量,单位为 t/a;

K——某种污染物的综合衰减系数,单位为 1/d。

湖(库)水质降解系数参考值如表 8.3 所示。

(2) 总氮(TN)、总磷(TP)模型-狄龙(Dillon)模型。

$$W = \frac{C_{\mathrm{S}} \times A \times H \times \rho}{1 - R}$$

$$\rho = Q_{\mathrm{in}}/V$$

表 8.3 湖(库)水质降解系数参考值

水质及水生态环境状况	水质降解系数参考值(1/d)	
	COD_{Mn}	氨氮
优 (相应水质为Ⅱ、Ⅲ)	0.06～0.10	0.06～0.10
中 (相应水质为Ⅲ、Ⅳ)	0.03～0.06	0.03～0.06
劣 (相应水质为Ⅴ类或劣Ⅴ类)	0.01～0.03	0.01～0.03

简化模型为

$$W = \frac{C_S \times Q_{in}}{1-R}$$

式中：W——TN 或 TP 的水环境容量，单位为 t/a；

C_S——TN 或 TP 的相应水环境质量标准，单位为 mg/L；

A——湖泊水面面积，单位为 m^2；

H——湖泊的平均水深，单位为 m；

ρ——水力冲刷系数，单位为 1/a；

R——湖泊 TN 或 TP 的滞留系数，$R = 1 - \frac{Q_{out}C_{out}}{Q_{in}C_{in}} = 1 - \frac{W_{out}}{W_{in}}$，$W_{out}$ 为出湖污染物总量，

W_{in} 为入湖污染物总量，单位均为 t/a。

（3）TN、TP 模型-OECD 模型。

$$P = AP_i(1+2.27t_W^{0.586})^{-1}$$

变换后得到水环境容量计算公式为

$$W = AC_S Q(1+2.27t_W^{0.586})$$

$$Q = Q_{in}/A; \quad t_W = V/Q_{out}$$

式中：P——湖水平均营养物浓度，单位为 mg/L；

P_i——入湖湖水按流量加权的年平均 TN、TP 浓度，单位为 mg/L；

t_W——湖水滞留时间，单位为 a。

（4）TN、TP 模型-合田键模型。

$$P = \frac{L}{AH\left(\dfrac{Q_{out}}{V} + \dfrac{10}{H}\right)}$$

变换后得到水环境容量计算公式为

$$W = AC_S H\left(Q_{out}/V + \frac{10}{H}\right)$$

式中：L——TN、TP 单位允许负荷量，单位为 g/(m^2·a)。

2) 一维模型

一维模型假定污染物浓度仅在水体纵向上发生变化,主要适用于同时满足以下条件的河段。

(1) 宽浅河段。

(2) 污染物在较短的时间内基本能混合均匀。

(3) 污染物浓度在断面横向方向变化不断,横向和纵向的污染物浓度梯度可以忽略。对于可概化为河流的狭长形湖(库),可采用一维模型。

如果污染物进入湖(库)后,在一定范围内经过平流输移、纵向离散和横向混合后达到充分混合,或者根据水质管理的精度要求允许不考虑混合过程而假定在排污口断面瞬时完成均匀混合(即假定水体在某一断面处或某一区域之外实现均匀混合),则也可按一维问题概化计算条件。

若河段长度大于下式计算的结果时,则可采用一维模型进行模拟:

$$L = \frac{(0.4B - 0.6a)Bu}{(0.058H + 0.0065B)u_*}$$

$$u_* = \sqrt{gHJ}$$

式中:L——混合过程段长度;

$\quad B$——河流宽度;

$\quad a$——排放口距岸边的距离;

$\quad u$——河流断面平均流速;

$\quad H$——平均水深;

$\quad g$——重力加速度;

$\quad J$——河流坡度。

在一个有强烈热分层现象的湖(库)中,一般认为在深度方向的温度和浓度是重要的,而在水平方向的温度和浓度则是不重要的,此时湖(库)的水质变化可用一维来模拟。

在忽略离散作用时,描述河流污染物一维稳态衰减规律的微分方程为

$$u\frac{dC}{dx} = -KC$$

将 $u = \frac{dx}{dt}$ 代入,得到

$$\frac{dC}{dt} = -KC$$

积分,解得

$$C = C_0 \cdot \exp(-Kx/u)$$

式中:u——河流断面平均流速,单位为 m/s;

$\quad x$——沿程距离,单位为 km;

$\quad K$——综合降解系数,单位为 1/d;

$\quad C$——沿程污染物浓度,单位为 mg/L;

C_0——前一个节点污染物浓度,单位为 mg/L。

3)二维模型

(1)二维水动力模型。

采用二维水动力模型模拟评价区域设计条件下的非稳态水流流场。

计算区域为开阔水域,采用非稳态的深度平均二维水流连续方程及动量方程描述水流流场,二维非恒定浅水运动方程为

$$\begin{cases} h_t+(uh)_x+(vh)_y=0 \\[2mm] u_t+(uu)_x+(uv)_y+gh(h+z_y)_x-fv+gn^2\dfrac{\sqrt{u^2+v^2}}{h^{\frac{4}{3}}}u=\varepsilon\,\nabla u \\[2mm] v_t+(vu)_x+(vv)_y+gh(h+z_y)_y-fu+gn^2\dfrac{\sqrt{u^2+v^2}}{h^{\frac{4}{3}}}v=\varepsilon\,\nabla u \end{cases} \tag{8.1}$$

式中:t——时间坐标;

x、y——纵向、横向坐标;

g——重力加速度;

f——柯氏系数;

z_y——床面高程;

h——垂线水深;

z——水位;

u、v——x、y 方向的垂线平均流速;

n——河床糙率;

ε——紊动黏性系数。

因为计算区域边界弯曲为不规则边界,故采用边界拟合坐标技术对模拟区域进行坐标变换。坐标变换后可将 xOy 平面上不规则的物理区域变换为坐标系下的矩形区域。变换关系为

$$\begin{cases} \dfrac{\partial^2\xi}{\partial x^2}+\dfrac{\partial^2\xi}{\partial y^2}=P \\[3mm] \dfrac{\partial^2\eta}{\partial x^2}+\dfrac{\partial^2\eta}{\partial y^2}=Q \end{cases} \tag{8.2}$$

式中:P、Q——调节函数。

$\xi\eta$ 坐标系下的水动力方程为

$$\begin{cases} z_t+\dfrac{1}{J}(h\cdot(y_\eta u-x_\eta v))_i+(h\cdot(-y_\xi u-x_\xi v))_\eta=q \\[2mm] u_t+\dfrac{1}{J}(y_\eta u-x_\eta v)u_\xi+\dfrac{1}{J}(-y_\xi u+x_\xi v)u_\eta+\dfrac{1}{J}g(z_\xi y_\eta-z_\eta y_\xi)-fv+gn^2\dfrac{\sqrt{u^2+v^2}}{h^{\frac{4}{3}}}=0 \\[2mm] v_t+\dfrac{1}{J}(y_\eta u-x_\eta v)v_\xi+\dfrac{1}{J}(-y_\xi u+x_\xi v)v_\eta+\dfrac{1}{J}g(z_\xi y_\eta-z_\eta y_\xi)+fu+gn^2\dfrac{\sqrt{u^2+v^2}}{h^{\frac{4}{3}}}=0 \end{cases} \tag{8.3}$$

式中：$J = x_\xi y_\eta - x_\eta y_\xi$。

用有限体积法对变换后的方程(8.3)进行离散,采用交错网格技术,用 ADI 法对方程组进行数值求解,计算得到各个控制节点的水位、垂线平均流速。

（2）二维水质数学模型。

采用二维水质数学模型,模拟污染物随入湖河流进入湖（库）,从而对湖（库）水体水质的影响。

用二维水质数学模型模拟评价区域水质浓度的时空变化。控制方程为二维对流分散方程：

$$\frac{\partial C}{\partial t} + u\frac{\partial C}{\partial x} + v\frac{\partial C}{\partial y} = \frac{\partial}{\partial x}\left(E_x\frac{\partial C}{\partial x}\right) + \frac{\partial}{\partial y}\left(E_{xy}\frac{\partial C}{\partial y}\right) - KS$$

式中：C——污染物浓度；

$\quad u$、v——纵向、横向流速；

$\quad E_x$——纵向分散系数；

$\quad E_y$——横向分散系数；

$\quad K$——自净系数；

$\quad S$——污染物源强。

将上述方程变换为正交曲线坐标系下的对流分散方程。采用有限体积法离散控制方程,并进行数值求解,得到各个控制节点的浓度数值。

（3）水环境容量计算模式。

采用二维非稳态水质模型,根据湖（库）水质目标及污染带范围反演各主要入湖河道所能排放的最大污染物浓度,进而计算不同情况下湖（库）水环境容量。具体计算公式为

$$W = \sum_{i=1}^{n} C_i Q_i + \Delta w$$

式中：W——水环境容量,单位为 t/a；

$\quad C_i$——第 i 个入湖河道入流污染物浓度,单位为 mg/L；

$\quad Q_i$——第 i 个入湖河道的设计流量,单位为 m³/s；

$\quad \Delta W$——校核水环境容量,单位为 t/a。

4）GIS 栅格技术

（1）数据准备。

结合湖（库）周边污染源分布和湖泊自然形态情况,选取合适数量的监测点位,对水体采样监测,监测指标主要包括水深、水温、COD、氨氮、总磷、总氮。

（2）湖泊水质分布栅格图。

采用普通的克里格插值法,在研究水体的水域范围内,对主要污染物分析指标及水深进行插值,得到整个水体污染物浓度分布及湖泊水质分布栅格图。

（3）湖泊容量核算。

以湖泊整体水域为界定范围,通过栅格属性特征,利用微元计算与统计法,核算整个湖泊水域的水环境容量。相关计算方法如下。

① 利用 GIS 插值技术将湖面划分成微小网格组成的栅格数据集,每个微元的污染物总量

即为

$$f_i = C_i h_i S_i$$

式中：f_i——微元的污染总量，单位为 g；

$\quad\quad C_i$——微元内的污染物平均浓度，单位为 mg/L；

$\quad\quad h_i$——微元平均湖面高程，单位为 m；

$\quad\quad S_i$——微元的面积，单位为 m^2。

②　湖泊总负荷值为湖面水域范围内所有微元的污染负荷的和，即

$$F = \sum_i f_i = \sum_i C_i h_i S_i$$

③　湖泊水环境容量核算为湖泊水环境标准下允许的负荷总量与水体现状污染负荷总量之差，即

$$\Delta F = \sum_i (C_{i,s} h_{i,s} - C_{i,0} h_{i,0}) S_i$$

5）非均匀混合模型

由于污染物在大、中型湖泊中的扩散速度较慢，在相同的计算时长里，污染物还未在湖泊中均匀混合，因此在计算水环境容量时需要考虑污染物在湖泊中的扩散规律，采用非均匀混合模型。污染物在湖泊中的扩散影响因素包括计算点距排污口的距离以及排污口在湖泊中的排污时空位置。

非均匀混合模型计算公式为

$$C_r = C_0 + C_P \exp\left(\frac{k_P \Phi H r^2}{2Q_P}\right) = C_0 + \frac{m}{Q_P} \exp\left(\frac{k_P \Phi H r^2}{2Q_P}\right)$$

$$M = (C_S - C_0) \exp\left(-\frac{K \Phi H r^2}{2Q_P}\right) Q_P$$

式中：C_r——污染物距离污水排放口 r 处的浓度，单位为 mg/L；

$\quad\quad C_P$——污染物排放浓度，单位为 mg/L；

$\quad\quad C_0$——湖泊背景浓度，单位为 mg/L；

$\quad\quad H$——扩散区湖泊平均水深，单位为 m；

$\quad\quad Q_P$——污水排放口的出水流量，单位为 m^3/s；

$\quad\quad \Phi$——扩散角，由排放口附近地形决定；

$\quad\quad r$——距排污口距离，单位为 m。

4. 应用实例

1）武汉北太子湖水环境容量计算

北太子湖位于武汉开发区(汉南区)沌阳街道新华村，东邻江堤乡，南与南太子湖以武汉交通中环线相隔，西邻龙阳大道，北抵鲤鱼洲。规划蓝线水面面积 52.60×10^4 m^2，平均水位 20.25 m，历史最高水位 21.48 m，最低水位 18.48 m，平均水深 1.8 m。根据《武汉市水功能区划》，北太子湖执行《地表水环境质量标准》(GB3838—2002)中的Ⅳ类水质标准，系武汉开发区(汉南区)26 个重点保护湖泊之一。

据湖泊物质平衡方程，小型湖泊可建立化学需氧量水质模型为

$$V\left(\frac{\mathrm{d}C}{\mathrm{d}t}\right)=S_{\mathrm{C}}-K \cdot C \cdot V-C \cdot Q \tag{8.4}$$

为保持湖水有机污染物浓度在任何时间都不超过湖水的水质标准,取 $\mathrm{d}C/\mathrm{d}t=0$,则其湖泊水域环境容量为

$$W=C_{\mathrm{S}}(365KV+Q_{\mathrm{out}})\times 10^{-3} \tag{8.5}$$

式中:W——水域纳污量,单位为 kg/a;

　　Q_{out}——年出湖水量,单位为 m^3/a;

　　C_{S}——规划目标浓度,单位为 mg/L;

　　K——降解速率,单位为 1/d;

　　V——湖泊容积,单位为 m^3。

降解速率采用经验公式计算,为

$$k=\left[\frac{\displaystyle\sum_i q_i \times C_i}{C \times V}-\frac{\displaystyle\sum_i q_i}{V}\right]\times 365 \tag{8.6}$$

式中:q_i——第 i 个污染源入流量,单位为 $10^4\ \mathrm{m}^3/\mathrm{a}$;

　　C_i——第 i 个污染源入浓度,单位为 mg/L;

　　C——湖水中污染物浓度,单位为 mg/L;

　　V——湖泊容积,单位为 $10^4\ \mathrm{m}^3$。

通过水体调查分析可以看出,五一湖及七一湖为典型的富营养化湖泊,因此本方案以狄龙模型计算总氮(TN)、总磷(TP)环境容量。吉奈尔-狄龙(Kirchner-Dillon)模型为

$$\frac{\mathrm{d}C}{\mathrm{d}t}=\frac{L(1-R)}{V}-\rho_{\mathrm{w}}\varepsilon \tag{8.7}$$

假设水库的入流、出流与污染物的输入处于稳定状态,当 $t\to\infty$ 时,可得

$$W=AL=\frac{C_{\mathrm{S}}\rho_{\mathrm{w}}V}{1-R} \tag{8.8}$$

式中:W——水域纳污量,单位为 kg/a;

　　L——水域环境容量,单位为 $\mathrm{kg}/(\mathrm{a} \cdot \mathrm{m}^2)$;

　　S——湖水面积,单位为 m^2;

　　C_{S}——规划目标浓度,单位为 mg/L;

　　R——湖泊中 N、P 滞留的时间,单位为 1/a;

　　ρ_{w}——水力冲刷系数,$\rho_{\mathrm{w}}=Q_{\mathrm{out}}/V$;

　　Q_{out}——每年流出湖泊的水量,单位为 m^3/a;

　　V——湖泊容积,单位为 m^3。

R 的一般计算公式为

$$R=1-\frac{W_{\mathrm{out}}}{W_{\mathrm{in}}} \tag{8.9}$$

式中:W_{out}、W_{in}——年出、入湖(库)的氮、磷量,单位为 t/a。

在无法得知年出、入湖(库)的氮、磷量时,可按如下公式进行估计:

$$R = 0.426\exp\left(-\frac{0.271Q_{\text{out}}}{A}\right) + 0.573\exp\left(-\frac{0.00949Q_{\text{out}}}{A}\right) \tag{8.10}$$

北太子湖入湖污染物指标如表 8.4 所示。

表 8.4 北太子湖入湖污染物指标

污染物类别	COD	TN	TP
点源污染总计/(t/a)	55.39	19.28	1.26
面源污染总计/(t/a)	191.75	11.67	1.04
淤泥释放量/(t/a)	56.94	7.59	0.949
污染总量/(t/a)	304.08	38.55	3.250

2017 年 4 月对北太子湖水样进行了采样,水质指标如表 8.5 所示。

表 8.5 北太子湖 2017 年水质指标

湖水水质	COD	TN	TP
污染物浓度/(mg/L)	22	1.51	0.30

比照《地表水环境质量标准》(GB3838—2002),总磷、氮已超出Ⅳ类水质标准,即北太子湖湖水属于劣Ⅴ类水质,远超出目标规划水质的Ⅳ类水质标准。依据湖泊年入湖污染物量和年出湖污染物量,计算得到降解系数 K 及滞留系数 R,代入数学模型,并得到结果(见表 8.6)。

表 8.6 北太子湖的湖泊水环境容量及需削减量

污染物指标	COD	TN	TP
目标规划浓度/(mg/L)	30	1.50	0.10
环境容量/(t/a)	322.19	38.29	1.09
需削减量/(t/a)	−18.11	0.26	2.16

北太子湖属中小型浅水湖泊,适合箱体模型、Kirchner-Dillon 模型,经拟合计算 COD 环境容量为 322.19 t/a,TN 环境容量为 38.29 t/a,TP 环境容量为 1.09 t/a。

2)城中湖水环境容量计算

城中湖为千岛湖的一个湖湾,位于浙江省淳安县千岛湖镇东面,紧邻千岛湖镇,是千岛湖镇和千岛湖景区的主要纳污水体。

通过调查分析,排入城中湖水域的污染源主要有以下三部分。

(1)纳管污水,包括部分生活废水和工业废水。

(2)直接排放污水,包括部分生活废水,景区内宾馆、酒店、旅馆、水上餐厅等废水及区域内几家企业未达标的工业废水等。

(3)城镇径流。纳管污水的污染源根据监测站对排污口的废水流量和排放浓度的监测结果进行统计;直接排放污水的污染源,污水量根据各排污单位的排污年报数据或经验计算结果进行统计,污染物排放浓度通过现场监测或调查得到;根据建设用地情况,调查并统计各类用地面积和淳安县多年年均降雨量,然后根据各功能区径流系数和径流中污染物平均浓度对城镇径流污染源进行计算。城中湖污染物调查结果一览表如表 8.7 所示。

表 8.7 城中湖污染物调查结果一览表

污染物废水来源	废水/(t/d)	COD/(kg/d)	TP/(kg/d)	TN/(kg/d)
纳管污水	7774	2186.5	37.1	423.9
直接排放污水	4284	857.1	24.4	179.4
城镇径流	4300	363.0	2.1	5.7
合计	16358	3406.6	63.6	609.0

由于城中湖是千岛湖的库湾,具有污染物易于富集、外源洁净水补充量少、水体流速慢、停留时间长的特征,是一个相对封闭的水生生态系统。而污染物入湖过程的连续性、不均匀性,以及湖泊水文过程的不确定性,使得计算水环境容量随时间的变化过程比较复杂。因此,计算湖泊的水环境容量时,选择稳态模型作为计算模型,考虑城中湖水质情况,分别以 COD、TP 和 TN 作为控制因子,计算城中湖的水环境容量。

湖泊视为一个完全混合反应器时,有机物的容量计算模型可以用水体质量平衡基本方程计算湖泊中氮和磷等营养盐随时间的变化率,是输入、输出和在湖泊内沉积的该种污染物的量的函数,因此营养盐容量计算可采用沃伦威得尔模型,即可以用质量平衡方程表示。

当不考虑外源和漏($S_C = 0$),湖泊内污染物仅发生衰减反应并且符合一级反应动力学时,水体质量平衡基本方程可表达为

$$V \frac{dC}{dt} = QC_e - QC - KCV - (C_S - C_0)V/\Delta T_P \tag{8.11}$$

当湖泊处于稳态时,$VdC/dt = 0$,则式(8.11)变为

$$QC_e - QC - KCV - \frac{(C_S - C_0)V}{\Delta T_P} = 0 \tag{8.12}$$

当 $C = C_S$ 时,水环境容量为

$$W = \frac{(C_S - C_0)V}{\Delta T_P} + C_S(Q + KV) \tag{8.13}$$

上述各式中:V——湖泊中水的体积,单位为 m³;

$\qquad Q$——平衡时流入与流出湖泊的流量,单位为 m³/a;

$\qquad C_e$——流入湖泊水量中污染物浓度,单位为 g/m³;

$\qquad C_S$——湖泊目标控制浓度,单位为 g/m³;

$\qquad C$——湖泊中污染物浓度,单位为 g/m³;

$\qquad K$——降解系数,单位为 1/d;

$\qquad \Delta T_P$——枯水时段,它取决于湖泊水位年内变化。

根据淳安县环境监测站提供的数据,城中湖近三年最枯月时段最多为 25 天。

采用野外实测方法来确定 COD、TP 和 TN 的降解系数,分别为 0.0011d⁻¹、0.0015d⁻¹ 和 0.0010d⁻¹。根据淳安县环境监测站提供的资料,城中湖近几年最枯月平均水深为 22.7 m,断面面积为 3333500 m²。城中湖的现状浓度以 2005 年的水质监测结果平均值作为基准值。城

中湖的水功能区划为Ⅲ类水体,因此以《地表水环境质量标准》(GB3838—2002)Ⅲ类水质标准作为控制浓度,即 COD≤20.0 mg/L、TP≤0.05 mg/L、TN≤1.0 mg/L。

根据以上模型和参数,以 COD、TP 和 TN 为控制因子,计算得到城中湖水环境容量分别为 46806.7 kg/d、81.1 kg/d 和 402.4 kg/d。

五、湖泊纳污能力计算方法

1. 计算步骤

根据《水域纳污能力计算规程》(GB/T25173—2010),对湖(库)纳污能力的计算应遵循一定的程序。

(1) 水功能区基本资料的调查收集和分析整理。

(2) 根据规划和管理需求,分析水域污染特性、入河排污口状况,计算水域纳污能力的污染物种类。

(3) 确定设计水文条件。

(4) 根据水域扩散特性,选择计算模型。

(5) 确定 C_S 和 C_0 值。

(6) 确定模型参数。

(7) 计算水域纳污能力。

(8) 合理性分析和检验。

2. 设计条件

1) 一般规定

(1) 不同类型的湖(库)应采用不同的数学模型计算水域纳污能力。根据湖(库)的污染特性,将湖(库)按不同情况区分为以下类型。

① 按平均水深和水面面积区分为大型、中型、小型;

② 按水体营养状态指数区分为富营养化和贫营养化;

③ 按水体交换系数区分分层型;

④ 按平面形态区分珍珠串型。

(2) 根据湖(库)枯水期的平均水深和水面面积划分,划分的类型如下。

① 平均水深不小于 10 m:

● 水面面积大于 25 km² 的为大型湖(库);

● 水面面积在 2.5~25 km² 的为中型湖(库);

● 水面面积小于 2.5 km² 的为小型湖(库)。

② 平均水深小于 10 m:

● 水面面积大于 50 km² 的为大型湖(库);

● 水面面积在 5~50 km² 的为中型湖(库);

● 水面面积小于 5 km² 的为小型湖(库)。

水体营养状态指数不小于 50 的湖(库),宜采用富营养化模型计算湖(库)水域纳污能力。

水体营养状态指数的计算按 SL395—2007 的规定执行。

平均水深小于 10 m、水体交换系数 $a<10$ 的湖(库),宜采用分层模型计算水域纳污能力。水体交换系数 a 的计算按 SL278—2002 附录 D 的规定执行。

珍珠串型湖(库)可分为若干区(段),各分区(段)分别按湖(库)或河流计算水域纳污能力。

入湖(库)排污口比较分散,可根据排污口分布进行简化。均匀混合型湖(库)、入湖(库)排污口可简化为一个排污口,计算水域纳污能力。

2) 基本资料调查收集

采用数学模型计算湖(库)水域纳污能力的基本资料应包括水文资料、水质资料、入湖(库)排污口资料、湖(库)周入流和出流资料、湖(库)水下地形资料等。

(1) 水文资料包括湖(库)水位、库容曲线、流速、入库流量和出库流量等。资料应能满足设计水文条件及数学模型参数的计算要求。

(2) 水质资料包括湖(库)水功能区水质现状、水质目标等。水质资料应能反映并计算湖(库)的主要污染物,又能满足计算水域纳污能力对水质参数的要求。

(3) 入湖(库)排污口资料包括排污口分布、排放量、污染物浓度、排放方式、排放规律以及入湖(库)排污口所对应的污染源资料等。

(4) 湖(库)周入流和出流资料包括湖(库)入流和出流位置、水量、污染物种类及浓度等。

(5) 湖(库)水下地形资料应能够反映湖(库)简要地形现状。

基本资料应出自有相关资质的单位。当相关资料不能满足计算要求时,可通过扩大调查范围和现场监测获取。

3) 污染物的确定

根据流域或区域规划要求,应以规划管理目标所确定的污染物作为计算湖(库)水域纳污能力的污染物。

根据湖(库)污染物特性及水域特征,应以影响湖(库)水质的主要污染物作为计算水域纳污能力的污染物。

4) 设计水文条件

湖(库)应采用近 10 年最低月平均水位或 90% 保证率最枯月平均水位相应的蓄水量作为设计水量。水库也可采用死水位相应的蓄水量作为设计水量。

计算湖(库)部分水域纳污能力时,应采用相应水域的设计水量。

设计水文条件的计算按 SL278—2002 的规定执行。

3. 计算模型

1) 污染物均匀混合的湖(库)模型

污染物均匀混合的湖(库)应采用均匀混合模型计算水域纳污能力。均匀混合模型主要适用于中、小型湖(库),计算模型如下。

(1) 污染物平均浓度为

$$C(t)=\frac{m+m_0}{K_h V}+\left(C_h-\frac{m+m_0}{K_h V}\right)\exp(-K_h t)$$

其中

$$K_h = \frac{Q_L}{V} + K$$

$$m_0 = C_0 Q_L$$

式中：K_h——中间变量,单位为 1/s;

$\quad C_h$——湖(库)现状污染物浓度,单位为 mg/L;

$\quad m$——污染物入河速率,单位为 g/s;

$\quad m_0$——湖(库)入流污染物排放速率,单位为 g/s;

$\quad V$——设计水文条件下的湖(库)容积,单位为 m³;

$\quad Q_L$——湖(库)出流量,单位为 m³/s;

$\quad t$——计算时段长,单位为 s;

$\quad C(t)$——计算时段 t 内的污染物浓度,单位为 mg/L;

$\quad C_0$——初始断面的污染物浓度,单位为 mg/L,应根据上一个水功能区的水质目标浓度值 C_S 确定;

$\quad K$——污染物综合衰减系数,单位为 1/s。

(2) 当流入和流出湖(库)的水量平衡时,小型湖(库)的水域纳污能力为

$$M = (C_S - C_0)V$$

式中：M——水域纳污能力,单位为 g/s;

$\quad C_S$——水质目标浓度值,单位为 mg/L。

污染物综合衰减系数 K 的确定方法有以下四种方法。

(1) 分析借用法。

将计算水域的有关资料,经过分析、检验后采用。当无计算水域的资料时,可借用水力特性、污染状况,以及地理、气象条件相似的邻近湖(库)的资料。

(2) 实测法。

选取一个入河排污口,在距入河排污口一定距离处分别布设 2 个采样点(设近距离处为 A 点,远距离处为 B 点),监测污水排放流量和污染物浓度值。K 值为

$$K = \frac{2Q_P}{\Phi H (r_B^2 - r_A^2)} \ln \frac{C_A}{C_B}$$

式中：r_A、r_B——远、近两侧点离排放点的距离,单位为 m;

$\quad Q_p$——废污水排放流量,单位为 m³/s;

$\quad \Phi$——扩散角,由排放口附近地形决定。排放口在开阔的岸边垂直排放时,$\Phi = \pi$;在湖(库)中排放时,$\Phi = 2\pi$;

$\quad H$——湖(库)平均水深,单位为 m;

$\quad C_A$——上断面污染物浓度,单位为 mg/L;

$\quad C_B$——下断面污染物浓度,单位为 mg/L。

用实测法测定污染物综合衰减系数,应监测多组数据取其平均值。

(3) 经验公式法。

采用怀特经验公式,K 值为

$$K = 10.3Q^{-0.49}$$

或者

$$K = 39.6P - 0.34$$

式中：P——河床湿周，单位为 m。

（4）不同地区还可根据实际情况采用其他方法拟定污染物综合衰减系数。

2）污染物非均匀混合的湖（库）模型

污染物非均匀混合的湖（库）应采用非均匀混合模型计算水域纳污能力。非均匀混合模型主要适用于大、中型湖（库）。

根据入湖（库）排污口分布和污染物扩散特征，宜划分不同的计算水域，分区计算水域纳污能力，计算式为

$$M = (C_S - C_0)\exp\left(\frac{K\Phi h_L r^2}{2Q_P}\right)Q_P$$

式中：Φ——扩散角，由排放口附近地形决定，排放口在开阔的岸边垂直排放时，$\Phi = \pi$；在湖（库）中排放时，$\Phi = 2\pi$；

h_L——扩散区湖（库）平均水深，单位为 m；

r——计算水域外边界到入河排污口的距离，单位为 m。

其余符号意义同前。

3）富营养化的湖（库）模型

富营养化的湖（库）宜采用狄龙模型计算氮、磷的水域纳污能力。水流交换能力较弱的湖（库）宜采用合田键模型计算氮、磷的水域纳污能力。

（1）狄龙模型按下式计算：

$$P = \frac{L_P(1 - R_P)}{\beta h}$$

$$R_P = 1 - W_{out}/W_{in}$$

$$\beta = Q_a/V$$

式中：P——湖（库）中氮、磷的平均浓度，单位为 g/m³；

L_P——年湖（库）氮、磷单位面积负荷，单位为 g/(m² · a)；

β——水力冲刷系数，单位为 1/a；

Q_a——湖（库）年出流水量，单位为 m³/a；

R_P——氮、磷在湖（库）中的滞留系数，单位为 1/a；

W_{out}——年出湖（库）的氮、磷量，单位为 t/a；

W_{in}——年入湖（库）的氮、磷量，单位为 t/a；

h——设计流量下计算水域的平均水深，单位为 m。

（2）湖（库）中氮或磷的水域纳污能力按下式计算：

$$M_N = L_S A$$

$$L_S = \frac{P_S h Q_a}{(1 - R_P)V}$$

式中:M_N——氮或磷的水域纳污能力,单位为 t/a;

L_S——单位湖(库)水面积,氮或磷的水域纳污能力,单位为 mg/(m² • a);

A——湖(库)水面积,单位为 m²;

P_S——湖(库)中磷(氮)的年平均控制浓度,单位为 g/m³。

其余符号意义同前。

（3）水流交换能力较弱的湖(库)的水域纳污能力计算,可采用合田键模型,按下式计算:

$$M_N = 2.7 \times 10^{-6} C_S H (Q_a/V + 10/Z) S$$

式中:M_N——氮或磷的水域纳污能力,单位为 t/a;

2.7×10^{-6}——换算系数;

C_S——水质目标质,单位为 mg/L;

H——湖(库)平均水深,单位为 m;

Z——湖(库)计算水域的平均水深,单位为 m;

$10/Z$——沉降系数,单位为 1/a;

S——不同年型平均水位相应的计算水域面积,单位为 km²。

其余符号意义同前。

4）水温分层的湖(库)模型

水温分层的湖(库)可采用分层模型计算湖(库)水域纳污能力。

水温分层的湖(库)应按分层期和非分层期分别计算湖(库)水域纳污能力。分层期按分层模型计算湖(库)水域纳污能力;非分层期按相应的湖(库)模型计算水域纳污能力。

（1）分层期（$0 < t/86400 < t_1$）,湖(库)水域纳污能力按下式计算:

$$C_{E(1)} = \frac{C_{PE}Q_{PE}/V_E}{K_{hE}} - \frac{\left(\dfrac{C_{PE}Q_{PE}}{V_E} - K_{hE}C_{M(1-1)}\right)}{K_{hE}} \exp(-K_{hE}t)$$

其中

$$C_{H(1)} = \frac{C_{PH}Q_{PH}/V_E}{K_{hE}} - \frac{\left(\dfrac{C_{PH}Q_{PH}}{V_E} - K_{hE}C_{M(1-1)}\right)}{K_{hE}} \exp(-K_{hH}t)$$

$$K_{hE} = Q_{PE}/V_E + K/86400$$

$$K_{hH} = Q_{PH}/V_H + K/86400$$

（2）非分层期（$t_1 < t/86400 < t_2$）,湖(库)水域纳污能力按下式计算:

$$C_{M(1)} = \frac{C_P Q_P/V}{K_h} - \frac{\left(\dfrac{C_P Q_P}{V} - K_h C_{T(1)}\right)}{K_h} \exp(-K_h t)$$

其中

$$C_{M(0)} = C_h$$

$$K_h = Q_P/V + K/86400$$

式中:C_E——湖(库)上层污染物的平均浓度,单位为 mg/L;

C_{PE}——向湖(库)上层排放的污染物浓度,单位为 mg/L;

Q_{PE}——排入湖(库)上层的废水量,单位为 m^3/s;

V_E——湖(库)上层体积,单位为 m^3;

K_{hE}、K_{hH}——中间变量;

C_M——湖(库)非分层期污染物平均浓度,单位为 mg/L;

t_1——分层期天数,单位为 d;

t_2——分层期开始到非分层期结束的天数,单位为 d;

C_H——湖(库)下层污染物的平均浓度,单位为 mg/L;

C_{PH}——向湖(库)下层排放的污染物浓度,单位为 mg/L;

Q_{PH}——排入湖(库)下层的废水量,单位为 m^3/s;

V_H——湖(库)上层体积,单位为 m^3;

K_h——中间变量;

C_T——湖(库)上、下层混合后污染物的平均浓度,单位为 mg/L;

C_h——湖(库)中污染物现状浓度,单位为 mg/L;

下标(1)——时间序列号。

相应的湖(库)水域纳污能力按下式计算:

$$M=\begin{cases} (C_{E(1)}+C_{H(1)})V, & 分层期 \\ C_{M(1)}V, & 非分层期 \end{cases}$$

4. 应用实例

1) 武汉市北湖纳污能力

北湖位于湖北省武汉市江汉区北湖公园内,是典型的小型城市湖泊。不同于自然湖泊,小型城市湖泊汇水区域分块独立、面积较小且缺乏长期的水文监测资料,难以确定其水域纳污能力计算所需的设计水文条件,不利于纳污能力的计算。本案例以降雨径流系数法和水量平衡原理为基础,确定北湖的设计水文条件,并核算湖泊主要污染物纳污能力。

北湖湖底平均高程 16.26 m(黄海高程,下同),湖泊常水位为 18.35 m,控制水位为 19.23 m,最低生态水位为 17.56 m,对应的水深、水面面积和容积分别为 1.3 m、8.73×10^4 m^2 和 13.16×10^4 m^3。北湖汇水面积为 0.48 km^2,汇水范围内目前用地以城市居民居住用地、交通设施用地、商业服务设施用地及绿化广场为主。湖泊功能定位为景观娱乐、雨水调蓄和生态调节,水质管理目标为地表水环境Ⅳ类标准,COD 平均浓度≤30 mg/L,NH_3-N≤1.5 mg/L,TP≤0.1 mg/L。北湖汇水范围污染因子主要为 COD、TP、氨氮等有机耗氧类污染物,根据《武汉市城乡建设"十三五"规划环境影响报告书》,初期路面雨水污染物平均浓度中 COD 约为 120 mg/L,TP 约为 0.81 mg/L,考虑湖泊的水质管理目标和水质现状,借鉴相关研究成果确定降雨径流污染物的平均浓度中 COD、TP 和氨氮分别为 20 mg/L、0.1 mg/L 和 1.0 mg/L。采用实测水质资料计算综合衰减系数 K,经计算,COD 综合衰减系数取值为 $0.01\sim0.023$ d^{-1},氨氮的衰减系数为 $0.01\sim0.035$ d^{-1}。

北湖属于小型浅水湖泊,且营养水平以中度富营养化为主,因此采用湖(库)均匀混合模型计算其 COD 和氨氮的纳污能力,同时采用狄龙模型计算其 TP 的纳污能力。然而,对于城市小型湖泊而言,因水文观测站点资源有限且缺乏长期的流量和水量观测资料,不易得到纳污能力计算的设计水文条件。考虑到城市湖泊汇水区域分块独立和面积较小的特点,采用 90% 保证率年降水量条件下的平均流量作为设计流量,以湖泊最低生态水位对应的水深、面积和容积作为设计水量条件。1960—2016 年研究区 90% 保证率年降水量为 921 mm,典型代表年份为1965 年。

90% 保证率年降水量条件下的平均流量根据降雨径流系数法和水量平衡原理来确定。根据降雨径流系数法计算湖泊汇水范围内陆地和水面产流量,即

$$q_{\text{in},t} = \alpha F P_t / 86.4 \tag{8.14}$$

式中:$q_{\text{in},t}$——第 t 日陆地和水面产流过程中的平均入湖流量,单位为 m^3/s;

α——产流系数,对于城市陆地和水域,α 分别取 0.7 和 1.0;

F——陆地或水域面积,单位为 km^2;

P_t——第 t 日的日降水量,单位为 mm。

根据水量平衡原理,在忽略湖泊渗漏损失的情况下,典型代表年湖泊水量日变化量与湖泊出流、入流和水面蒸发过程紧密相关,即

$$\Delta W = W_{\text{in}} - W_{\text{out}} - W_{\text{Evp}} \tag{8.15}$$

式中:W_{in}——入湖水量,单位为 m^3;

W_{out}——出湖水量,单位为 m^3;

W_{Evp}——净蒸发损失水量,单位为 m^3;

ΔW——湖泊水量变化值,单位为 m^3,当 $\Delta W > 0$ 时,湖泊水量增加,湖泊水位上升;当 $\Delta W < 0$ 时,湖泊水量减少,水位下降。

当湖泊水位超过控制水位时,湖泊开始出流,出流流量可以用下式计算:

$$h_{t+1} = h_t + \frac{P_t - E_{\text{vpt}}}{1000} - h_{\text{out},t} + \frac{W_{\text{Lin}}}{10^6 F_{\text{w}}} \tag{8.16}$$

$$h_{\text{out},t+1} = \begin{cases} 0, & h_{t+1} < h_{\text{limit}} \\ h_{t+1} - h_{\text{limit}} & h_{t+1} \geqslant h_{\text{limit}} \end{cases} \tag{8.17}$$

$$h_{\text{out},t+1} = 11.57 h_{\text{out},t+1} F_{\text{w}} \tag{8.18}$$

式中:h_t 和 h_{t+1}——第 t 日和第 $t+1$ 日湖泊水位,单位为 m;

P_t 和 E_{vpt}——第 t 日的降水量和蒸发量,单位为 mm;

W_{Lin}——陆域径流总量,单位为 m^3;

F_{w}——湖泊面积,单位为 m^2;

$h_{\text{out},t}$ 和 $h_{\text{out},t+1}$——第 t 日和第 $t+1$ 日湖泊出流水深,单位为 m;

h_{limit}——湖泊控制水位,单位为 m;

$q_{\text{out},t}$ 和 $q_{\text{out},t+1}$——为保证汇水区域防洪安全,第 t 日和第 $t+1$ 日湖泊多余水量一日排完的湖泊日平均出流流量。

湖(库)均匀混合模型的计算方程为

$$V(t) \frac{\mathrm{d}C}{\mathrm{d}t} = C_{\text{in}}(t) Q_{\text{in}}(t) - C_{\text{out}}(t) Q_{\text{out}}(t) + S(t) + rV(t) \tag{8.19}$$

t 时刻的解为

$$C_{\text{out}}(t) = C_0 e^{-ft} + \frac{C_{\text{in}}(t)Q_{\text{in}}(t)}{C_{\text{out}}(t) + KV(t)}(1 - e^{-ft}) \tag{8.20}$$

$$f = K + \frac{Q_{\text{out}}(t)}{V(t)} \tag{8.21}$$

式中：$C_{\text{in}}(t)$ 和 $C_{\text{out}}(t)$——t 时刻的入湖、出湖污染物浓度，单位为 mg/L；

　　　$Q_{\text{in}}(t)$ 和 $Q_{\text{out}}(t)$——t 时刻的入湖、出湖流量，单位为 m³/s；

　　　$S(t)$——t 时刻其他未计入的外部源和汇水区域污染物量，单位为 g/s；

　　　r——湖泊单位容积的污染物衰减量，单位为 mg/(L·s)；

　　　$V(t)$——t 时刻的湖泊水量，单位为 m³；

　　　C_0——初始时刻的湖泊污染物浓度，单位为 mg/L；

　　　K——污染物综合衰减系数，单位为 1/s。

　　模型采用稳态形式，即 $V(t)\dfrac{\mathrm{d}C}{\mathrm{d}t} = 0$，且反应项只考虑污染物的衰减，即 $r = -KC$，则当湖泊污染物出水浓度达到湖泊的水质目标时，进入湖泊的外部源和汇水区域污染物量 S 即为湖泊的纳污能力，由此得到纳污能力计算公式为

$$W = 31.536\left(C_S Q_{\text{out}} - C_0 Q_{\text{in}} + \frac{KC_S V}{86400}\right) \tag{8.22}$$

式中：W——水域纳污能力，单位为 t/a；

　　　C_S——湖泊水质目标浓度，单位为 mg/L；

　　　C_0——湖泊入湖污染物浓度，单位为 mg/L；

　　　V——设计水文条件下的湖泊容积，单位为 m³。

　　选择狄龙模型计算湖泊 TP 的纳污能力，计算公式为

$$M_N = \frac{C_S h \dfrac{Q_d}{V}}{1 - R_P}A \tag{8.23}$$

$$R_P = 0.426 e^{-0.271\frac{Q_d}{A}} + 0.547 e^{-0.00949\frac{Q_d}{A}} \tag{8.24}$$

式中：M_N——湖泊总磷的水域纳污能力，单位为 t/a；

　　　A——设计条件下的湖泊面积，单位为 m²；

　　　C_S——湖泊中总磷的目标浓度，单位为 mg/L；

　　　Q_d——设计条件下的湖泊水量，单位为 m³/a；

　　　V——设计条件下的湖泊容积，单位为 m³；

　　　h——设计条件下的湖泊平均水深，单位为 m；

　　　R_P——磷在湖中的滞留系数，单位为 a⁻¹。

　　根据降雨径流系数法和水量平衡原理计算得到典型代表年入湖径流量和日入流流量分别为 34.69×10⁴ m³ 和 0.011 m³/s，年出湖径流量和日出流流量分别为 12.61×10⁴ m³ 和 0.004 m³/s。使用湖（库）均匀混合模型计算北湖 COD 和 NH₃-N 的纳污能力，使用狄龙模型计算北湖 TP 的纳污能力，计算结果为北湖 COD、NH₃-N 和 TP 的纳污能力分别为 11.26 t/a、0.92

t/a 和 0.063 t/a。

2）荆州市洪湖纳污能力

洪湖是中国第七大淡水湖，湖北第一大湖，位于长江中游北岸，东荆河南侧，跨荆州市的洪湖市和监利县，属河间洼地湖，主要功能有供水、蓄洪排涝、养殖、航运和旅游。洪湖正常水面面积为 402 km²，最大容积为 13.23×10⁸ m³，有效灌溉面积为 34.06 万亩(1 亩＝666.67 平方米)。水位为 25.00 m 时，有效湖容为 6.78×10⁸ m³；高水位为 26.50 m 时，有效湖容为 12.08×10⁸ m³。洪湖流域属典型的平原河网地区，水资源量丰富，多年平均降雨量为 1289 mm，年均径流量为 22.16×10⁸ m³。年纳污水量约为 16.28×10⁸ t；主要污染物：COD 为 12726 t、悬浮物为 11141 t、氨氮为 2358 t、总磷为 216 t。

设计水量计算统计分析洪湖水位站多年最枯月平均水位，采用频率分析，计算 90% 最枯月平均水位对应的蓄水量作为设计水量，经计算设计水位为 23.6 m，对应的蓄水量为 5.93×10⁸ m³，水面面积为 405 km²，平均水深为 1.46 m。从洪湖水质监测资料分析，洪湖水体主要为 V 类水，污染物平均浓度高锰酸盐指数为 6.34 mg/L，氨氮为 0.27 mg/L，总氮为 0.692 mg/L，总磷为 0.028 mg/L。洪湖划定的水功能区为洪湖湿地自然保护区，水质管理目标为Ⅲ类，由于洪湖现状水质较差，超过水质管理目标，故确定污染物管理目标值：高锰酸盐指数为 6.0 mg/L，氨氮为 1.0 mg/L，总氮为 1.0 mg/L，总磷为 0.05 mg/L。

洪湖湖泊周围没有较大的工业及城镇生活排污口直接入湖，污染物主要通过四湖总干渠、下新河闸和子贝渊闸进入湖内。对湖泊污染物 COD、氨氮等控制指标的纳污能力进行分析，污染物主要随自然河流水量进入湖泊内，通过湖流和风浪的作用，与湖水发生充分的横向混合，湖泊中的污染物分布基本均匀，同时洪湖的污染一定程度上受湖内渔业养殖影响。根据洪湖污染的特点，采用湖(库)均匀混合模型计算 COD、氨氮的纳污能力，计算公式为

$$M = C_S K_h V - m_0 = C_S K V + C_S Q - m_0$$
$$K_h = Q/V + K, \quad m_0 = C_0 Q$$

式中：M——纳污能力，单位为 g/s；

$\quad C_S$——污染物控制标准值，单位为 mg/L；

$\quad m_0$——污染物入湖排放速率，单位为 g/s；

$\quad K_h$——中间变量，单位为 1/s；

$\quad V$——设计水文条件下湖泊容积，单位为 m³；

$\quad Q$——入湖流量，单位为 m³/s；

$\quad K$——污染物综合衰减系数，单位为 1/s；

$\quad C_0$——湖泊现状污染物浓度。

洪湖大部分水体为中度富营养，局部出现富营养化，为了防止洪湖富营养化，分析其总氮、总磷的纳污能力，作为控制营养化发展的指标。采用狄龙模型计算洪湖总氮、总磷的纳污能力，计算公式为

$$M_N = L_S A$$
$$L_S = \frac{P_S h Q_a}{(1 - R_P) V}, \quad R_P = 1 - W_{out}/W_{in}$$

式中：M_N——氮或磷的纳污能力，单位为 t/a；

L_S——单位湖泊面积的氮或磷的纳污能力，单位为 mg/(m² · a)；

A——湖泊面积，单位为 m²；

P_S——湖中氮或磷的年平均控制浓度，单位为 g/m³；

Q_a——湖泊年出流量，单位为 m³/a；

h——湖泊的平均水深，单位为 m；

W_{out}——年出湖的氮、磷量，单位为 t/a；

W_{in}——年入湖的氮、磷量，单位为 t/a。

洪湖纳污能力计算结果：COD 为 25973 t/a，氨氮为 649 t/a，总氮为 4960 t/a，总磷为 248 t/a。

第三节　湖泊污染控制

湖泊污染控制是指根据湖泊污染自净能力和承载力，采用技术、经济、法律以及其他的管理手段和方法，控制和削减污染物向湖泊中排放，主要包括污染物排放控制政策和污染物排放控制技术两个主要方面。

一、污染物排放控制政策

污染物排放控制政策是国家和地方拟定的相关法律法规、标准和政策，主要包括污染物浓度控制、污染物总量控制和环境容量控制。

1. 污染物浓度控制

污染物浓度控制是一种仅通过规定污染物排放口所排放的污染物浓度的限制。该方法实施简单、管理方便，但在污染控制实践中，当污染源分布密集、污染物排放量较大时不能有效控制污染。污染物排放标准与环境质量标准之间是有差距的，环境质量标准要比污染源排放标准严格得多。即使所有的企业都达到了排放标准，环境质量也很可能不达标。因而，单纯控制污染物的排放浓度显然是不够的，因而提出了控制污染物排放总量的管理思路，即根据环境质量的要求，确定所能接纳的污染物总量，将总量分解到各个污染源，保证环境质量达标。

污染物浓度控制的核心内容为环境污染物排放标准（主要是污染物浓度排放标准）。我国的"排污收费""三同时""环境影响评价"等政策都是以污染物浓度排放标准为主要评价标准。

2. 污染物总量控制

污染物总量控制是指以控制一定时段内、一定区域内排污单位排放污染物总量为核心的环境管理方法体系。它包含了三个方面的内容：一是排放污染物的总量；二是排放污染物的地域范围；三是排放污染物的时间跨度。它通常有三种类型：目标总量控制、容量总量控制和行业总量控制。目前我国的污染物总量控制基本上是目标总量控制。

污染物总量控制是以环境质量目标为基本依据，对区域内各污染源的污染物的排放总量实施控制的管理制度。在实施污染物总量控制时,污染物的排放总量应不大于允许排放总量。区域的允许排污量应当等于该区域环境允许的纳污量。污染物总量控制是根据水体使用功能要求及自净能力,对污染源排放的污染物总量实行控制的管理方法,基本出发点是保证水体使用功能的水质限制要求。为实施水污染防治的污染物总量控制,应制订区域性的水质规划,拟订排入水体各主要污染源及各企业的污染物允许排污总量,还应与各企业的污染物排放总量控制规划提出的排污总量相互协调统一。污染物总量控制可使水环境质量目标转变为流失总量控制指标,落实到企业的各项管理之中,它是环保监督部门发放排放许可证的根据,也是企业经营管理的基本依据之一。考虑各地区的自然特征,弄清污染物在环境中的扩散、迁移和转移规律及对污染物的净化规律,计算出环境容量,并综合分析该区域内的污染源,通过建立一定的数学模式,计算出每个源的污染分担率和相应的污染物允许排放总量,求得最优方案,使每个污染源只能排放小于总量排放标准的排放总量。

污染物总量控制制度是指国家环境管理部门依据所勘定的区域环境容量,决定区域中污染物排放总量,根据排放总量削减计划,向区域内的企业分配各自的污染物排放总量方式的一项法律制度。"十一五"国家污染物总量控制指标为化学耗氧量和二氧化硫。

污染物总量控制的实施程序一般包括四个步骤:首先,国家环境管理部门在各省自治区、直辖市申报的基础上,经全国综合平衡,编制全国污染物总量控制计划,把主要污染物排放量分解到各省、自治区、直辖市,作为国家控制计划指标;其次,各省、自治区、直辖市把省级污染物控制计划指标分解下达,逐级实施污染物总量控制计划管理;再次,编制年度污染物削减计划;最后,年度检查、考核。

污染物总量控制管理与排放浓度控制管理相比,具有较明显的优点,它与实际的环境质量目标相联系,在排污量的控制上宽、严适度;由于执行污染物总量控制,可避免浓度控制所引起的不合理稀释排放废水、浪费水资源等问题,有利于区域水污染控制费用的最小化。但是,单方面控制总量也是不行的,高浓度的污染物在短时间内排放,会对环境产生巨大的冲击。因此,应提倡总量和浓度双控制,即既要控制污染源的排放总量,又要控制其排放浓度。

3. 环境容量控制

环境容量的概念是由日本学者首先提出的。20 世纪 60 年代末,日本为了改善水和大气环境质量状况,提出了污染物总量控制的问题,即把一定区域内的大气或水体中的污染物总量控制在一定的允许限度内,这个"允许限度"实际上就是环境容量。

环境容量是指在保证人群健康和生态系统不受危害的前提下,环境系统或其中某一要素对污染物的最大容纳量。或者说环境容纳污染物的能力是有一定的限度,这个限度称为环境容量。一个特定的环境(如自然区某城市、某水体等),其容量与该环境的空间、自然背景值、环境各种要素的特性、社会功能、污染物的物理化学性质以及环境的自净能力等因素有关。其容量的大小与环境空间的大小、各环境要素的特性、污染物本身的物理和化学性质有关。环境空间越大,环境对污染物的净化能力就越大,环境容量也就越大。对某种污染物而言,它的物理和化学性质越不稳定,环境对它的容量也就越大。

环境容量一般有两种表达方式:一是在满足一半目标值的限度内,区域环境容纳污染物的能力大小由环境自净能力和区域环境"自净介质"(如水、空气等)的总量决定;二是在保证不超出环境目标值的前提下,区域环境能够容许的最大允许排放量。环境容量主要应用于环境质量控制,并作为工农业规划的一种依据。任何一个环境,它的环境容量越大,可接纳的污染物就越多;反之,则越少。污染物的排放必须与环境容量相适应。如果污染物的排放超出环境容量,就要采取措施,如降低排放浓度、减少排放量或者增加环境保护设施等。

环境容量包括绝对容量和年容量两个方面。绝对容量(WQ)是某一环境所能容纳某种污染物的最大负荷量,达到绝对容量没有时间限制,即与年限无关。绝对容量由环境标准的规定值(WS)和环境背景值(B)来决定:WQ=WS-B。年容量(WA)是某一环境在污染物的积累浓度不超过环境标准规定的最大容许值的情况下,每年所能容纳的某污染物的最大负荷量。年容量的大小除了与环境标准规定值和环境背景值有关外,还与环境对污染物的净化能力有关。

环境容量是在环境管理中实行污染物浓度控制时提出的概念。污染物浓度控制的法令规定了各个污染源排放污染物的允许浓度标准,但没有规定排入环境中的污染物的数量,也没有考虑环境净化和容纳的能力,这样在污染源集中的城市和工矿区,虽然各个污染源排放的污染物在浓度控制标准(包括稀释排放而达到的)内,但由于污染物排放的总量过大,仍然会使环境受到严重污染。因此,在环境管理上开始采用总量控制法,即把各个污染源排入某一环境的污染物总量限制在一定的数值之内。采用总量控制法,必须研究环境容量问题。

在工农业规划时,必须考虑环境容量,如工业废弃物的排放、农药的施用等都应以不产生环境危害为原则。在应用环境容量参数来控制环境质量时,还应考虑污染物的特性。非积累性的污染物,如二氧化硫气体等风吹即散,它们在环境中停留的时间很短,依据环境的绝对容量参数来控制这类污染物的污染有重要意义,而年容量的意义却不大。如在某一工业区,许多烟囱排放二氧化硫,各自排放的浓度都没有超过排放标准的规定值,但合起来却大大超过了该环境的绝对容量。在这种情况下,只有制定以环境绝对容量为依据的区域环境排放标准,降低排放浓度,减少排放量,才能保证该工业区的大气环境质量。积累性的污染物在环境中能产生长期的毒性效应。对这类污染物,主要根据年容量这个参数来控制,使污染物的排放与环境的净化速率保持平衡。总之,污染物的排放,必须控制在环境的绝对容量和年容量之内,才能有效地消除或减少污染危害。

二、污染物排放控制技术

污染物排放控制技术包括三个方面:直接处理排放的污染物;改变生产工艺流程,减少或消除污染物排放;改变原料构成,减少或消除污染物排放。

1. 直接处理排放的污染物

直接处理排放的污染物是目前最常用的方法,但需要投入资金且无经济效益,采取这种技术肯定会增加生产成本,降低产品竞争力。一般污染物排放单位不会自动处理排放的污染物,必须在控制污染物排放政策的压力下,才不得不采取措施。这种技术需要以尽量低的成本,达到政策允许排放的标准。成本包括固定资产投资和运转费用,尽量争取可以回收部分投资。例如,烟气脱硫技术,有的可以回收石膏;污水处理厂的污泥发酵,可以回收沼气等。

2. 改变生产工艺流程

改变生产工艺流程需要一定的固定资产投资,但可以一劳永逸地减少污染物排放,特别适合新建企业。例如,生产硝酸铵化肥会排放有害的氮氧化物废气,处理非常困难,需要高压、高温才能分解成没有用处的氮气,但如果改为生产尿素,同样的原料,产品质量更高,还不会排放上述的废气;造纸的含碱废水处理也非常困难,但如果用碱回收工艺,既可以回收碱,又可以减少难处理的废水。改变生产工艺并不适用于所有的工业,有的没有合适的技术,有的不适应现有的工艺,如碱回收就只适合用木材造纸,不适合用稻草造纸。所以新建厂一定要充分调研,选择最合适的工艺,可以避免许多不必要的污染。

3. 改变原料构成

改变原料构成同样会增加成本,但比直接处理排放的污染物方法简单、经济。例如,烧煤会排放烟尘、二氧化硫和二氧化碳,只要改为烧油就不会产生烟尘,如果改为烧低硫油,则可大大降低二氧化硫的排放。但低硫油肯定要比煤的价格贵,虽然价格贵,但是比处理排放烟尘和二氧化硫的成本低得多,然而这种方法同样会受资源来源的限制。对于像日本这种所有能源(如煤、石油)都要依靠进口的国家,这种方法就比较可行。控制污染物还需要环保方面的技术和经济支持。

技术一般由企业或科研机构研发,按照市场运行机制,主要以配合污染控制政策为目的。指定污染控制政策是国家的职能,一般都是根据环境质量和经济发展状况决定,如美国在二十世纪六七十年代环境质量下降,引起美国普遍关注,于是政府成立了环境保护署,每年财政预算拨出大量资金用于环境保护工作。里根总统上任后,当时美国经济不景气,美元急剧贬值,美国政府大力削减环境保护预算,将资金投入军火生产,以刺激消费。

用于环境保护的投入一般没有明显的经济效益,企业是不会主动投入的,政府必须以罚款和收费的手段刺激企业投入成本,但政府对环境污染的控制,要以宏观经济状态决定,一般发展中国家的经济不发达,对环境状况的关心程度低于对衣食住行的,缺乏对环境投入的资金和技术;而发达国家经济状况已经不成问题,更关心生存质量问题。

环境污染是没有国界的,必须全世界各国共同努力,但许多国家往往从本国利益出发,不履行国际协议,导致环境污染难以有效治理。

第四节　水环境标准与污染控制

水污染控制是 20 世纪 60 年代以后,随着系统工程方法和计算机技术的发展而提出的。它在污染源调查和水质现状评价的基础上,依照国家或城市对相应水体功能的环境质量要求,建立相应的数学模型,计算出水体的环境容量,然后根据规划水平年预测污染负荷,计算出污染物削减量,以使水域功能满足所要求的环境质量标准。由此可能获得较大的经济、环境和社会效益,并能为水质管理部门提供大量的信息,以便在各种条件变化时做出较为切合实际的预测,避免管理决策的盲目性。

　　针对我国水环境现状,污染控制仍是当前和今后一段时期内水环境保护的核心工作,水环境保护的各项工作均围绕污染控制展开。水环境标准(指水环境质量标准、排放标准和监测标准三类)作为我国环境保护法律法规的重要组成部分,在整个污染控制过程中发挥了不可替代的作用。

　　水环境标准与污染物控制之间互为条件、互相促进,有着非常密切的辩证关系,主要可概括为:水环境标准是污染控制的阶段目标和准绳,而水环境标准的实施要以污染控制为依托,并在污染控制中得以完善。水环境标准与污染控制关系如图 8.2 所示。

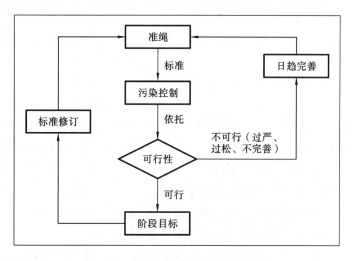

图 8.2　水环境标准与污染控制关系

1. 水环境标准是污染控制的阶段目标

　　水环境标准是环保部门根据水环境现状,从改善水环境角度出发,综合考虑经济承受能力、技术发展状况等多方面因素而制定的一个目标。水环境标准的适时制定和实施对阶段内的水环境质量及污染物排放情况等给出明确界定,为水污染控制的开展提供了明确目标,随后的水环境规划、水环境管理等一系列污染控制措施均围绕实现这个目标而展开,以保证在可行情况下最短时间内实现水环境标准这一目标。

　　就我国社会经济发展及水环境污染现状来看,污染控制包含两方面含义:一方面保证我们赖以生存的水环境质量得到改善;另一方面要充分利用水环境容量以尽量满足经济发展的需求。两者之间如何协调、找到最佳平衡点对我国水环境质量改善和经济发展都起着至关重要的作用,而水环境标准则为这两者提供了很好的结合点。水环境标准是在综合考虑我国各方面的客观因素后,以科学技术与实践的综合结果为依据制定的,具有科学性和先进性,代表了一定时期内科学技术的发展方向。以此(尤其是排放标准)作为污染控制的阶段目标可避免因偏颇任何一方而影响我国的整体发展。

2. 水环境标准是污染控制的准绳

　　水环境管理措施的制定包括对污染源排放强度、排放总量等做出规定来约束污染源的排污行为,以及对超排、违排等环境违法行为做出界定来遏制破坏水环境的行为。这些措施均需明确规范的法律依据。措施的界定值应有一定的合理性,过严将会在实施过程中遇到重重阻碍,难以贯彻实施,进而阻碍水污染控制进程;过松则难以对污染源起到应有的约束作用,同样会阻碍污染控制进程。水环境标准作为我国水环境保护法的重要组成部分,由法律约束强制执行,为水环境管理措施的制定提供了明确的法律依据,且标准值的制定均有其科学性和可行性,各措施的界定值以标准为准绳完美地解决了上述问题。

3. 水环境标准的实施要以污染控制为依托

水环境标准具有前瞻性,它只有通过一系列的控制措施,才能使水环境达到标准的要求。其最根本原因在于现状下污染物排放量或排放浓度过高,使污染物的排放不能达到排放标准的要求,进而使受纳水体水质超过水环境质量标准。要实现水环境标准的关键在于控制污染物的排放量,即污染控制。只有以污染控制为手段,逐步削减污染物的排放量,才能实现水环境标准。

4. 污染控制促进水环境标准日臻完善

污染控制工作的深入实施应以适宜的政策和法律体系为基准,要求相应的法律体系应以生态体位的理念正视人与自然的关系,围绕"以人为本"这一理念确立立法原则,构建法律体系,健全基本规范与标准,完善环境权利体系,并对现行法规与标准做出相应补充和调整,使其日臻完善。水环境标准体系势必在此条件下得到不断的健全和完善。同时,随着污染控制实施的不断深入,污染源的工艺技术进步和污染治理力度加大,污染物的排放量不断削减,水环境质量得到逐步改善,向既定标准目标接近并最终达到标准的阶段目标。此时标准已不再对污染控制起指导作用,这也促进了水环境标准不断更新和完善。

我国自1973年颁布了第一个国家环境标准《工业"三废"排放试行标准》,至今与污染控制密切相关的标准(仅指水环境质量标准、水环境排放标准和水环境监测标准)达247部,是一个以污染控制为依托,实施标准中不断发现问题和不足并逐渐进行完善的过程。对同一部标准,在新标准制定、颁布后,随着污染控制的深入,原标准存在的问题逐步暴露出来,提出了更高要求,促进标准进行不断修订与完善,使其更具可行性和科学性。

第五节　湖泊污染控制对策

湖泊在社会经济的发展和生态环境保护过程中发挥着极为重要的作用,但是随着经济的迅速发展,排污量日益增加,以及一些不合理的开发活动等给诸多湖泊环境造成了不良影响,湖泊富营养化、淤积或萎缩、生态破坏与水质恶化等环境问题不断出现和发生,给湖区人民的生产造成了巨大损失、生活造成了巨大影响。因此,湖泊污染控制势在必行,意义巨大。常见的湖泊污染控制对策如下。

1. 提高农业生产效率,使农药、化肥使用量科学、合理

通过调整种植、养殖结构和耕作方式,加强农业管理,达到降低农业污染源的目的。农业污染源包括农村生活源、畜禽养殖业、水产养殖的污染。解决面源污染比工业污染和大中城市生活污染难度更大,需要通过综合防治和开展生态农业示范工程等措施进行控制。在水库流域内推广生态农业,大力推进农业新技术研究和应用。通过改进施肥方式、灌溉制度,以及合理种植、推广新型复合肥料等措施控制农业化肥施用量,减少农业污染源。据报道,通过保土耕作、作物轮作、节水灌溉、控制施肥等手段可以减少农田径流中 60％以上的氮和磷,通过节肥措施可以有效控制水库水体的氮、磷污染。

2.　实现工业污染源的达标排放,严格控制入湖污水、废水量

随着工业的不断发展,工业污染已成为湖泊污染的重点之一。控制工业污染需要加强重点工业污染源的整治,严格控制入湖污水、废水量。按照国家规范要求开展重点工业污染源监测,要求监控企业按照"一厂一档"建立和完善污染源档案。加强水环境监督管理,防止污染事故,加大对集中式生活饮用水源保护区周边排污企业的监管力度,制定和及时启动重大环境污染应急预案,确保饮用水源地水质安全。

3.　完善湖区周边的给排水设施,加强生活污水的集中处理

污水随降雨进入湖泊的情况比较普遍,完善湖区周边的排水设施,修建污水处理厂与污水处理设施,使产生的生活废水、工业废水经有效处理后排入湖泊。对雨污合流制系统的降雨污水溢流可以通过合理的溢流系统结构设计,并结合排放水体环境状况加以合理解决。具体工程措施为:通过对管、塘、池配套设施建设,综合利用河湖水生植物等净化雨水,加强雨水收集、净化技术研究,不仅能充分利用雨水资源,还能有效控制雨水径流污染,从而减少生活废水、工业废水中氮、磷对水库水体的污染;城市内湖纳入生活污水量较大,应做好生活污水的集中式处理,力争达标排放,同时应做好城市雨污管道的分流,雨水直接入湖,污水集中处理后排放。

4.　加强湖泊养殖业的管理

湖泊养殖时向湖内投入大量的人畜粪便、肥料,可使水体呈现富营养化状况,养殖产生的副产物,如剩余饵料发生腐败、鱼虾粪便及死鱼虾均会导致水体污染。同时,密布的网箱阻碍水体自然流动,严重影响水体正常的稀释与自净功能。加强湖泊养殖业的管理,大幅度削减湖内网箱养殖面积,逐步恢复湖泊水体自净功能。

5.　进行旅游开发的湖泊应建立旅游垃圾收集处理系统

水是中国古典园林之灵,以湖泊为主的旅游开发在国内外皆比较普遍,因此,进行旅游开发的湖泊需要完善旅游垃圾的收集处理系统。特别是湖心建筑物的构建应做更完善的垃圾收集系统,提前进行污染防治,以防止在旅游开发和服务时对湖泊造成污染。

6.　城市内湖的污染控制以控制污染物入湖为主

我国湖泊资源丰富,许多城市内湖成为城市公园的主题和城市居民休闲娱乐的主要场所。城市内湖由于地处闹市,污染较为严重,一般结合污染控制,采取以污染治理为主的湖泊保护策略。防止污染物入湖、加强城市公园基建环保设施的建设、提高居民的环境保护意识等已成为常见的城市内湖污染控制方法。

7.　完善湖泊污染控制政策法规

完善湖泊污染控制政策法规,加强湖泊污染控制执法力度,以杜绝、削减污染物的排放。

8.　建立和完善湖泊水质监测系统,加强湖泊水资源综合管理

建立和完善湖泊水质监测管理系统,严格按照水功能区划既定的水质目标,加强湖泊水资源综合管理,充分发挥湖泊在调蓄洪水、农业灌溉、旅游及生态环境等方面的功能。

复习思考题

1. 试述湖泊自净能力。

2. 试述湖泊环境容量和纳污能力。

3. 试计算环境容量和纳污能力。

(1) 已知某湖泊平均水深 0.7 m,湖泊水域面积 3.0 km²,湖泊容积约 222×10^4 m³,水质评价为Ⅲ类,目标水质为Ⅲ类,出湖流量 0.21 m³/s,试计算该湖泊 COD 的水环境容量。(注:综合衰减系数取 0.04 d⁻¹。)

(提示:采用零维模型计算,$W = C_S(Q_{out} + KV)$)

(2) 已知某湖泊呈月牙状,水流交换能力较弱且富营养化,平均水深 1.2 m,水域面积 8.84 km²,湖泊容积约 956×10^4 m³,水质评价为Ⅳ类,水质目标为Ⅲ类,出湖流量 0.66 m³/s,试计算该湖泊 TN 的纳污能力。

(提示:采用湖泊富营养化模型计算,$M_N = 2.7 \times 10^{-6} C_S HS(Q_a/V + 10/Z)$)

第九章 湖泊生态修复技术

水是基础性的自然资源和战略性的经济资源,是人类生存和社会经济发展的重要条件。在人均水资源拥有量日益减少的同时,因水环境恶化所造成的水质性和功能性缺水现象日益突出,已成为突出的、全球性的共同问题。早在20世纪初,欧美有些国家就已经关注水环境的污染,并且开始研究与防治。

近40年来,各国在控制水环境污染方面进行了大量研究,并且耗巨资对有些主要湖泊和城市河道进行了大范围治理。大量实践证明,水环境的污染是可以治理的,但这种治理常常耗时长、费钱多。国际上治理最成功的美国华盛顿湖,耗资1.3亿美元,前后经过17年治理才达到目标;而面积仅1 km² 的瑞典的Frumman湖,耗时22年,耗资90万美元才治理完毕;等等。基于此,从20世纪70年代起,尤其是近十余年来,日本、美国、德国、瑞士等发达国家纷纷对以往的水环境治理思路进行反思,提出了生态治水的新理念,尊重河湖系统的自然规律,注重对其自然生态和自然环境的恢复和保护,使河湖的综合服务功能展现良好。

通过大量研究与实践已明确水环境污染实际上是典型的生态问题,因此,在对污染水域进行治理时,可以用生态学方法使生态问题得到最终解决。近年,强调治理与生态修复相结合,甚至更加强调生态修复的作用。

从目前具体的技术发展趋势来看,生态/生物方法是修复水生态系统最为推崇的举措之一。这种技术实际上是对水体自净能力的强化,是人们遵循生态系统自身规律的尝试。而在具体的实施时,更趋向于多种技术的集成。具体由哪几种技术集成,则需要根据目的水域的污染性质、程度、生态环境条件和阶段性或最终的目标而定,即在实施前要对目的水域进行系统周密的论证,而后制定实施方案,才能达到预期的目标。

实践证明,以相应的实验示范基地为平台,开展相应的应用基础研究与新技术开发,同时引进异地实用高新技术进行本地化研究与示范,是有利于快出成果并且直接将其转化为生产力的可行途径。例如,日本在琵琶湖和霞浦湖等建立了针对流域水环境治理与生态修复的实验示范基地,取得了环境教育、新方法和新技术研究开发与技术成果展示效果,为市民环境意识的提高和科技成果的推广与应用起到了积极的促进作用。

从广义上讲,所有的生物处理都是生态修复。目前,国际上已在使用的或已进入中试阶段的污染水域治理与生态修复技术可分为物理技术、化学技术和生物技术三大类,包括底泥疏浚、人工增氧、生态调水、化学除藻、絮凝沉淀、重金属化学固定、微生物强化、植物净化、生物膜等(见表 9.1)。生态修复机理是在营造景观水体时引入外来系统,包括净水微生物、植物、食浮游植物的动物、草食性鱼类、肉食性鱼类、底栖动物。由此形成许多条食物链,构成纵横交错的食物网生态系统,并在各营养级之间保持适宜的数量比和能量比,建立良好的生态平衡系统。

表 9.1　水环境治理与生态修复技术分类及其适用范围

技术分类	技术名称	选用污染水域范围	主要作用
物理技术	底泥疏浚	严重底泥污染	外移内源污染物
	人工增氧	严重有机污染	促进有机污染物降解
	生态调水	富营养化、有害无毒污染	通过稀释作用降低营养盐和污染物浓度,改善水质
化学技术	化学除藻	富营养化	直接杀死藻类
	絮凝沉淀	底泥内源磷污染	将溶解态磷转化为固态磷
	重金属化学固定	重金属污染	抑制重金属从底泥中溶出
生物技术	微生物强化	有机污染	促进有机污染物降解
	植物净化	富营养化、复合性污染	污染物迁移、转化后外移
	生物膜	有机污染	促进有机污染物降解

第一节　湖泊生态修复物理技术

一、截污控污

截污控污是指采取各种措施对进入相关水域的污染物进行控制以减少水体的污染负荷,是生态修复前期阶段,通常是直接关闭排污口或提高排污口的出水标准。对湖水营养盐浓度较高的富营养化湖泊,即使外源污染能完全截除,湖水中的营养盐依然存在,而实际上,如降水、地表径流等外源污染也不可能截除。在杭州西湖和南京玄武湖所进行的围隔模拟截污试验表明,截污后水体的叶绿素 a 不但未见明显下降反而有所上升。富营养化严重的湖泊单纯依靠截污难以有效控制富营养化与水体中的藻类暴发,因此,还需进一步采取措施消除内源性污染。

20 世纪 80 年代以来,武汉市针对湖泊的污染问题,实施了一系列工程和非工程治理措施,通过截污控污工程,以强化点源截污、面源控制等方式对生产、生活污水进行有效治理,基本遏制了水质恶化的趋势,湖泊总体水质开始好转,部分污染严重湖汊的黑臭程度减轻,部分水体由劣 V 类向 V 类转变,但整体水质仍劣于 20 世纪 80 年代之前,分散点源和残留面源入湖污染物的数量仍然很大,多年来沉积于湖泊的内源污染物数量巨大,东湖底泥淤积厚度为0.5~1.5 m,累积氮、磷总量分别为 21823 t 和 1470 t。疏浚措施只能针对重点和近岸区域(规划清除 10% 左右),内源污染的问题仍无法解决。

二、底泥疏浚

底泥疏浚主要通过清除污染的淤积底泥,有效降低水库内源污染负荷,改善工程区水质和底栖环境,促进水生生态系统恢复。底泥疏浚适用于处理小面积污染水体以及沉积物厚且氮、磷和重金属大量淤积的湖湾区、河口区。

污染底泥是水体污染内在的潜在污染源,当水体环境发生变化时,底泥中的营养盐会重新释放出来进入水体。对于宽浅型湖体,底泥更是不可忽视的重要污染源。因此,底泥疏浚是在水域污染治理过程中普遍采取的措施之一。这是因为底泥是水生态系统中物质交换和能流循环的中枢,也是水域营养物质的储积库。当水环境发生变化时,底泥中的营养盐和污染物会通过泥-水界面向上覆水体扩散,尤其是城市湖泊和河道,长期以来累积于沉积物中的氮、磷和污染物的量往往很大,当外来污染源存在时,这些物质只是在某个季节或时期内会对水环境发挥作用,然而在其外来源全部切断后,则逐渐释放出来对水环境发生作用,包括增加上覆水体中的污染物含量和因表层底泥中有机物的好氧生物降解及厌氧消化产生的还原物质消耗水体溶解氧等,并且在很长一段时期内维持对水环境的影响。因此,一般而言,底泥疏浚意味着将污染物从水域系统中清除出去,可以较大限度地削减底泥对水体的污染率,从而起到改善水环境质量的作用。

底泥疏浚技术属物理法分类技术。外移内源污染物是底泥疏浚技术主要作用所含有的内容。就底泥疏浚技术现状来看,主要包括工程疏浚技术、环保疏浚技术和生态疏浚技术等。就技术的成熟度和采用率而言,以工程疏浚技术居首,环保疏浚技术是近年开发并且已进入大规模采用阶段的成熟技术,生态疏浚技术则是最近提出并在局部实施的新技术。

从实施底泥疏浚技术对水环境质量的改善效果来看,由于工程疏浚技术以往主要用于以疏通航道、增加库容等为目的而进行的疏浚,长期的实践证明其效果欠佳。环保疏浚技术是采取人工、机械的措施适当去除水体中的污染底泥以降低底泥中污染物的释放通量和生态风险,并对疏浚后的污染底泥进行安全处理处置的技术,该技术以清除水域中的污染底泥、减少底泥污染物向水体释放为目的,其效果明显优于工程疏浚技术。环保疏浚技术的特点是有较高的施工精度,能相对合理地控制疏浚深度,能较大幅度地减少疏浚过程中的污染;生态疏浚技术是以生态位修复为目的的技术,以工程、环境、生态相结合来解决河湖可持续发展,其特点是以较小的工程量最大限度地清除底泥中的污染物,同时为后续生物技术的介入创造生态条件。

早在 20 世纪 70 年代,国外一些发达国家和地区就开始进行底泥疏浚技术的研究。美国在 1978 年对 Lilly 湖疏浚底泥 68×10^4 m³,使 Lilly 湖的最高水深由 1.8 m 提高到 6m,总磷的削减率达 55%;荷兰耗资 1.1 亿美元治理 Kelemee 湖,共疏浚 350×10^4 m² 污染底泥;瑞典在 Trummen 湖开展大规模底泥疏浚工程,最终使湖水的磷含量削减 90%,氮含量削减 80%,湖平均深度从 1.1 m 增加到 1.75 m,平均生物量从 75 mg/L 减少到 10 mg/L;美国在马萨诸塞州的 New Bedfold 港,通过底泥疏浚有效地消除了沉积物 PAHs 和重金属释放;同时,在日本的诹访湖和霞浦湖等,以及比利时、加拿大、匈牙利等地都有底泥疏浚工程的实施。

我国也在多处湖泊开展了底泥疏浚工程,如江苏太湖、南京玄武湖、长春南湖、南昌八一湖、广州东山湖、杭州西湖、云南滇池、安徽巢湖等。这些疏浚工程在其他措施的配合下,大多数缓解了水域的污染状况。国务院批准实施太湖水污染防治"九五"计划和"十五"计划,规划将太湖底泥的生态疏浚作为重要综合治理工程之一,并选择五里湖、梅梁湖等典型水域,实施工程规模的综合技术措施,探索湖泊污染控制技术研究和治理的新机制,努力用高科技澄清太湖水。2002 年,五里湖区底泥进行了疏浚,疏浚面积 5.60 km²,疏浚总量 240.1×10⁴ m³,平均疏浚厚度 0.43 cm。对疏浚前后湖区水质、水生生物及底泥成分进行分析,结果表明:五里湖底泥疏浚后,湖区水质发生好转,高锰酸钾指数和总磷含量呈逐渐下降趋势,下降幅度分别达到 18% 和 40%,透明度也由疏浚前 35 cm 增加到 45 cm 左右,表层底泥重金属和有机污染程度明显降低。2007 年,批复了太湖污染底泥疏浚规划,明确在对入湖污染源进行治理和控制的前提下对重点污染湖区开展底泥疏浚。2008—2012 年间,竺山湖、梅梁湖、贡湖和东太湖等湖湾累计清除污染底泥 3910×10⁴ m³。还有一些地区,如阿哈水库,底泥疏浚工程实施后,试验区底泥主要污染物含量(TP、TN、OC、TS、Fe 和 Mn)和孔隙水主要污染物浓度(TP、TN、Fe 和 Mn)明显下降,降幅平均值分别为 56.7% 和 71.2%,库区纳污能力显著增强。工程实施后,试验区底泥磷形态中活性组分含量和底泥孔隙水中活性磷浓度明显降低,从而有效地降低了疏浚区底泥污染物"二次释放"的环境生态风险。

然而,已实施疏浚的太湖仍然存在以下问题。

(1)疏浚效果不明显。有观测表明疏浚对抑制营养物质向水中释放的作用仅能维持 2~3 年,且疏浚面积仅仅是太湖流域的一小部分,疏浚改善水质效果有限,湖体水质又随湖流运动而变化,疏浚对太湖水质改善的贡献微乎其微,而且目前尚无监测数据可直接证明疏浚对改善太湖水质、抑制蓝藻水华和遏制湖泛的作用。

(2)改善湖泊水环境的关键是外源污染治理,疏浚并不能解决主要问题。现阶段太湖流域污染物排放总量仍然远超水体纳污能力,太湖污染负荷总量的 80% 以上来自外源输入,富营养化治理的关键仍然是入湖河流污染的控制。

(3)环湖地区城镇化程度高。土地资源紧缺,污泥安全处置十分困难,太湖周边很难找到合适的临时排泥场地,导致部分临时排泥场违法违规,淤泥自然固化、再利用所需时间长。

综合分析疏浚效果不佳的原因,主要有以下几种原因。

(1)未有效控制内源,致使疏浚效果难以维持。

(2)疏浚深度控制不当,使深层的污染物释放。

(3)原有生态系统受破坏,引起不良生态反应。

(4)疏浚范围不当,使疏浚区易被未疏浚的淤泥覆盖。

同时,据日本等发达国家的实践,就特定的水体而言,是否需要对其底泥进行彻底的疏浚,或者疏浚到什么程度,还需要进行细致、周密的研究论证。应做到视区域的污染程度、性质和疏浚目的而定,不宜一概采用,因为大规模的底泥疏浚不但需要大量资金支持,而且疏浚的污染底泥的最终处理也是一个棘手的问题。

底泥疏浚适用于底泥污染程度较高的悬浮层淤泥,针对性较强。但是底泥疏浚工程费用较高,并且疏浚的底泥需要进一步进行处置,也需要资金投入;施工过程易产生噪声及其他有毒有害气体。同时,疏浚过程挖走了污染层和部分过渡层的沉积物,而大部分的沉水植物的根系是扎身在过渡层中,若疏浚深度控制不当,就会导致疏浚的同时也将大量的植物根系挖走,这会打破原有的生态系统,引起不良的生态反应,从而使水质更加恶化。

三、底泥覆盖

底泥覆盖是采用相关材料(塑料薄膜或颗粒材料,如粉煤灰)对底泥进行隔绝,可防止沉积物-水界面的营养盐释放,防止底泥中的营养物质进入水体而增加水体营养负荷。试验证明,底泥覆盖能有效防止底泥中 PAHs、PCBs 及重金属进入水体而造成二次污染,对水质有明显的改善作用。通过覆盖层,可以物理性地隔离污染底泥与上层水体,稳固污染底泥,防止其再悬浮或迁移;同时利用覆盖材料的吸附作用或者与污染物的反应能够减少污染物数量。但是覆盖底泥对生态系统的破坏效应可能要高于它对营养盐释放的抑制作用,且不能解决湖底表层新富营养层释放源的迅速形成,不能从根本上减少水体的营养物浓度,一般只作为生态修复工程的辅助方法。在太湖 200 m² 的围隔区内的试验证明,覆盖底泥既不能控制浮游植物的生长繁殖,也不能降低浮游植物生物量。

目前较常见的覆盖材料有清洁沙子、砾石、水泥以及人工(生物)沸石等。国外研究发现,活性炭和无纺布覆盖及两者混合的处理对底泥总氮释放的抑制率都达到 50% 以上,对底泥总磷释放的抑制率接近 100%。国内的相关研究发现,改性高岭土、河沙、红壤覆盖可以明显抑制底泥中磷的释放,该技术一般适用于处理中深水湖泊。

最早进行底泥覆盖技术工程实践的国家是美国。日本 Kihama 内湖用 5~20 cm 厚细沙作为覆盖材料控制营养盐浓度,北美洲安大略湖 Hamilton 港用 0.5 m 的沙子作为覆盖材料控制 PAHs、金属及营养盐的浓度,都取得了一定的效果。Pan 等的研究表明,使用土壤及细沙覆盖能够有效控制沉积物总磷、氨氮等向上覆水释放,并发现利用 1 cm 的改性细沙覆盖,就能够有效抑制沉积物的再悬浮,降低浊度,即使受到一定的扰动作用,仍然能够保持较高的透明度。

2012 年,潘纲等在太湖北部梅梁湖通过现场围隔试验,用改性土壤絮凝水体蓝藻,选择覆盖材料 300 kg 土壤和沙子,发现该法对降低水体 TN、TP、NO_3^--N、NH_4^+-N、$PO_4^{3-}-P$ 有明显作用。2015 年,商景阁等利用黄土和细沙对太湖湖泛易发区,即月亮湾的底泥进行覆盖,模拟在湖泛形成条件下底泥与水体系及其界面主要物化性质与感官变化过程。研究发现,使用0.5 cm 黄土和 1.0 cm 细沙覆盖,从水色和臭味半定量角度达到了对湖泛黑臭的控制;与对照组相比,覆盖组底泥间隙水中主要致黑物 Fe^{2+} 浓度仅为对照组的 1/3,主要致臭物甲硫醇和二甲基三硫醚等浓度不到 50%;覆盖处理之后底部水体的溶解氧浓度提高近一倍,覆盖层 1 cm 左右表层氧化还原电位和 pH 值均远高于对照底泥的。以黄土为主的底泥覆盖,由于阻隔了下层底泥中物质迁移供给和对厌氧微生物参与的控制,以及黄土本身对湖底物化环境的影响等,在藻体大量聚集和死亡的水柱环境中,较好地阻止了致黑致臭物的形成,从而有效地控制了湖泛的发生。

四、人工增氧

人工增氧是指采取水利工程人工曝气、机械曝气等措施,使水体增氧的过程。该技术是在治理污染湖泊和河道中常采用的措施之一。这是因为污染严重的湖泊河道耗氧量远大于水体的自然复氧量,溶解氧普遍较低,甚至处于严重缺氧状态,此时湖泊河道的水质严重恶化,水体自净能力低下,水生态系统遭到破坏。人工增氧能较大幅度地提高水体中溶氧含量,增强水体的自净能力。人工曝气按其是否破坏水体分层,可分为破坏分层和深水曝气两类。后者只对底层水进行曝气,可以减少水体混合引起的不利影响。人工深水曝气的目的通常有三个:第一,在不改变水体分层的状态下提高溶解氧浓度;第二,改善冷水的生长环境和增加食物供给;第三,改底泥界面厌氧环境为好氧环境,降低内源性磷的负荷。其他附带目的或者效果包括降低氨氮、铁、锰等离子性物质的浓度等。这种方法往往适用于小型水体,据文献报道,荷兰、英国等国家曾将其应用于小型湖泊、水库,收到了较好效果,大型湖泊受到经济技术条件的限制,用这种方法难以奏效。深水曝气主要有以下三种形式。

(1)用水泵抽取湖泊底层水,经岸边曝气装置曝气后,再返回湖泊底部。由于管线长、成本高的缺陷,该法已被淘汰。

(2)通过特定曝气装置,将底层水提升至表面,并同时完成曝气。不同于破坏分层技术曝气的是,深水曝气后的水直接返回底层,因而对湖泊分层不会产生影响。

(3)在湖泊底部布设曝气系统,但其曝气量以及气泡能量不足以破坏分层。通常采用纯氧曝气,使用微孔曝气器,提高气体的吸收效率,同时减少曝气对分层的扰动。

对浅水湖泊,可以使用浮动曝气转刷、喷泉装置等进行表面曝气,增加水体溶解氧。

人工增氧能加快水体中溶解氧与臭污物之间发生氧化还原反应的速度,能提高水体中好氧微生物的活性,促进有机污染物的降解速度,这些作用对消除水体臭污物具有较好的效果。

人工增氧一般适用两种情况:加快对污染湖泊河道治理的进程;作为已经过治理的湖泊河道的应急措施。

人工增氧技术属物理法分类技术,可促进有机污染物降解,这是人工增氧技术的主要作用。

对于深水水体,应用较多的是扬水筒技术。Jungo 等在荷兰 Nieuwe Meer 水库通过长达 7 年的扬水技术应用研究发现,库内叶绿素 a 质量浓度和总藻类生物量显著降低,有毒微囊藻生物量下降了 95%,深水曝气可以增加底层水体的溶解氧,减小底泥污染负荷,同时有利于水生动物的生存。美国在 1987—1992 年对 Medical 湖进行深水曝气,通过研究发现底层水体中 NH_3、TP 浓度下降,当曝气量充足时,DO 浓度上升,但叶绿素 a 含量没有明显变化。

我国在扬水筒技术的基础上开发出了一系列技术,如扬水曝气技术、生物氧化组合技术等,在控藻过程中进一步改善水质,并取得较好的实践效果。马越等利用扬水筒曝气系统对黑河金盆水库的研究表明,在扬水曝气器混合充氧作用影响下,金盆水库季节性缺氧/厌氧情况得到遏制,底泥表层溶解氧浓度均维持在 2mg/L 以上,沉积物中氮、磷、有机质等内源释放过程明显减弱,藻类繁殖生长受抑,出水水质中 TP、NH_3-N、COD_{Mn}、叶绿素 a 等指标浓度较

2008 年同期分别削减 46.7％、69.5％、22.4％、53.6％,水质改善效果明显。

五、生态调水

生态调水是通过水利设施(闸门、泵站等)的调控引入污染水域上游或附近的清洁水源冲刷、稀释污染水域,以改善其水环境质量。该技术主要通过调引清洁、新鲜水源,用清洁、营养元素浓度低的水更换富营养化湖水,或者增加进水量将发生藻华的湖水冲刷出去,通过水体置换,外流引水,从而稀释被污染的河道区域,使得污染区域内的污染物浓度得到有效的稀释,增加水体流动性,防止和抑制藻类暴发性繁殖。大多数情况下,生态调水是在受污染河道水源不足或者短期的水质无法得到有效改善的情况下,用来进行应急处理的。

生态调水的实际作用主要体现在:将大量污染物在较短时间内输送到下游,减少原区域水体中污染物的总量,以降低污染物的浓度;调水时改善了水动力的条件,使水体的复氧量增加,有利于提高水体的自净能力。

生态调水技术属物理法分类技术。通过稀释作用降低营养盐和污染物浓度,改善水质,这是生态调水技术主要作用所包含的内容。然而,生态调水技术的物理方法是把污染物转移而非降解,对流域的下游会造成污染。所以,在实施前应进行理论计算预测,确保调水效果和承纳污染的流域下游水体有足够大的环境容量。

在有条件的地方,可将含磷和氮浓度低的水注入湖泊,起到稀释营养物质浓度的作用。由于稀释作用,湖水营养物质浓度降低,减少了藻类生长的营养物质供给源,蓝藻、绿藻生长受到限制,对控制水华现象、提高水体透明度有一定作用,但一般还需结合其他治理方法并行实施。

最早开始应用引水工程来改善水质条件的国家是日本。为改善隅田川的水质,1964 年东京从利根川和荒川引入清洁水进行冲污以改善隅田川的水质,取得了显著效果,BOD 等指标好转近一半。美国为改善 Moses 湖的水质,春、夏两季每天从 Columbia 河引入接近 Moses 湖 10％～20％的水量进入 Moses 湖,通过引入低营养盐清洁水,Moses 湖水体透明度约增加一倍,总磷和叶绿素 a 的浓度降低近 50％。除此之外,荷兰、德国、新西兰等国家都利用过引水工程对相关的河流湖泊进行水污染治理,并取得了良好的效果。

2002 年 1 月,太湖流域实施了为期两年的"引江济太"调水试验工程。工程实施后,太湖水质和水生态系统得到明显改善,总磷浓度从 2000 年的 0.10 mg/L 下降为 2003 年的 0.069 mg/L,高锰酸盐指数从 2000 年的 5.28 mg/L 下降为 2003 年的 4.30 mg/L。而后,周小平等对 2007—2008 年"引江济太"调水后太湖的水质状况进行分析,发现 2008 年 5 月贡湖的高锰酸盐指数、总磷和总氮的浓度比 2007 年 5 月的分别下降了 3.69 mg/L、0.019 mg/L、1.23 mg/L。"引江济太"调水工程后,太湖水质状况有了明显改善。

为改善西湖水环境质量,遏制水质进一步恶化,1982 年 2 月在引水试验的基础上动工兴建了著名的西湖引水工程。该工程在闸口白塔岭建设了装机 720 kW 的取水泵站,引钱塘江水穿越玉皇山、九暇山由小南湖入湖,全长 3955 m,其中隧道 1605 m,明渠 500 m,日取水能力 30×10^4 m³,总投资额 1169 万元。引水工程的建成使西湖水位受人工控制,管理部门可以根据西湖蒸发量和用水及水质的情况,及时予以补水或换水,控制藻类的生长,防止水质因藻类的"疯长"而恶化;同时大大缩短了湖水在伏旱期间的停留时间,使西湖提高了对氮、磷的容量,富营养化发展趋势得到控制,而且引入的钱塘江水生物含量低,有机耗氧物的含量也大大低于西湖水体,而溶解氧含量较高,特别是经提水的搅动,溶解氧含量大大提高,有助于维持西湖底泥的氧化层,防止水质恶化。

2009 年 8 月 20 日,巢湖和西河水位具备自流引水条件,实施了自流引江调水,生态调水线路始于凤凰颈闸站,流经西河、兆河进入巢湖,出湖入江线路经巢湖闸下泄,从裕溪河的裕溪闸注入长江,自流引江至 9 月 10 日停止。此次自流引江历时 22 天,最大入湖流量 60 m^3/s,引水入湖量约 7000×10^4 m^3。2009 年 9 月 12 日至 9 月 30 日,启用凤凰颈排灌站抽江引水,抽江调水历时 19 天,最大入湖流量 65 m^3/s,入湖水量约 6300×10^4 m^3。巢湖生态调水大大提高了江湖水体的交换能力,将污染严重的西半湖水体整体向东半湖推移,很大程度上减轻了西半湖的污染负荷。调水试验结果表明,调水结束后东半湖 TP 浓度增加了 7.6%,TN、COD_{Mn}、叶绿素 a 浓度分别减少了 40.3%、8.2%、41.8%;西半湖 TP、TN、COD_{Mn}、叶绿素 a 浓度分别增加了82.5%、1.2%、3.9%、71.18%。在西半湖浓度增加的同时,东半湖浓度在降低,调水效果明显。

生态调水法虽然能够对河道污染物的浓度进行有效的稀释,但是仍然存在许多不足。一是该法并未从根源上对污染问题进行有效的解决,甚至可能造成污染物迁移转嫁,且调水过程中稀释、净化污染物的能力有限,对湖泊下游可能构成污染。二是调水和水质水量受水源地限制。引水水量容易受到航运、生态等方面因素的限制。三是湖泊水面面积大、形状复杂,引入的水流难以对全湖水体进行置换,会在湖区局部出现"死水区"。杭州西湖从钱塘江引入清洁水控制西湖富营养化的试验表明:冬季引水的直接效果明显好于夏季;夏季引水虽使湖水营养盐有所下降,但对透明度等水质指标的改善无显著影响。美国 Moses 湖的试验也表明,引水并不能从根本上降低浮游植物生物量,消除富营养化隐患。一般生态调水只在小规模的景观水域使用。

六、工程除藻

当水中的氮、磷等营养盐浓度大量增加后,为蓝藻快速繁殖提供了有利的条件,加上适度的温度、光照等条件,形成蓝藻暴发性生长并漂浮在水面上,从而形成水华。大量的蓝藻堆积、死亡后,还会分解,产生对水体生态系统及人体有害的藻毒素。蓝藻水华的暴发直接危害到滨湖城镇的供水。20 世纪 90 年代初,太湖北部紧邻无锡市的梅梁湖因水华大暴发而导致近百家工厂停产,直接经济损失达 1.3 亿元。

工程除藻是利用过滤、声波、射线、电子线、电场等物理学方法,对藻类进行杀灭或抑制。例如,国外有人用 20 Hz 的声波控制鱼塘水体中的藻类,效果良好;国内也有厂家生产出了高频电场工业磁化设备 (CEDS)、CNIEH 系列电子处理器、SH 系列静电除垢器、IBI. DAE-I180 型离子棒等成型的设备用于水体藻类的控制和杀灭,取得了较为理想的效果。该法适用于处理短期内藻类暴发的湖泊。常见的工程除藻主要包括超声波除藻、过滤除藻、气浮除藻、曝气除藻、打捞除藻等。

1. 超声波除藻

超声波除藻是近些年来发展的一种新型的生态修复物理方法,主要利用超声波来对污染水域进行处理,减少湖泊藻类浓度,从而净化水质,防止富营养化。超声波除藻仪采用独特的超声波技术,选择特定频率产生声波,对藻类细胞进行瞬间处理。超声波除藻仪以180°全方位发射合成声波,所有单细胞生物随着声波频率开始颤动,使细胞质与细胞核分离,细胞膜被破坏,藻类因此而死亡,从而可以长期有效地抑制藻类和青苔。超声波除藻仪在1～3 min内就可以对藻类细胞进行有效的抑制,阻止藻类水华的出现。超声波产生的瞬间高压、高强度电能对水体中的细菌也有很好的杀灭效果,在饮用水深度处理中可以起到助凝、杀菌的效果,而且在循环冷却水中对军团菌特别有效。超声波可能的抑藻、杀藻机理有:破坏细胞壁、液泡、活性酶。高强度的超声波能破坏生物细胞壁,使细胞内的物质流出,这一点已在工业上运用。藻类细胞的特殊构造是一个占细胞体积50%的液泡,液泡控制藻类细胞的升降运动。超声波引起的冲击波、射流、辐射压等可能破坏液泡。在适当的频率下,液泡甚至能成为空化泡而破裂。同时,空化产生的高温、高压和大量自由基可以破坏藻细胞内的活性酶和活性物质,从而影响细胞的生理生化活性。此外,超声波引发的化学效应能分解藻毒素等藻细胞分泌物和代谢产物。

过去数十年,超声波除藻技术已被广泛研究。它可以通过破坏蓝藻细胞的超微结构影响其光合作用和细胞活性,抑制细胞的生长并导致细胞死亡。超声波可选择性地去除一些蓝藻(如铜绿微囊藻、鱼腥藻),并能降解蓝藻毒素,且对生态系统影响较小。因为上述原因,超声波除藻技术的应用前景十分广泛。但目前超声波除藻研究大部分集中于实验室或单个藻种小规模研究,针对野外的研究相对较少。太湖曾试运行"常州1号"超声波除藻船,但控藻能力有限,且可能因扰动底泥而引起湖泛。现阶段超声波除藻技术研发方向主要有两个:一是针对存在伪空胞的水华蓝藻,重点研发能高效产生空化效应的超声波设备;二是针对其他藻类,主要集中于声强对藻类生理活性的影响和细胞结构的破坏作用。

国内外的学者对超声波除藻的研究主要集中在超声波参数的优化以及超声波对藻毒素的去除方面,在超声波对水生生物的影响方面研究尚少。国内学者研究低强度(发射功率20 W)定向发射超声波对浮游动物(如草履虫、大型蚤)、鱼类(如稀有鮈鲫)以及沉水植物蜈蚣草的影响,结果发现低强度定向超声波可以对藻类生长产生抑制作用,而对水体中浮游动物、鱼类以及沉水植物等其他主要水生生物不产生明显影响。在太湖梅梁湖的研究表明,20 min内的超声处理(35 kHz,0.035 W/mL)不会造成氮、磷显著释放,超声波对COD_{Mn}和TN有削减效果,40 min后超声波会造成氮、磷大量释放。国外研究发现,在低功率条件下,超声波处理20 min后水体中的微囊藻毒素为原来的5倍;而在0.15 W/mL和0.225 W/mL的超声波处理下,5 min后水体中的微囊藻毒素分别下降到原来的12%和4%。

目前,超声波除藻在国内的使用有污水、自来水、景观水、循环冷却水等方面,广泛使用于工业循环水、农业用水、城市供水、污水处理等不同行业的藻类处理中。

(1)国外实例:英国的Barcombe水库。

2003年之前,该水库的水体非常差,各种水藻和微生物非常活跃,达到每单位水中水藻数量1400万个,水体透明度低,水色发绿,并伴有难闻的臭气,鱼类大量死亡,已严重污染。2003年,采用超声波除藻1个月后,每单位水中水藻数量减少到3500个,水体清澈。

（2）国内实例：北京钓鱼台国宾馆。

北京钓鱼台国宾馆为我国接待中外重要领导人的最高场所。长期以来，钓鱼台国宾馆的员工都为宾馆内养鱼池需经常清洗、换水而头疼不已。通常，在阳光充足的情况下，池内的水两天便开始混浊。采用超声波除藻技术后，近1个月养鱼池的水依然清澈如新。

2. 过滤除藻

过滤除藻包含直接过滤除藻、微滤机除藻等，针对不同的水质，可以采取不同的处理方式。直接过滤除藻是利用滤池对含藻水进行处理。微滤机除藻是依靠孔眼 $10\sim45~\mu m$（大多数为 $35~\mu m$）的滤网截留藻类，它对藻类的去除率可达 $40\%\sim70\%$。过滤除藻适用于浊度较低的含藻水处理。采用均质砂滤池或双层滤料滤池，藻类去除率为 $15\%\sim75\%$。如果采用预氯化＋混凝剂＋砂双层滤料滤池，则藻类的去除率最高可达 95%。对浊度较低的湖水可以采用直接过滤除藻，处理高含藻水时一般需投加灭藻剂或助凝剂，以提高过滤效率，但过滤过程中易堵塞和穿透滤床。

3. 气浮除藻

气浮除藻是在待处理水中通入大量高度分散的微气泡，微气泡通过与藻颗粒相互黏附，形成整体比重小于水的浮体而上浮到水面，进而实现藻类的去除。由于活藻具有浮力调节机制，较难被微气泡和微絮体捕获，因此通常和预氧化措施相结合，通过预氧化杀死藻细胞。有研究表明，使用高锰酸钾预氧化不仅经济，而且安全、可靠，不会因为藻体内有机物的大量流失而降低出水水质的安全性。气浮除藻技术在自来水厂的应用较多，对藻类和微囊藻毒素的去除效果明显，操作简便，可实现全自动控制。该技术存在的主要问题是藻渣难以处理，气浮池附近发臭，操作环境较差。涡凹气浮等新型气浮技术是未来气浮除藻技术研究的一大重要方向。

相关研究表明，引入混凝过程可以增大颗粒粒径，从而加强气浮除藻效果，相比沉淀工艺，气浮使絮体上浮的速度更快，对高藻水的除藻效果显著。研究部门通过中试研究对比了混凝/沉淀和混凝/气浮两种工艺单元处理太湖原水的效果，发现混凝/气浮工艺比混凝/沉淀工艺去除藻类的效果更好。然而，气浮除藻的效率高度依赖于混凝剂投加量和混凝过程中形成含藻絮体的能力。由于藻细胞自身特点和 AOM 的干扰，会导致传统的铝盐混凝过程难以实现藻的高效混凝，且所需增加的混凝剂投加量无法在化学计量的基础上预估，最终导致无效气浮。无效气浮易引发出水浊度高、滤池运行周期缩短和出水中含藻毒素等问题。

4. 曝气除藻

曝气除藻是在湖泊、河道内的适当位置设置固定式充氧站或移动式充氧平台，从而向水中补氧，改善湖泊水库中下层水体由于流动性小而引起的底泥厌氧状态，减少底泥中有机质、氮、磷、铁、锰等营养盐向水体释放，达到控制藻类繁殖的目的。

目前国内外曝气除藻主要有三种技术：同温层曝气、空气管混合和扬水筒混合。同温层曝气直接向下层水体充氧，不破坏水体分层，水体循环范围小，该法不利于溶解氧向四周扩散，只能解决底泥污染物释放问题，不能直接抑制藻类生长。空气管混合是在水底水平敷设开孔的气管，压缩空气从孔眼释放到水中，气泡上升时将上、下层水体混合，使表层藻类迁移到下层，藻类因得不到光照而死亡，空气管混合的强度较小，影响范围小。扬水筒混合是一种利用压缩空气间歇性混合上、下层水体，促进水体循环的装置，将上层水体中的藻类循环到下层，抑制藻类生长。有学者对扬水筒混合的结构进行了改进,开发出了扬水曝气器,它具有提水和充氧的功能。

5. 打捞除藻

打捞除藻是在水华暴发密集的水域,采取机械或人工打捞的方法除藻。打捞除藻主要利用岸边固定收藻设备和水上移动收藻设备对湖面藻类进行机械清除。通过打捞,去除水体表面的藻类,使水体中的溶解氧增加;同时直接减少取水口附近藻类的大量堆积和死亡,改善水源地的水质,确保水源地的供水安全;还可以综合利用打捞的具有商业价值的藻类(如螺旋藻等),变废为宝。此方法处理效果良好,但除藻的面积有限,是一种被动的处理措施,不能从根源上解决水华暴发的问题,只能作为突发事件或特定敏感水域应急处理,有时也作为其他处理方式的预处理措施。

1945年,比利时 Vermeiren 首次成功地应用磁处理技术,防止锅炉水垢形成,开创了物理水处理先河。半个世纪以来,出现了各种物理水处理技术,如静电处理,高能电子辐射处理,电子处理,超声波、放射线、微波、紫外线处理等。物理处理设备相对简单,维护操作简便、寿命长、运行费用较低,对环境不产生污染,对冷却水处理结果表明,能有效杀菌灭藻、降低水的腐蚀性、减少硬垢形成,并能除去原沉积物。因此,其在建材、化工、冶金、矿山、农业和医学等领域得到了广泛的应用。但其耗能高,设备购置成本大,这在一定程度上限制了它的应用范围。我国东北大学郑少波等(1998年)提出了采用光子来强化和稳定水的磁处理效果的新技术——光磁协同处理技术,该技术观点新,引起了同行的重视。光磁协同处理能进一步推动光化学反应,光化学作用产生的 OH^-、H_2O_2、O_3 具有极强的杀菌灭藻能力,其杀菌灭藻速度较氯快 $600\sim3000$ 倍。它与水中的生物体作用时,破坏了构成生物体细胞壁的不饱和脂肪酸,使之成为醛、羧酸和二羧酸,其中醛是强杀生剂,可有效杀灭细菌和单细胞藻类。此技术正在试应用阶段,有较好的发展前景。

电子水处理器是一类新型的水处理设备,它通过电化学作用使水分子结构发生变化,不仅能防止钙、镁盐等在热交换管道表面沉积,也能使微生物(包括藻类植物)细胞产生影响,从而对真菌、细菌和藻类有较好的杀灭作用。北京有色金属设计总院恩菲水处理设备总厂生产的 SHN 型静电水处理器、EHN 型电子水处理器,安德集团生产的 DAH-I 电子活水器、DAL-I180 型离子棒,南京吉尼水处理设备厂生产的 OAC-TBO 型离子棒,南京格林水处理设备厂研制出的 EH、EHI 系列电子水处理器和 SH、SHI 系列静电处理器及 EHI-K1 型新型电子水处理器等,均可对细菌、真菌及螺旋藻、蓝藻等藻类有较好的杀灭作用。当水中的微生物细胞通过电子水处理器时,由于阳极和阴极的电位差的存在,水体中必具有一定的电场强度,静电场会对水体中的微生物代谢及生长产生抑制作用。由于天然水体中含有一定数量的金属离子,当电流穿过水中的微生物细胞时,会对细胞中的原生质体产生电解作用。这种电解作用会对生物体中的酶等生物大分子产生影响,从而影响细胞的正常代谢。

工程除藻法利用了生物体的物理特性,而这种物理特性一般很少变化,因而这类方法可持久使用,并且效果普遍较好,但应用这种技术时要求有专门的仪器设备,因而一次性投入的成本较高。同时,使用时还需要有与之配套的特殊的操作技术,必须有一定的技术和经济实力才能考虑。这是一类无毒副作用、有待进一步开发的技术,随着技术的进步和经济的发展,其有可能成为今后水体除藻的主导技术之一。

七、常见湖泊生态修复物理技术比较分析

常见湖泊生态修复物理技术比较如表9.2所示。

表9.2　常见湖泊生态修复物理技术比较

技术名称	适用范围	作用	具体方法	优点	缺点
截污控污	待治理水体,生态修复前期阶段	截断排入水体的各种污染源	关闭排污口、削减排污量	操作简便	处理效果有限,对于污染较严重的湖泊,需进一步采取措施进行处理
底泥疏浚	小面积水域;沉积物厚且氮、磷及重金属大量淤积的湖湾区、河口区	通过底泥的疏浚去除湖泊底泥所含的污染物,外移内源污染物,减少底泥污染物向水体的释放,为水生生态系统的恢复创造条件	疏浚污染底泥	能够快速去除受污染的底泥;较快改善水体的营养状态;在短时间内改善水环境	治理费用昂贵;生态疏浚的精度和准确度要求较高;生态疏浚产生的淤泥还需要进一步处理;存在重新产生污染的可能;存在疏浚效果不理想、可能造成原位扰动与异地污染、改变水生态系统的结构与功能等生态风险
底泥覆盖	一般适用于中深水湖泊	在污染底泥上部覆盖一层或多层覆盖层使底泥与上覆水体隔开,以阻止底泥污染物释放	覆盖污染底泥	工艺简便;成本较低;二次污染小	覆盖材料多为颗粒,在水流速度较快的水域,覆盖材料容易被淘蚀而降低覆盖效果;覆盖会降低水体水深,影响物理化学环境和底栖生物活动,可能影响生态系统的健康
人工增氧	需加快治理的污染湖泊;已经治理过的湖泊河道的应急措施	强化水体流动,补充DO量,促进污染物降解	人工方式对水体进行增氧(曝气机、跌水曝气氧)	抑制水体藻类滋生;通过增氧改善水体的生态环境	曝气成本较高,且有可能造成底泥污染物的二次释放,增加水体浊度
生态调水	小面积水域,水体中氮、磷含量较高的水域	迅速消除或稀释水体中的污染物,增加水体DO量和生物量	调水	短时间内较明显改善湖泊水质;提高了水体的自净能力;有效抑制水华现象的发生;管理成本较低	未从根源上对污染问题进行有效解决,可能造成污染物迁移转嫁;调水和水质水量受水源地限制;引入的水流难以对全湖水体进行置换,会在湖区局部出现"死水区";前期投入成本较高

续表

技术 名称	适用范围	作用	具体方法	优点	缺点
工程 除藻	短期内藻类暴发的湖泊	去除水中的蓝藻，降低水体中蓝藻生物量	过滤、声波、射线等物理方法	可持久适用；效果普遍较好；无毒副作用	一次性投入成本较高；使用时需有与之配套的特殊操作技术；无法从根本上解决水体富营养化及藻类周期性暴发等问题，只能在局部水体中应用

第二节 湖泊生态修复化学技术

采用化学方法修复富营养化湖泊主要有两个方面的作用。一是通过化学方法尽可能地控制水体中的营养盐的浓度。例如，在湖区中撒入石灰达到脱氮的目的，投加金属盐使水体中的磷发生沉淀。二是通过投入化学药剂除藻或者通过控制生物菌剂增加水生植物对氮、磷的吸收能力。化学方法的即时效果明显，但容易造成湖泊水体的二次污染，且运行费用比较高，容易再次暴发水华现象，常常作为一种辅助技术或应急控制技术。

一、化学除藻

化学除藻是直接向水体中投加化学药剂以抑制藻类生长的方法。化学除藻是目前国内外使用最多，也是最为成熟的杀藻技术。因其发展史较长，技术相对比较完善。该法适用于处理黑臭水体或者氧化有毒物质以及用来应急除藻。目前，控制藻、菌最行之有效的办法就是投加杀生剂（biocide，杀菌灭藻剂）。总的来说，化学药剂一般要求高效、低（无）毒、无污染、无腐蚀，同时具有缓蚀、阻垢作用或能与缓蚀剂、阻垢剂配合使用，成本低，生产及运输安全，投药方便。化学除藻的主要优点是操作简便，一次性使用成本低。缺点：一是不能长期投用一种药，否则会因微生物产生抗药性而失去作用；二是可能对环境产生污染。

化学除藻剂一般分为氧化型和非氧化型两大类。杀生剂配方中，常采用氧化型和非氧化型杀生剂交替使用的方案。除（杀、灭）藻剂（algicide）是具有除藻效力的杀生剂，杀（灭）菌剂（bactericide）为具有杀灭细菌效力的杀生剂，而杀生剂则为具有消灭微生物（包括细菌、藻类、真菌、病毒及其芽孢，以及部分低等动物等）功效的化合物，包括除藻剂和杀菌剂等。除藻剂往往同时具有杀灭细菌的功效，而杀菌剂也往往同时具有杀灭某些藻类的功效，三者易造成理解上的混乱。目前，国内外一般采用氯（液氯、现场电解法生产氯气）和季铵盐为杀菌灭藻剂，其次是次氯酸钠和臭氧。溴制剂有取代氯制剂的趋势，非氧化型制剂有取代氧化型制剂的趋势。

氧化型杀生剂主要为卤素及其化合物、臭氧、过氧化氢、高锰酸钾、高铁酸盐等。非氧化型杀生剂主要有无机金属化合物及重金属制剂、有机金属化合物及重金属制剂、铜剂、汞剂、锡剂、铬酸盐、有机硫系、有机卤系等。相关研究表明,几种除藻剂从优到劣的顺序是:次氯酸钠＞臭氧＞二氧化氯＞硫酸铜＞高锰酸钾。常用除藻剂优缺点比较如表9.3所示。

表 9.3　常用除藻剂优缺点比较

除藻剂名称	优　　点	缺　　点
氯	对藻类的去除效果较强;使用方便、经济实惠、应用广泛;可明显提高原水浊度和藻类的去除率	由于原水中含有较多的腐殖质类天然有机物,且氯预氧化所需的氯投加量较高,因此使用氯预氧化会在一定程度上造成氯消毒副产物浓度的增加;氯与原水中较高浓度的有机物作用会生成一系列致癌卤代有机副产物,如三氯甲烷等,危害人体健康,其应用逐渐受到限制
二氧化氯	几乎不产生消毒副产物,且可以较快地氧化铁、锰,生成沉淀物;安全、高效、绿色、广谱,发展前景较好;即使是存活的藻类,二氧化氯也会使其失去繁殖能力,并且可以消除藻类以及腐烂产品产生的异味,有效控制侵害有机体并产生异味的放线菌;可以降低藻细胞体内叶绿素 a、DNA 和蛋白质等的含量,进而影响藻类生长	生产成本高,使用过程会产生对人体有害的亚氯酸盐等物质
臭氧	强氧化剂,具有很强的杀藻能力,可以破坏藻细胞的完整性;臭氧可以与化合物的双键反应,使有机分子变小、极性增强,在有效去除藻类的同时去除藻毒素;无二次污染、操作简便	生产成本较高,导致其推广应用受限
过氧化氢	其本身的氧化产物为水,不会产生其他副产品,不产生三卤甲烷等消毒副产物,对饮用水水质无副作用,氧化还原电位比氯高、比二氧化氯和臭氧低;投加适量过氧化氢可以显著提高水中浊度、藻类和有机物的去除率;可以破坏细胞完整性,降低光合作用过程中电子传递速率,进而抑制藻类生长	低浓度的过氧化氢对微藻种群增长有微弱的促进作用,但随着浓度的增加,促进作用会转变为抑制作用,并且过氧化氢浓度越大、作用时间越长,其毒性越大;由于过氧化氢自身容易氧化分解导致除藻效果下降,所以过氧化氢一般只能用于短时间除藻
高锰酸钾	副产物少、使用方便;能够抑制藻细胞的运动活性,有利于藻细胞的去除;在氧化过程中形成的二氧化锰能沉积在藻细胞表面而加速其沉降	灭藻效果相对较弱,即使在高浓度投加量下,也需要一定的反应时间才能有效降低藻细胞的光合活性;高浓度的高锰酸钾预氧化会使藻细胞失活并释放大量胞内有机物

续表

除藻剂名称	优　　点	缺　　点
硫酸铜	可以抑制藻类的生长,最具实际效果	硫酸铜有一定的毒性;直接使用硫酸铜容易产生铜离子浓度局部过高的现象,而且药效维持时间有限,而高浓度的铜离子可以通过改变超氧化物歧化酶的活性、蛋白质的组成、叶绿素a的光合活性等方式影响藻类正常生长,并且破坏细胞完整性,致使藻毒素排放并进入水体

投加化学药剂法(除藻剂)工艺简单、操作方便,但是同时也易造成二次污染。常用的除藻剂对其他水生生物同样存在毒性,同时被杀死的藻类仍存留于水中,并未从根本上解决藻类生长的根源(即氮、磷的循环)。化学除藻虽能立即见到一定成效,但既不科学也不经济。它不可避免地造成环境污染或破坏生态平衡,所产生的后果非常严重,而且难以消除,可以说这是一种短视行为或是一种权宜之计。因此,投加化学药剂法的大规模实际应用存在许多局限性。

生物除藻剂通过培育优势生物菌落从而对蓝藻形成生物竞争,来达到抑制蓝藻生长暴发、净化水质、增加生态容量的目的,适用于富营养化水体的长期修复。但由于其有较长的培育周期,见效较慢,因而不适用于应急除藻,且若在蓝藻暴发的水体中,直接投加生物除藻剂,微生物也会因为蓝藻的竞争性抑制,难以成长为优势种群。钱远中等对深圳市某农庄鱼塘的研究发现,根据化学除藻剂和生物除藻剂各自不同的特点,制定合理的方案,将二者联合使用治理水华,可以起到互补的效果。前期使用适量的化学除藻剂,可以快速清除水面蓝藻,为生物除藻剂的培育提供良好的环境,再投加生物除藻剂,可以对蓝藻形成生物抑制,同时可以净化水质,修复受损水生态,扩大水体生态容量和环境容量,实现快速除藻和长期控藻的目的。

针对苏南河网地区湖泊季节性高藻问题,黄雷等在某水厂取阳澄湖水源地水样,采用高锰酸钾、高锰酸盐复合药剂(PPC)进行联用试验。结果表明,经药剂联用,沉淀后水中藻的去除率能达到 80 %～90 %。同等条件下,联用高锰酸钾和高锰酸盐复合药剂比高锰酸钾的除藻效果要好,藻去除率高 5 %以上,在机械混合池投加高锰酸盐复合药剂和高锰酸钾比水源厂投加的除藻效果高 10 %左右。在高藻期,高锰酸盐复合药剂与常规混凝联用能实现有效控藻,卤代有机物(THM)和藻嗅味基本去除。

王晓丽等取四川省明远湖水样,研究 $CuSO_4 \cdot 5H_2O$、$Al_2(SO_4)_3$、$KAl(SO_4)_2 \cdot 12H_2O$ 单一除藻和与硅藻土、石英砂、泥沙组合除藻的规律,以及对化学需氧量、氨氮、磷、浊度四项指标影响的规律。试验结果表明,这三类硫酸盐对除藻都有很好的效果。在相同的初始条件下(即相同的水质条件、投药量、温度和搅拌强度),$Al_2(SO_4)_3$ 的除藻效果优于 $CuSO_4 \cdot 5H_2O$ 和 $KAl(SO_4)_2 \cdot 12H_2O$,对浊度也有较高的去除率,而对化学需氧量、氨氮、磷等指标则无较大改善。

美国明尼苏达湖曾使用过硫酸铜除藻多年,结果却造成水体溶解氧耗尽,增加了内部氮的循环,铜在底泥中的积累也增强了藻类对铜的抗药性,造成了对鱼类及鱼类食物链的不良影响。

章琪等采用高锰酸盐复合药剂处理受污染巢湖原水的研究表明,PPC预氧化具有稳定的除藻效率和去除有机污染物的优势,其良好的助凝、助滤、除浊效率可以在确保水质的情况下大幅降低絮凝剂投量和生产成本,且投加方式方便、灵活,具有很好的应用价值。

二、化学絮凝沉淀

化学絮凝沉淀是一种通过投加化学药剂去除水层污染物以达到改善水质的污水处理技术。絮凝剂除藻是利用一些具有吸附特性的天然物质,如海泡石、膨润土、蒙脱石、活性炭和壳聚糖等,对藻类进行吸附沉淀,具有天然无毒、使用方便、吸附效果明显、价格低廉等特点。但是包括淀粉类絮凝剂、壳聚糖类絮凝剂、纤维素类絮凝剂等在内的有机絮凝剂,成本较高,大多还处于实验室研究阶段,在湖泊水质净化中的应用十分有限。无机絮凝剂由于价格低、絮凝效果好而被广泛应用于水处理。无机絮凝剂主要包括了铁盐类和铝盐类,其中铁盐类包含聚合硫酸铁、硫酸铁、氯化铁、聚合氯化铝铁等;铝盐类包含聚合氯化铝、硫酸铝、聚合硫酸铝等。Aktas等比较了聚合硅酸、聚合硫酸铝、硫酸铝和氯化铁对聚球藻的去除效果,发现这四种絮凝剂中,聚合硅酸对聚球藻的去除效果最佳。黏土、壳聚糖、淀粉等天然絮凝剂具有安全无毒、资源丰富、经济划算等优点,近年来,随着对絮凝除藻机理的深入研究,以及改性方法的不断发展,它们除藻的效率不断提高。我国有学者通过研究黏土治理水华蓝藻的原位除藻技术,经过大量实验表明,经壳聚糖改性的当地不同类型黏土都能有效地絮凝除藻。同时天然物质复配磁聚除藻也是研究的热点,中国科学院等离子体物理研究所已研制出多种强絮凝磁聚物来治理藻华,发现该絮凝剂对水体中氮、磷的去除效果十分明显。该法适用范围广,但处理效果受温度和水力条件的限制。

絮凝沉淀是颗粒物在水中作絮凝沉淀的过程。在水中投加混凝剂后,其中悬浮物的胶体及分散颗粒在分子力的相互作用下生成絮状体且在沉降过程中互相碰撞、凝聚,其尺寸和质量不断变大,沉速不断增加。悬浮物的去除率不但取决于沉淀速度,而且与沉淀深度有关。地面水中投加混凝剂后形成的矾花、生活污水中的有机悬浮物、活性污泥在沉淀过程中都会出现絮凝沉淀的现象。

随着水体污染形势的日趋严峻,化学絮凝沉淀处理技术的快速和高效显示了其一定的优越性。但是由于化学絮凝沉淀处理的效果必须顾及化学药物对水生生物的毒性及生态系统的二次污染,这种技术的应用有很大的局限性,一般作为临时应急措施使用。湖泊絮凝沉淀处理技术主要针对富营养元素——磷元素,将溶解态磷转化为固态磷,用以控制底泥内源磷污染。

早在20世纪70年代,美国威斯康星州的几个湖泊中投加铝盐使絮状氢氧化铝沉入湖底与磷离子结合形成不溶性沉淀,从而使磷发生惰化,十年后发现水质状况得到了极大改善。而后,美国在Green湖投放181 t明矾和76.5 t铝酸钠钝化水体营养盐,结果湖水透明度由1.9 m升至6.1 m,水体中磷浓度显著下降,极大抑制了藻类生长。

针对武汉市莲花湖湖水,廖秀远等采用聚合氯化铝和聚磷硫酸铁进行絮凝实验,比较了两种无机絮凝剂的絮凝效果及原水处理前后藻类群落变化。结果表明,聚磷硫酸铁在去除藻类细胞、浊度和色度方面均优于聚合氯化铝,当聚磷硫酸铁投加过量时,水体中Fe^{3+}过量分布会导致水样色度去除率下降。聚磷硫酸铁絮凝在处理微囊藻为主体的水华原水时，其效果比聚合氯化铝更好。聚磷硫酸铁是一种新型高效絮凝剂，其絮凝性能明显优于聚合氯化铝，当水体以微型藻类为主时，可使用聚磷硫酸铁替代聚合氯化铝，可以提高絮凝效果。

三、重金属化学固定

重金属在水体中积累到一定的限度就会对水体-水生植物-水生动物系统产生严重危害，并可能通过食物链直接或间接地影响到人类的健康。例如，日本由于汞污染引发的"水俣病"和由镉污染造成的"骨痛病"就是典型例证。因此，水体重金属污染已经成为当今世界最严重的环境问题之一。

许多重金属在水体溶液中主要以阳离子存在，加入碱性物质，使水体 pH 值升高，能使大多数重金属生成氢氧化物沉淀。所以，向重金属污染的水体施加石灰、NaOH、Na_2S 等物质，能使很多重金属形成沉淀，从而降低重金属对水体的危害程度。这是目前国内处理重金属污染普遍采用的方法。重金属化学固定并不能从根本上解决湖泊的重金属污染问题。

第三节　湖泊生态修复生物技术

近年来，在污水处理中，传统污染水处理方法（如生化二级处理法）工艺成熟，处理效果理想，但建造、运行、管理费用过高。化学法（如加入硫酸铜等）和换水法处理污水，虽然均有一定效果，但化学法易产生二次污染，换水法不够方便、经济且仅适宜于小型水体。为了寻找高效、低耗的水污染处理技术，20 世纪 70 年代，水生植物开始受到人们的关注。通常植物在生长过程中，能忍耐土壤中高浓度的污染物，植物的这种抗毒性作用为植物对土壤和水体中的污染物吸收和降解奠定了基础。水生植物能吸收和富集水体中的有毒有害物质，并且在植物体内的富集含量可以达到污染物在水中浓度的几十倍、几百倍甚至几千倍以上，对水体的净化能起到很好的作用。大型水生植物介于水-陆界面，对生态系统循环起着重要的调节作用，且有良好的净化效果与独特的经济效益，是建立良好的湖泊生态的基础。

生物修复是目前应用最广泛、效果最好的生态修复方法，一般采取高等水生植被恢复、人工湿地、人工浮岛、生物操纵、微生物净化水体等措施。

一、高等水生植被恢复

1. 沉水植物

沉水植物（submerged plants）是指植物体全部位于水层下面营固着生活的大型水生植物。沉水植物根系有时不发达或退化，植物体的各部分都可吸收水分和养料，通气组织特别发达，有利于在水中缺乏空气的情况下进行气体交换。沉水植物是典型的水生植物，其根或根状茎生于水底泥中，茎、叶全部沉没于水中，仅在开花时花露出水面。沉水植物的生长和分布受多项环境因子的影响。其中,水中光强、水温和矿质元素是最重要的因子。沉水植物的光补偿点等光合特征决定沉水植物在水下可分布的最大深度、光合产量及竞争能力。沉水植物的叶子大多为带状或丝状,如苦草、金鱼藻、狐尾藻、黑藻等。

沉水植物可供水生动物摄食并给其提供更多的生活栖息和隐蔽场所,扩大水生动物的有效生存空间。同时,沉水植物能增加水中的溶解氧,净化水质,在水生生态修复方面的作用日益受到人们的重视。沉水植物通过吸附水体中生物性和非生物性悬浮物提高水体透明度,增加水体溶解氧,改善水下光照条件,通过吸收固定水体和底泥中的氮、磷等营养素实现对水质的改良。同时,沉水植物的化感作用可以有效地抑制藻类的生长。常见的用于净化水质的沉水植物有金鱼藻、苦草、伊乐藻、狐尾藻和眼子菜等。

健康水生态系统退化的一个重要表现就是高等沉水植物种群减少,因此沉水植物的恢复是湖泊水生植被恢复的重点和难点。沉水植物大多数浸没在水下生长,其生长依赖于水深和水下光照条件。在沉水植物修复的过程中,需要具体结合湖泊区域内沉水植物的分布状况、底质条件、水质情况等相关因素,选择合理的先锋种进行种植。在沉水植物恢复的过程中,应由浅到深,从水浅的岸边开始,并在较低水位的季节进行。在遇到水体污染严重或直接种植沉水植物难以存活的情况时,可先通过种植浮水植物对水体进行净水,待水体透明度提高后再种植沉水植物。除了根据实际情况因地制宜之外,在利用沉水植物进行水体净化或退化水体生态修复时,还需考虑各种生态因子带来的影响。该法适用于水动力条件弱、污染物降解速度慢的水域。

沉水植物作为水生生态系统中的初级生产者能够发挥多种生态功能。沉水植物一方面可吸收水体和底泥中的营养盐,减少沉积物中营养盐的再释放;另一方面可通过与藻类进行资源竞争,分泌化感物质抑制藻类生长繁殖。因此,沉水植物可以很好地净化水体。沉水植物在治理湖泊富营养化中的作用主要表现为以下方面。

(1) 吸收水体的营养物质。沉水植物由于其生活环境的特殊性,其地上、地下部分都可以从环境中吸收营养。它能通过根部吸收底质中的氮、磷,植物体吸收水中的氮、磷,从而具有比其他水生植物更强的富集氮、磷的能力,并且同化为自身的结构组成物质,适时地转化到植物体内。不同沉水植物吸收氮、磷水平各不相同。对金鱼藻、苦草和伊乐藻三类沉水植物净化受污水体的效果进行的实验研究表明:三类沉水植物对水体水质均有良好的修复效果,其中以伊乐藻最优,金鱼藻次之,苦草再次之。在去除总氮、硝态氮等方面,狐尾藻、微齿眼子菜的效果比金鱼藻、马来眼子菜和苦草的效果好。沉水植物的根、茎对水体和底泥中氮、磷吸收能力都不相同,且随生长期的变化而变化。Nichols 等研究发现:在底泥作为穗花狐尾藻唯一的营养源时,它可以通过根的吸收满足整个植株的生长需要;而当水中氮的浓度足够高(氨氮大于0.1 mg/L)时,大量的氨氮被叶子吸收,成为植物氮的重要来源。菹草在生长初期几乎完全或大部分靠根吸收底泥中的氨氮和磷酸盐,只有在春末夏初生物量最大时,表层茎、叶对水中氮、磷的吸收速率才增加。水体中氮、磷浓度及其存在形态等因素影响沉水植物对氮、磷的吸收。伊乐藻、菹草对氮、磷的吸收量随着营养浓度的升高而升高,但浓度超过一定值后,会抑制植物的生长,导致植物对营养成分的吸收急剧下降,最后甚至加速水质的恶化。水体的环境条件也对沉水植物吸收氮、磷有一定的影响。在沉水植物群落中加入其他水生植物构建季相交替群落是一种很好的净化富营养化水体的方法。由菹草、伊乐藻、野菱和水鳖所构建的季相交替的水生植物群落能在水质变化剧烈、藻类容易暴发的阶段(初春至夏末)持续有效地抑制浮游植物生长繁殖,对水体中的营养盐有较高的去除作用,并能有效缓解因前一种植物死亡给水质带来的不利影响,使水质保持相对稳定。

(2)凝聚颗粒物澄清水质,增加透明度。沉水植物密集的枝叶与水有着庞大的接触面积,能够吸附沉降水中的悬浮颗粒物质,一些种类还可以分泌助凝物质,促进水中小的颗粒絮凝沉降。除此之外,沉水植物好氧的根基环境也可以起到固持底泥,减少或抑制底泥中氮、磷等污染物质溶解、释放的功能。在冬季水质净化动态模拟试验中,单位鲜重的伊乐藻上的固体干物质附着量达 28.71 g/kg,单位湖面内的附着量达 279 g/m²,附着物中总氮、总磷、总有机碳和叶绿素 a 平均含量分别为 0.647%、0.311%、15.4% 和 0.098%。实验说明,吸附和沉降在净化机制中起很重要的作用。在武汉东湖大型试验围隔系统进行的沉水植物水质净化试验时发现,沉水植物的存在有效地降低了颗粒性物质的含量,可改善水下光照条件。

(3)与藻类争夺营养和光照。在水生生态系统中,沉水植物和藻类同属初级生产者,均以水体中营养盐、光照和生长空间为生长资源,两者之间通过激烈的竞争而相互影响。在光资源竞争上,浮游藻类占相对优势。对水中营养盐的竞争是单向的,沉水植物可从底泥中得到营养盐而处于优势地位。当光照和营养盐充足时,沉水植物对浮游藻类有明显的生化抑制效应,这种抑制可以通过促进藻类沉降而起作用。但当湖水营养盐过剩时,藻类处于绝对竞争优势。在苦草生长的地方,浮游生物、细菌和丝状藻的生物量显著降低,水体中的正磷酸盐、溶解有机碳和总的悬浮物减少,水体透明度增加。

(4)释放化感物质抑制藻类生长。沉水植物和浮水植物对藻类的抑制主要是通过根部释放化感物质来实现的,而沉水植物的茎、叶直接释放化感物质能有效抑制周围浮游生物的生长。不同的沉水植物的化感作用是不相同的。有人通过对四种沉水植物抑藻现象的实验研究发现:金鱼藻、微齿眼子菜及苦草的种植水具有较强的克藻作用,尤以金鱼藻最显著;而伊乐藻几乎没有克藻作用。沉水植物对藻类的生长抑制是有选择性的。轮藻对羊角月牙藻和微小小球藻具有抑制作用,而对斜生栅藻没有抑制作用。穗花狐尾藻和水盾草对铜绿微囊藻、水华鱼腥藻及小席藻等的生长具有不同的影响。金鱼藻和大茨藻能有效抑制鱼腥藻。苦草种植能抑制斜生栅藻和羊角月牙藻的生长,抑制作用的大小与苦草的生物量和种植水浓度有关。近年来,有较多关于从不同沉水植物中分离得到对藻类有抑藻活性的化感物质的报道。化感物质按其化学结构可分为脂肪类、芳香类、含氧杂环化合物、类萜和含氮化合物等五类。有人研究得到种有苦草的水具有较强的克藻作用,且从苦草乙醇提取物的氯仿萃取物中分离出化感物质,故苦草为潜在的抑藻物质。狐尾藻中的抑制物质主要是鞣花酸、五倍子酸、焦倍酸和儿茶酚等,主要对铜绿微囊藻的抑制作用明显。目前多使用色谱光谱联用技术研究沉水植物的化感物质,加快对化感物质的筛选,并解释化感物质间存在的协同增效作用。

(5)提高水生生态系统的生物多样性。沉水植物的良好发育可以为其他水生生物提供多样化的生境,如生物的生活基质,鱼类等水生动物的栖息、避难和产卵场所等。

沉水植物在种植之前,往往需要对其生境进行一定的处理以适应生存,包括提高光照程度、改变底质等。在对光照、底质等生境条件的改造中,除了采取一定的工程措施外,还须采取一些生态措施,即有选择地人工引进耐受性较高、适应湖泊水质现状种类的作为先锋物种以加快沉水植物的恢复。随着先锋物种群落的形成,水体的生境条件可以进一步改善,如通过抑制藻类生长来提高水体透明度,通过根际区域释放大量氧气来增加底泥氧化程度等。水体环境也逐渐地适宜脆弱敏感种类的生长,沉水植物多样性得以逐渐增加,群落实现自然演替,最后达到与湖泊环境相适应的平衡状态。由于植物种类生长分布的地域性,处于不同区域富营养化水体的沉水植物恢复时所选先锋物种往往不同。一般先锋物种的选择应遵循以下原则:①适应性原则,即所选物种应对水体流域的气候、水文条件有较好的适应能力;②本土性原则,应优先考虑区域内原有物种,尽量避免引入外来物种,以减少可能存在的不可控因素;③强的竞争能力和净化能力原则,所选物种应对藻类具有较强的竞争能力以及对氮、磷等营养物有较强的去除能力;④可操作性原则,所选物种繁殖能力较强,易栽培、管理。

沉水植物是水体中重要初级生产者,是湖泊演化和湖泊生态平衡的重要调控者。恢复沉水植物是控制湖泊富营养化的一种重要的生态方法。沉水植物不仅可以通过自身消耗将氮、磷输入湖泊,促进湖泊营养输出,而且在种植密度较高的情况下,可以改变湖水流向与流强,影响湖水与底泥之间物质交换的平衡,同时对水体中栅藻的生长有明显抑制作用。当水体中沉水植物种植密度较大时,只有适时将其迁出水体,才能有助于湖泊营养负荷降低,使富营养化得到控制,防止造成二次污染。沉水植物是宝贵的资源,其营养丰富,成分齐全,有较好的经济价值。对沉水植物进行资源化开发研究,不仅可以实现植物资源增值利用,而且可以降低湖泊修复的成本。

基于浅水湖泊富营养化的多态理论,自20世纪90年代初,国内外的许多研究人员就开始进行沉水植物恢复的研究。经过大量的研究和实践,国外许多小型的浅水富营养化湖泊中已经成功地恢复沉水植物,湖水水质也得到极大的改善,如欧洲的荷兰、丹麦等国的一些湖泊。我国许多地区在"八五"期间开始研究富营养化水体沉水植物的恢复与重建技术,在严重富营养化的武汉东湖、江苏太湖、昆明滇池等已经进行过较多的研究与示范,目前在一些示范研究湖区沉水植物恢复已取得了初步的成效。20世纪90年代中期,通过研究沉水植物在治理滇池草海污染中的作用,论证了在滇池草海恢复沉水植物、建立以沉水植物为基础的湖泊生态系统是利用水生植物治理草海的最佳防治措施;20世纪90年代后期,利用大型围隔实验研究沉水植物对水体富营养化的影响,其结果表明,菹草的恢复,使两个大型围隔湖水中的各种营养盐水平显著低于围隔外围的,溶解氧浓度、pH值和透明度显著提高,水质得到明显改善。2004年5月,国家环境保护总局发布的《湖库富营养化防治技术政策》中将恢复或重建水生植物作为湖泊良性生态恢复的推荐技术措施。

2015年,宿松华阳河湖群建立了水禽栖息地、人工辅助自然恢复区和湖滩地封滩育草区三种类型的示范工程试验区,面积为 $183 \times 10^4 \ m^2$,通过生物工程技术开展湖泊水生植物恢复重建技术研究。经过一个生长周期的生态重建研究和试验,示范工程实验区内建立了挺水植物、浮水植物和沉水植物群丛14个。水生植物恢复监测结果表明,菰群丛的盖度达到90%,生物量达到 $10.57 \ kg/m^2$;莲群丛的盖度达到95%,生物量达到 $2.05 \ kg/m^2$。人工种植的沉水植物苦草、浮水植物芡实和菱角在人工播种后一开始能够发芽长出幼苗,后来由于渔业影响而慢慢消失。重建与恢复湖泊水生植物可以优先构建沿岸带挺水植物菰群丛和莲群丛,接着通过控制渔业养殖强度以及水文条件逐步恢复浮水植物和沉水植物。

有研究分析了西湖沉水植物恢复示范区中物种多样性的变化状况,物种多样性指数分析结果表明:沉水植物恢复工程是沉水植物物种多样性不断增加的过程,恢复工程首先导致恢复示范区内特有种的出现,其次为稀有种。从植物的生活型来看,多年生沉水植物受示范工程的影响最大,而一年生沉水植物可存活于示范工程区的内部与外部,在示范工程区内沉水植物物种的灭绝速率小于定居速率。这表明,湖泊恢复沉水植物必须有一定的保护区域;要合理利用湖泊资源,实行科学的湖泊管理制度;有效恢复沉水植物群落需要经历一定时间与空间的生态重组过程。

2. 其他水生植物

高等水生植物恢复方法主要指使用高等水生植物净化水质。1975 年,Boyd 用高等水生植物去除污水和天然水体中的营养物质,取得了理想效果,在美国 Apopka 湖的实验也得到类似结论;随后许多研究均揭示了高等水生植物的除污治污效果。一般认为水生植物是污水处理系统中的一个营养储存库,其吸收的营养在生长过程中基本被保留在植株中,通过植株的收割可以将营养物质排出水域,减轻湖泊的营养负荷,广泛应用于全世界各种水体(包括湖泊的污染治理)中。常见的用于净化水质的高等水生植物主要有香蒲、美人蕉、鸢尾、睡莲、水葱等。

以高等水生植物为主的污水净化系统主要是由太阳能来驱动,在对污水进行深度处理的同时,还可以回收资源和固定能源,处理过程基本上不使用化学品,也不会产生有害副产品,是一种非常有潜力的绿色处理技术。但是由于在直接进行天然高等水生植物修复水环境时,存在一些阻碍高等水生植物成活、生长和发展的环境阻力,势必要求考虑其他类似高等水生植物的装置来替代高等水生植物的净化作用。经过实验研究表明,人造水草也具备高等水生植物改善水环境的两大功能——克藻和净化水质,是一种很有研究价值的生态净化水质植物。

高等水生植物对水环境的改善主要表现在以下三个方面。

(1) 高等水生植物种植在水体中会吸收底泥和水中的营养物质,降低营养物质的浓度;黏附在植物根、茎、叶上的微生物和游离微生物可以分解水中的有机物质;水生植物的光合作用也可以为微生物活动提供氧气;植物的根际分泌物质则为根周围的有益微生物提供一个稳定的环境;水生植物的收割也可以去除植物自身的那部分营养负荷。

(2) 水生植物对陆源营养物质的截留作用。在白洋淀的野外实验表明,植被长 290 m 的小沟对地表径流总氮的截留率是 42%,对总磷的截留率是 65%;4 m 芦苇根区对地表下径流总氮的截留率是 64%,对总磷的截流率是 92%;被截留比率最大的是正磷酸盐和氨氮。这说明了水生植物构成的围区水陆交错带对营养物质的截留非常有效。

(3) 对内源营养物质的吸收。成小英等人的研究表明,在引种水生高等植物 3 周后,有水生高等植物的围区内水体透明度提高一倍,并长期保持在较高水平。6 周后,有植物围区内的水体总氮浓度比对照围区和开放水域分别降低 43.7% 和 59.4%,总磷浓度分别降低 50.3% 和 57.0%。6 个月后,总氮浓度分别降低 61.6% 和 79.7%,有植物围区总磷浓度较开放水体降低 72.9%。

(4) 对重金属和有机物的吸收。高等水生植物对有毒金属元素有一定的富集作用,通过吸收、吸附将重金属元素吸入体内,从而达到净化水体的目的。试验中,高等水生植物含量较高的水域中重金属含量远低于没有高等水生植物的水域。据 Wolverton 报道,水葫芦和水花生对多种重金属污染物也有一定的去除能力(见表 9.4)。水生植物还能净化废水中多种有机污染物。用水葫芦净化从钢铁厂焦化车间排出的含酚、氰、油(已经进行过生化处理)的污水,效果极其显著。排出的污水虽经生化处理仍带有大量的油膜,呈深褐色。在通过面积为 1320 m² 的水葫芦氧化塘(停留约 6 h)后,出口处的水质清澈见底,无油膜,浊度明显降低,水质得到明显改善。水葫芦对酚的去除率平均为56.7％,最高达85.1％;对氰的去除率平均为34.1％,最高达52.2％;对油的去除率高达99.4％。植物体从污水中吸收的外源酚通过氧化酶系的作用和一系列生化过程,进行转化和分解。酚在植物体内大多与其他物质化合,形成复杂的化合物,最常见的是酚糖苷,此时的酚类物质对植物已失去毒性。植物体中的氰首先与丝氨酸结合成氰基丙氨酸,继而又转化为天冬酰胺和天冬氨酸而失去毒性。这就是植物在低浓度条件下对含酚、氰废水的净化机制。

表9.4　水葫芦和水花生从重金属污水中去除重金属元素量/mg/(g·d)

重金属	Cd	Pb	Hg	Ni	Ag	Co	Sr
水葫芦	0.67	0.176	0.150	0.50	0.65	0.57	0.54
水花生	—	0.10	0.15	—	0.44	0.13	0.16

3. 水生植被恢复途径

1) 底泥调理

如果植被不是自然恢复,那么在恢复时首先要确保底泥是无害的。因为底泥中含有硫化物和以潜在毒性形式存在的高浓度的铁和锰,同时缺少氧,所以它并不是植物生长最好的媒介。

湖中的底泥是适合植物生长的,除非它已经被有毒重金属之类的污染物污染。底泥之上的水的深度太浅,这可能会导致风浪引起底泥过分的运动,增加水的深度可以解决这方面的问题。另外,设施(如栅栏)的使用也可以帮助稳定植物生长的栖息地。

2) 栽植水生植物

栽植水生植物有两种不同的技术途径:一是在池底砌筑栽植槽,铺上至少15 cm厚的培养土,将水生植物植入土中;二是将水生植物种在容器中,再将容器沉入水中。这两种方法各有利弊。用容器栽植水生植物再沉入水中的方法更常用一些,因为它移动方便。例如,在北方的冬季,需把容器取出来收藏以防严寒,在春季换土、加肥、分株的时候,操作也比较灵活省工,而且这种方法能保持池水的清澈,清理池底和换水也较方便。

栽植水生植物需要注意以下事项。

(1) 种植器:水池建造时,在适宜的水深处砌筑种植槽,加上腐殖质多的培养土。种植器一般选用木箱、竹篮、柳条筐等,一年之内不致腐烂。选用时应注意装土栽植以后,在水中不致倾倒或被风浪吹翻;一般不用有孔的容器,因为培养土及其肥效很容易流失到水里,甚至污染水质。不同水生植物对水深要求不同,容器放置的位置也不相同。一般是在水中砌砖石方台,将容器放在方台的顶托上,使其稳妥可靠;还可以用两根耐水的绳索捆住容器,然后将绳索固定在岸边,压在石下。如果水位距岸边很近,岸上又有假山石散点,则要将绳索隐蔽起来,否则会影响景观效果。

(2) 土壤:可用干净的园土细细筛过,去掉土中的小树枝、杂草、枯叶等,尽量避免用塘里的稀泥,以免掺入水生杂草的种子或其他有害生物菌。以此为主要材料,再加入少量粗骨粉及一些缓释性氮肥。

(3) 管理:水生植物的管理一般比较简单,栽植后,除日常管理工作之外,还要注意以下几点:检查有无病虫害;检查植株是否拥挤,一般过3~4年时间分一次株;清除水中的杂草,池底或池水过于污浊时要换水或彻底清理。

3）水生植物的选择与配置

首先应考虑水生植物在污水中的适应性问题,如污水浓度超过一定限度必须经过化学或物理的方法处理,污水浓度降低到植物能生长的浓度后方可栽植,故应选用根系发达、抗污能力强、长势旺盛的植物,如再力花、千屈菜、水葱、水葫芦、空心菜、水芹菜、芦苇、香蒲等。冬季大部分水生植物休眠后选用冬季分蘖生长的常绿水生鸢尾吸污。某些沉水植物、园艺种或寡营养植物抗污力较差,不宜选用,如金鱼藻、花叶水葱、花叶香蒲或石菖蒲等。经逐次的处理,污染物浓度降低后,可选用大多数的水生植物,以营建水生植物花园,达到"三季有花、四季有绿"的景观效果,为污水处理工程营造良好的工作氛围,进而打造休闲场所。

一般来说,水生植物选择主要符合以下几条原则。

（1）植物具有良好的生态适应能力和生态营建功能。若能筛选出净化能力强、抗逆性相仿、生长量较小的植物,则会减少管理上（尤其是对植物体后期处理上）的许多麻烦。一般应选用当地或本地区天然湿地中存在的植物。

（2）植物具有很强的生命力和旺盛的生长势。选择具有良好抗冻、抗热、抗病虫害能力且对周围环境的适应能力强的物种,这些物种即使在恶劣的环境下也基本能正常生长,而那些对自然条件适应性较差或不能适应的植物都会直接影响净化效果;水生态处理系统中的植物易滋生病虫害,抗病虫害能力直接关系到植物自身的生长与生存,也直接影响其在处理系统中的净化效果;所选用的水生植物除了耐污能力要强外,对当地的气候条件、土壤条件和周围的动植物环境都要有很好的适应能力。

（3）所引种的植物必须具有较强的耐污染能力。水生植物对污水中的生物5天需氧量（BOD_5）、COD、TN、TP的去除主要是靠附着生长在根区表面及附近的微生物,因此应选择根系比较发达、对污水承受能力强的水生植物。

（4）植物的年生长期长,最好选择冬季半枯萎或常绿植物。水生态处理系统中常会出现冬季植物枯萎死亡或生长休眠而导致功能下降的现象,因此,应着重选择常绿、冬季生长旺盛的水生植物类型。

（5）所选择的植物不会对当地的生态环境构成隐患或威胁,具有生态安全性。

（6）具有一定的经济效益、文化价值、景观效益和综合利用价值。

在污染物浓度高的池或塘内,选择抗污染能力强的种类进行密植;而在经过过滤拦截后污染物浓度较低的塘或池内,选择多种类的水生植物。总体应采取中间高、四周低,或者远处高、近处低的配置方法,形成高低错落的水生植物花境。从高到低的植物依次为花叶芦竹、香蒲、再力花、荷花、黄菖蒲、冠果草、细叶莎草、泽泻、香菇草、睡莲、芹菜、聚草等。

4）水生植物维护

水生植物维护主要是水分管理,沉水、浮水、浮叶植物从起苗到种植过程都不能长时间离开水。尤其在炎热的夏天,在苗木运输过程中要做好降温保湿工作,确保植物体表湿润,做到先灌水后种植。若不能及时灌水,则只能延期种植。挺水植物和湿生植物种植后要及时灌水,如果水系不能及时灌水,就要经常浇水,使土壤水分保持过饱和状态。

一般来说,水生生物生态系统较为稳定、开放,生物多样性对虫害有很大的抑制作用,害虫往往难以蔓延成灾。但是经常有邻近区域迁徙过来的害虫危害水生植物,特别要注意的是与草坪接壤的区域。草坪中往往有成灾的害虫种群,当草坪中食物匮乏或遭到外来干扰（如喷洒农药)时,害虫会成群结队地向水生植物区迁徙,危害水生植物。鱼害是水生植物的另一大害,食草性鱼类对水生植物的危害可以是致命的,要适度控制食草性鱼类的种群数量。苦草、慈姑、睡莲、荷花、芦苇、芦竹、茭白等都是食草性鱼类的美味佳肴。

二、人工湿地

1. 人工湿地概念与分类

人工湿地技术是为处理污水而人为地在有一定长宽比和底面坡度的洼地上用土壤和填料(如砾石等)混合组成填料床,使污水在床体的填料缝隙中流动或在床体表面流动,并在床体表面种植具有性能好、成活率高、抗水性强、生长周期长、美观及具有经济价值的水生植物(如芦苇、蒲草等),形成一个独特的动植物生态体系的技术。人工湿地技术是 20 世纪后期发展起来的一种污水处理的技术,现广泛应用于各种污水处理场合。人工湿地去除污染物的范围广泛,包括氮、磷、悬浮物、有机物、微量元素、病原体等。有关研究结果表明,在进水浓度较低的条件下,人工湿地对 BOD_5 的去除率可达 85%～95%,对 COD 的去除率可达 80% 以上;处理出水中 BOD_5 的浓度在 10 mg/L 左右,悬浮物的浓度小于 20 mg/L。废水中大部分有机物作为异养微生物的有机养分,最终被转化为微生物体、二氧化碳和水。湿地中污染物移除的主要机理是沉降、浮游植物根表面的吸附、水生大型植物叶的吸附。大型植物通过减小水流速度可以沉降悬浮物并阻止侵蚀;大型植物与水生微生物和固着生物通过联合作用来增强对水中营养物的吸收;固着生物可直接通过吸收除去水体中各种营养物离子和金属离子,如 PO_4^{3-}、NO_3^- 和 Cu^{2+} 等。

水中主要污染物有三类:第一类为悬浮物;第二类为有机污染物(COD、BOD_5 等);第三类为无机营养盐(氮、磷等)。运用人工湿地技术去除氮、磷等营养物质主要包括复杂界面的过滤和生存于其间的生物群落与环境间的相互作用这两个过程,这其中包含物理、化学和生物作用。物理作用主要是对湿地的吸附、沉积和过滤;化学作用主要是砾石-土壤之间的化学沉淀以及离子之间的相互交换;生物作用主要包括微生物的降解、转化以及植物的吸收,人工湿地净化污水的原理如表 9.5 所示。悬浮物的去除主要靠物理沉淀、过滤作用,BOD_5 的去除主要靠微生物吸附和代谢作用,代谢产物均为无害的稳定物质,因此处理后的水体中残余的 BOD_5 浓度很低。污水中 COD 去除的原理与 BOD_5 的基本相同。人工湿地去除氮、磷主要利用生物脱氮及植物吸收的方法。

表 9.5　人工湿地净化污水的原理

作用机理		对污染物的去除与影响
物理	沉淀	可沉淀固体在湿地中因重力沉降而去除
	过滤	颗粒间相互引力作用及植物根系的阻截作用使可沉降及可絮凝固体被阻截而去除
生物化学	微生物代谢	利用悬浮的底泥的和寄生于植物上的细菌的代谢作用将悬浮物、胶体、可溶性固体分解成无机物;通过生物硝化、反硝化作用去除氮;部分微量元素被微生物、植物利用氧化,并经阻截或结合而被去除
	自然死亡	细菌和病毒处于不适宜环境中自然衰败及死亡

续表

作用机理		对污染物的去除与影响
植物	植物代谢	利用植物对有机物的吸收而去除,植物根系分泌物对大肠杆菌和病原体有灭活作用
	植物吸收	相当数量的氮和磷能被植物吸收而去除,多年生沼泽植物,每年收割一次,可将氮、磷吸收并合成后分移出人工湿地系统

人工湿地技术早期主要用于处理城市生产、生活过程中排放的污水,而后国内许多学者通过对人工湿地技术进行改进,大大提高了其在湖泊富营养化水体处理、农业污水处理、城市径流和雨污径流污染处理方面的净化能力。近年来部分研究者尝试利用人工湿地技术处理工业废水,并认为人工湿地独特而复杂的净化机理对含重金属工业废水和难降解有机废水的处理能发挥重要作用。

不同的水生植物对不同污染物的净化机制效果不同,因此,可根据具体情况进行植物筛选和系统观测研究,构建最适宜的人工湿地处理系统来净化水质和治理湖泊。

人工湿地建造可视情况而定,可在市郊接合部或污水处理厂出水口附近建造。一些人工湿地属预处理型,在目前还不具备建造污水处理厂的城乡接合部建造人工湿地,将生活污水排入,利用所种植物对其进行处理,然后再排入自然水系,保护水体。有些人工湿地属于加强型,在污水处理厂附近建造人工湿地,将污水处理厂处理过的水引入,再经过人工湿地的加强处理,提高水质,然后排入自然水系,作为补充水源。

人工水生植物的选择方式如下:①生长旺盛,对氮、磷、钾等有较强的吸附作用;②有一定的经济价值,可作为鱼、禽、畜的饲料或工业原料;③沉水植物、挺水植物、浮水植物与近岸植物协调搭配,以达到最佳治理效果。人工水生植物可选择沉水植物,如苦菜、伊乐藻、虾草、微齿眼子菜;挺水植物,如芦苇、席草、莲藕、水生美人蕉、菖蒲等;浮水植物,如菱角、凤眼莲、水葫芦、睡莲等。

人工水生动物的选择方式如下:①食草和食肉性鱼类相搭配;②以滤食性鱼类为主,以提高转化率。人工水生动物可选择滤食性鱼类,如鲢、鳙、鲫等;草食性鱼类,如草鱼、青鱼;虾、蟹、贝类的种类应该尽量多。

湿地生态系统原理示意图如图 9.1 所示。

2. 人工湿地的优缺点

人工湿地污水处理系统是一个综合的生态系统,具有如下优点:① 建造和运行费用低;② 易于维护,技术含量低;③ 可进行有效、可靠的废水处理;④ 可缓冲对水力和污染负荷的冲击;⑤ 可直接和间接提供效益,如水产、畜产、造纸原料、建材、绿化、野生动物栖息、娱乐和教育。人工湿地效益概述如下。

1) 建设生态农业,减少对化肥的使用

农村区域小型湿地生态系统的建立对建设生态农业起到积极的促进作用,大大减少现代农业对化肥的使用量,每年可节约 20%～50% 的化肥使用量,实现物质的区域循环,为走可持续发展道路起示范作用。

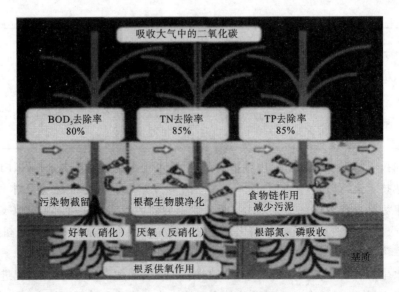

图 9.1　湿地生态系统原理示意图

大量小型人工湿地还提供大量的鱼、虾、贝类等水产品,提供可观的经济效益。水生植物不但可以用来造纸、编制草席、当作燃料,还可以用来入药和充当牲畜的食物。

2) 改善江河湖泊的水污染状况

大量人工湿地像天然的过滤器。它有助于减缓水流的速度,当含有毒物和杂质(农药、生活污水和工业排放物)的流水经过湿地时,流速减慢有利于毒物和杂质的沉淀和排除。一些湿地植物能有效地吸收水中的有毒物质,净化水质。如氮、磷、钾及其他一些有机物质通过复杂的物理、化学变化被生物体储存起来,或者通过生物的转移(如收割植物、捕鱼等),永久地脱离湿地,参与更大范围的循环。

人工湿地还能够分解、净化环境物,起到"排毒""解毒"的作用。湿地中有相当一部分的水生植物(包括挺水性、浮水性和沉水性的植物)具有很强的清除毒物的能力。据测定,在湿地植物组织内富集的重金属浓度比周围水中的浓度高出 10 万倍以上。正因为如此,人们常常利用湿地植物的这一生态功能来净化污染物中的毒物,有效清除污水中的"毒素",达到净化水质的目的。

水葫芦、香蒲和芦苇等被用来处理污水,吸收污水中浓度很高的重金属(镉、铜、锌等)。经过测定发现,大约有 98% 的氮和 97% 的磷被人工湿地净化排除了,人工湿地清除污染物的能力由此可见一斑。印度卡尔库塔市(Calcutta)没有一座污水处理厂,该城所有的生活污水都被排入东郊的一个经过改造的湿地复合体中。这些污水被用来养鱼,鱼产量每年每公顷可达 2.4 t,也可用来灌溉稻田,水稻产量每年每公顷可达 2 t 左右。另外,还在倾倒固体垃圾的地方种植蔬菜,并用这些污水来浇灌。大量的营养物以食物形式从污水中排除出去。卡尔库塔市东的湿地成为一个低费用处理生活污水并能同时获得食物的世界性典范。

3) 改善生态环境,维护生态多样性

人工湿地复杂多样的植物群落为野生动物尤其是一些珍稀或濒危野生动物提供了良

好的栖息地,是鸟类、两栖类动物繁殖、栖息、迁徙、越冬的场所。湿地特殊的自然环境有利于一些植物的生长,因为水草丛生的沼泽环境为各种鸟类提供了丰富的食物来源和营巢、避敌的良好条件。

大量小型人工生态系统的建立还可以保护鱼、虾、贝类,为各种动物提供大量的食物资源。

4) 防洪蓄水,减轻水土流失,大气组分调节

大量人工湿地的建立如一座座小型水库的建立,在蓄水、调节河川径流、补给地下水和维持区域水平衡中发挥着重要作用,是蓄水防洪的天然"海绵",在时空上可分配不均的降水,通过湿地的吞吐调节,避免水旱灾害。七里海湿地是天津滨海平原重要的蓄滞洪区,安全蓄洪深度为 3.5～4 m。

沼泽湿地具有湿润气候、净化环境的功能,是生态系统的重要组成部分。沼泽湿地大部分发育在负地貌类型中,长期积水,生长茂密的植物,其下根茎交织,残体堆积。潜育沼泽一般也有几十厘米的草根层。草根层疏松多孔,具有很强的持水能力,它能保持本身绝对干重 3～15倍的水量。不仅能储蓄大量水分,还能通过植物蒸腾和水分蒸发,把水分源源不断地送回大气中,从而增加空气的湿度,调节降水,在水的自然循环中起着良好的作用。据实验研究,10000 m^2 的沼泽在生长季节可蒸发掉 7415 t 水分,可见其气候调节的巨大功能。成千上万的人工湿地的建立将对我国的防洪蓄水起到积极作用。

人工湿地内丰富的植物群落能够吸收大量的二氧化碳,并放出氧气,人工湿地中的一些植物还具有吸收空气中有害气体的功能,能有效调节大气组分。人工湿地还能吸收空气中的粉尘和携带的各种细菌,从而起到净化空气的作用。

5) 打造生态特色景观,构建和谐社会

众所周知,水体在美化环境、气候调节、提供休憩空间方面有着重要的社会效益。生活污水的有效处理,水环境质量的改善,景观明渠、活水公园、人工湿地的建设为居民搭建了一条绿色风景线和生态走廊,使人工水系与自然水景相交融,让更多市民接近自然、享受自然。这大大提升了其周围居民的生活品质,为构建和谐社会创造了良好的社会环境。

人工湿地污水处理系统作为一种新型的污水处理方式,虽然有很多优点,但也有不足之处:占地面积大、易受病虫害影响;生物性和水环境复杂,设计运行参数难以精确,因此常因设计不当达不到设计要求,有的人工湿地反而成了污染源;运行周期长,据已有数据显示,当上、下表面植物密度增大时,人工湿地系统处理效率提高,达到其最优效率需 2～3 个生长周期,建成几年后才能完全稳定运行。因此,目前人工湿地技术的最大问题在于缺乏长期运行系统的详细资料。

总的来说,人工湿地污水处理系统是一种较好的废水处理方式,特别是它充分发挥资源的生产潜力,防止环境的再污染,获得污水处理与资源化的最佳效益,因此其具有较高的环境效益、经济效益和社会效益,比较适合于水量不大、水质变化不大的农村、小城镇的污水处理。人工湿地作为一种处理污水的新技术有待进一步改良,有必要更细致地研究不同地区的特征和运行数据,以便在将来的建设中提供更合理的参数。

3. 具体应用案例

1) 国外相关应用

国外人工湿地技术相关应用如表9.6所示。

表9.6　国外人工湿地技术相关应用

国 家 名 称	湿地系统名称	处 理 效 果
德国	水平流和垂直流湿地芦苇床系统	超过九成的氮、磷及有机污染物被去除
加拿大	潜流芦苇床湿地系统	在植物生长旺季,总氮平均去除率为60%,总凯氏氮平均去除率为53%,总磷平均去除率为73%,磷酸盐平均去除率为94%
英国	芦苇床垂直流中试系统	氨氮平均去除率可达93.4%

2）九溪人工湿地工程

九溪人工湿地工程地处江川区九溪镇,出流水经过位于星云湖畔的挺水植物带初步处理后,流入九溪人工湿地,采取植物碎石床和生物塘组合的方式,通过出流改道改变了抚仙湖、星云湖的流向,让抚仙湖水通过隔河流入星云湖,再经出流改道工程流入玉溪中心城区,不仅解除了星云湖对抚仙湖水质带来的不良影响,改善了星云湖水质,还解决了玉溪市城区人口的生活用水问题,加快了玉溪生态市建设的步伐。九溪人工湿地工程是抚仙湖-星云湖出流改道工程中净化出流水质的枢纽工程,九溪人工湿地工程具体建设内容如表9.7所示。

表9.7　九溪人工湿地工程具体建设内容

处 理 工 艺	氧化塘＋水平潜流＋垂直潜流
污水处理类型	富营养化水体
工程占地面积	30多万平方米
开工时间	2006年
处理污水量	日处理星云湖出流水20万立方米,分两期建设,每期日处理出流水10万立方米
预期处理效果	净化后的出流水经监测合格后可直接进入东风水库,补充玉溪城市供水
处理效果	除磷和氨氮外,工程出水均达到了地表Ⅲ类的标准,蓝藻去除率达99%
目前状况	效果显著,运行正常

3）抚仙湖人工湿地

2002年,中国科学院南京地理与湖泊研究所和云南玉溪市环境科学研究所设计的抚仙湖人工湿地开始投入运行,监测结果表明,各项污染指标的去除率分别为化学需氧量87.8%、BOD_5 68.7%、悬浮物96.3%、总磷32.4%、总氮36.0%,出水水质也由处理前的Ⅳ类水质提高到Ⅲ类水质。

4）兴庆湖水平潜流人工湿地

2007年6月,陕西省构建并运行水平潜流人工湿地,对西安市最大的人工湖——兴庆湖的严重富营养化水体进行净化,以实现该湖生态系统的长期恢复。研究结果表明,水平潜流人工湿地对水体中的化学需氧量、氨氮、总氮、总磷和固体悬浮物的平均去除率分别为84.2%、53.8%、47.9%、73.3%和86.6%。但该方法仍存在一定的不足,由于硝化和反硝化过程不足,导致人工湿地对水体中氮的去除率较低。

三、人工浮岛

1. 人工浮岛起源与净化原理

人工浮岛技术是模拟适合水生植物和微生物生长的环境,在被污染水体中利用人工的栽培设施种植水生植物,构建适合微生物生长的栖息地,利用植物吸收、微生物分解等多重作用净化水质的技术。"浮岛"原本是指由于泥炭层向上浮起作用,使湖岸的植物一部分被切断,漂浮在水面的一种自然现象。在这里介绍的浮岛是一种像筏子似的人工浮体,在这个人工浮体上栽培一些芦苇之类的水生植物,将其放在水里。它的主要机能可以归纳为四个方面:水质净化,创造生物(鸟类、鱼类)的生息空间,改善景观,消波效果(对岸边构成保护作用)。

人工浮岛又称人工浮床、生态浮床(生态浮岛)。自德国 BESTMAN 公司开发出第一个人工浮岛之后,以日本为代表的国家和地区成功地将人工浮岛应用于地表水体的污染治理和生态修复。近年来,我国的人工浮岛技术开发处于快速发展时期。应用结果表明,在污染严重的富营养化水体修复过程中,采用人工浮岛作为先锋技术可以使得一部分水生动物得到自然恢复或在人工协助下恢复。

人工浮岛类型多种多样,通常按其功能主要分为消浪型、水质净化型和提供栖息地型三类。浮床的外观形状有正方形、三角形、长方形、圆形等。生态浮床(ecological floating bed)技术是以水生植物为主体,运用无土栽培技术原理,以高分子材料等为载体和基质,应用物种间共生关系和充分利用水体空间生态位和营养生态位的原则,建立高效的人工生态系统,以削减水体中的污染负荷,其最大的优点就是直接利用水体水面面积,不另外占地。

人工浮岛是绿化技术与漂浮技术的结合体,一般由四个部分组成,即浮岛框架、植物浮床、水下固定装置以及水生植被。浮岛框架可采用亲自然的材料,如竹、木条等。植物浮床一般是由高分子轻质材料制成,质轻耐用。人工浮岛上的植物一般选择各类适宜的陆生植物和湿生植物。人工浮岛的水质净化针对富营养化的水质,利用生态学原理,降解水中的化学需氧量、氮、磷的含量。

近年来,人们对环境问题越来越关心,周围的自然环境(特别是水边的自然景观状况)也越来越受到重视。在此背景下,不光是水的净化,人们对创造多样性生态系统的人工浮岛技术也寄予了很大希望。现在,人工浮岛因具有净化水质、创造生物的生息空间、改善景观、消波等综合性功能,在水位波动大的水库和湖沼以及有景观要求的池塘等闭锁性水域得到广泛的应用。随着人工浮岛工程事例的不断增加,经验也越来越丰富,在评价人工浮岛的功能及效果方面已逐步从定性评价上升到定量评价。

人工浮岛的主要作用是在实施期间利用植物吸收和富集水体当中的营养物质及其他污染物,通过最终收获植物体的形式,彻底去除水体中被植物积累的营养负荷等污染物。因此,人工浮岛中植物的选择是非常重要的。植物是浮床生物群落及净化水体的主体。这些植物通常是当地水体或滨岸带的适生种,具有生长快、分株多、生物量大、根系发达、观赏性好等特点,兼具一定的经济价值,使得浮床成为"水上花园"。

人工浮岛类似水体中的植物带,其关键是利用生物治污原理,将原本只能在陆地上种植的植被移植到富营养化水体的表面,利用植物的生长直接将水体中的营养物输出,此外利用植物

　　根系形成的微生物膜及微生态系统,通过微生物的分解和合成代谢作用,降解、吸附和吸收水体的化学需氧量、氮、磷等物质,将其储存在植物细胞中,并通过木质化作用使其成为植物体的组成成分,有效去除污水中有机污染物和营养物质,净化水质。人工浮岛目前在我国仍然处于起步探索的阶段,其水质净化主要针对富营养化的水质。施丽丽等的研究发现,在湖泊治理的实践中,使用水花生和水葫芦作为人工浮岛的载体虽然能达到净化水质的效果,但由于这两种植物属于外来入侵种,水花生会对当地农、渔业及生物多样性造成严重危害,水葫芦更是被列为世界十大害草之一,而与它们具有相似生境和作用的土著种——黄花水龙,不但没有生物入侵的困扰,还可以作为中草药原料开发利用,其消除水体富营养化的效果非常显著。

　　人工浮岛的净化原理如下。一方面,利用表面积很大的植物根系在水中形成浓密的网,吸附水体中大量的悬浮物,并逐渐在植物根系表面形成生物膜,膜中微生物吞噬和代谢水中的污染物成为无机物,使其成为植物的营养物质,通过光合作用转化为植物细胞的成分,促进其生长,最后通过收割人工浮岛植物和捕获鱼虾减少水中营养盐。另一方面,通过遮挡阳光抑制藻类的光合作用,减少浮游植物生长量,通过接触沉淀作用促使浮游植物沉降,有效防止"水华"发生,提高水体的透明度,其作用相对于前者更为明显;同时人工浮岛上的植物可供鸟类栖息,下部植物根系形成鱼类和水生昆虫生息环境。

　　人工浮岛的水质净化的定义因目的、对象的不同而有所不同。人工浮岛的水质净化主要针对富营养化的水质而言,通过减少化学需氧量、氮、磷的浓度来抑制赤潮的发生,提高水体透明度,它的净化机理基本上与湖沼沿岸植物带的水质净化机理相似。根据有关研究资料,湖沼沿岸植物带的水质净化要素有以下7个:①植物茎等表面对生物(特别是藻类)的吸附;②植物的营养吸收;③水生昆虫的摄饵、羽化等;④鱼类的摄饵、捕食;⑤防止已沉淀的悬浮性物质再次上浮;⑥日光的遮蔽效果;⑦在湖泥表面的除氮方面,人工浮岛相比于湖沼沿岸植物带,具有附着生物多,水中直接吸收氮、磷等特点,在抑制植物性浮游生物、提高水体透明度等方面效果比较显著。

　　人工浮岛可作为鱼类的栖息场所。人工浮岛本身具有遮蔽、涡流、富集食物的作用,构成了鱼类生息的良好条件。实际调查表明,在人工浮岛周围聚集着大量的各类鱼种,均为生下来不到一年的幼鱼。日本滋贺县琵琶湖的调查表明,在60个人工浮岛构成的大约1500 m^2 的水域里,发现8500万粒鲤鱼等鱼类的鱼卵。为了强化人工浮岛作为鱼类产卵床的机能,可在人工浮岛的下面系上一些绳子,改善鲤鱼等鱼类的浮式产卵床的结构,由于绳子对污泥有吸附作用,又可净化水质。

　　人工浮岛可作为鸟类、昆虫类的生息空间。有关人工浮岛上鸟类的研究相对比较多,特别是鸟的种类、筑巢情况等,几乎在所有的人工浮岛上都进行过调查。在日本霞浦土浦港的人工浮岛上,已发现一些鸟类的巢穴,有时为了吸引某种鸟在岛上搭窝,根据该鸟的筑巢习惯在人工浮岛上进行特殊布置,创造筑巢的条件。1996年,在霞浦土浦港的人工浮岛、附近的樱川河口芦苇林、附近的住宅区草地上进行陆生昆虫的调查,调查方法是采用网捕捉、排打取出、随机取样、目视观察等方法。调查结果表明,住宅区草地上的昆虫最多,其次是樱川河口的,人工浮岛上的最少。人工浮岛上的昆虫有10目35科53分类群,蜘蛛类有8科18分类群。人工浮岛上的昆虫种类的构成与樱川河口芦苇林的大致相同,只是量少一些。其原因是人工浮岛上没有土壤,而土壤在昆虫的生活史中十分必要,所以说人工浮岛上的昆虫生息条件还很欠缺。

　　人工浮岛具有消波作用。作为消波物体的人工浮岛属于浮防波岛,在海岸工程专业研究得比较多。它的优点主要有以下几个方面:①因有较高的水交换机能,防止堤防内的(海)水污染,作用较大;②不受设置水域深浅的影响,即使在深水区,也比固定式防波堤的建设费用要低;③与水下地基的好坏没有什么关系,即使设置在软弱地基上,也不需要进行地基处理;④设置场所的变更容易;⑤现场施工的工期短;⑥一般可在场外制作,质量容易保证。除了上述的若干优点外,作为防波用的人工浮岛,比起其他防波建筑物,与岸边的植物带的融合性更好,而且人工浮岛本身又可成为生物的良好生息场所。防波人工浮岛也存在若干不足:为了达到期望的防波效果,需要研究的课题比较多;绳索、水下锚固端需要经常维护;修补比较困难等。

　　由于波浪的原因,日本很多湖的沿岸植物带的面积越来越小,近几年已引起人们的注意,特别是霞浦麻生町岛并地区的情况比较典型。1972 年,该沿岸还是一条 50 m 宽的绿色长廊,到了 1997 年,只剩下 10 m×60 m 的一小块绿地,靠近水的一侧可以见到似被挖开的断面,岸边附近的水深 1 m 左右。经过对湖心风速和风向三年间的观测,掌握了频率较高的风向(不考虑来自陆地方向的风),由此算出它的代表波高为 0.64 m,周期 $T=34$ min,方向为西偏南 8°。消波人工浮岛的消波率与风向有很大关系,一般在 5%～40%,要是把反射波的影响考虑进去,消波率可达 53%。设置在霞浦的消波人工浮岛的消波率,经检测达 50%,设置消波人工浮岛的次年岸边植物面积增加 3.4%,可见人工浮岛的消波效果还是很大的。

2. 人工浮岛分类

　　按浮岛植物与水体直接接触与否,人工浮岛可分为干式和湿式两种,水和植物接触的为湿式,不接触的为干式。

　　干式浮岛按提供浮力的浮体与植物培养基容器的位置关系,可以分为一体式和分体式两种。干式浮岛上栽种的植物不直接与水体接触。由于植株根系不接触水体,干式浮岛没有直接的水体处理能力。但这种浮岛一般体积较大,能提供较大的浮力,浮岛上能栽种较大的木本园艺植物,在美化环境的同时,也为鸟类及昆虫提供生息的场所,其水下部分也能作为鱼类产卵场所。这种浮岛对水质没有净化作用,材料采用混凝土或发泡聚苯乙烯。

　　干式浮岛一般应用在园艺、景观布置及渔业上。早在 20 世纪 70 年代,日本一些渔业部门就在水面修建一些浮床作为鱼类的产卵场地。在德国和美国,人们在橡皮艇内种植一些观赏价值较高的园艺植物来美化环境;在一些农业用地紧张、土地资源少而水面较多的地区,人们在水面建一些干式浮岛,种植一些经济价值较高的观赏园艺植物或农作物来发展水上农业。

　　湿式浮岛是移栽植物与水体直接接触的一种浮岛类型,浮岛植物能直接利用水体中的氮、磷营养物质。湿式浮岛按外围框架的有无分为有框架式和无框架式两种。无框架式是一种较开放式的结构,浮岛植物可以在浮岛上比较自由地生长。无框架式浮岛一般是用椰子纤维编织而成的,不怕相互间的撞击,耐久性较好;也有用合成纤维作植物的基盘,然后用合成树脂包起来的。植物栽培基盘用椰子树的纤维、渔网之类的材料与土壤混合在一起使用的比较多。由于装入土壤会增加重量且促进水质恶化,目前使用的比较少,只有 20% 左右。有框架式湿式浮岛是浮岛的主流,可以利用的材料多样,如泡沫板、竹子、木头等,利用最多的是聚苯乙烯泡沫板,但泡沫材料会带来二次污染。目前应用较多的是用竹子或木条做的浮岛,这种浮岛具有结构牢固、抗腐蚀、抗老化、浮力大、材料易得、制作步骤简单、造价低廉等优点。此外,还有一些较新颖的浮岛制作方法,如把竹木浮岛和泡沫板浮岛结合起来的多层浮岛,用塑料制作的具有各种颜色和形状、外形非常美观的浮岛(如"花飞碟")等。

湿式浮岛具有广泛的适应性,功能多样,能够利用的植物品种也很多,而且具有直接的净水功能。因此,湿式浮岛在水处理及水体生态修复方面的应用和研究较多,我国建造的人工浮岛90%以上都是这种类型。在滇池、太湖等大型湖泊的治理中也采用湿式浮岛来改善水体。

人工浮岛形状以四边形居多,也有三角形、六角形或各种不同形状组合起来的。一般来说,边长为1~5 m,考虑到搬运性、施工性和耐久性,边长为2~3 m比较多,以往施工时单元之间不留间隙,现在趋向各单元之间留一定的间隔,相互间用绳索连接(连接形式因人工浮岛的制造厂家的不同而各异)。这样做的好处有:①可防止由波浪引起的撞击破坏;②可为大面积的景观构造降低造价;③单元和单元之间会长出浮叶植物、沉水植物,丝状藻类等生长茂盛,成为鱼类良好的产卵场所、生物的移动路径;④有水质净化作用。

3. 人工浮岛应用实例

作为一种新型的富营养化水体处理技术,人工浮岛技术得到越来越多的关注。在国外,德国很早以前就利用橡皮筏提供浮力制作干式浮岛来改善景观,日本在 Kasumikaura 湖利用高强度泡沫、木架、棕网制作人工浮岛来改善水体。在国内,1999 年,杭州市南应加河实施的示范工程中采用人工浮岛技术来改善水质,经过 5 个月左右的治理,全河的水体感官性状和水质均取得了较大改善,异味得到了有效控制,围隔河段的水质发生了根本好转。井艳文等人2002—2003 年在北京地区什刹海周围进行人工浮岛示范,发现适宜北京等北方水系环境生长的四种主要植物:旱伞草、高秆美人蕉、矮秆美人蕉和紫叶美人蕉。赵祥华等分析人工浮岛技术在云南高原湖泊中的应用情况,发现选用的人工浮岛植物能在当地环境下很好地生长,水质也得到一定程度的改善。刘淑媛等使用泡沫板、蛭石两种人工基质无土栽培水芹、水蕹菜和多花黑麦草,发现对水体总氮、总磷等的去除率可达 80% 以上。施丽丽等采用黄花水龙这种能够通过茎叶和根系的牵连作用形成自然浮岛的植物,不但能很好地改善水质,还能解决人工浮岛载体材料的二次污染问题,对水华藻类也有一定的克制效果。长江科学院水资源综合利用研究所和湖北大学合作研究的人工浮岛,采用竹子、木头等作为人工浮岛载体,成本降到 28~30 元/米^2,在人工浮岛上种植美人蕉、水蕹菜、牛筋草、香蒲、芦苇、荻、水稻、油菜等植物,不仅改善了水质,还获得了一定的产出:农产品经过检验,有害物质含量都低于国家标准,达到水体改善和有效产出的双重效果,为人工浮岛技术和农业技术的结合创造了条件。

李英杰等在太湖五里湖湖滨生态工程区及其附近的河口实施了规模分别达 6.6×10^4 m^2 和 1400 m^2 的人工浮岛工程(后者位于河口)。人工浮岛尺寸约 1.5 m×1 m,移植水芹、美人蕉、黑麦草和水竹,采用绳子柔性连接。五里湖的工程实例表明:① 人工浮岛上植物生长迅速,很快就能形成美丽的景观;② 湖滨工程区内营养盐的浓度大幅度降低,工程区内、外透明度分别为 80~120 cm 和 40~50 cm,浊度分别为 15.9NTU 和 53.4NTU;③ 河口段人工浮岛边营养盐去除率为总磷 51.86%、总氮 39.64%、氨氮 66.92%,人工浮岛撤除后,河口的净化效果变差,其对营养盐的去除率仅为总磷 18.2%、总氮 9.2%、氨氮 27.8%。

杨逢乐等利用昆明市福保湾北东部海河河口区天然河道空间作为沉淀池,河湾设置曝气带、兼性塘,入湖口设置人工浮岛组成河口区生物净化系统,对入湖河流的水质进行原位治理。研究结果表明,生物净化系统对入湖河水的化学需氧量、BOD$_5$、总磷、总氮的年平均去除效率分别达 32.36%、36.51%、46.55%、52.93%。这表明河口区水质强化净化措施能够有效削减入湖污染物的总量。

4. 人工浮岛技术存在的问题与应用前景

实践证明,人工浮岛技术是一种非常有效的水体氮、磷净化技术,已在国内外得到大量的应用。但人工浮岛技术目前还存在以下一些问题。

(1)技术的可靠性及稳定性还不是很高。人工浮岛技术未形成规范,取得的数据也是在各自的实验条件下所获得的,在通用性上存在缺陷。人工浮岛植物的选择及载体的制作工艺没有形成相应的技术标准。

(2)处理效果虽较好,但耗时长,很难满足一些时效性要求较高的处理项目。在冬季,植物基本是停止生长的,处理效果也基本停滞。所以,现在的人工浮岛技术还只能作为一种预防和改善措施,要彻底达标还需其他水处理措施协助。

(3)植物秸秆的处理问题。人工浮岛技术是采用把水体氮、磷吸收到植物体内的方式将污染带出水体,但大量植物体的处置又是一个棘手的难题。

(4)人工浮岛材料问题。现在的人工浮岛材料在耐腐蚀性、牢固性及抗风浪性方面都还很欠缺,应努力找到一些能重复利用、成本低廉且没有二次污染的人工浮岛材料。

(5)相关配套技术和设施的缺乏也制约着人工浮岛技术的发展。人工浮岛载体基本都是现场手工制作的,水平都较低,缺乏工业化的配套设施。

人工浮岛技术与现代农业技术结合将是一个很好的发展方向。人工浮岛植物以前都是选用一些单纯具有净水功能的植物,经济产出基本未考虑。现在,借鉴无土栽培技术,在人工浮岛上移栽农作物,能带来多方面的好处:一是能净化水质;二是能有一定的收益;三是收割的人工浮岛植物可以作为沼气进料投加到农村修建的沼气池中,解决植物体去路问题。

严格地说,人工浮岛技术属于人工湿地技术的一种,因为两者都是将植物种在水中,并用植物系统来净化污水或富营养化水体。但人工浮岛技术又与传统的人工湿地技术有明显的不同。人工湿地系统一般种植挺水植物,如芦苇、香蒲、香根草等,这些植物大多数经济价值相对较低,加上容易过度繁殖和老化死亡,所以收获和处理其产品不易,可能造成新的水质污染,因此难以得到大规模的应用。相反,人工浮岛技术具有容易移动的特点,容易将植物体移出水体并进行处理,因此基本上不存在环境风险和二次污染。

人工浮岛上可供选择种植的植物比传统水生植物系统丰富,陆生植物通过水生驯化后,一般能形成比陆生环境下更加发达的根系,而且通过建设人工浮岛,水上植物的覆盖率可以达到相当高的程度,因而有可能比传统水生植物系统具有更好的有机污染物净化潜能。与富营养化水体治理的传统技术相比,人工浮岛的建设、运行成本较低。相对传统治污技术,人工浮岛的工艺成本可以节省50%以上,而且在人工浮岛上还可以种植粮食和蔬菜等经济作物,节省肥料和耕地资源。若多种花卉搭配种植在水上还能形成美妙的水上景观——水上花园。因此,人工浮岛技术具有良好的经济效益和社会效益。

与在水底种植的传统湿地植物相比,人工浮岛植物始终漂浮在水面,植物生长不受水域类型和水底地形等条件限制,在挺水植物无法生长的深水域(如海、湖、水库等)也能通过建设人工浮岛为植物生长创造条件。而且人工浮岛可随波浪移动,在削减风浪侵蚀力的同时又保护了人工浮岛植物免受风浪严重摧残。

然而,不可否认,人工浮岛技术亦有其局限性,它不能完全取代人工湿地技术。实际上,两者在一定程度上存在互补关系。因此,我们推测,将人工浮岛技术与人工湿地技术结合起来处理污水或富营养化水体,很可能会产生意想不到的成效。概括起来,待人工浮岛技术逐步走向成熟后,特别是当它与人工湿地技术结合起来后,至少可用于以下五个方面。

(1) 海域、江河、水库、湖泊、养殖鱼塘等水域水质富营养化问题的解决。

(2) 园林、庭院、校园、各社区单位内观赏水池和水景设施的造景。

(3) 社区、饭店、牲畜养殖场以及一些工厂产生的有机废水的净化或再利用。

(4) 海域、河流、水库等沿岸大面积建造,用作缓冲带,削弱波浪对岸堤的侵蚀。

(5) 创造人工浮岛生态系统,增加水域物种多样化,为珍稀动物营造栖息地。

人工浮岛技术作为一种新型的水处理技术,虽然还存在着不少的缺点,但因其具有净化水质、促进生物多样性、人造景观等方面的功能及经济潜力(浮床上可以栽种蔬菜、饲料等经济物种),在富营养化水体治理中将具有广阔的应用前景。武汉市东湖人工浮岛和围隔内水生植物群落如图 9.2 所示。

图 9.2 武汉市东湖人工浮岛和围隔内水生植物群落

四、生物操纵

1. 生物操纵的概念

生物操纵是通过在水体中投放适当的水生动物以有效去除水体中富余营养物质,控制藻类生长的方法。底栖动物螺蛳主要摄食固着藻类,同时分泌促絮凝物质,使湖水中悬浮物絮凝,促使湖水变清。滤食性鱼类(如鲫鱼、鳙鱼等)可以有效去除水体中藻类物质,使水体的透明度增加,还可以摄食蚊子的幼虫及其他昆虫的幼虫,避免水域对周围环境造成危害。该法通过放养鲢鱼、鳙鱼等滤食性鱼类,吞食大量藻类和浮游生物,从而达到控制藻类水华的目的。同时,通过合理确定鱼产量的途径削减水体中氮、磷等营养物质。放养鱼类时需要根据水体特点制定合理的放养时间和放养量。这种方法适用于处理营养盐富集不多、藻类由小型种类组成的湖泊。

鱼是水生食物链的最高级,在水体内藻类为浮游生物的食物,浮游生物又为鱼类的饵料,形成菌→藻类→浮游生物→鱼类的食物链。利用生物的食物链关系取得水质净化和资源化、生态效果等综合效益。

基于鱼类的"下行效应",1975 年,Shapiro 等提出了生物操纵(biomanipulation)的概念,即通过对水生生物群及其栖息地的一系列调节,增强其中的某些相互作用,促使浮游植物生物量下降。由于人们普遍注重位于较高营养级的鱼类对水生生态系统结构与功能的影响,生物操纵的对象主要集中于鱼类,特别是浮游生物食性的鱼类,即去除食浮游生物者或添加食鱼动物以降低浮游生物食性鱼的数量,使浮游动物的生物量增加和体型增大,从而提高浮游动物对浮游植物的摄食效率,降低浮游植物的数量。这种观点强调的是整个生态系统的管理,从营养环节来控制水体富营养化,使营养物改变为人类需要的最终产品,而不是"水华"或"赤潮"。事实上,由于湖泊生态系统的复杂性,这种多营养级的食物链管理很难使水体保持稳定的鱼类和浮游动物种群,而浮游动物本身又难以直接利用微囊藻、颤藻和束丝藻等大型蓝藻群体。因此,这种经典的生物操纵方法作为水质管理工具的有效性与稳定性仍存在较大的争议。

通过控制凶猛鱼类及放养食浮游生物的滤食性鱼类(如鲢、鳙)来直接牧食蓝藻的生物操纵方法称为非经典的生物操纵。这种控制富营养化的方法是由我国的科学家提出,即通过调节滤食性鱼类(如鲢和鳙)数量直接控制蓝藻。Me 等认为,经典的生物操纵在那些营养盐富集不多、藻类由小型种类组成的湖泊中也许有效,而在那些藻类趋向大型(蓝藻)、浮游动物又为小型的超富营养的湖泊中则可能难以奏效。非经典的生物操纵是利用有特殊摄食特性、消化机制且群落结构稳定的滤食性鱼类来直接控制水华。目前研究最多的有白鲢、鳙,其控藻效果受很多因素影响,如放养模式、放养密度、放养时浮游植物的群落结构、湖泊类型(不同地域、形态)等。在武汉东湖进行的原位围隔实验证实鲢和鳙能有效地去除蓝藻,并揭开了 20 世纪80 年代末的东湖蓝藻水华消失之谜。此后,在太湖、巢湖和滇池的蓝藻水华治理中,这一方法和理论得到推广应用并取得一定的效果。尽管使用非经典的生物操纵措施控制蓝藻水华取得了理想的效果,但是滤食性鱼类主要滤食的是浮游动物、大型浮游植物和小型浮游植物群体,其摄食活动减少了微型浮游植物的采食压力和营养竞争对象,加之小型种类的繁殖能力较强,往往使微型浮游植物加速增长,水体浮游植物的总生物量不但不会下降,有时还因此增加。同时,虽然此方法能够有效控制富营养化水体的蓝藻浓度,但其应用中也存在着一些问题,如滤食性鱼类大量放养可能改变湖泊食物链和微食物链的结构,这些结构的改变对水体生态系统的影响尚不清楚。

因地制宜地采用非经典的生物操纵技术是防治湖泊、水库等水体富营养化综合治理的可行途径之一,但是在大型湖(库)采用放养食藻鱼的生物控制技术前必须通过科学试验以掌握水体生态系统的变化情况、物种关系及演化过程,认为可行后才可实施。非经典的生物操纵技术应该结合其他修复技术进行完善,进而使水体生态系统恢复多样化,恢复自然生态的抗藻效应。

2. 生物操纵技术中各要素的作用

(1) 大型浮游动物的作用。Moss 等通过在 Norfolk Broads 的一系列工作认为,造成湖泊从水生大型植物占优势的状态向浮游植物占优势的状态转变的原因可能是二十世纪五六十年代大量有机氯杀虫剂的使用。由于枝角类对有机氯化物的毒性非常敏感,摄食藻类的枝角类中毒死亡,藻类利用不断增多的营养得以迅速增长。由此可以看出浮游动物是生物操纵的关键因子之一,而大型浮游动物则是最重要的,其能很好地控制浮游植物的过量生长。植食性浮游动物能对浮游植物产生两种相对的影响,即通过捕食造成的直接影响和营养物质再生(nutrient regeneration)造成的间接影响。Yasuno 等就曾指出,浮游动物的捕食作用能够控制可食性自养生物的生物量,从而影响初级生产。

(2) 鱼类的作用。Bronmark 和 Weisner 认为,虽然浅水湖泊富营养化过程中沉水大型植物的消失的首要原因是浮游植物和附生植物生物量增加引起的遮光作用,但引起从水生植物占优势向浮游植物占优势的状态转变的最终原因是鱼类群落结构的变化。灾难性的干扰事件(如冬季鱼类冻死)有选择性地作用于凶猛鱼类,使水生态系统中食物链顶端的凶猛鱼类大量死亡或减少,导致浮游生物食性鱼大量繁殖,从而使浮游动物向小型化演替,大大降低了浮游动物对藻类的滤食压力。浮游生物食性鱼类不仅能滤食浮游动物,有的还能滤食浮游植物,所以在大型浮游动物种类很少的湖泊,直接利用这些能滤食浮游植物的浮游生物食性鱼也能控制藻类的生长。底栖食性鱼的存在对藻类的繁殖也具有促进作用,底栖食性鱼的活动(如觅食)会搅动沉积物,有助于分层湖水的混合,促进营养盐自下而上的补充,给藻类的生长提供充足的营养。因此,减少底栖食性鱼的数量也有利于控制藻类的繁殖。总之,合理地调整鱼类群落结构,对改善湖泊的富营养化状况会起到积极的作用。

在欧洲大陆,有两种食鱼性鱼类被使用,梭子鱼(*Esox lucius*)和梭鲈(*Stizostedion lucio-perca*)。梭鲈是一种完美的选择,因为它以像河鲈、鲤鱼这些小型浮游动物食性的鱼类为食;而河鲈和鲤鱼只能在 5 月至 6 月间繁殖。梭子鱼是一种"守株待兔"的食肉鱼类,它潜伏在水生植被中等待猎物的靠近,适用于水质较好的水体。如果目标湖泊缺少水生植被,则梭子鱼会因为缺少栖息地而无法旺盛地生长。

在英国使用梭鲈出现了一个问题。虽然它们被引进并通过运河系统广泛地传播,但它们不是当地的土著鱼类。根据英国的《野生动物及乡村法案》(1981 年)及其补充条例《Wildlife and Countryside Act and its Amendment》(1985 年)规定,在未经许可的情况下,有意地引进梭鲈是违法的。虽然事实证明这样做有利于本地的水生态恢复,但这对在当地使用梭鲈带来了困难。同样的限制也适用于其他的外来鱼种。例如,大口黑鲈(*Micropterus salmoides*)已经在北美被广泛使用,而且可以通过孵卵进行大量生产。

(3) 水域中拥有良好的水生植物系统对控制富营养化具有较好的作用:①水生植物的屏蔽作用,为浮游动物提供了良好的庇护场所,从而为浮游动物逃避鱼类的捕食提供了较好的环境条件;②水生植物的竞争作用,同浮游植物争光照、争营养,从而抑制了浮游植物的生长和发展,使水体透明度提高,水质得到改善;③水生植物能够使沉积物稳定并降低水流速度,在水生植物已被破坏的富营养化水体中,应该采取积极有效措施栽培沉水植物、挺水植物等水生植物来控制藻类的大量繁殖。

(4) 还有一个值得考虑的措施,那就是利用水位控制来达到提高食鱼性鱼类生物密度的目的。其原理是,在冬季,河流的潮水在漫滩上形成了许多临时的小型浅水湖泊,许多包括梭子鱼的鱼类游到这些临时湖泊中,并在次年春季进行繁殖,产生了大量年轻个体。当潮水在夏季回流入河时,这些鱼类就被集中在长期存在于漫滩上的湖泊中,其中的鲤鱼等浮游动物食性鱼类作为这些年轻梭子鱼的食物而被削减。

为了预防洪涝灾害,许多欧洲的漫滩被抽干,河流被挖深。现在,人们意识到这是一个错误,漫滩是应该被保留下来的。冬季的涨潮和夏季的退潮为生物操纵提供了可能性。虽然这种技术还没有投入使用,并且没有有力证据证明它的可行性,但它还是一个非常值得注意的方法。

(5) 食鱼性鸟类的作用。这里有一个例子,食鱼性的鸬鹚意外地净化了一片水域。只用了一个鸬鹚便可以大量捕食一公顷水域的鱼类,前提是指定这片水域作为它唯一的食物来源。这个例子的主角是一只翅膀受了伤的鸬鹚,它不能飞出这片水域,但这反而吸引了其他的鸬鹚飞来这里觅食。

3. 生物操纵具体方法

生物操纵的具体方法如下。

(1) 投放食鱼性鱼类间接控藻,通常是通过放养食鱼性鱼类来控制浮游动物食性鱼类,通过改变浮游动物食性鱼类的种类组成来操纵藻食性浮游动物群落的结构,借此发展并壮大滤食效率高的藻食性大型浮游动物(特别是枝角类)的种群,通过浮游动物种群的壮大来遏制浮游植物的发展,从而降低藻类生物量,提高水体透明度,最后达到改善水质的目的。另外,底层鱼类的活动有促进底泥中氮、磷向水体释放的作用,因此对其也应限制。

(2) 人工去除浮游动物食性鱼类以间接控藻。这种类型的生物操纵技术是先用网具捕捞、化学方法(如鱼藤酮毒杀)去除、电捕、放干水体清除等方法将水体中的鱼类全部去除掉,然后再重新投放以食鱼性为主的鱼类,以此来促进大型浮游动物和底栖无脊椎动物(可摄食底栖、附生和浮游藻类)的发展,从而降低水体藻类的生物量。这种生物操纵的结果是重构了水体生态系统和生物组成,使之朝着人们所期望的生态系统自净功能强的方向发展。经典的生物操纵方法主要运用于小型、封闭的浮游植物群落,如由绿球藻、小型硅藻和包括隐藻在内的鞭毛藻等组成的浅水水体。在捷克的 Rimov 水库中,研究者通过控制鲤科鱼类的成功产卵、提高食鱼性鱼类的数量来去除浮游动物食性鱼类,从而使得浮游动物的数量增多、体型增大,以控制藻类的过度生长;在丹麦,对 233 个湖泊进行围隔试验,发现经典的生物操纵在浅水中比在深水中更有效。

非经典的生物操纵就是利用食浮游植物的鱼类和软体动物来直接控制藻类,治理湖泊富营养化,具体方法如下。

(1) 利用浮游植物食性鱼类(如鲢、鳙)来控制富营养化和藻类水华现象。首先应控制水体中捕食鲢、鳙的凶猛性鱼类,以确保鲢、鳙的放养成活率。其次,鲢、鳙所摄食的浮游植物生物量必须高于浮游植物的增殖速率。每个水体都需寻找一个合适的能有效控制藻类水华的鲢、鳙生物量的临界阈值,鲢、鳙对藻类的摄食利用率与藻类的种类组成和生理状况、其他可利用食物(如浮游动物)的相对丰度、水温等有密切关系,而藻类的增殖速率与光照、水温及水体的营养水平等有密切关系。

(2) 利用大型软体动物滤食作用来控制藻类和其他悬浮物。螺、蚌、贝类能起很好的生物净化作用,有试验表明河流中的螺类对藻类有明显的抑制作用,一个壳长 10 cm 的河蚌,在 20 ℃ 时,每天可过滤 60 L 水,过滤并吞食的浮游植物和悬浮物经过吸收、代谢作用分解为无害物,并使海水澄清。牡蛎能够抑制藻类的生长,促进海草的生长,并使海水中氮通过反硝化作用减少,而使海水变清。

非经典生物操纵最显著的优点是适用于大型湖泊,具有持久性,且对由丝状藻和大型藻类(如微囊藻、蓝藻等)产生的水华具有较好效果。Kajak 等在波兰 Warniak 湖中放养鲢鱼(密度为 30~90 g/m³),导致浮游植物总生物量和蓝藻份额大大减少。1999 年,中国科学院水生生物研究所刘建康和谢平就利用鲢鱼控制"水华"的生物操纵法,揭开了东湖蓝藻"水华"消失 16

年之谜。这一新的生物操纵理论已经在长春南湖蓝藻"水华"治理中取得显著效果,在巢湖的围隔试验中也得到了验证。

4. 生物操纵技术的应用

自 Shapiro 第一次描述生物操纵以来,生物操纵技术已得到广泛的应用,且日益成为改善湖泊水质和水体生态系统恢复的例行技术。1990—2002 年,有十多篇详细总结生物操纵应用效果与局限性分析的综述文献发表,根据这些综述,生物操纵被证明是湖泊生态恢复的一种有效手段。在已经实行的生物操纵实例中,大约有 60% 取得了明显的水质改善效果,只有不到 15% 的生物操纵完全不成功,且大多数生物操纵都在温带浅水湖(库)中实施,如英国的 Cockshoot Broad 湖、荷兰的 Zwemlust 湖、丹麦的 Vaeng 湖、美国的 Christina 湖等都是实行生物操纵获得成功的显著案例;深水湖(库)生物操纵也有获得成功的实例,如美国的 Mendota 湖、德国的 Bautzen 水库,但总体而言,生物操纵在浅水湖(库)中获得成功的实例要远多于深水湖(库)。

国际湖沼学界分别于 1989 年及 2002 年召开过两次有关生物操纵的国际性会议,1989 年在 Amsterdam 召开的会议集中在不同营养层次的研究(如浮游植物、浮游动物),简单食物链模型解释实施生物操纵后观察到的湖泊响应及基于理论和经验上的对生物操纵的潜力的评估。2002 年在 Rheinsberg 召开的会议集中在浅水和深层湖泊的现象,研讨成功的生物操纵中水体营养与再循环、环境变化与个体发育的联系,食物链中时间与空间异质性、凶猛鱼类与底栖生物食性、浮游生物食性鱼类的相对比例,生物操纵的可持续性与管理及长期维持生物操纵措施的必要性等方面。同时,随着生物操纵在富营养化防治和退化水体生态恢复中的不断应用,研究者也不断地总结生物操纵的应用条件,并探讨其局限性。

武汉东湖自 20 世纪 70 年代至 1984 年,每年夏季出现蓝藻水华,1985 年起突然消失,中国科学院水生生物研究所分别于 1989 年、1990 年、1992 年通过三次设在湖里的围隔试验,证明鲢、鳙的大量放养是水华消失的决定性因素。试验结果结合东湖鲢、鳙生物量的鱼群探测仪记录,表明鲢、鳙的放养密度达到 50 g/m² 时,就能控制蓝藻水华的发生。

松辽流域水环境监测中心的石岩等在长春南湖进行中试实验,结果表明,草食性浮游动物水蚤净化湖泊富营养化效能最佳,蚌、螺类也是净化富营养化水体良好的底栖动物。在湖水中多放养螺、蚌对净化湖泊富营养化污染作用重大,同时,养殖草食性鱼类对净化富营养化湖水也有一定的积极作用。

五、微生物净化水体

目前在生物修复工程中大多应用土著微生物,其原因如下:土著微生物的生物降解潜力巨大;接种的微生物在环境中难以保持较高的活性;工程菌因安全性等原因,其应用受到较严格的限制,引进外来微生物和工程菌时必须注意这些微生物对当地土著微生物的影响。在生物修复中被广泛应用的微生物还有高效降解菌,其大多是多种微生物混合而成的复合菌群,其中不少已被制成商业化产品。

微生物制剂投加主要指投加能够代谢并降解有机污染物和营养物质的菌种。该技术过程以酶促反应为基础,将生物体内产生的具有催化功能的特殊蛋白质作为催化剂,净化污水、分解淤泥、消除恶臭。该技术的主要优点是能迅速提高污染介质中的微生物浓度，并可以在短期内提高污染物的生物降解速率。另外，生物反应通常条件温和、投资少、消耗低，而且效果好、过程稳定、操作简便。其缺点是要保持良好的水体改善效果，需根据水体变化情况不断投加。因此，该技术可作为水体生态修复过程中的辅助技术。微生物制剂技术适合封闭缓流水体，在藻类大量暴发前使用，可弥补微生物制剂见效时间较长的缺点。微生物制剂能有效去除水中的有机物、叶绿素 a、氨氮，提高水体溶解氧含量。例如，光合细菌（PSB）是一类在厌氧、光照下进行不产氧光合作用的原核生物的总称，它在厌氧、光照或好氧、黑暗条件下都能以有机物为基质进行代谢和生长，因此它对有机物有很强的降解、转化能力，同时对硫、氮元素的转化也起到很重要的作用。

单明军等采用经筛选、驯化的"土著"硝化细菌与腐殖酸配制而成的复合型微生物制剂对富营养化湖泊水体进行生态修复净化试验，试验场地是辽宁省鞍山市英泽湖拱桥北部圈定的一个面积为 40 m²、平均水深为 1.5 m、体积为 60 m³ 的水域，试验主要集中在湖泊藻类高发、富营养化严重的 6、7、8 月，每月投菌一次，并设未经处理的湖水为对照组。结果表明，微生物制剂技术能够有效地降低富营养化湖泊水体中的浊度，提高水体溶解氧含量，消除恶臭，改善水质，英泽湖水体中的 TN、TP、氨氮、COD 和浊度等水质指标均有明显降低，下降率分别为 77.8%、72.2%、94.2%、60.0% 和 85.6%，并且水生生物具有多样性，水体自净能力大大增强。

微生物絮凝剂是继化学絮凝剂之后代表着水处理剂新方向的生物制剂。微生物絮凝剂是指微生物自身产生的具有絮凝活性的代谢产物。它是利用微生物现代技术通过微生物优化发酵，从细胞或其分泌物提取、纯化而获得的一种具有生物可降解性和安全、高效、无毒、无二次污染的新型水处理剂，属现代生物化工产品，其主要成分有多糖、蛋白质、DNA、纤维素、糖蛋白等。一般来说，微生物絮凝剂的生产是以单纯的碳水化合物为原料，经特殊微生物代谢，催化合成的具有絮凝功能的碳水化合物多聚物，整个发酵过程在温和的条件下进行，是一种取之不尽的自然资源。近几年来，微生物絮凝剂在江河、湖泊、水库等地表水，食品废水，工业污染等净化中发挥重要作用。

我国留美科研人员许榕、邹鹰从自然界分离出化能异养细菌等几种有益菌，将其研制成多菌种复合体（不小于每克 10 亿个，是国际最高指标的 2 倍），通过驯化、复壮、繁殖以及利用它们互生的协同作用制成了活菌生物净化剂，可直接处理水域中的污染物，是一种开放式分解污染物的形式。这些有益细菌在污水生态环境中显现出绝对优势，在利用水中有机物、分解蛋白质、转化无机氨氮以及经反硝化作用将氨氮释放到大气中等方面表现出特定功能。该产品优点为：①有效消除水体中的有机污染物；②降解水体中的氨氮、亚硝基氮；③消除水体中的富营养物。该产品能彻底清除污水中的有机污染物，并且不会对水体造成二次污染。这种活菌生物净化剂在美国称为西菲利，它不仅在美国、新加坡、马来西亚、泰国等国家用于治污，也被我国有关污水处理部门引入上海、北京、湖北等地使用，实际应用中均取得成效。经活菌生物净化剂处理后的水质达到国家一级排放标准，污泥减少，对湖水、污水进行脱氮试验也取得了良好的效果。然而，引进者必须注意以下四点：①菌剂所含有效菌的组成及其各自的功能；②有效菌成员相处的生态性；③活菌成员的代谢活性大小，特别是在大田试验中所表现出的活力；④菌剂使用后治污的稳定性和持续性及其拮抗能力。

　　沈士德将基因工程菌用于治理徐州市黄河故道的富营养化水体,从实验可以看出,在消氮细菌和沉降细菌的作用下,水中的 COD、氨氮等指标值明显降低,随着水中藻类的减少和下沉,水体的浊度明显下降,从而改善了水体的景观。经研究认为该方法经济、可行,这为处理生活污水和小型湖(库)的富营养化提供了可借鉴的方法。固定化亚硝化菌和硝化菌能将水中的氨氮转化成硝酸盐,固定化反硝化菌能利用水中的部分有机物作碳源,进行反硝化作用,可以去除湖水中的氮。在小型湖泊中加入微生物制剂后,水中的 DO、SD 大幅增加,COD、TN、TP、藻类生物量等则明显降低,水质感官得到改善。

　　对比传统的处理工艺,利用基因工程菌对水体生物进行修复具有处理费用低、操作简便、二次污染小、生态综合效益明显、处理效果显著等特点。微生物水质净化剂无毒、无副作用、无残留、无二次污染、不产生抗药性,能够有效地改善水体生态环境、维持生态平衡、增强鱼类的免疫力和减少疾病的发生。近年来,微生物制剂在水产养殖中作为饲料添加剂、池塘水质净化剂得到了广泛的应用,但是一般局限于小型水域。

复习思考题

　　试述湖泊生态修复技术及其原理。

第十章 湖泊管理

湖泊生态系统的平衡、保护、治理和利用需要以湖泊的科学管理为基础,需要将科学管理贯穿于湖泊生态维护的全过程。管理就是保管和料理,湖泊管理就是按照相关法律法规、规章制度、技术标准对湖泊实施勘查规划、治理保护、日常管理和开发利用。湖泊管理的内容包括维持湖泊的湖盆,即湖泊的形态特征(如面积、水深、湖岸线、湖滩、堤防、护堤地等)、湖泊的水量和水文情势以及水中所含的物质(泥沙、化学物质及各种水生生物)。湖泊管理的目的就是要保护并利用湖泊水资源,维护湖泊的水安全、水环境、水生态和水文化,实现湖泊生态系统服务功能的持续性利用。

第一节 湖泊管理体制

体制指的是有关组织形式的制度,是管理机构和管理规范的结合体或统一体。不同的管理机构与不同的管理规范相结合形成了不同的管理体制。

一、我国湖泊管理体制的发展历程及现状

在我国古代,湖泊管理主要是基于防洪、防旱和灌溉的目的,管理内容包括进行湖泊疏浚和沿岸监管。省级、州级、县级官员都有治理湖泊的责任,治理的主要任务是建设水利工程,管理主要是由地方政府对侵湖行为进行执法。

中华人民共和国成立后,湖泊管理体制长期属于分散、多部门管理形式。分散是指不同行政区域各自为政,采用不尽相同的管理标准对各自管辖的湖泊区段负责,很大程度上只注重湖泊水资源的供给管理和分配。多部门管理是指不同行政主管部门对湖泊有各自的管理职能。这些职能常常交叉且容易混淆,俗称"九龙治水"。

1949—1958 年,水资源的管理机构为水利部,主要负责防洪、除涝和灌溉等工作,而农田水利和城市供水分别由农业部和城市建设部负责管理。因为水力发电工程的需要,水利部与电力工业部在 1958 年合为水利电力部,负责水资源的管理工作。1979—1982 年分设水利部和电力部,1982—1998 年再合并为水利电力部。1998 年,全国暴发特大洪水,国务

院机构改革,加强了水利部对全国水资源的统一管理,明确其针对湖泊拟定规划、治理开发、水土保持的职责,将建设部负责的指导城市防洪功能交给了水利部承担,规定了长江水利委员会的水行政主管部门职责。体制上的阶段性变化,体现了不同阶段对水资源与水利事业的不同定位。

目前,水利部是对全国湖泊资源进行统一管理的国家主管部门,其他部门也负有湖泊保护管理的责任。改革开放以来,为应对我国工业化和城市化推进、污染问题频发而相继颁布的《中华人民共和国水污染防治法》《中华人民共和国水法》和《中华人民共和国环境保护法》明确了环保部门、农业部门、林业部门、交通部门对湖泊的一些管理职能。应该说,现在的体制是以湖泊流域机构以及各级水行政主管部门为主,水资源相关部门分级、分条线行使湖泊管理权限的体制。

《中华人民共和国水污染防治法》规定了国务院有关部门和地方各级人民政府在开发、利用、调节、调度水资源的时候,应当统筹兼顾维护湖泊、水库的合理水位,维护水体的自然净化能力;禁止在湖泊最高水位线以下的滩地和岸坡堆放、储存固体废弃物和其他污染物。

《中华人民共和国环境保护法》明确了水污染防治的主管部门,即各级人民政府的环境保护部门负责对水污染防治实施统一监督管理。

《中华人民共和国水法》针对不合理的开发利用造成的水资源紧缺和部分地区干旱问题,加强水资源的统一管理,明确规定:国家对水资源实行流域管理与行政区域管理相结合的管理体制;国务院水行政主管部门负责全国水资源的统一管理和监督工作,国家确定的重要江河、湖泊设立的流域管理机构(以下简称流域管理机构)在所管辖的范围内行使法律、行政法规规定的和国务院水行政主管部门授予的水资源管理和监督职责;县级以上地方人民政府水行政主管部门按照规定的权限负责本行政区域内水资源的统一管理和监督工作。国务院有关部门按照职责分工负责水资源开发、利用、节约和保护的有关工作。县级以上地方人民政府有关部门按照职责分工负责本行政区域内水资源开发、利用、节约和保护的有关工作。

2002年8月,我国对《中华人民共和国水法》进行修订,明确了国家对水资源实行流域管理与行政区域管理相结合的管理体制,授予了重要江河湖泊流域管理机构的水资源管理和监督的职责,规定了重要湖泊的流域综合规划,由国务院水行政主管部门会同国务院有关部门和有关省、自治区、直辖市人民政府编制,报国务院批准。跨省、自治区、直辖市的其他湖泊的流域综合规划和区域综合规划由有关流域管理机构会同湖泊所在地的省、自治区、直辖市人民政府水行政主管部门和有关部门编制,分别经有关省、自治区、直辖市人民政府审查提出意见后,报国务院水行政主管部门审核,再由国务院水行政主管部门报国务院或其授权部门批准。其他小型湖泊的流域综合规划和区域综合规划,由县级以上地方人民政府水行政主管部门会同同级有关部门和有关地方人民政府编制,报本级人民政府或其授权部门批准,并报上一级水行政主管部门备案。专业规划由县级以上地方人民政府有关部门编制,征求同级其他有关部门意见后,报本级人民政府批准。其中,防洪规划、水土保持规划的编制、批准,依照《中华人民共和国防洪法》、《中华人民共和国水土保持法》的有关规定执行。

2016年7月,我国再次修订《中华人民共和国水法》,规定了我国的水资源管理体制为国家对水资源实行流域管理与行政区域管理相结合的管理体制,国务院水行政主管部门负责全国水资源的统一管理和监督工作,国家确定的重要江河湖泊设立的流域管理机构(以下简称流域管理机构)在所管辖的范围内行使法律、行政法规规定的和国务院水行政主管部门授予的水资源管理和监督职责,县级以上地方人民政府水行政主管部门按照规定的权限,负责本行政区域内水资源的统一管理和监督工作。

上述法律的修订确定了我国湖泊保护的基本体制,但受制于多种因素,我国湖泊管理的体制和机制仍不健全。在湖泊管理制度上,我国还没有建立完善的湖泊管理制度体系。根据2002年《中华人民共和国水法》和《中华人民共和国防洪法》规定,我国从水域与水体管理的角度构建了与湖泊管理相关的制度,这些制度主要包括湖泊防洪制度、湖泊综合规划制度、湖泊水量分配和调度制度、水功能区制度以及岸线管理制度等。但在制度设计上,由于湖泊不同于其他水域的特点,这些已经建立的管理制度偏重于线状水域管理,不能充分体现和结合湖泊的面状特点,从而导致这些通用的水域管理制度在应用于湖泊管理时存在严重的线、面不同问题。同时,这些管理制度偏重于单个水资源开发、利用和保护活动的管理,而对湖泊水域及湖泊流域的管理关注不足,从而加剧了湖泊的开发利用和保护问题。在湖泊管理上,我国还没有制定和出台全国性、专门性和综合性的湖泊管理法律和法规。1998年,《中华人民共和国防洪法》从防洪的角度对湖泊的防洪规划、治理和保护以及相应的管理制度进行了规定。2002年,《中华人民共和国水法》在水域与水体管理角度规定了湖泊水资源开发利用和保护的规定。我国个别地方出于具体管理需要出台了一些地方湖泊管理立法,如云南省按照"一湖一法"出台了《云南省九大高原湖泊保护条例》。同时,江苏省也结合湖泊保护要求出台了《江苏省湖泊保护条例》,湖北省武汉市出台了《武汉市湖泊保护条例》和《武汉市湖泊整治管理办法》。但从法律内容和管理措施上看,这些办法更多的只是现有管理制度的重复,没有建立特定的、具体的针对湖泊特点的管理措施。在湖泊管理体制上,我国的湖泊管理实行"分级、分部门、分地区三结合"湖泊管理体制,一个湖泊往往有10多个职能部门参与管理,导致湖泊在开发和管理上混乱。例如,湖管局行使资源管理权,水产局和渔政局负责湖上渔业执法和渔业资源保护,林业局承担湿地生态系统的建设保护。这些部门大多从本部门利益出发,从而加剧了湖泊管理的无序。在具体的管理措施上,我国在湖泊管理上存在"水面、陆地分散管理,水量、水质分别管理,湖岸、湖心不同管理,物理、化学和生物单独管理"的问题。湖泊是一个综合的生态系统,通过水力联系以及物理、化学和生物过程,将水面和陆地、水量和水质、湖岸带和湖心紧密相连,从而在管理措施上,也需要采取综合的管理措施,分散、分别和单独的管理模式必然导致湖泊开发利用和保护出现问题。

2018年3月,中共中央印发的《深化党和国家机构改革方案》是对湖泊管理体制的又一次重大调整和系统完善。改革后,水利部负责的编制水功能区划、排污口设置管理和流域水环境保护职责移交给生态环境部负责;生态环境部下属的水生态环境司的职能为"负责全国地表水生态环境监管工作,拟定和监督实施国家重点流域生态环境规划,建立和组织实施省界水体断面水质考核制度,监督管理饮用水水源地生态环境保护工作,指导入河排污口设置",减少了与其他水环境和水污染防治部门的职能交叉;强化了生态环境部对七大流域生态环境监督管理局的领导。生态环境监督管理局作为生态环境部设在七大流域的派出机构,主要负责流域生态环境监管和行政执法相关工作,实行生态环境部和水利部双重领导、以生态环境部为主的管理体制。撤销国土资源部,并成立自然资源部,规定国土资源部履行水资源资产所有者职责,负责水资源的调查监测评价、统一确权登记、资产有偿使用以及合理开发利用工作,并将水利部负责的水资源调查和确权登记管理职责移交到自然资源部,将国家林业局负责的湿地资源调查和确权登记管理职责移交到自然资源部。水利部下属的国家防汛抗旱总指挥部办公室调整为水旱灾害防御司,并将其负责的"水旱灾害防治以及国家防汛抗旱总指挥部"职责并入应急管理部;水利部下属的建设与管理司调整分出了水利工程建设司、运行管理司和河湖管理司,河湖管理司内设河湖长制工作处,负责河湖长制相关工作。2018 年深化改革前、后湖泊管理体制分别如图 10.1、图 10.2 所示。

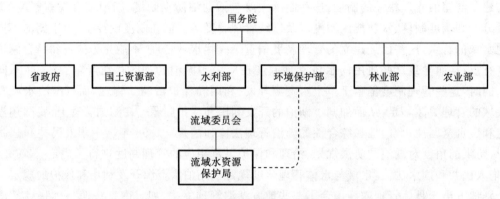

图 10.1 2018 年深化改革前湖泊管理体制

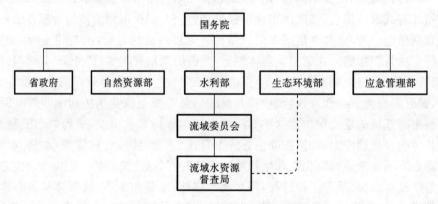

图 10.2 2018 年深化改革后湖泊管理体制

改革后,水利部作为国务院水行政主管部门负责编制水资源开发利用规划,负责生活、生产经营和生态环境用水的统筹和保障,指导监督水利工程建设与运行管理,指导水资源保护工作、节约用水工作和水文工作,指导水利设施、水域及其岸线的管理、保护与综合利用,负责水土保持工作,指导农村水利工作、水利工程移民管理工作、水政监察和水行政执法,开展水利科技和外事工作,负责组织编制洪水干旱灾害防治规划和防护标准并指导实施。水利部七大流域管理机构负责保障流域水资源的合理开发利用、管理、监督和保护工作,负责防治流域内的水旱灾害,指导流域内水文工作,指导流域内河流、湖泊、河口、海岸滩涂的治理和开发,按照规定权限负责流域内水利设施、水域及其岸线的管理与保护以及重要水利工程的建设与运行管理,指导、协调流域内水土流失防治工作,负责职权范围内水政监察和水行政执法工作,指导流域内农村水利及农村水能资源开发有关工作,按照规定或授权负责相关水利工程的管理工作,以及承办水利部交办的其他事项。

改革后的县级以上地方人民政府水行政主管部门仍为省水利厅和市水利局。以湖北省为例，湖北省水利厅负责《中华人民共和国水法》《中华人民共和国水土保持法》《中华人民共和国防洪法》等法律法规的贯彻实施和监督检查，并拟订有关地方性法规、省政府规章草案，负责保障全省水资源的合理开发利用和保护工作，负责全省生活、生产经营和生态环境用水的统筹兼顾和保障，负责管理全省水利资金，负责防治水旱灾害，负责全省节约用水工作，指导、组织全省水文工作，负责水利设施、水域及其岸线的管理与保护，负责全省水土保持工作，指导全省农村水利工作，负责全省水政监察、水行政执法和水利规费征收工作，开展全省水利科技、教育和对外合作工作等。

国务院与湖泊管理有关的部门主要有生态环境部和自然资源部，其中生态环境部下辖的水生态环境司负责全国水环境保护的监督管理工作。县级以上地方人民政府与湖泊管理有关的部门有省生态环境厅、省自然资源厅、市生态环境局、市自然资源局等。生态环境部门主要负责配合水利部门实施水资源保护有关工作。自然资源部门主要配合水利部门负责作为国土资源的湖泊等水资源的管理工作。

综上所述，国家层面，我国还没有出台专门的湖泊管理法律，但现有的多部法律规定已经基本涵盖了湖泊开发、利用、保护和管理内容。在部分省区市还制定和出台了专门的湖泊管理和保护的地方立法。我国的湖泊管理体制发展历程与水环境管理体制一致，主要是根据《中华人民共和国环境保护法》《中华人民共和国水污染防治法》和《中华人民共和国水法》等法律法规和国务院历次重大机构改革的行政授权，逐步形成了流域管理与区域管理相结合、地方政府部门负责、环境部门监管、多部门合作管理的管理模式。除三部主要法律外，涉及湖泊保护管理体制规定的还有《中华人民共和国水土保持法》《中华人民共和国渔业法》《中华人民共和国防洪法》《中华人民共和国野生动物保护法》《中华人民共和国矿产资源法》《中华人民共和国港口法》等法律；若干行政法规，如《取水许可和水资源费征收管理条例》《中华人民共和国水污染防治法实施细则》《中华人民共和国水土保持法实施条例》《中华人民共和国渔业法实施细则》《中华人民共和国河道管理条例》《中华人民共和国抗旱条例》《中华人民共和国航道管理条例》《中华人民共和国自然保护区条例》《中华人民共和国水路运输管理条例》《中华人民共和国水生野生动物保护实施条例》《中华人民共和国矿产资源法实施细则》《风景名胜区条例》等；众多地方湖泊管理和保护立法，如《江苏省湖泊保护条例》《武汉市湖泊保护条例》《滇池保护条例》《江西省鄱阳湖湿地保护条例》《杭州西湖风景名胜区管理条例》等。例如，《中华人民共和国防洪法》规定了湖泊防洪体制以及管理措施的实施。《中华人民共和国渔业法》规定了湖泊渔业资源管理体制以及管理制度的实施。《取水许可和水资源费征收管理条例》规定了取水许可制度实施中的取水申请、受理、审批和监督管理，以及水资源费制定、征收和管理。《中华人民共和国防汛条例》规定了湖泊防汛管理体制以及湖泊防汛管理措施的实施。《中华人民共和国抗旱条例》规定了湖泊抗旱管理体制以及湖泊抗旱管理措施的实施。《中华人民共和国河道管理条例》规定了河道管理体制和河道管理措施的实施。

中华人民共和国成立后，我国成立了黄河、淮河、长江和珠江流域管理机构，20 世纪 60 至 70 年代被撤销，70 年代末恢复，80 年代初七大流域管理机构全部成立。

1949 年 6 月，华北、中原、华东三大解放区成立三大区统一的治河机构——黄河水利委员会,在黄河流域和新疆、青海、甘肃、内蒙古内陆河区域内依法行使水行政管理职责。

1949年10月到11月,淮河水利工程总局成立,1977年更名为治淮委员会,1990年更名为淮河水利委员会。

1950年2月,长江水利委员会成立,在长江流域和澜沧江以西(含澜沧江)区域内行使水行政管理职责。

1956年12月,珠江水利委员会成立,在珠江流域行使水行政管理职责。

1980年4月1日,海河水利委员会成立,依法行使海河流域内水行政管理职责。

1982年,松辽水利委员会成立,是水利部在松花江、辽河流域和东北地区国际界河(湖)及独流入海河流区域内派出的流域管理机构。

1984年12月,太湖流域管理局成立,在太湖流域、钱塘江流域和浙江省、福建省(韩江流域除外)区域内依法行使水行政管理职责。

二、国外水资源管理体制鉴析

世界各国的水资源管理体制因水资源现状、行政体制等因素的不同而各具特色。美国与德国的水资源管理主要以州为基本单位,德国与法国的管理机构较为集中,而英国与日本的管理机构则较为分散。

1. 美国水资源管理体制

美国的水资源分属各州所有,联邦政府享有国家河流湖泊的开发权。由于行政区域的划分不当,经常出现跨州的水资源纠纷问题,因此联邦政府设立了流域管理机构。

在联邦层面上,国家环境保护署领导不同的职权部门进行工作,在水资源管理方面具有最高的管控权和最终决定权。农业部下辖的自然资源环保局主要负责水资源的开发和防护。国家地理调查局下辖的水资源处负责多方搜集、监察和剖析国家范围内的各种水文信息资料,同时为水资源的开发利用提供政策性意见。内务部下辖的垦务局负责筹划水力发电举措和水质水量维护。国防部下辖的陆军工程兵团负责经由政府筹建支撑的大规模水利工程的策划和开工。

在流域层面上,国家环境保护署建立的流域水资源管理委员会主要负责跨州的流域治理问题,享有流域水资源的开发权、利用权、规划权和保护权。流域水资源管理委员在拥有联邦政府赋予的权利的情况下具有私人机构的灵活性和主动性。同时由各州人员组成的地区资源管理委员会为流域水资源管理委员会提供咨询,保障了流域和州之间的协调性。

在州和地方政府层面上,美国各州、县、市都设有水务局。水务局拥有辖区内水资源的使用权、分配权、交易权和立法权。

美国水资源管理体制如图10.3所示。

2. 日本水资源管理体制

日本是一个水资源较为短缺的国家。明治维新时,日本开始学习欧美国家的水资源管理体制并制定实施管理法则,以流域为基本单元对河流湖泊进行综合管理。二战后,为解决日趋严重的水资源短缺问题,日本逐渐建立了集中协调下的以流域管理为主的水资源分级分部门管理体制,是专门职能部门各司其职的典型代表。

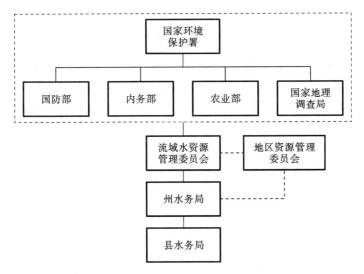

图 10.3 美国水资源管理体制

日本水权由国家统一管理,中央政府制定和实行全国性的水资源政策、水资源开发和环境保护的总体规划。五个中央省厅各司其职,根据法律赋予的权限进行工作。国土交通省负责水害的防治、河川湖泊等的维持管理、水资源的开发等,其中主要负责水资源和湖泊保护的有其下设的水管理与国土保全局中的水资源部、河川环境课、河川计划课等。环境省负责治污,制定环境标准和进行污染控制。农林水产省负责农林用水管理。经济产业省负责工业用水管理。厚生劳动省负责自来水管理。在地方,都、道、府、县都设有相应的水利管理机构,执行中央省厅的相关政策。

管理法则将日本的河流分为一级河流与二级河流。一级河流的支流是二级河流。一级河流区域内的水资源由中央政府的建设大臣管理。二级河流区域内的水资源由管辖该流域的都、道、府、县的知事管理。

日本水资源的分部门分级管理体制虽不利于行政效率的提高,但它强调各个主管部门的分工协作,建立在其较高的协调水平基础上,如五个中央省厅除分担不同职能外,还会通过类似省际联席会的形式共同合作制定水资源的综合性政策。中央政府与地方政府间也存在行政协作体制。县、市、町、村之间也有会议联络制度。这种协作体制弥补了制度上的缺陷,与分级分部门管理体制共同构成了日本特有的管理体制。

日本水资源管理体制如图 10.4 所示。

3. 德国水资源管理体制

德国联邦政府制定总体性法律,各州通过立法将总体性法律转化为州法律并加以补充,德国水资源管理是以州为单位的集成分级管理体制。

在国家层面,联邦环境、自然保护和核安全部总理水资源问题,起草与水资源有关的法律,对供水、排水、水资源开发利用规划、水资源环境保护实行统一的宏观领导与管理。

在地方层面,州政府下辖的联邦州联合水资源委员会根据联邦政府制定的法律结合本州情况做出详细的规定并作为本州的实施细则颁布,领导环境保护局和水资源管理局各司其职。各州的地方水务部门贯彻国家级和州级法律法规,负责本地区的供水管理、污水处理、水环境

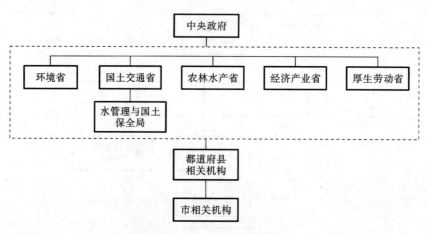

图 10.4　日本水资源管理体制

等工作。

　　此外,德国在联邦水资源协会条例指导下建立了一万多个水用户协会。这些水用户协会根据相应技术标准负责水资源管理、水供应、排污和水环境保护等工作,并促进农业和水资源管理部门的合作。

　　德国水资源管理体制如图 10.5 所示。

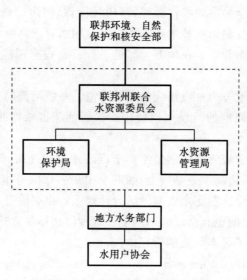

图 10.5　德国水资源管理体制

4. 法国水资源管理体制

　　法国的水资源时空分布相对均匀。16 世纪,法国水资源管理以用户为基础。二战后,水需求的增长和水污染的加剧促使了法国水资源管理体制改革,在 1964 年颁布了相关水法,并于 1992 年修订,建立了以自然水文流域为单元的流域分权管理体制。

　　在国家层面,法国涉及水资源管理的机构有环境和社会过渡部、农业和粮食部和国家水务委员会。环境和社会过渡部主要负责制定全国性的水管理法律法规、流域水资源开发规划和水环境标准,负责部际间的协调和监督工作。农业和粮食部主要负责农业用水和农业污水处理。国家水务委员会不负责具体的流域管理,主要为国家水政策、政府行动规划草案提供咨询和建议,并进行中央部门之间的协调。

在流域层面,相关水法规定的机构有流域水资源管理局(简称水管局)和流域委员会。流域水资源管理局类似于我国的七大流域机构,主要职能是征收取水费及排污费,制定流域水资源总体开发利用规划,对流域内水资源的开发、利用及保护治理单位给予财政支持,自主水利研究项目,收集与发布水信息和提供技术咨询。流域委员会类似于流域范围内的"议会",每年召开1～2次会议,拟定以六年为一个周期的流域水资源开发与管理总体规划,在规划中总体部署流域水资源并设定要达成的目标。在该规划被国家批准后,流域委员会根据规划目标提出取水费、排污费的税率建议。税率建议经国家议会批准后,由水管局征收。任何与水管理有关的地方法规、城镇规划文件及财政资助项目都需要符合规划要求。流域委员会同时负责审议和批准流域水资源管理局的财务计划。流域委员会和流域水管局两权分立,分别负责咨询和执行。

在子流域层面,子流域水务委员会负责拟定与流域水资源开发与管理总体规划相适应的子流域水资源开发与管理规划,在规划中明确用水量控制、水资源和水生态保护、湿地保护等项目的要求目标,并因地制宜制定相应的行动计划。

法国水资源管理体制如图 10.6 所示。在这些机构中,流域委员会和流域水资源管理局是流域管理的核心机构。这是法国流域管理体制的重要特点。法国的行政体制特别强调公众参与。用水户代表可以通过选举加入国家水务委员会、流域委员会和子流域水务委员会。

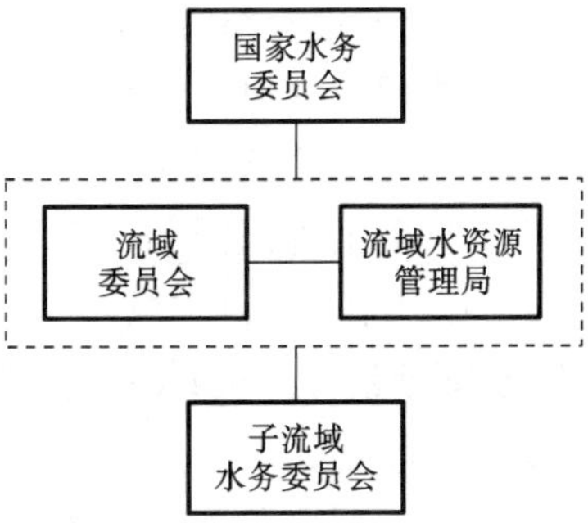

5. 英国水资源管理体制

英国是世界上较早建立水资源流域管理体制的国家之一,目前基本形成了中央对水资源按流域统一管理和水务私有化相结合的管理体制。

图 10.6　法国水资源管理体制

在国家层面,与水资源管理有关的机关主要有三个:环境、食品与农村事务部,国家环境署,水务监管机构。环境、食品与农村事务部属于部级部门;国家环境署属于非部级部门;水务监管机构属于机构。环境、食品与农村事务部负责制定整体水政策和相关法律,最终裁定有关水事的矛盾,监督取水许可制度的执行情况,并邀请包括水公司、水公司协会、水服务协会、水服务办公室在内的与水环境有关的一百多个组织的代表参与审查取水许可制度,还负责农业灌溉排水,并提供中央防洪经费。国家环境署负责制定和执行环境标准,发放取水和排污许可证,实行水权分配、污水排放和河流水质控制,进行相关法律解释等工作。水务监管机构通过控制地区私人供水公司的上限收入对供水企业进行宏观经济调控,并监督供水公司履行法定职责,同时制定合理的水价来保护供水公司和用水户的合法权益。这三个机关的主要作用是协调和宏观控制。

在地区层面,每个流域内分别设立一个地区环境署和一个地区私人供水公司。地区环境署负责对水资源进行管理,保证水资源开发利用和环境之间的协调平衡,制定保护河流、地下水水质的政策和标准,发放用水、排水许可证,对经营活动进行监督及对违法者进行起诉等工作。地区私人供水公司负责供水、污水处理,以及为供水和污水处理设施提供建设。地区环境署和地区私人供水公司之间的合作使得政府行为与市场行为有机融合,形成了英国独特的水资源管理体制。

英国水资源管理体制如图 10.7 所示。

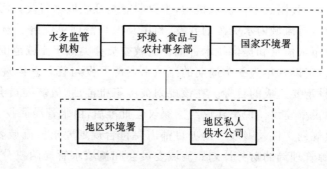

图 10.7 英国水资源管理体制

三、我国湖泊管理保护的部门职责梳理

1. 水行政主管部门

(1) 为保障湖泊水资源的合理开发利用,拟定湖泊水利战略规划和政策,制定部门规章,组织编制流域综合规划、防洪规划等重大湖泊水利规划。

(2) 负责生活、生产经营和生态环境用水的统筹兼顾和保障。实施湖泊水资源的统一监督管理,拟订中长期供求规划、湖泊水量分配方案并监督实施,组织开展湖泊水资源调查评价工作,负责湖泊及其流域的水资源调度,组织实施取水许可、水资源有偿使用制度和水资源论证、防洪论证制度。

(3) 负责湖泊水资源保护工作。组织编制湖泊水资源保护规划,组织拟订和监督实施江河湖泊的水功能区划,核定水域纳污能力,提出限制排污总量建议,指导饮用水水源保护工作,指导湖泊流域地下水开发利用和城市规划区地下水资源管理保护工作。

(4) 负责防治湖泊水旱灾害,承担防汛抗旱指挥部的具体工作。组织、协调、监督、指挥湖泊防汛抗旱工作,对江河湖泊和重要水利工程实施防汛抗旱调度和应急水量调度,编制防汛抗旱应急预案并组织实施,指导湖泊水资源突发公共事件的应急管理工作。

(5)指导湖泊水文工作。负责湖泊水文水资源监测、水文网站建设和管理,对湖泊及其流域的水量、水质实施监测,发布水文水资源信息、情报预报和水资源公报。

(6) 指导湖泊水利设施、水域及其岸线的管理与保护,指导湖泊及滩涂的治理和开发,组织实施湖泊重要水利工程建设与运行管理。

(7) 防治湖泊流域水土流失。拟订湖泊流域水土保持规划并监督实施,组织实施湖泊流域水土流失的综合防治、监测预报,并定期公告,负责有关重大建设项目水土保持方案的审批、监督实施及水土保持设施的验收工作。

(8) 协调、仲裁跨行政区湖泊水事纠纷,指导水政监察和水行政执法。

2. 环境保护行政主管部门

在湖泊管理和保护中,根据环境保护部"三定"方案,环境保护行政主管部门负责的工作有以下方面。

(1)负责建立健全湖泊环境保护基本制度,拟订并组织实施湖泊环境保护政策、规划,制定部门规章。组织编制环境功能区划,组织制定各类环境保护标准、基准和技术规范,组织拟订并监督实施重点区域、流域污染防治规划和饮用水水源地环境保护规划。

(2)负责湖泊环境问题的统筹协调和监督管理。牵头协调环境污染事故和生态破坏事件的调查处理,协调解决与湖泊有关的跨区域环境污染纠纷,统筹协调湖泊污染防治工作。

(3)承担落实减排目标的责任。组织制定主要污染物排放总量控制和排污许可证制度并监督实施,提出实施总量控制的污染物名称和控制指标,督查、督办、核查各地污染物减排任务完成情况,实施环境保护目标责任制、总量减排考核并公布考核结果。

(4)组织对环境影响进行评价和按规定审批项目环境影响评价文件。

(5)负责湖泊环境污染防治的监督管理。制定水体、土壤等的污染防治管理制度并组织实施,会同有关部门监督管理饮用水水源地环境保护工作,组织指导城镇和农村的环境综合整治工作。

(6)指导、协调、监督湖泊生态保护工作。拟订湖泊生态保护规划,组织评估湖泊生态环境质量状况,监督对湖泊生态环境有影响的自然资源开发利用活动、重要生态环境建设和生态破坏恢复工作。指导、协调、监督各种类型的湖泊自然保护区、风景名胜区的环境保护工作,协调和监督野生动植物保护、湿地环境保护、荒漠化防治工作,协调指导农村生态环境保护。

(7)负责湖泊环境监测和信息发布。制定环境监测制度和规范,组织实施环境质量监测和污染源监督性监测。组织对环境质量状况进行调查、评估、预测、预警,组织建设与管理环境监测网与环境信息网,建立和实行环境质量公告制度。

3. 交通运输行政主管部门

在湖泊管理和保护中,交通运输行政主管部门负责湖泊水运工作,其主要职能包括以下方面。

(1)拟定湖泊水路交通行业的发展战略、方针政策和法规并监督执行。

(2)拟定水路交通行业的发展规划、中长期计划并监督实施,负责湖泊水运交通行业统计和信息引导。

(3)组织实施水路交通工程建设。

(4)维护水路交通行业的平等竞争秩序。

(5)组织水运基础设施的建设、维护、规费稽征。负责水上交通安全监督、船舶及海上设施检验、防止船舶污染、救助打捞、通信导航工作。实施航道疏浚、港口及港航设施建设使用岸线布局的行业管理。

(6)制定湖泊水运交通行业科技政策、技术标准和规范。

(7)管理和指导港口、航运公安工作。

4. 渔业行政主管部门

农业部渔业局(渔政局)承担湖泊渔业的保护与管理工作,其主要职能如下。

(1)负责湖泊渔业行业管理。

(2)拟订湖泊渔业发展战略、政策、规划、计划并指导实施。

（3）指导湖泊渔业产业结构和布局调整。指导湖泊渔业标准化生产，组织实施养殖证制度。拟订渔业有关标准和技术规范并组织实施。

（4）组织水生动植物病害防控工作，监督管理水产养殖用兽药及其他投入品的使用，指导水产健康养殖，建立养殖档案，参与水产品质检体系建设和管理。

（5）拟订养护和合理开发利用渔业资源的政策、措施、规划并组织实施。组织实施渔业捕捞许可制度。负责渔船、渔机、渔具、渔港、渔业航标、渔业船员、渔业电信的监督管理。

（6）负责湖泊渔业资源、水生生物湿地、水生野生动植物和水产种质资源的保护。负责水产苗种管理，组织水产新品种审定。指导水生生物保护区的建设和管理。

（7）负责湖泊渔业水域生态环境保护。组织和监督重大渔业污染事故的调查处理工作。组织重要涉渔工程环境影响评价和生态补偿工作。

（8）负责渔业生产、水生动植物疫情、渔业灾情等信息的收集与分析，参与水产品供求信息、价格信息的收集与分析工作。

（9）指导中国渔政队伍建设。行使渔政渔港和渔船检验监督管理权。

5. 国土资源行政主管部门

在湖泊管理和保护中，国土资源行政主管部门主要承担盐湖资源的开发、利用、保护和管理，以及湖泊流域的土地管理。根据国土资源部"三定"方案，其湖泊管理和保护的主要职能如下。

（1）承担保护与合理利用湖泊及其流域土地资源、矿产资源等自然资源的责任。组织拟订国土资源发展规划和战略，编制并组织实施国土规划。

（2）编制和组织实施土地利用总体规划，组织编制矿产资源等规划。

（3）负责湖泊矿产资源开发的管理，依法管理矿业权的审批登记发证和转让审批登记。

（4）组织实施湖泊矿产资源勘查。

（5）依法征收资源收益，规范、监督资金使用，拟订矿产资源参与经济调控的政策措施。

第二节　湖泊管理机制

机制是指各要素之间的结构关系和运行方式，体现为一个系统内的各个组成部分之间相互作用的过程。湖泊管理机制与体制很难绝对区分开来，"你中有我，我中有你"，机制强调湖泊管理这个大系统里各部分的机理，即相互关系，强调相互之间如何协同运行；体制强调的是湖泊管理的组织形式，包括上、下之间的层级关系，左、右之间的分工关系等。前者重动态，后者重静态。

一、我国湖泊保护和开发利用的主要制度

1. 关于湖泊保护

我国湖泊保护的法律制度主要是对湖泊及其流域资源和环境保护做出了有关规定，包括各种自然资源保护以及污染物排放的限制等。

一是相关法律。《中华人民共和国水法》主要规定了对湖泊及其流域水资源保护的各种制

度,包括生态环境用水的规定、水功能区管理制度、水域纳污能力、入河排污口监督管理制度、饮用水水源保护区制度、地下水保护制度等。《中华人民共和国水污染防治法》规定了湖泊水污染防治的各项制度和措施,包括标准、水污染防治规划、监督管理以及饮用水源保护等。《中华人民共和国防洪法》规定了湖泊湖盆及其岸线保护制度和措施。《中华人民共和国水土保持法》对湖泊及其流域水土流失的预防和治理,保护和合理利用水土资源,减轻水、旱、风沙灾害,作了相关规定,并建立了规划、预防和治理等措施。《中华人民共和国渔业法》规定了湖泊渔业资源的保护和增殖措施。《中华人民共和国野生动物保护法》对湖泊珍贵、濒危野生动物的保护、发展和合理利用做出了规定。

二是相关行政法规。《取水许可和水资源费征收管理条例》规定了湖泊生态环境用水要求以及对水功能区保护的要求。《中华人民共和国水污染防治法实施细则》规定了湖泊水污染防治的具体措施和内容。《中华人民共和国渔业法实施细则》规定了湖泊渔业资源保护措施。《风景名胜区条例》规定了对湖泊风景名胜区的保护措施。

2. 关于湖泊开发和利用

我国湖泊开发和利用的法律规定了湖泊及其流域各种资源开发和保护的原则以及管理制度,主要包括规划、资源开发利用许可以及收费等各项制度。

一是相关法律。《中华人民共和国水法》主要规定了与湖泊水资源开发、利用以及河道管理有关的各项管理制度,包括水资源规划制度、水量分配和调度制度、水资源论证制度、取水许可制度和水资源有偿使用制度、采砂区划以及许可证制度等。《中华人民共和国防洪法》主要规定了湖泊防洪相关的原则和制度,包括防洪规划、河道整治、岸线利用、防洪区管理等。《中华人民共和国渔业法实施细则》主要规定了与湖泊渔业资源开发和利用相关的各项制度,并分别按照捕捞、养殖和增殖放流三个方面对养殖水域、养殖品种、养殖许可证、捕捞区域、捕捞限额、捕捞许可证、船网工具控制指标等制度做出了规定。《中华人民共和国矿产资源法》规定了盐湖资源的开发、利用和管理制度,对矿产资源产权、矿产资源的勘查与开采做出了规定;建立了矿产资源开采许可证以及有偿使用制度。《中华人民共和国港口法》规定了湖泊港口的规划、建设、安全与监督管理,明确了港口规划、建设和运行与湖泊水域以及岸线管理。

二是相关行政法规。《取水许可和水资源费征收管理条例》具体规定了取水许可制度和水资源有偿使用制度的实施细则。《中华人民共和国抗旱条例》对湖泊抗旱做出了规定,包括抗旱规划、抗旱预案以及抗旱组织等。《中华人民共和国防汛条例》对湖泊防汛做出了具体规定,包括防汛组织、防御洪水方案和洪水调度方案、水利工程汛期调度运用计划、蓄滞洪区调度管理等。《中华人民共和国渔业法实施细则》对湖泊渔业管理做出了具体规定,包括养殖使用证、捕捞许可制度、禁渔区和禁渔期等的规定。《中华人民共和国河道管理条例》具体规定了湖盆以及湖泊岸线利用的管理措施,包括河道管理范围划定以及管理范围活动的规定。《中华人民共和国航道管理条例》规定了湖泊航道的管理措施,包括航道分级、航道规划、航道运行等。《中华人民共和国内河交通安全管理条例》规定了湖泊内河航道的船舶、航行、停泊、渡口、浮动设施以及通航保障的管理。《中华人民共和国水路运输管理条例》规定了涉及湖泊的水运运输业务类型、运输企业以及运营管理等。《风景名胜区条例》规定了湖泊风景名胜区的管理框架,包括规划、利用和管理措施。《中华人民共和国矿产资源法实施细则》具体规定了矿产资源开发利用的各项制度,包括对勘查、开采实行许可证制度。

二、我国湖泊管理的重要机制

1. 许可管理机制

按照湖泊水面、湖岸带、湖泊流域进行分类,湖泊管理采用了包括养殖、捕捞、渔网工具、取水、入河排污、水路运输、矿产勘探与开采等各类许可证制度。

一是渔业捕捞许可证管理。从事湖泊渔业捕捞需要办理渔业捕捞许可证。根据农业部《渔业捕捞许可管理规定》,从事捕捞作业的单位或个人需要填写《渔业捕捞许可证申请书》,并附有关材料,持户籍证明或工商营业执照向其户籍或企业所在地的县级以上渔业行政主管部门提出申请,逐级上报至有审批权的主管机关审批。属农业部审批的申请,经省级渔业行政主管部门审核同意后,报农业部审批;属省级渔业行政主管部门或其所属的渔政渔港监督管理机构审批的申请,由县、市渔业行政主管部门审核同意后,报省级渔业行政主管部门或其所属的渔政渔港监督管理机构审批。

二是养殖许可证管理。在湖泊水面开展养殖需要申请水产养殖许可证。根据《中华人民共和国渔业法实施细则》规定,全民所有的水面、滩涂在一县行政区域内的,由该县人民政府核发养殖使用证;跨县的由有关县协商核发养殖使用证,必要时由上级人民政府决定核发养殖使用证。《浙江省渔业管理条例》规定,凡在渔业水域(池塘、湖泊、水库、塘堰、沟渠、河道等)从事专业或兼业水产养殖生产的国营、集体、个体或其他类型的渔业生产、经营者均须向所在地区县(市)以上水产、渔政监督管理部门提出申请,经审查批准后核发《水产养殖许可证》。单位和个人使用全民所有的水域、滩涂从事养殖生产的,应当向县级以上渔业行政主管部门申领养殖证。申领养殖证要求申请养殖的范围符合水域综合利用规划,养殖品种、规模和方式等符合水产养殖规划等条件。县级以上渔业行政主管部门应当对申请人提供的材料和有关情况进行审核。符合条件的,报本级人民政府批准,核发养殖证;不符合条件的,不予核发养殖证,并书面说明理由。

三是水路运输许可证和船舶营业运输证管理。在湖泊从事营业性水路运输需要办理水路运输许可证。根据《中华人民共和国水路运输管理条例实施细则》,水路运输许可证是经交通主管部门批准颁发的经营者从事营业性水路运输的资格凭证,有效期一般为5年左右。各地航务管理机构在接到申办水路运输业的单位和个人申请之日起30日内,对符合条件的核发水路运输许可证。

四是取水许可证管理。取水许可证是指需要办理湖泊取水的单位和个人的取水证明。《取水许可和水资源费征收管理条例》规定,取用水资源的单位和个人,除本条例第4条规定的情形外,都应当申请领取取水许可证。申请取水的单位或者个人,应当向具有审批权限的审批机关提出申请。申请利用多种水源且各种水源的取水许可审批机关不同的,应当向其中最高一级审批机关提出申请。取水许可实行分级审批。由流域管理机构审批的包括:①长江、黄河、淮河、海河、滦河、珠江、松花江、辽河、金沙江、汉江的干流和太湖以及其他跨省、自治区、直辖市河流、湖泊的指定河段限额以上的取水;②国际跨界河流的指定河段和国际边界河流限额以上的取水;③省际边界河流、湖泊限额以上的取水;④跨省、自治区、直辖市行政区域的取水;⑤由国务院或者国务院投资主管部门审批、核准的大型建设项目的取水;⑥流域管理机构直接管理的河道(河段)、湖泊内的取水。其他取水由县级以上地方人民政府水行政主管部门按照省、自治区、直辖市人民政府规定的审批权限审批。取水申请经审批机关批准后,申请人方可兴建取水工程或者设施。取水工程或者设施竣工后,申请人应当按照国务院水行政主管部门的规定向取水审批机关报送取水工程或者设施试运行情况等相关材料;经验收合格的,由审批机关核发取水许可证。

五是水工程规划建设许可管理。在湖泊上新建、扩建以及改建并调整原有功能的水工程,需要执行水工程建设规划同意书制度。《水工程建设规划同意书制度管理办法(试行)》规定,水工程是指水库、拦河闸坝、引(调、提)水工程、堤防、水电站(含航运水利枢纽工程)等在江河、湖泊上开发、利用、控制、调配和保护水资源的各类工程。工程建设规划同意书的内容包括水工程建设是否符合流域综合规划和防洪规划审查并签署的意见。流域管理机构和县级以上水行政主管部门按照分级管理权限,具体负责水工程建设规划同意书制度的实施和监督管理。由流域管理机构负责审查并签署的水工程建设规划同意书包括:①长江、黄河、淮河、海河、珠江、松花江、辽河的干流及其主要一级支流和太湖以及其他跨省、自治区、直辖市的重要江河上建设的水工程;②省际边界河流(河段)、湖泊上建设的水工程;③国际河流(含跨界、边界河流和湖泊)及其主要支流上建设的水工程;④流域管理机构直接管理的河流(河段)、湖泊上建设的水工程。其他水工程建设规划同意书由县级以上地方人民政府水行政主管部门按照省、自治区、直辖市人民政府水行政主管部门规定的管理权限负责审查并签署。

六是河道采砂许可管理。在湖泊采砂需要办理河道采砂许可证。《长江河道采砂管理条例》规定,国家对长江采砂实行采砂许可制度。河道采砂许可证由沿江省、直辖市人民政府水行政主管部门审批发放;属于省际边界重点河段的,经有关省、直辖市人民政府水行政主管部门签署意见后,由长江水利委员会审批发放;涉及航道的,审批发放前应当征求长江航务管理局和长江海事机构的意见。省际边界重点河段的范围由国务院水行政主管部门划定。

2. 生态补偿机制

生态补偿机制主要是指为了恢复、维护和增强生态系统的生态功能,通过让受益生态保护的人支付费用,对资源环境保护者做出补偿,从而提高收益,提高生态质量,达到保护资源的目的。《中华人民共和国宪法》有关规定为生态补偿机制奠定了法治基础。《中华人民共和国宪法》第9条规定,矿藏、水流、森林、山岭、草原、荒地、滩涂等自然资源都属于国家所有,禁止任何组织和个人用任何手段侵占或者破坏自然资源。2006年,国务院发布"十一五"发展规划时首次提出按照谁开发谁保护、谁受益谁补偿的原则,建立生态补偿机制。2007年,原国家环保总局开始启动生态补偿试点,在矿产资源开发、自然保护区、重要生态功能区、流域水环境保护等四个领域进行试点。2008—2015年,中央财政累计投入生态补偿转移支付资金2513亿元,有效地促进了生态补偿机制的实践和发展。2016年,国务院办公厅印发了《关于健全生态保护补偿机制的意见》,为国家和地方深化生态补偿机制建设探索提供了行动指南,促进了生态补偿机制的规范化和制度化,树立"森林、草原、湿地、荒漠、海洋、水流、耕地等重点领域和禁止开发区域、重点生态功能区等重要区域生态保护补偿全覆盖,补偿水平与经济社会发展状况相适应,跨地区、跨流域补偿试点示范取得明显进展,多元化补偿机制初步建立,基本建立符合我国国情的生态保护补偿制度体系,促进形成绿色生产方式和生活方式"的目标,规定在具有重要饮用水源或重要生态功能的湖泊区域,由水利部、环境保护部、住房城乡建设部、农业部、财政部、国家发展改革委负责,全面开展生态保护补偿,适当提高补偿标准,加大水土保持生态效益补偿资金筹集力度。

目前,我国主要存在三种生态补偿模式:省内流域源头保护的政府补偿模式、基于水质水量的跨区域补偿模式和跨省的上下游流域生态补偿模式。省内流域源头保护的政府补偿模式的典型代表有江西省对五河源头、东江源头流域以及全流域开展保护性生态补偿投入,浙江省在钱塘江、新安江、金华江等流域以及全流域开展源头生态保护补偿实践。基于水质水量的跨区域补偿模式是指通过考核上下游地区跨界河流断面的水质来确定补偿标准的方法。它对清晰管理范围、划分污染责任,促进水资源保护、防止水质恶化有显著作用。目前,该模式在河南省的沙颍河流域与河北省的子牙河流域都得到了实际应用。跨省的上下游流域生态补偿由于跨越省际,在实践中比较难建立起互利共赢的生态补偿机制。但新安江流域生态补偿的成功实践,使我国摆脱了流域生态补偿走不出省界的困境。2011 年,中央财政划拨安徽省 3 亿元用于新安江流域的治理,并将新安江最近三年的平均水质作为评判基准。如果安徽省经新安江向浙江省提供的水质高于基准值,那么浙江省向安徽省支付横向生态补偿金 1 亿元,反之则由安徽省向浙江省补偿 1 亿元。自新安江流域生态补偿试点工作开展以来,水环境保护工作已取得较大成效。

3. 湖(河)长管理机制

湖(河)长管理机制是湖泊管理机制中行政首长负责制,由各级党政主要负责人担任湖(河)长,负责辖区内湖(河)污染治理、保护和利用。在湖(河)长管理机制的运行过程中,政府行使行政权力对公民和企业行为进行管理与控制;流域内各级政府相互协商,以协议的形式确定各地区分配的水资源数量或份额;省级政府之间、省级政府与流域管理机构之间以及中央政府对省级政府相关管理机构的权力行使、水资源利用和分配等工作进行监督;同时政府呼吁社会公众参与到湖泊保护中来。

2007 年,江苏太湖蓝藻事件暴发后,无锡市改革了传统的水环境管理体制,推出了湖长制度。2012 年 5 月,湖北省颁布了首个地方湖泊法规《湖北省湖泊保护条例》,规定湖泊保护实行政府行政首长负责制,且将湖泊保护年度目标考核结果作为当地人民政府主要负责人、分管负责人、部门负责人任职与奖惩的重要依据。2016 年 12 月,中国中共中央办公厅、国务院办公厅印发了《关于全面推行河长制的意见》。2018 年 1 月,中共中央办公厅、国务院办公厅印发了《关于在湖泊实施湖长制的指导意见》,要求全面建立省、市、县、乡四级湖长体系。各省(自治区、直辖市)行政区域内主要湖泊、跨省级行政区域且在本辖区地位和作用重要的湖泊由省级负责同志担任湖长;跨市地级行政区域的湖泊原则上由省级负责同志担任湖长;跨县级行政区域的湖泊原则上由市地级负责同志担任湖长。同时,湖泊所在市、县、乡按照行政区域分级分区设立湖长,实行网格化管理,确保湖区所有水域都有明确的责任主体。湖泊最高层级的湖长是第一责任人,对湖泊的管理保护负总责;流域管理机构要充分发挥协调、指导和监督等作用,主要负责跨省级行政区域的湖泊的协调工作。2018 年 10 月,浙江省绍兴市发布了全国首个《河长制工作规范地方标准》和《湖长制工作规范地方标准》。之后湖长制工作在全国范围内全面展开。截至 2018 年底,我国在 1.4 万个湖泊(含人工湖泊)设立省、市、县、乡四级湖长2.4 万名。其中,85 名省级领导担任最高层级湖长,并设立了 3.3 万名村级湖长。目前全国已全面建成湖长制。

4. 禁渔管理机制

禁渔区是为保护某些重要的经济鱼类、虾蟹类或其他水生经济动植物资源,在其产卵繁殖、幼鱼生长、索饵育肥和越冬洄游期划定的禁止或限制捕捞活动的水域。禁渔区是保护鱼类资源或其他水生经济动物正常产卵、繁殖、幼体成长、越冬及维持其生态平衡的重要措施之一。禁渔期是指政府规定的禁止或限制捕捞活动的时间,其目的是保护水生生物的正常生长繁殖,保证鱼类资源得以不断恢复和发展。规定禁渔期是世界各国普遍实行的鱼类资源保护制度,我国也明确规定了这项制度。按照《中华人民共和国渔业法》和其他法规的规定,禁渔期由县级以上人民政府渔业行政主管部门规定。通常在划定禁渔区的同时,相应规定一定的禁渔期和禁渔具。例如,在某一水域范围内全年或某一段时间内禁止捕捞,或禁止捕捞某些种类(或某种规格的鱼类),或禁止使用某种渔具作业等。目前,在我国众多的重要湖泊,出于保护湖泊渔业资源的需求,都划分和颁布了禁渔区和禁渔期,如鄱阳湖、青海湖、抚仙湖等。

三、我国湖泊管理的地方立法规范

2012 年,中央根据生态文明建设需要,明确提出要大力推进湖泊保护工作。各省市陆续颁布湖泊保护地方法规来固化湖泊保护机制。其主要内容如下。

一是划定湖泊保护各级政府和相关部门的职责。规定湖泊保护工作由县级以上人民政府水行政主管部门领导,其他部门按照职责分工协作。例如,《山东省湖泊保护条例》规定:县级以上人民政府水行政主管部门依法负责本行政区域内湖泊的保护和管理工作;财政、环境保护、交通运输、住房和城乡建设、国土资源、农业、林业、渔业、旅游等有关部门应当按照职责分工,做好湖泊保护的相关工作。《湖北省湖泊保护条例》规定得更为详细,如规定,县级以上人民政府水行政主管部门主管本行政区域内的湖泊保护工作,具体履行以下职责:①湖泊状况普查和信息发布;②拟定湖泊保护规划及湖泊保护范围;③编制与调整湖泊水功能区划;④湖泊水质监测和水资源统一管理;⑤防汛抗旱水利设施建设;⑥涉湖工程建设项目的管理与监督;⑦湖泊水生态修复;⑧法律、法规等规定的其他职责。县级以上人民政府水行政主管部门应当明确相应的管理机构负责湖泊的日常保护工作。第 8 条规定,县级以上人民政府环境保护行政主管部门在湖泊保护工作中具体履行以下职责:①编制湖泊水污染防治规划;②水污染源的监督管理;③湖泊水环境质量监测和信息发布;④水污染综合治理和监督;⑤审批涉湖建设项目环境影响评价文件;⑥组织指导湖泊流域内城镇和农村环境综合整治工作。农业、林业、财政等部门都有具体明确的湖泊保护职责和机制规定。

二是明确湖泊保护范围和保护目标,包括实行湖泊保护名录制度。安徽省规定将常年水面面积 0.5 km^2 及以上的湖泊、城市规划区内的湖泊、作为饮用水水源的湖泊纳入湖泊保护名录。要求编制湖泊保护总体规划、各湖泊保护详细规划、湖泊限制排污总量意见、湖泊重点水污染物排放限值、渔业养殖规划、湖泊生态环境调查及其修复方案、湖泊调度方案等规划或建议等,强调要依此指导环境监测、环境治理、城市建设、城市规划、水位管理、生态保护等工作。依照湖泊保护规划划定湖泊的管理和保护范围,强调要制定湖泊的监测制度。这其中包括实行湖泊普查制度,建立湖泊监测体系和信息共享机制,如《湖北省湖泊保护条例》第 29 条规定,省人民政府应当按照统一规划布局、统一标准方法、统一信息发布的要求,建立湖泊监测体系和监测信息协商共享机制;省人民政府应定期公布湖泊保护情况白皮书;县级以上人民政府环境保护行政主管部门应当定期向社会公布本行政区域湖泊水环境质量监测信息;水文水资源信息由水行政主管部门统一发布;发布水文水资源信息涉及水环境质量的内容,应当与环境保护行政主管部门协商一致。

三是规定湖泊保护区内的行为规范。例如,《安徽省湖泊保护条例》规定,禁止在湖泊管理范围内从事下列活动:①建设妨碍行洪的建筑物、构筑物;②围(填)湖造地、筑坝拦汊;③将湖滩划定为农田;④种植妨碍行洪、输水的林木和高秆作物,在湖泊堤岸上种树;⑤圈圩养殖,在湖堤管理范围内挖塘养殖;⑥弃置、倾倒、堆放和掩埋废弃物及其他污染物,设置废物回收场、垃圾场;⑦排放未经处理或者处理未达标的工业废水和生活污水;⑧设置剧毒化学品及国家规定禁止通过湖泊运输的其他危险化学品的储存、运输设施;⑨在水面上从事没有污水处理设施或者固体废弃物收集设施的餐饮经营;⑩销售、使用含磷洗涤用品。《湖北省湖泊保护条例》规定要明确湖泊保护范围及其保护责任单位和责任人,并向社会公示;在编制湖泊保护规划、湖泊水污染防治规划、湖泊生态修复方案和审批沿湖周边建设项目环境影响评价文件时,应当采取多种形式征求公众意见和建议,接受公众监督。

四是明确湖泊保护的法律责任。《湖北省湖泊保护条例》规定任何单位和个人有权对危害湖泊的行为进行举报,有处理权限的部门在接到检举和举报后应及时核查、处理。第58条对承担法律责任的情形进行了明确,即县级以上人民政府、有关主管部门及其工作人员违反本条例规定,有下列行为之一的,由上级人民政府或者有关主管机关依据职权责令改正,通报批评;对直接负责的主管人员和其他直接责任人员依法给予行政处分;构成犯罪的,依法追究刑事责任:①保护湖泊不力造成严重社会影响的;②未依法对湖泊进行勘界,划定保护范围,设立保护标志的;③未依法组织编制湖泊保护规划、湖泊水功能区划、湖泊水污染防治规划的;④违反湖泊保护规划批准开发利用湖泊资源的;⑤未依法履行有关公示、公布程序的;⑥有其他玩忽职守、滥用职权、徇私舞弊行为的。《湖北省湖泊保护条例》还规定了对违法在湖泊保护区内建设建筑,从事农业、渔业养殖的罚款金额范围。《江西省湖泊保护条例》规定了在湖泊保护区域设置违法排污口的罚款金额范围。

第三节　湖泊管理模式

湖泊管理模式主要包含三种类型:区域管理模式、行业管理模式、区域与行业相结合的管理模式。

一、区域管理模式

区域管理模式也称为块块管理模式。它是将同一区域内的湖泊相关事宜不分行业、不分领域、不分类别均纳入该区域湖泊管理范围的管理模式,是以行政区划为特征的管理模式。该模式的确立主要源于国家的区域行政管理体制和模式,源于环境保护组织机构的"块块管理"

的人事制度和体制。该模式是湖泊管理模式中的主要模式,是其他管理模式的基础。

以江苏省为例,其湖泊管理就是以区域管理为主,条块分工负责,涉及湖泊管理的部门有10多个,其中普遍参与管理的主要有水利、渔业、环保三个部门。

在湖泊管理体制机制上,江苏省形成了以不同目标为核心的水环境保护机制,如以地方政府领导环保目标责任制为核心的水环境保护责任机制,以工业污染源监管检测为核心的水环境保护监管机制,以政府财政投入为主的水环境保护投入机制,并探索了以环境价格调节为核心,以流域生态补偿和排污交易为辅助手段的流域水环境保护市场机制以及流域水环境保护的公众参与机制。

在流域管理上,以太湖为例,水利部太湖流域管理局主要负责太湖流域水资源保护,组织开展太湖流域水污染防治有关工作等,而江苏省政府成立的太湖水污染防治委员会同时也在行使协调职能。江苏太湖流域围绕"治理外源污染、控制内源污染、增加水体流动"的治理思路,全面实施控源截污、生态清淤、打捞蓝藻、调水引流等各项水环境综合治理措施,累计总投入超过1000亿元,太湖水环境治理取得阶段性成效,主要水质指标明显改善。2017年太湖水质由2007年的劣Ⅴ类改善为Ⅴ类,综合营养状态指数由中度改善为轻度。从2013年开始,太湖梅梁湖、竺山湖等一度水草绝迹的湖区水草大面积恢复。再例如,洪泽湖是淮河下游重要防洪工程,是苏北地区的重要水源地,是南水北调东线重要的调蓄湖泊。江苏为之建立洪泽湖管理委员会,推动各部门形成湖泊管理保护合力。自2009年起,洪泽湖建立管理与保护联席会议制度,构建由江苏省水利厅牵头,地方政府及财政、水利、国土、环保、林业和海洋渔业等相关涉湖部门参与的湖泊管理会商机制。2015年,江苏省省委常委会109次会议审议决定建立洪泽湖管理委员会,由时任分管省长担任联席会议召集人,由省水利厅厅长担任洪泽湖管理委员会主任,江苏省在洪泽湖管理处增挂省洪泽湖管理委员会办公室牌子,制定《江苏省洪泽湖管理委员会工作规则》《江苏省洪泽湖管理委员会成员单位工作职责》《江苏省洪泽湖管理委员会办公室工作职责》等规章制度,利用联席会议和管委会平台多次组织专题会议,研究部署涉湖违法活动的查处,会商湖泊资源开发利用等方面的重大问题,有效推动了湖泊管理与保护工作。推进网格化管理,实现湖泊管理责任全覆盖。实践联合执法机制,对非法采砂行为形成强大的震慑力。

二、行业管理模式

行业管理模式也称为垂直管理或条条管理模式。这是跨越行政区域范围,以行业作为管理对象,以行业湖泊问题作为管理内容的一种管理模式,是对区域管理模式的补充。区域管理模式会造成地区间湖泊保护工作的不平衡。如果仅仅采取区域管理模式,那么由于区域经济发展的不平衡,必然造成区域之间湖泊管理力度的不均衡,因而必然造成不同地区在湖泊投入上存在很大的差异,进而必然影响到整个环境保护效益。目前,欧美和澳大利亚等国家的部分湖泊采用这种行业管理模式。以美国为例,美国在水环境治理方面采取的是法律法规、经济手段与技术手段等相结合。例如,美国五大湖区是世界最大的淡水湖群,20世纪60年代,湖群沿岸经济高速发展,同时也付出了惨痛的代价。大量农业、工业废水的排入,导致湖水富营养化,繁殖能力极强的蓝藻成为伊利湖中的主要植物,湖里其他动植物很多都因为缺氧而大量死亡。湖中大量的鱼类也被重金属污染,无法食用,严重影响了沿湖居民的生活质量。美国为此采用行业管理模式:哪方面的问题由哪个行业去治理。经过努力,美国三大汽车制造商同意不再使用水银制造汽车,改进新车型的设计方案,并为旧车型提供不含水银的新部件;美国有关部门对上万公斤的废旧电器和稀有金属采取了无公害再循环处理措施,避免了铅和水银泄漏到湖泊中;地方环保部门组织环保组织向印第安人聚集地宣传焚烧垃圾的危害和保护湖泊的重要性,并向他们提供环保的替代方案。

三、区域与行业相结合的管理模式

不论是区域管理模式还是行业管理模式都存在着各种不足,实现由单独的区域管理模式或者行业管理模式向区域与行业相结合管理模式的转变,既是新形势下湖泊管理提质增效的重要内容,又是深化我国湖泊管理体制机制改革的客观需求。

目前,日本及欧美一些发达国家的部分湖泊采用区域与行业相结合的管理模式。以日本的琵琶湖为例。琵琶湖是日本最大的淡水湖,位于日本近畿地区滋贺县中部,是支撑近畿地区6府县、2市约1400万人的生活与生产活动的珍贵水资源,对该地区的繁荣、发展起着决定性的作用。日本专门就琵琶湖的治理出台了《琵琶湖区综合治理特别法》。同时,围绕琵琶湖的综合治理,日本从上到下都制定了相应的法律法规,以约束湖区范围内的各类行为,包括《公共灾害预防基本法》《环境质量标准》《水污染控制法》《除去苯氯泥沙暂行办法》等。琵琶湖的保护管理机构众多,这是由于日本的水资源由多个部门保护与分管,中央政府一级的水管理部门涉及国土交通省、厚生劳动省、农林水产省、环境省、经济产业省,部门之间对水资源的管理分工明确,各司其职。由于琵琶湖的重要性,相关省厅设有专门的琵琶湖管理机构,如国土交通省琵琶湖河川事务所、环境省国立环境研究所和生物多样性中心等。琵琶湖所在的滋贺县设有滋贺县琵琶湖环境部、琵琶湖/淀川水质保护机构等负责琵琶湖的保护管理。同时,日本把琵琶湖流域划分成7个片区,每个片区都设有专门的行政机构。日本各级政府依据相关法律规定,中央和地方各自提供财力,支持琵琶湖的保护与管理。另外,日本专门设立了琵琶湖管理基金、琵琶湖研究基金等,从多方面筹措琵琶湖保护管理所需资金。在财政政策方面,日本建立了对水源区的综合利益进行补偿的机制。1972年,日本制定的《琵琶湖综合开发特别措施法》规定,下游受益地区需要负担上游琵琶湖水源区的部分项目经费,进行利益补偿。1973年,日本制定的《水源地区对策特别措施法》则把这种补偿机制变为普遍制度固定了下来。

复习思考题

试对某湖泊进行调查,撰写某湖泊管理体制,在机制和政策影响下该湖泊的生态环境现状和生态系统服务功能。

参考文献

[1] 扎依科夫.湖泊学概论[M].北京:商务印书馆,1963.

[2] 加帕尔·买合皮尔,A.A.图尔苏诺夫著.亚洲中部湖泊水生态学概论[M].乌鲁木齐:新疆人民卫生出版社,1996.

[3] 王苏民,窦鸿身.中国湖泊志[M].北京:科学出版社,1998.

[4] 王洪道.中国的湖泊[M].北京:商务印书馆,1995.

[5] 施成熙.中国湖泊概论[M].北京:科学出版社,1989.

[6] 金相灿,刘鸿亮,屠清瑛,等.中国湖泊富营养化[M].北京:中国环境科学出版社,1990.

[7] 国家环境保护局科技标准司.湖泊污染控制技术指南[M].北京:中国环境科学出版社,1997.

[8] 波果斯洛夫斯基.湖沼学概论[M].北京:科学出版社,1958.

[9] 周启星,魏树和,张倩茹,等.生态修复[M].北京:中国环境科学出版社,2006.

[10] 张绍浩.富营养化湖泊藻类控制技术比较及新方法的研究[D].武汉:华中科技大学环境科学与工程学院,2006.15-17.

[11] Brian Moss,Jane Madgwick,Geoffrey Phillips. A Guide to the Restoration of Nutrient-enriched Shallow Lakes[M]. London:Wetlands International Publication,1996.

[12] 《中国大百科全书》总编委会.中国大百科全书·大气科学、海洋科学、水文科学[M].北京:中国大百科全书出版社,1988.

[13] 何志辉.淡水生态学[M].北京:中国农业出版社,2000.

[14] 梁象秋,方纪祖,杨和荃.水生生物学[M].北京:中国农业出版社,1996.

[15] 董双林,赵文.养殖水域生态学(水产养殖学、水生生物学专业用)[M].北京:中国农业出版社,2004.

[16] 雷衍之.养殖水环境化学(水产养殖专业用)[M].北京:中国农业出版社,2004.

[17] 殷名称.鱼类生态学(淡水渔业、海水养殖、水生生物和鱼类资源专业用)[M].北京:中国农业出版社,1995.

[18] 李永函,赵文.水产饵料生物学[M].大连:大连出版社,2002.

[19] 金岚.环境生态学[M].北京:高等教育出版社,1992.

[20] 盛连喜.环境生态学导论[M].北京:高等教育出版社,2002.

[21] 金相灿,刘树坤,章宗涉.中国湖泊环境(第一册)[M].北京:海洋出版社,1995.

[22] 孟祥明，吴悦颖，王艳坤，等.水环境标准与污染控制[J].环境科学与技术,2007,30: 97-101.

[23] 汪常青,吴永红,刘剑彤.武汉城市湖泊水环境现状及综合整治途径[J].长江流域资源与环境,2004,13(5):499-502.

[24] 蔡庆华.湖泊富营养化综合评价方法[J].湖泊科学,1997,9(1):89-94.

[25] Ji-Cheng ZHONG, Ben-Sheng YOU, Cheng-Xin FAN, et al. Influence of Sediment Dredging on Chemical Forms and Release of Phosphorus[J]. Pedosphere, 2008, 18 (1):34-44.

[26] 王国祥,濮培民.若干人工调控措施对富营养化湖泊藻类种群的影响[J].环境科学, 1999,20(2):71-74.

[27] Hosper S. H. Stable states, bufers and switches: an ecosystem approach to the restoration and management of shallow lakes in Netherlands[J]. Wat Sci Tech, 1998, 37(3): 151-164

[28] 濮培民,王国祥,胡春华,等.底泥疏浚能控制湖泊富营养化吗[J].湖泊科学,2000, 12(3):269-280.

[29] 陆子川.湖泊底泥挖掘可能导致水体氮磷平衡破坏的研究[J].中国环境监测,2001, 17(2):40-42.

[30] Ute Berg, Thomas Neumann, Dietfried Donnert, et al. Sediment capping in eutrophic lakes-efficiency of undisturbed calcite barriers to immobilize phosphorus[J]. Applied Geochemistry,2004, 19(11):1759-1771.

[31] 国家环境保护总局科技标准司.中国湖泊富营养化及其防治研究[M].北京:中国环境科学出版社,2001.

[32] 陆开宏.杭州西湖引流冲污前后浮游藻类变化及防治富营养化效果评价[J].应用生态学报,1992,3(3):266-272.

[33] 李振国.富营养化水体的生态修复技术研究[D].南京:南京师范大学,2006.25-28.

[34] Kai-Ning Chen, Chuan-He Bao, Wan-Ping Zhou. Ecological restoration in eutrophic Lake Wuli:A large enclosure experiment[J]. Ecological Engineering,2008, 35(11): 1646-1655.

[35] Fei-Zhou Chen, Xiao-Lan Song, Yao-Hui Hu, et al. Water quality improvement and phytoplankton response in the drinking water source in Meiliang Bay of Lake Taihu, China[J]. Ecological Engineering,2008, 35(11):1637-1645.

[36] 郭培章,宋群.中外水体富营养化治理案例研究[M].北京:中国计划出版社,2003.

[37] 奚旦立,孙裕生,刘秀英.环境监测[M].3版.北京:高等教育出版社,2004.

[38] 国家环境保护总局《水和废水监测分析方法》编委会.水和废水监测分析方法[M].4版.北京:中国环境科学出版社,2002.

[39] 章宗涉,黄祥飞.淡水浮游生物研究方法[M].北京:科学出版社,1995.

[40] 长江流域水环境监测中心.环境监测技术规范 SL219-98[M].北京:中国水利水电出版社,1998.

［41］Edwin T H M Peeters，Rob J. M. Franken，Erik Jeppesen，et al. Assessing ecological quality of shallow lakes：Does knowledge of transparency suffice? ［J］. Basic and Applied Ecology,2007，10(1):89-96.

［42］王明翠,刘雪芹,张建辉.湖泊富营养化评价方法及分级标准[J].中国环境监测,2002, 18(5):47-49.

［43］徐昔保,杨桂山,江波.湖泊湿地生态系统服务研究进展[J].生态学报,2018,38(20): 7149-7158.

［44］Amy T Hansen，Christine L Dolph，Efi Foufoula-Georgiou，et al. Contribution of wetlands to nitrate removal at the watershed scale[J]. Nature Geoscience,2018, 11(2): 127-132.

［45］Robert Costanza，Rudolf de Groot，Paul Sutton，et al. Changes in the global value of ecosystem services[J]. Global Environmental Change,2014, 26:152-158.

［46］Niu Zhenguo，Zhang Haiying，Gong Peng. More protection for China's wetlands[J]. Nature,2011, 471(7338):305.

［47］Robert Costanza，Ralph d'Arge，Rudolf de Groot，et al. The value of the world's ecosystem services and natural capital[J]. Nature,1997, 387(6630):253-260.

［48］Kenneth J Bagstad，Darius J Semmens，Sissel Waage，et al. A comparative assessment of decision-support tools for ecosystem services quantification and valuation[J]. Ecosystem Services,2013,(5):27-39.

［49］Cornelius Jopke，Juergen Kreyling，Joachim Maes，et al. Interactions among ecosystem services across Europe：Bagplots and cumulative correlation coefficients reveal synergies，trade-offs，and regional patterns[J]. Ecological Indicators,2015, 49:46-52.

［50］Bradford J B,D'Amato A W. Recognizing trade-offs in multi-objective land management[J]. Frontiers in Ecology and the Environment,2012,10(4):210-216.

［51］彭建,胡晓旭,赵明月,等.生态系统服务权衡研究进展:从认知到决策[J].地理学报, 2017,72(6):960-973.

［52］Jordan Jessop，Greg Spyreas，Geoffrey E. Pociask，et al. Tradeoffs among ecosystem services in restored wetlands[J]. Biological Conservation,2015,(191):341-348.

［53］Li Cong，Zheng Hua，Li Shuzhuo，et al. Impacts of conservation and human development policy across stakeholders and scales[J]. Proceedings of the National Academy of Sciences of the United States of America,2015, 112(24):7396-7401.

［54］Wei Yang，Yuwan Jin，Tao Sun，et al. Trade-offs among ecosystem services in coastal wetlands under the effects of reclamation activities[J]. Ecological Indicators, 2018, (92):354-366.

［55］Sophocleous M. Global and regional water availability and demand：prospects for the future[J]. Natural Resources Research,2004,13(2): 61-75.

［56］黎丰收,彭力恒,刘凯,等.广州市城市湿地生态服务价值研究[J].国土与自然资源研究, 2018,(1):45-48.

[57] 田育青,张秀,朱密,等.水绵发酵产乙醇工艺构建及条件优化[J].安全与环境工程,2019,26(2):25-31.

[58] 李金昌.论环境价值的概念计量及应用[J].国际技术经济研究学报,1995,(4):12-17.

[59] 李金昌.资源经济新论[M].重庆:重庆大学出版社,1995.

[60] 于淑波.马克思价值理论与西方价值理论的比较研究[J].山东财政学院学报,2000,(2):29-32.

[61] 李金昌.价值核算是环境核算的关键[J].中国人口·资源与环境,2002,12(3):11-17.

[62] 李金昌.关于环境价值与核算问题[J].世界环境,1995,(1):38-40.

[63] 张玉卓.基于经济学理论的生态补偿标准分析[J].经济研究导刊,2015(26):8-9.

[64] 刘志雄,黎亚男.我国生态税收体系构建路径探索[J].生态经济,2018,34(3):68-71+83.

[65] 杜亚平.改善东湖水质的经济分析[J].生态经济,1996,(6):15-20.

[66] 段锦,康慕谊.江源东江流域生态系统服务价值变化研究[J].自然资源学报,2012,27(1):90-103.

[67] 李景保,常疆,李杨,等.洞庭湖流域水生态系统服务功能经济价值研究[J].热带地理,2007,22(5):457-460.

[68] 马中.环境与自然资源经济学概论[M].北京:高等教育出版社,2006.

[69] 徐哲,房婷婷,苏文平.组合分析法在消费者产品属性偏好研究中的应用[J].数量经济技术经济研究,2004,(11):138-145.

[70] Ajzen I, Brown T C, Rosenthal L H. Information bias in contingent valuation: effects of personal relevance, quality of information, and motivational orientation[J]. Journal of Environmental Economy and Management, 1996, 30(1): 43-57.

[71] Angela C B, Esteve C, Kurt C N, Lucia A L. "We are the city lungs": Payments for ecosystem services in the outskirts of Mexico City[J]. Land Use Policy, 2015, (43): 138-148.

[72] Gomez-Baggethun E, de Groot R, Lomas P L, et al. The history of ecosystem services in economic theory and practice: from early notions to markets and payment schemes [J]. Ecological Economics, 2010, 69(6): 1209-1218.

[73] Muradian R, Corbera E, Pascual U, et al. Reconciling theory and practice: an alternative conceptual framework for understanding payments for environmental services[J]. Ecological Economics,2010, 69(6): 1202-1208.

[74] Pagiola S, Rios A R, Arcenas A. Can the poor participate in payments for environmental services? Lessons from the silvopastoral project in Nicaragua[J]. Environment and Development, 2008, 13(3):299-325.

[75] Rodriguez J. Environmental services of the forest: the case of Costa Rica[J]. Revista Forestal Centroamericana, 2002, (37): 47-53.

[76] Sanchez-Azofeifa G A, Pfaff A, Robalino J A, et al. Costa Rica's payment for environmental services program: intention, implementation, and impact[J]. Conservation Bi-

ology，2007，21(5):1165-1173.

[77] Arild Vatn. An institutional analysis of payments for environmental services[J]. Ecological Economics,2009，69(6):1245-1252.

[78] 崔丽娟.鄱阳湖湿地生态系统服务功能价值评估研究 [J]. 生态学杂志,2004,23(4)：47-51.

[79] 熊鹰,王克林,蓝万炼,等.洞庭湖区湿地恢复的生态补偿效应评估[J].地理学报,2004,59(5):772-780.

[80] 庄大昌.洞庭湖湿地生态系统服务功能价值评估[J].经济地理,2004,24(3):391-394.

[81] 倪才英,曾巧,汪为青.鄱阳湖退田还湖生态补偿研究(Ⅰ)——湿地生态系统服务价值计算[J].江西师范大学学报(自然科学版),2009,33(6):737-742.

[82] 钟大能. 在西部民族地区完善财政生态补偿机制的对策建议[J].中央财经大学学报,2006,(5)：22-26.

[83] 王女杰,刘建,吴大千,等.基于生态系统服务价值的区域生态补偿——以山东省为例[J].生态学报,2010,30(23):6646-6653.

[84] 靳乐山,左文娟,李玉新,等.水源地生态补偿标准估算——以贵阳鱼洞峡水库为例[J].中国人口·资源与环境,2012,22(2):21-26.

[85] 陈传明.闽西梅花山国家级自然保护区的生态补偿机制——基于当地社区居民的意愿调查[J].林业科学,2012,48(4):127-132.

[86] 葛颜祥,梁丽娟,王蓓蓓,等.黄河流域居民生态补偿意愿及支付水平分析——以山东省为例[J].中国农村经济,2009,(10):77-85.

[87] 赫荣富,田盛兰,张磊.水环境容量的研究[J].农业科技与装备,2012,(3):81-82+84.

[88] 王亚文. 基于水环境容量的千河宝鸡段水污染防治研究[D].西安:西北大学,2018.35-37.

[89] 贾智敏. 基于GIS的湖泊水环境容量计算[D].武汉:华中科技大学,2012.45-48.

[90] 江明. 黄冈市白潭湖水质变化特征及水环境容量研究[D].武汉:武汉理工大学,2015.23-26.

[91] 孟冲. 基于水环境纳污能力的流域污染物总量控制研究[D].北京:华北电力大学,2018.53-60.

[92] 王亚. 瑶湖流域入湖污染负荷及其水环境容量的研究[D].南昌:华东交通大学,2014.48-52.

[93] 高方述. 典型湖区水环境承载力与调控方案研究[D].南京:南京师范大学,2014.55-63.

[94] 严江涌,黎南关.武汉市大东湖水网连通治理工程浅析[J].2010,41(11):82-84.

[95] 陈荷生,张永健.太湖重污染底泥的生态疏浚[J].水资源研究,2004,25(4):29-32.

[96] 王莹,王道玮,李辉,等.内陆湖泊富营养化内源污染治理工程对比研究[J].地球与环境,2013,41(1):20-28.

[97] 郑金秀,胡春华,彭棋,等.底泥生态疏浚研究概况[J].环境科学与技术,2007,30(4):111-114.

[98] 王敬富,陈敬安,孙清清,等.底泥疏浚对阿哈水库内源污染的影响[J].环境工程,2018,

36(3):69-73.

[99] 莫孝翠,杨开,袁德玉. 湖泊内源污染治理中的环保疏浚浅析[J]. 人民长江,2003,34 (l2):47-49.

[100] 单玉书,沈爱春,刘畅. 太湖底泥清淤疏浚问题探讨[J]. 中国水利,2018,(23):11-13.

[101] Bon-Wun Gu, Chang-Gu Lee, Tae-Gu Lee, et al. Evaluation of sediment capping with activated carbon and nonwoven fabric mat to interrupt nutrient release from lake sediments[J]. Science of the Total Environment,2017,(599-600):413-421.

[102] 杨力. 底泥覆盖对沉积物中磷释放的抑制作用[D]. 武汉:武汉理工大学,2011.36-39.

[103] Pan G,Dai L,Li L et al. Reducing the recruitment of sedimented algae and nutrient release into the overlying water using modified soil / sand flocculation-capping in eutrophic lakes[J]. Environmental Science and Technology,2012,46(9):5077-5084.

[104] 潘纲,代立春,李梁等. 改性当地土壤技术修复富营养化水体综合效果研究:I. 水质改善的应急与长期效果与机制[J]. 湖泊科学,2012,24(6):801-810.

[105] 商景阁,何伟,邵世光,等. 底泥覆盖对浅水湖泊藻源性湖泛的控制模拟[J]. 湖泊科学,2015,27(4):599-606.

[106] 孙傅,曾思育,陈吉宁. 富营养化湖泊底泥污染控制技术评估[J]. 环境污染治理技术与设备,2003,4(8):61-64.

[107] 王寿兵,徐紫然,张洁. 大型湖库富营养化蓝藻水华防控技术发展述评[J]. 水资源保护,2016,32(4):88-99.

[108] 马越,黄廷林,丛海兵,等. 扬水曝气技术在河道型深水水库水质原位修复中的应用[J]. 给水排水,2012,38(4):7-13.

[109] 何用,李义天,李荣,等. 改善湖泊水环境的调水与生物修复结合途径探索[J]. 安全与环境学报,2005,5(1):56-60.

[110] Welch E. B, Patmont C. R. Lake restoration by dilution:Moses lake,Washington [J]. Water Research,1980,14(9):1317-1325.

[111] 俞建军. 引水对西湖水质改善作用的回顾[J]. 水资源保护,1998,11(2):50-55.

[112] 赵锐,赵嘉熹. 超声波除藻技术进展及其应用前景[J]. 水资源开发与管理,2017,(5):28-31.

[113] 储昭升,庞燕,郑朔芳,等. 超声波控藻及对水生生态安全的影响[J]. 环境科学学报,2008,28(7):1335-1339.

[114] 谭啸,顾惠卉,段志鹏,等. 超声波控藻对氮磷释放及水质变化的影响[J]. 中国环境科学,2018,38(4):1371-1376.

[115] Song Weihua, de la Cruz Armah A, Rein Kathleen, et al. Ultrasonically induced degradation of microcystin-LR and -RR:identification of products, effect of pH, formation and destruction of peroxides[J]. Environmental Science & Technology,2006,40(12):3941-6.

[116] 樊雪红,王启山,刘善培,等. 预氧化对混凝-气浮工艺去除铜绿微囊藻效果的影响[J]. 给水排水,2007,33(7):23-26.

[117] 袁俊,朱光灿,吕锡武.气浮除藻工艺的比较及影响因素[J].净水技术,2012,31(6):25-28.

[118] 李国平,戚菁,兰华春.水厂除藻技术的研究进展综述[J].净水技术,2018,37(11):32-39.

[119] 王志强,崔爱花,缪建群,等.淡水湖泊生态系统退化驱动因子及修复技术研究进展[J].生态学报,2017,37(18):6253-6264.

[120] 和丽萍.利用化学杀藻剂控制滇池蓝藻水华研究[J].云南环境科学,2001,20(2):43-44.

[121] 李春梅,许仕荣,王长平,等.高锰酸钾对藻细胞及胞外有机物的控制效果[J].环境工程学报,2018,12(7):1879-1887.

[122] 王寿兵,徐紫然,张洁.大型湖库富营养化蓝藻水华防控技术发展述评[J].水资源保护,2016,32(4):88-99.

[123] 钱远中,连红民,陈泽文.两种除藻剂联合使用治理水华的研究[J].广东化工,2018,45(17):53-55.

[124] 黄雷,陈卫,马中文,等.苏南河网地区湖泊水源水厂除藻试验研究[J].净水技术,2009,28(2):16-18.

[125] 王晓丽,硫酸盐及其组合除藻的比较分析[J].试验与技术,2008,24(12):1060-1061.

[126] 章琪,姚萱.高锰酸盐复合药剂预处理巢湖微污染原水[J].中国给水排水,2002,18(8):36-39.

[127] 汪小雄.化学方法在除藻方面的应用[J].广东化工,2011,38(4):24-26.

[128] 廖秀远,邬红娟,文琛.聚合氯化铝与聚磷硫酸铁絮凝除藻比较研究[J].环境保护科学,2003,33(6):21-23.

[129] 肖淑燕.沉水植物与富营养化水体恢复的关系研究[J].绿色科技,2014,(9):19-21.

[130] 曾睿.沉水植物附植生物群落生态学研究[J].现代园艺,2018,(15):146-147.

[131] 张胜华,赵丽娜,田焕新,等.安徽宿松华阳河湖群水生植被恢复试验研究[J].生物学杂志,2017,34(4):69-75.

[132] 胡胜华,蔺庆伟,代志刚,等.西湖沉水植物恢复过程中物种多样性的变化[J].生态环境学报,2018,27(8):1440-1445.

[133] 谭淑妃.几种富营养化水体生态修复技术的比较[J].中国水运,2016,16(7):113-116.

[134] Volker L, Elke E, Martina L, et al. Nutrient rem oval efficiency and resource economics of vertical flow and horizontal flow constructed wetlands[J]. Ecological Engineering,2001,(18):157-171.

[135] 谢爱军,周炜,年跃刚,等.人工湿地技术及其在富营养化湖泊污染控制中的应用[J].净水技术,2005,24(6):49-52.

[136] 尹若水,蔡颖芳,吴家胜,等.城市景观水体水质净化和生态修复研究[J].环境科学与技术,2016,39(S2):210-214.

[137] 施丽丽,叶存奇,王喆,等.黄花水龙作为人工浮岛植物的开发研究[J].生物学通报,2005,40(8):15-16.

[138] 李英杰,金相灿,年跃刚,等.人工浮岛技术及其应用[J].水处理技术,2007,33(10): 49-51.

[139] 杨逢乐,李立雄,金竹静.河口区水质净化防治湖泊富营养化方法研究[J].水处理技术, 2008,34(11):23-26.

[140] 刘建康,谢平.揭开武汉东湖蓝藻水华消失之谜[J].长江流域资源与环境,1999,8(3): 312-39.

[141] 石岩,张喜勤,付春艳,等.浮游动物对净化湖泊富营养化的初步探讨[J].东北水利水 电,1998,(3):31-33.

[142] 单明军,刘洋,杨婷婷,等.微生物制剂净化富营养化湖泊的应用研究[J].生态环境, 2007,16(5):1364-1367.

[143] 刘晶,秦玉洁,丘焱伦,等.生物操纵理论与技术在富营养化湖泊治理中的应用[J].生态 科学,2005,24(2):188-192.

[144] 姚雁鸿,余来宁.生物操纵在退化湖泊生态恢复上的应用[J].江汉大学学报(自然科学 版),2007,35(2):81-84.

[145] 夏军,左其亭.中国水资源利用与保护40年(1978—2018年)[J].城市与环境研究, 2018,(2):18-32.

[146] 傅钧文.日本跨区域行政协调制度安排及其启示[J].日本学刊,2005,(5):23-36.

[147] 王资峰.中国流域水环境管理体制研究[D].北京:中国人民大学,2010.30-36.

[148] 都吉龙.水资源管理中的监督问责机制研究[J].水利规划与设计,2018,177(7): 33-35.

[149] 韩瑞光,马欢,袁媛.法国的水资源管理体系及其经验借鉴[J].中国水利,2012, (11):39-42.

[150] 韩璐,陈亚玲,高红杰,等.国外城市水环境管理借鉴及启示[J].环境保护科学, 2018,44(1):56-60.

[151] 赵霞.发达国家水环境技术管理体系简介[J].工程建设标准化,2015,(9):67-72.

[152] 孙炼,李春晖.世界主要国家水资源管理体制及对我国的启示[J].国土资源情报, 2014,(9):14-22.

[153] 宋婷婷.流域环境管理体制研究[D].重庆:重庆大学,2008.28-35.

[154] 周刚炎.中美流域水资源管理机制的比较[J].水利水电快报,2007,28(5):1-8.

[155] 陈永泰,金帅.我国湖泊流域水环境保护研究现状及展望[J].生态经济,2015,31(10): 107-110.

[156] 高鸣,陈怡,刘璐,等.国内外先进水环境管理模式及对江苏省的借鉴意义[J].山西建 筑,2016,42(23):195-196.

[157] 赵志凌,黄贤金,钟太洋,等.我国湖泊管理体制机制研究——以江苏省为例[J].经济地 理,2009,29(1):74-79.

[158] 王海燕,孟伟.欧盟流域水环境管理体系及水质目标[J].世界环境,2009,(2):61-63.

[159] 江苏省水利厅湖长制调研课题组.江苏省湖泊管理与保护的实践与思考[J].水利发展 研究,2018,18(4):1-6+17.

[160] 郑丙辉.中国湖泊环境治理与保护的思考[J].民主与科学,2018,(5):13-15.

[161] 刘劲松,戴小琳,吴苏舒.基于河长制网格化管理的湖泊管护模式研究[J].水利发展研究,2017,17(5):9-11+14.

[162] 何鹏,肖伟华,李彦军.国外湖泊管理和保护的经验及其启示[J].水科学与工程技术,2011,(4):1-3.

[163] 陈洁敏,赵九洲,柳根水,等.北美五大湖流域综合管理的经验与启示[J].湿地科学,2010,8(2):189-192.

[164] 万劲波,周艳芳.中日水资源管理的法律比较研究[J].长江流域资源与环境,2002,11(1):16-20.

[165] 余辉.日本琵琶湖的治理历程、效果与经验[J].环境科学研究,2013,26(9):956-965.

[166] 张兴奇,秋吉康弘,黄贤金.日本琵琶湖的保护管理模式及对江苏省湖泊保护管理的启示[J].资源科学,2006,28(6):39-45.

[167] 贾更华.日本琵琶湖治理的"五保体系"对我国太湖治理的启示[J].水利经济,2004,22(4):14-16+52.

[168] 汪易森.日本琵琶湖保护治理的基本思路评析[J].水利水电科技进展,2004,24(6):1-5+70.

[169] Takanori Nakano, Ichiro Tayasu, Eitaro Wada, et al. Sulfur and strontium isotope geochemistry of tributary rivers of Lake Biwa: implications for human impact on the decadal change of lake water quality[J]. Science of the Total Environment, 2004, 345(1):1-12.

[170] 王秋静,耿晓娜,林栋.日本琵琶湖治理的工程措施对太湖的启示[J].水利经济,2005,23(5):41-44+71.

[171] 马静,王秋静,韩青.日本琵琶湖治理的管理措施对太湖的启示[J].水利经济,2005,23(6):45-47+74.

[172] 谢平.长江的生物多样性危机——水利工程是祸首,酷渔乱捕是帮凶[J].湖泊科学,2017,29(6):1279-1299.

[173] 宁青.海洋鱼类分布"上中下"[J].海洋世界,1999,(12):3-5.

[174] 张清榕,杨圣云.中国软骨鱼类种类、地理分布及资源[J].厦门大学学报(自然科学版),2005,44(S1):207-211.

[175] 黄梓荣,陈作志,曾晓光.南海北部海区软骨鱼类种类组成和资源密度分布[J].台湾海峡,2009,28(1):38-44.

[176] 张春霖.中国淡水鱼类的分布[J].地理学报,1954,(3):279-284+375-378.

[177] 曹文宣,王剑伟.稀有鮈鲫——一种新的鱼类实验动物[J].实验动物科学与管理,2003,20(S1):96-99.

[178] 马陶武,王子健.环境内分泌干扰物筛选和测试研究中的鱼类实验动物[J].环境科学学报,2005,25(2):135-142.

[179] 吴端生,王宗保.鱼类实验动物开发与应用研究的现状及展望[J].中国实验动物学杂志,2000,10(2):42-48.

[180] 曹文宣,王剑伟. 稀有鮈鲫—介绍一种新的鱼类实验动物[C] //季延寿,孙靖. 第四届 生物多样性保护与利用高新科学技术国际研讨会论文集.北京:北京科学技术出版社, 2003,135-136.

[181] 吴志强,邵燕,袁乐洋.鱼类实验动物[J].生物学通报,2003,38(11):20-22.

[182] 秦伯强,高光,胡维平,等.浅水湖泊生态系统恢复的理论与实践思考[J].湖泊科学, 2005,17(1):9-16.

[183] 李文朝.浅水湖泊生态系统的多稳态理论及其应用[J].湖泊科学,1997,(2):97-104.

[184] 赵臻彦,徐福留,詹巍,等.湖泊生态系统健康定量评价方法[J].生态学报,2005,25(6): 1466-1474.

[185] 刘永,郭怀成,戴永立,等.湖泊生态系统健康评价方法研究[J].环境科学学报,2004,24 (4):723-729.

[186] 胡胜华,王硕,史诗乐,等.武汉北太子湖水环境容量研究[J].绿色科技,2018,(20):76- 79+83.

[187] 王军良,方志发.城中湖水环境容量计算和对策研究[J].环境科学与技术,2008,31(1): 129-132.

[188] 肖洋,喻婷,潘国艳.小型城市湖泊纳污能力核算中设计水文条件研究[J].人民长江, 2019,50(11):80-83,90.